Mölbert · Veredlungswirtschaft

 ULMERS TASCHENHANDBÜCHER

Landtechnik

Band 2

VERLAG EUGEN ULMER STUTTGART

Veredlungswirtschaft

Funktion und Bauarten der Maschinen und Geräte,
Ansprüche der Tiere an das Gebäude, Arbeitsverfahren

Ing. agr. Günther Blanken
Dipl.-Ing. Dr. Erich Dohne
Dr. agr. Hermann Mölbert
Dipl.-Ing. (Arch.) Horst Pohlmann
Dr. agr. Michael C. Schlichting
Dipl.-Ing. agr. Karl-Otto Semmler
Kuratorium für Technik und Bauwesen in der Landwirtschaft,
Darmstadt

Dr. agr. Dieter Ordolff
Institut für Milcherzeugung der Bundesanstalt für Milchforschung,
Kiel

Dipl.-Ing. (Arch.) Dieter Sebastian
Hochschule für Technik, Bremen

150 Abbildungen
und 89 Tabellen

VERLAG EUGEN ULMER STUTTGART

ISBN 3-8001-4105-1

© 1975 by Eugen Ulmer, Stuttgart, Gerokstraße 19
Printed in Germany
Einbandentwurf: Werner Bartmes, Heidelberg
Satz und Druck: Sulzberg-Druck GmbH, Sulzberg im Allgäu

Vorwort

Das vorliegende Buch ist die Ergänzung zu Ulmers Taschenhandbuch Landtechnik 1: Feldwirtschaft. Sie bringt einen umfassenden Überblick über den weitverzweigten Bereich der Technik in der Innenwirtschaft – ein Bereich, der nach einer stürmischen Entwicklung die Konsolidierung erfahren hat, die es erlaubt, den Stoff in einem Taschenbuch zusammenzufassen, das nicht mehr von heute auf morgen veraltet. Wenn auch immer wieder Neuerungen auf den Markt kommen werden, so bleiben die hier gebrachten Grundzusammenhänge dennoch vor allem für Schüler und Studierende über einen längeren Zeitraum gültig und interessant.

Sämtliche an diesem Buch beteiligten Fachleute kommen aus dem Kuratorium für Technik und Bauwesen in der Landwirtschaft (KTBL). Diese Tatsache bot nicht nur den Vorteil einer leichten Abstimmung des Stoffes, sondern erlaubte auch eine zwanglose Verwendung der dortigen Arbeiten.

Die Autoren haben sich streng an das Thema Technik in der tierischen Produktion gehalten, gleichwohl ist der Inhalt auch eine wertvolle Brücke zu der Nachbardisziplin landwirtschaftliches Bauwesen.

So begleitet dieses Buch unser Wunsch, daß es einem großen Kreis von bildungswilligen Lesern nützen wird.

      Dr. H.-G. Hechelmann
      Hauptgeschäftsführer des Kuratoriums
      für Technik und Bauwesen in der Landwirtschaft

Inhalt

Vorwort 5
Abkürzungen 9

Allgemeine Hinweise 11
Statistisches 11
Erläuterung verschiedener Begriffe 14
Maschinenleistung 15
Arbeitsverfahren 17
Kosten 20
Unfallschutz 21

Füttern 22
Füttern von Getreide 22
Lagern 22
Aufbereiten 25
Fördern 37
Dosieren 43
Füttern von Rauh- und Saftfutter 47
Füttern von Silage 47
Füttern von Grünfutter und Sommerstallfütterung 84
Füttern von Rüben 87
Füttern von Heu 89
Futtermittel aus Grünfuttertrocknungsanlagen 94
Literatur 97

Haltung 99
Liegebereich 99
Rind 100
Schwein 142
Schaf 152
Geflügel 153
Literatur 164
Laufbereich 165
Rind 165
Schaf 166
Freßbereich 175
Rind 176
Schwein 190
Schaf 192
Geflügel 195
Literatur 196
Hygiene 202
Tierkennzeichnung 197
Stallklima 199

Klima im Freien 202
Bedeutung des Stallklimas 205
Anforderungen an das Stallklima 205

Entmisten 233
Allgemeines 233
Die Technik des Entmistens 234
Sammeln und Entfernen 235
Stapeln und Lagern 256
Dungstätte für Festmist 257
Flüssigmistlager 258
Ausbringen von Stallmist 260
Ausbringen von Flüssigmist 261
Maschinen zum Mischen und Pumpen 261
Bauarten der Tankwagen 263
Dungbehandlung und Umweltschutz 266
Problemstellung 266
Möglichkeiten der Dungbeseitigung 267
Dungverwertung auf landwirtschaftlichen Nutzflächen . . . 267
Ökonomische Beurteilung 274
Arbeitszeitbedarf verschiedener Entmistungsverfahren . . . 274
Kapitalbedarf und Kosten der Entmistung und Mistlagerung 277
Arbeitsbedarf und Kosten für die Flüssigmistausbringung . 277
Literatur 290

Tierische Produkte 291
Milch 291
Die Gewinnung der Milch 291
Milchlagerung 315
Milchkühlanlagen 317
Reinigung und Desinfektion der Geräte für Milchgewinnung
und Milchpflege 325
Die Kosten der Milchgewinnung 331
Eier 334
Wolle 336
Literatur 337
Tierschutz 338
Bildnachweis 339
Sachregister 340

Abkürzungen

ä. ⌀ = äußerer Durchmesser
AK = Arbeitskraft
AKh = Arbeitskraftstunde
GE = Getreideeinheit
h = Stunde
kp = Kilopond
(nur bis 31. 12. 1977)
kW = Kilowatt
LN = landwirtschaftl. Nutzfläche

PS = Pferdestärke
(nur bis 31.12.1977)
Sh = Schlepperstunde
StVZO = Straßenverkehrs-
zulassungsordnung
WE = Wärmeeinheit
(1 WE = 1 kcal/h)
WS = Wassersäule

1 kg ist die Einheit der Masse, dabei sind
    100 kg = 1 dt
   1000 kg = 1 t

1 kp ist die Einheit der Kraft (kp = Kilopond), dabei sind
   1000 kp = 1 Mp (Mp = Megapond).

Eine Masse von (z. B.) 2000 kg (= 20 dt = 2 t) übt auf der Erdoberfläche auf ihre Unterlage (oder auf den Haken, an dem sie hängt) eine Kraft von 2000 kp (= 2 Mp) aus bzw. von 9,81 N · 2000 = 19620 N.

Aufgrund des neuen „Internationalen Einheitssystems" wurden die Maßeinheiten international vereinheitlicht und damit z. T. verändert. Einige alte Einheiten galten nur noch bis Ende 1974, andere gelten noch bis Ende 1977. Für die Landwirtschaft gilt:

Neue Einheit	Beziehung	
Kraft/Gewicht N (Newton)	1 N 1 kp	= 0,102 kp = 9,81 N
Druck P (Pascal) bar	1 bar 1 bar 1 at 1 mWS	= 100 000 Pa = 1,02 at = 1 bar = 0,1 bar
Leistung W (Watt)	1 W 1 mkp/s 1 PS 1 kW 1 kcal/h	= 0,102 mkp/s = 9,81 W = 75 mkp/s = 0,735 kW = 1,36 PS = 1,17 W
Arbeit J (Joule)	1 J 1 J 1 kcal 1 kcal	= 1 Nm = 1 Ws = 0,102 mkp = $2,7778 \cdot 10^{-7}$ kWh „ $2,3884 \cdot 10^{-4}$ kcal = 4,2 kJ = 4,2 kWs

Allgemeine Hinweise

Statistisches

Obwohl Statistiken in vielen Veröffentlichungen zur Verfügung stehen, scheint es den Verfassern doch nützlich zu sein, diejenigen Zahlen hier anzuführen, die eine enge Beziehung zur Veredlungswirtschaft haben.
Einen Teil der Zusammenstellungen verdanken wir der Veröffentlichung „Agrimente 1972".
Aus der Tabelle 1 wird die überragende Stellung der Veredlungswirtschaft deutlich, die sich vermutlich noch verstärken wird. Für eine Beurteilung der Bestandsentwicklung genügen die Durchschnittszahlen alleine nicht. Man will wissen, was sich in den einzelnen Bestandsgrößen verändert hat und wie sie sich auf die Betriebsgrößen aufteilen. Aus der allgemeinen Agrarstatistik wurde deshalb die Entwicklung der Bestandsgrößen bei den wichtigsten Nutztierarten in vergleichenden Schaubildern (Abb. 1 und 2) zusammengestellt.

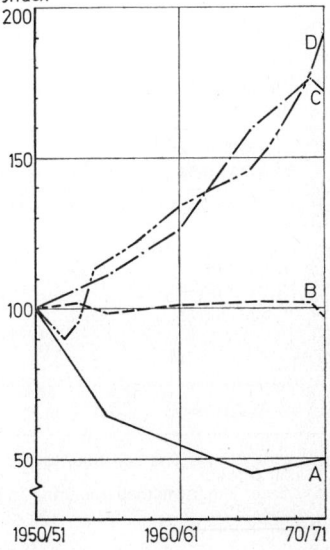

Abb. 1. Entwicklung der Nutzviehbestände. Starke Zunahme der bodenunabhängigen Veredlungszweige Schweine und Geflügel; Milchvieh stagniert; Schafe haben anscheinend ihren Tiefststand erreicht.
A = Mutterschafe
B = Milchkühe
C = Legehennen
D = Zuchtsauen

Tab. 1. Produktionswert, Vorleistungen, Bruttoanlageninvestitionen und sonstige Ausgaben der Landwirtschaft im Wirtschaftsjahr 1970/71

Output	in Mio. DM	in v. H.	Input	in Mio. DM	in v. H.
Weizen	1 356	3,7	Saatgut	355	1,9
Roggen	403	1,1	Futtermittel	6 917	38,1
Gerste	712	2,0	Düngemittel	2 575	14,2
Hafer	113	0,3	Pflanzenschutz	360	2,0
Mais	53	0,2	Energie	1 834	10,1
Kartoffeln	1 101	3,0	Vieh	19	0,1
Zuckerrüben	914	2,5	Unterhaltung		
Gemüse	1 001	2,7	Wirtschaftsgebäude	924	5,1
Obst	1 505	4,1	Unterhaltung		
Weinmost	857	2,3	Maschinen	2 924	16,1
Blumen u. Zierpfl.	1 808	4,9	Dienstleistungen	1 472	8,1
sonst. pflanzl. Erzeug.	898	2,5	Landw. Abgabe	51	0,3
			Sonstiges	305	1,7
+ Pflanzliche Erzeugnisse	10 721	29,3	zuzügl. Subventionen	419	2,3
Rinder u. Kälber	6 466	17,7	Vorleistungen zusammen	18 155	100
Schweine	8 144	22,3			
sonst. Schlachtvieh	713	2,0	Bauten	1 325	
Milch	8 283	22,6	Ackerschlepper	1 275	
Eier	2 293	6,3	Kraftfahrzeuge	725	
Wolle	6	0,0	Landmaschinen a)	2 075	
Honig	82	0,2	Dauerkulturen	33	
./. Selbsterst. Anlagen (Vieh)	144	0,4	./. Viehbestandsveränderung	113	
+ Tierische Erzeugnisse	25 843	70,7	+ Bruttoanlageinvestition insg.	5 320	
Erzeugn. insges.	36 564	100	+ Betriebssteuern und Lasten	658	
+ Dienstleistungen	260		+ Fremdarbeiterlöhne b)	1 928	
+ Sonstiges	250		+ Schuldzinsen	1 975	
./. Subventionen auf Prod.-Ebene	1 200		./. Zunahme des Fremdkapitals	970	
			+ Verfügbarer Einkommensrest	8 808	
Produktionswert	35 874		Produktionswert	35 874	

a) sowie Geräte und sonstige, nicht fest mit dem Gebäude verbundene Ausrüstungen
b) Löhne und Arbeitgeberbeiträge zur Sozialversicherung für entlohnte Arbeitskräfte
Quelle: Agrimente '72

Tab. 2. Acker- und Grünlandnutzung

Ackerfläche	⌀ 1935-38	⌀ 1957-61	1965	1970	1971 a)	Veränd. in v. H. ⌀ 1957-61 –1970	1970-71
Weizen	1128	1336	1412	1493	1544	+ 11,8	+ 3,4
Roggen b)	1734	1453	1179	902	906	— 37,6	+ 0,4
Brotgetr. insg.	2861	2789	2591	2396	2450	— 14,1	+ 2,3
Gerste	812	962	1193	1475	1505	+ 53,3	+ 2,0
Hafer d)	1465	1171	1119	1213	1178	+ 3,6	— 2,9
Körnermais	13	6	27	99	116	+1650,0	+17,1
Futtergetreide insg. d)	2291	2139	2333	2788	2799	+ 30,3	+ 0,4
Getreide insg.	5152	4927	4924	5184	5249	+ 5,2	+ 1,3
Kartoffeln	1162	1056	783	597	554	— 43,5	— 7,2
Zuckerrüben	130	277	299	303	311	+ 9,4	+ 2,6
Hackfr. insg.	1292	1333	1082	900	865	— 32,5	— 3,9
Ölfrüchte	16	5	3	3	3,5	— 40,0	+11,6
Hülsenfrüchte f)	25	32	53	85	93	+165,6	+ 9,4
Hopfen	.	8	10	13	15	+ 62,5	+18,4
Freilandgem.	70	67	65	67	65	.	— 3,0
Sonstiges	276	125	186	136	128	.	.
Klee u. Kleegr.	724	503	366	297	273	— 41,0	— 8,1
Luzerne	206	160	151	90	90	— 43,7	.
Ackerwiesen	.	157	169	165	142	+ 5,1	—13,9
Grünmais	37	45	100	191	238	+324,0	+24,6
Futterrüben e)	617	520	413	355	337	— 31,7	— 5,1
and. Futterpfl.	140	66	35	27	21	— 59,1	—22,2
Futterpfl. insg.	1724	1451	1234	1125	1101	— 22,5	— 2,1
Ackerfl. insg.	8555	7948	7557	7513 g)	7520 g)	— 5,5	+ 0,1
Grünland							
Wiesen	3624	3634	3828	3340	3077	— 7,8	— 7,9
Weiden	1909	2042	1977	2160	2341	+ 13,1	+ 8,4
Grünland insgesamt	5533	5676	5805	5500	5418	— 3,1	— 1,5

a) Werte teilweise vorläufig bzw. geschätzt
b) einschl. Wintermenggetreide
c) einschl. Sommermenggetreide
d) einschl. Industriegetreide
e) Runkelrüben, Kohlrüben, Fu-Möhren
f) ohne Fu-Hülsenfrüchte
g) ohne Brache

Quelle: Agrimente '72

14 Allgemeine Hinweise

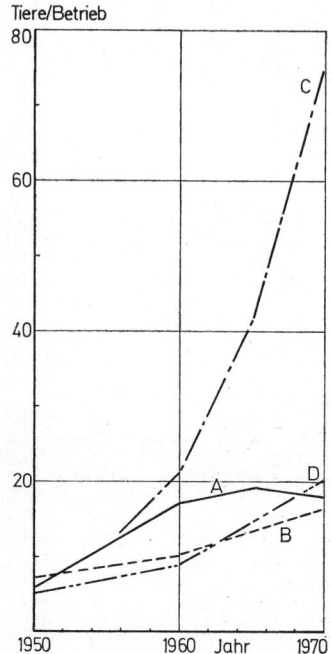

Abb. 2. Entwicklung der durchschnittlichen Viehbestandsgrößen. Konzentration des Geflügels ist ein sichtbares Zeichen der industriellen Produktion von Eiern und Geflügelfleisch.
A = Schafe
B = Rindvieh
C = Hühner
D = Schweine

Nicht weniger interessant ist die Verteilung der Nutztiere auf die einzelnen Betriebsgrößenklassen. Sie ist ebenfalls in Schaubildern (Abb. 3–6) dargestellt. Die hier sichtbar werdende Dynamik ist eine der wesentlichen Grundlagen für die Einschätzung der technischen Entwicklung in der tierischen Veredlung.
In einer weiteren Darstellung (Abb. 7) wird deutlich, in welch hohem Maße unsere Veredlung vom Importfutter abhängig ist. Schließlich konnten es sich die Autoren nicht versagen, ein wenig Prognose sichtbar werden zu lassen (Abb. 8).

Erläuterung verschiedener Begriffe

An dieser Stelle sollen Angaben und Begriffe, die in den folgenden Kapiteln mehrfach wiederkehren, erläutert werden.

Erläuterung 15

Maschinenleistung

Die *technische Leistung* einer Maschine ist die Leistung, die eine Maschine bei ununterbrochener Arbeit ohne irgendwelche Pausen, Nebenzeiten oder Störungen bei maximaler Belastung vollbringen könnte. In der Praxis kann eine Maschine diese Leistung auf kurzer Strecke durchaus vollbringen. Bei Ernte- und einer Anzahl von Fördermaschinen spricht man treffender von stündlichem *Durch-*

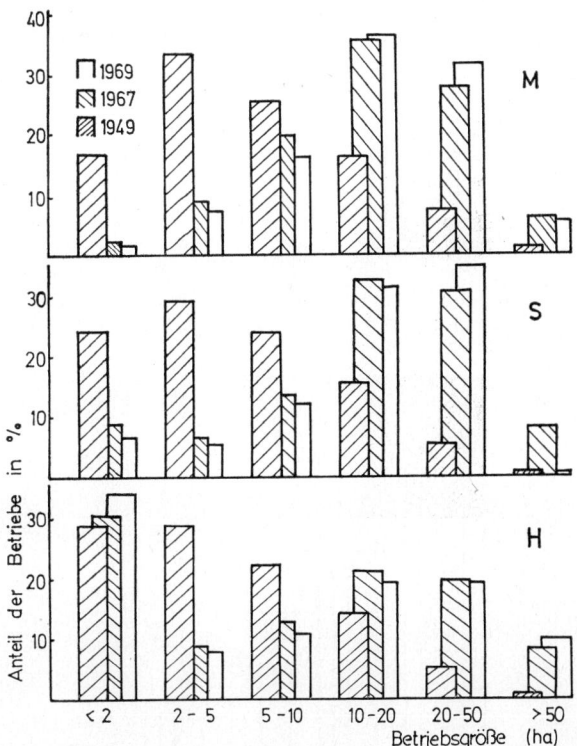

Abb. 3. Verteilung der Nutzviehbestände in verschiedenen Betriebsgrößen. Bei allen Großtierarten wird eine deutliche Verlagerung der tierischen Veredlung in mittlere und größere Betriebsgrößenklassen sichtbar.
M = Milchviehhalter; S = Schweinehalter; H = Hühnerhalter.

16 Allgemeine Hinweise

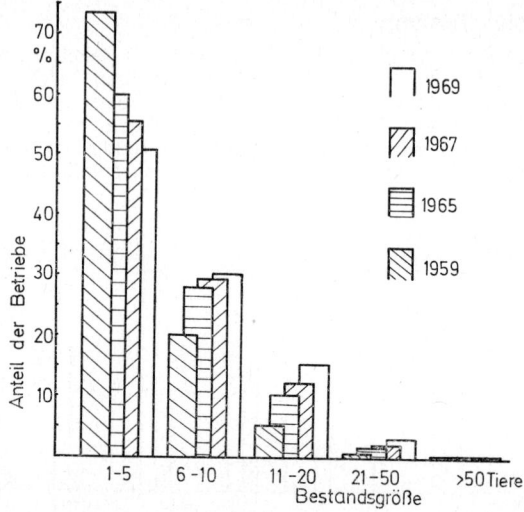

Abb. 4: Bestandsgrößen in der Milchviehhaltung. Zunahme der Bestandsgrößen zwischen 6 und 50 Kühen von 1959–1969. Noch überwiegen die kleinen Betriebe.

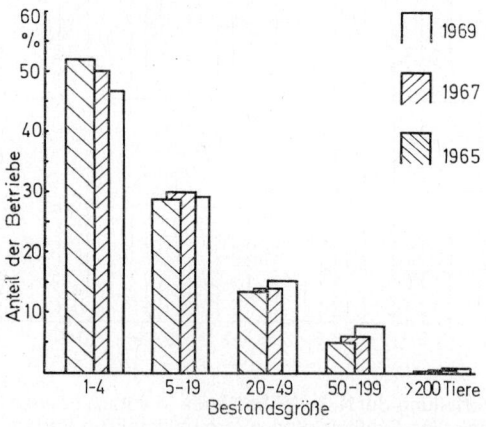

Abb. 5. Bestandsgrößen in der Schweinehaltung. Schweinebestandsgrößen von 20 und mehr Tieren haben zunehmende Tendenz.

satz (dt/h) in Maschinenprospekten wird meistens die technische Leistung angegeben.
Die mögliche technische Leistung vermindert sich beim praktischen Feldeinsatz infolge verschiedener Leerlaufzeiten wie Wende-, Füll- und Störungszeiten zur *Feldleistung,* bei Ladern spricht man auch von *Ladeleistung,* bei Fördermaschinen von *Förderleistung.*
Im Rahmen eines landwirtschaftlichen Arbeitsverfahrens kann man unter weiterer Einbeziehung von Rüst-, Wege-, Transportzeiten und dgl. stets nur mit der *landwirtschaftlichen Leistung* (ha/h oder dt/h) rechnen, bei Ernteverfahren spricht man besser von *Bergeleistung.*
Die landwirtschaftliche Leistung kann in einzelnen Fällen (je nach Anteil der Wegezeit) bis auf 20% der technischen Leistung absinken.

Arbeitsverfahren

Ein Arbeitsverfahren umfaßt alle Glieder (Arbeitsgänge) der Arbeitskette (z. B. Ernte auf dem Feld, Zwischenlagerung, Wiederaufladen, Transport, Abladen und Einlagern). Werden die einzelnen Arbeitsgänge nacheinander durchgeführt, so spricht man von einem

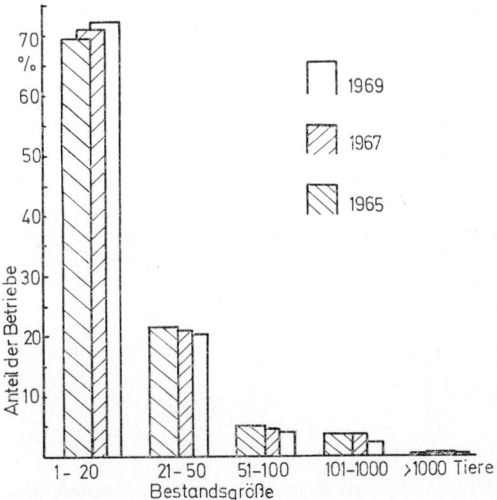

Abb. 6: Bestandsgrößen in der Legehennenhaltung. Bei noch steigenden Kleinhaltern bedingt die Konzentration in Größtbeständen eine abnehmende Tendenz der legehennenhaltenden Betriebe.

absätzigen Verfahren (z. B. 1 Melker im Melkstand). Ist der Ablauf eines Arbeitsverfahrens jedoch so organisiert, daß die verschiedenen Arbeitsgänge gleichzeitig durchgeführt werden, so spricht man von einem Fließverfahren (Melkkarussell mit Melker und Hilfskraft).

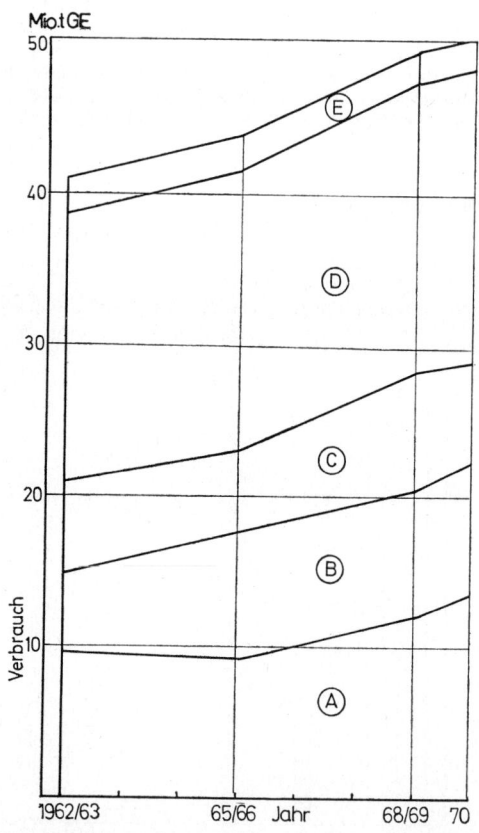

Abb. 7: Futtermittelverbrauch in der Landwirtschaft der Bundesrepublik.

A = Inlanderzeugung
B = Importfutter
C = Hackfrüchte
D = Grün- und Rauhfutter
E = Milch aller Art

Der Arbeitszeitbedarf (GAZ = Gesamtarbeitszeit) wird in AKh/ha angegeben. Er umfaßt:
1. Die Ausführungszeit, d. h. die eigentliche Arbeitszeit am Arbeitsort (z. B. Fahren, Laden), die Nebenzeiten (z. B. Wenden, Nachfüllen von Düngerstreuer) und einen prozentualen Zuschlag für nicht vermeidbare Verlustzeiten.
2. Die Rüstzeit für die Maschine und den Schlepper mit täglicher Vorbereitung, Umstellung von Transport auf Arbeitsstellung, An- und Abhängen usw.
3. Die Wegezeit für Hin- und Rücktransport der Maschine aufs Feld und für eventuellen Schlagwechsel.

Für absätzige Verfahren wird die GAZ berechnet durch Addition der für die einzelnen Arbeitsgänge benötigten AKh/ha. Bei Fließverfahren sind auftretende Leer-(Warte)Zeiten zu berücksichtigen.

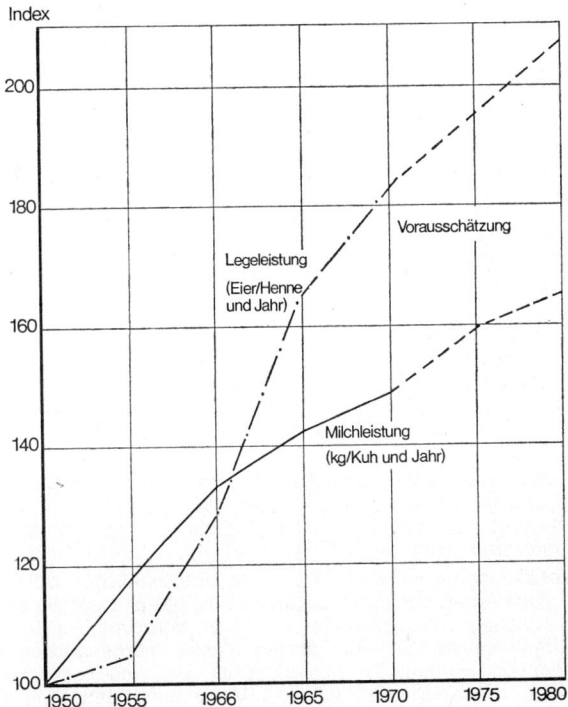

Abb. 8. Entwicklung der Produktivität des Nutzviehs.

Allgemeine Hinweise

Der Zeitbedarf des am längsten dauernden Arbeitsganges wird mit der Anzahl der benötigten Arbeitskräfte multipliziert und ergibt somit die GAZ.
Durch Einsatz von weiteren Arbeitskräften und von stärkeren oder zusätzlichen Maschinen kann man den Zeitbedarf für einen Arbeitsablauf verringern, man hat dann eine höhere *Schlagkraft*. Dabei erhöhen sich meistens sowohl der Arbeitszeitbedarf infolge erhöhter Leerlaufzeiten als auch die Kosten.

Kosten

Die Kosten der Arbeitserledigung (DM/ha) setzen sich zusammen aus den Lohnkosten, den Maschinenkosten (einschl. Schlepperkosten).
Die *Lohn*kosten errechnen sich nach den für eine Arbeit angegebenen Werten für den Arbeitszeitbedarf und dem gültigen Lohnsatz; (durchschnittlicher Stundenverdienst zur Zeit zwischen 5,50 und 6,– DM/h, für ständige Fremdarbeitskräfte ist zusätzlich noch der Arbeitgeberanteil an der Sozialversicherung zu berücksichtigen). In den meisten Betrieben hat das Rechnen mit Lohnkosten nur dann einen praktischen Sinn, wenn eventuell eingesparte Arbeitsstunden produktiv verwertet werden. Trotzdem kann auch ein Kostenvergleich sinnvoll sein zum Vergleich zwischen Maschinen mit geringer Flächenleistung aber auch geringen Maschinenkosten und solchen mit hoher Flächenleistung und zugleich hohen Maschinenkosten.
Die *Maschinenkosten* setzen sich zusammen aus *festen Kosten* und *veränderlichen Kosten*.

Feste Kosten:
  Zinsanspruch (üblich: 6% des halben Anschaffungspreises)
  Unterbringung (üblich: 1% vom Anschaffungspreis)
  Versicherung
  Abschreibung (bedingt veränderlicher Teil, wenn die jährliche Ausnutzung unter der Abschreibungsschwelle liegt)

Veränderliche Kosten:
  Abschreibung (wenn jährliche Ausnutzung über der Abschreibungsschwelle liegt)
  Reparaturkosten (einschl. voll veränderlicher Abschreibung)
  Betriebsstoffkosten

Die Abschreibungsschwelle ist aus der wirtschaftlichen Nutzungsdauer nach Arbeit (in Betriebsstunden bzw. ha) und der wirtschaftlichen Nutzungsdauer nach Zeit in Jahren berechnet. Auf die genaue Bestimmung kann im Rahmen dieses Taschenbuches nicht eingegangen werden. Zu bemerken ist, daß mit zunehmender jährlicher Maschinenausnutzung die Maschinenkosten je ha oder je h so lange sinken, bis die Abschreibungsschwelle erreicht ist, dann bleiben sie praktisch konstant.

Schlepperkosten entsprechen den Maschinenkosten und werden auf die gleiche Weise berechnet.

Unfallschutz

Auf den Unfallschutz an Landmaschinen kann im Rahmen dieses Taschenbuches nicht näher eingegangen werden. DLG-anerkannte Maschinen sind hinsichtlich des Unfallschutzes auch von der landwirtschaftlichen Berufsgenossenschaft geprüft worden, der Landwirt ist aber für die Einhaltung der Bestimmungen verantwortlich. Nach dem am 1. Dezember 1968 in Kraft getretenen „Maschinenschutzgesetz" ist auch der Hersteller oder Importeur für die Erfüllung der sicherheitstechnischen Anforderungen gemäß den anerkannten Regeln der Technik verantwortlich.

Füttern

Die technischen Einrichtungen für den Bereich der Fütterung umfassen sowohl Lagern und Bearbeiten als auch Transport und Vorlage der Futtermittel. Die verschiedenen Bestandteile der Fütterungsverfahren hängen weniger von der zu versorgenden Tierart als von den technologischen Eigenschaften des Futtermittels (mehlig, pelletiert, gehäckselt, langfaserig, Körner, trocken, feucht, flüssig) und vom vorgesehenen technischen Aufwand bei der Mechanisierung der Fütterung ab (rationierte Fütterung, Vorratsfütterung, automatisch oder manuell gesteuerte Vorlage).

Füttern von Getreide und getreideähnlichen Futtermitteln

Lagern

Das Lagern von Futtermitteln muß in den Betrieben so gestaltet werden, daß möglichst keine Mengen- und Nährstoffverluste auftreten. Lagerbehälter sollen außerdem kostengünstig sein.
Von der Bauart her lassen sich erd- oder deckenlastige Flachbehälter und erdlastige Hochbehälter unterscheiden. Ihre Vor- und Nachteile lassen sich wie folgt gegenüberstellen:

Tab. 3. Beurteilung von Lagerungsformen

Verfahren	Vorteile	Nachteile
Flachlagerung ebenerdig (erdlastig)	Transport leicht mechanisierbar. Gebäude leicht für andere Zwecke verwendbar und billig. Einfaches Verfahren mit niedrigem Aufwand.	Belüftungseinrichtungen fast immer erforderlich. Umstechen notwendig und mit hohem technischem Aufwand verbunden.
Flachlagerung mehrgeschossig (deckenlastig)	Geringe Schütthöhe des Getreides. Gute Kontrolle und Lüftungsmöglichkeiten. Getreide auch mit Wassergehalten von mehr als 14% bis zu 1 m Höhe einlagerfähig.	Hoher Handarbeitsaufwand. Getreidetransport nicht voll mechanisierbar.

Verfahren	Vorteile	Nachteile
Behälterlagerung	Getreidelagerung vollautomatisierbar. Transporte einfach und leicht zu mechanisieren. Umstechen voll mechanisierbar. Fließfähigkeit des Getreides kann voll ausgenutzt werden.	Hohen Kosten durch großen baulichen und technischen Aufwand. Behälter sind Spezialbauten, deren Nutzungs-Variabilität beschränkt ist.

Bei der Konstruktion sind die Tragfähigkeits-Vorschriften der DIN 1055 (Lastannahmen für Bauten) zu berücksichtigen. Für Mähdruschfrüchte können folgende Schüttgutgewichte angenommen werden:

Tab. 4. Schüttgewicht von Mähdruschfrüchten

| Art | Schüttgewicht | | Raumbedarf |
	Extremwerte kg/m³	Mittelwert kg/m³	Mittelwert m³/dt
Weizen	700 bis 820	760	0,132
Roggen	600 bis 790	695	0,144
Gerste	560 bis 700	630	0,159
Hafer	430 bis 600	515	0,194
Raps	630 bis 700	665	0,150
Mais	700 bis 800	750	0,133
Bohnen	750 bis 850	800	0,125

Die deckenlastige Lagerung, eine der ältesten Methoden, geschieht meist auf Speicherböden in kastenförmigen Flachbehältern, die leicht im Selbstbau herzustellen sind. Die Tragfähigkeit des Bodens begrenzt die Schütthöhe in den Behältern. Wo Schüttböden für die Anlage von Flachlagern fehlen, muß auf die erdlastige Lagerung ausgewichen werden. Hierfür sind Hochbehälter vorzuziehen, da sie insgesamt eine bessere Ausnützung der Fläche ermöglichen. Begrenzend für die Abmessungen dieser Behälter ist dann nicht mehr die Tragfähigkeit des Bodens, sondern die Raumhöhe, wenn unter Dach gelagert werden soll, sowie die Wandfestigkeit in Abhängigkeit von der Schütthöhe. Grundsätzlich ist die Anlage von Hochbehältern auch im Freien möglich,

24 Füttern

Tab. 5. Werkstoffe zum Bau von Getreidelagerbehältern, ihre Eignung für verschiedene Formen und für das Aufstellen im Freien

	Grundriß			Eignung zum Aufstellen im Freien
	rund	viereckig	vieleckig	
Beton	G	G	M	G
Asbest-Zement	S	G	M	M
Mauerwerk	G	G	M	M
Holz (Sperrholz oder Faßbauweise)	G	M	M	S
Holz (Blockbauweise)	G	G	G	M
Hartfaserplatte	G	M	S	S
Kunststoff (Trevira-Sack)	G	S	S	S
Stoff (Jute)	G	S	S	S
Stahlblech (lackiert)	G	G	M	M
Stahlblech (verzinkt)	G	G	M	G
Aluminium	G	G	M	G

G gut   M mittel   S schlecht

wenn geeignete, witterungsbeständige Baumaterialien gewählt werden.
Hochbehälter können auch auf Stützen gestellt und mit einem Auslauftrichter ausgerüstet werden. Diese Bauart ist teuer und verhilft nur zu geringen arbeitswirtschaftlichen Vorteilen. Für die vollmechanisierte Entnahme ist sie jedoch vorteilhaft.
Die hier angesprochenen Futtermittel können wie alle nicht sauerstoffempfindlichen Güter auch in kleineren Einheiten gelagert werden, z. B. in Kisten oder in Säcken. Kisten eignen sich zum Palettieren. Daher lassen sie sich gut in mechanische Transportketten einordnen. Außerdem können sie in allen Bereichen des Betriebes gleich gut eingesetzt werden. Da ihr Fassungsvermögen für die Ansprüche der Futterlagerung nicht ausreicht und sie mit hohen Materialkosten belastet sind, haben sie als Lagerbehälter für Futtermittel keine Bedeutung. Säcke eignen sich ebenfalls nur für kleine Mengen. Sie sind kostengünstiger und raumsparend zu lagern. In zunehmendem Maße werden sie als Einwegverpackung verwendet. Ihr Einsatz ist mit viel Handarbeit verbunden. Säcke werden daher nur für hochwertige Zuschlagstoffe zu Futtermischun-

gen eingesetzt, die man in geringeren Mengen benötigt. Da Kleinbehälter geschlossene Einheiten darstellen, belasten sie in Stapeln lediglich die Auflagefläche, nicht dagegen die Wände, wie dies bei lose gelagerten Gütern (Schüttgütern) in Behältern der Fall ist. Die Lagerräume können daher einfacher gebaut sein.

Aufbereiten

Die verschiedenen Bestandteile einer Futterration müssen in vielen Fällen vor der Verabreichung an das Tier aufbereitet werden. Dies kann verschiedenen Zwecken dienen: dem Konservieren, dem Reinigen, dem Zerkleinern und dem Mischen mit anderen Komponenten.

Konservieren

Damit die Getreide-Futtermittel lagerfähig sind, muß ihnen entweder soviel Wasser entzogen werden, daß alle biologischen und chemischen Umsetzungen, die den Nährstoffgehalt beeinträchtigen, zum Stillstand kommen. Dies ist z. B. der Fall, wenn Getreide einen Wassergehalt von nicht mehr als 14% aufweist. Der Wassergehalt kann durch die verschiedenen Formen der Trocknung unter Kontrolle gebracht werden (s. Band 1). Oder man greift, wenn auf die Trocknung verzichtet werden soll, auf die Kühlung oder Vergärung der Futterstoffe zurück. Während die Kühllagerung nahezu ungebräuchlich ist, wird die Vergärung häufig angewandt. Neben den physikalischen Konservierungsverfahren „Trocknen" und „Kühlen" und dem chemischen-biologischen Verfahren „Vergären" gewinnt in jüngster Zeit ein rein chemisches Verfahren, die Konservierung mit Propionsäure, an Bedeutung. Sie eignet sich in erster Linie für Getreide oder Mais. Die Vergärung wird auch für Hackfrüchte (Kartoffeln) angewandt.

Getrocknete Stoffe sind ohne weitere Maßnahmen lagerfähig, solange eine erneute Wasseraufnahme vermieden wird. Bei allen übrigen Verfahren ist es dagegen erforderlich, entweder mehr oder weniger luftdichte Behälter zu verwenden (Vergärung, Propionsäure) oder ein bestimmtes Temperaturniveau nicht zu überschreiten. Können die für das jeweilige Verfahren vorgeschriebenen Bedingungen nicht eingehalten werden, dann droht rascher Verderb des eingelagerten Gutes. Bei den sauerstoffempfindlichen Konservierungsverfahren sind auch für die Entnahme bestimmte Vorsichtsmaßnahmen zu beachten. So ist es z. B. nicht sinnvoll, kleinste Mengen zu entnehmen; auch sollte nach jeder Entnahme der Behälter wenn möglich luftdicht verschlossen werden.

Tab. 6. Beurteilung der Konservierungsverfahren

Verfahren	Vorteile	Nachteile
Trocknen	Erzeugung marktgängiger Ware. Keine Festlegung hinsichtlich der Weiterverwendung. Trocknungsanlagen in jeder Größe erhältlich. Getrocknetes Getreide praktisch unbegrenzt marktfähig.	Verlängert die Verfahrensketten der Getreideernte. Teuerstes Konservierungsverfahren. Hoher Arbeitszeitbedarf.
Kühlkonservierung	Der Lagerungsort ist auch der Konservierungsort, d. h. Verkürzung der Arbeitszeit. Große Getreidemengen können lagerfähig gemacht werden.	Nur für große Getreidemengen brauchbar. Gekühltes Getreide bei hoher Feuchtigkeit nicht marktfähig. Begrenzte Lagerzeit.
Gärkonservierung	Erhebliche Verkürzung der Arbeitskette Getreideernte. Billiges Verfahren. Geringe Verluste bei richtiger Anwendung.	Nur für Futtergetreide brauchbar. Bei Entnahme müssen größere Mengen auf einmal entnommen werden. Gefahr der Nachgärung beim entnommenen Gut. Körner müssen zerkleinert werden, das führt zu einem Engpaß beim Einbringen in den Gärbehälter.
Konservierung durch Propionsäure	Vielseitige Einsatzmöglichkeiten; je nach Dosierung Kurzzeit-, Langzeit- oder Oberflächenkonservierung, auch zur Verhinderung von Nachgärungen oder in Verbindung mit anderen Konservierungsverfahren (Trocknung), geringe Verluste, geringe Investitionskosten, keine arbeitswirtschaftlichen Engpässe	Hohe Mittelkosten (Betriebskosten), unangenehme Handhabung (stechend-riechende, ätzende Säure); nur für Futtermittel zugelassen, nicht für Saat-, Brot- oder Braugetreide

Reinigen

Wird betriebseigenes Getreide als Futtermittel verwendet, so ist es im allgemeinen erforderlich, dem Konservierungsvorgang eine Reinigung vorzuschalten, in deren Verlauf Stengelteile, grüne Pflanzenteile und Steine aus dem eingebrachten Gut entfernt werden. Diese Bemischungen beeinträchtigen einerseits den Konservierungsvorgang, zum anderen erschweren sie den Transport des Gutes in mechanischen Transportgeräten (z. B. Schnecken) und behindern die Zerkleinerung in Mühlen. Eine Übersicht über die gebräuchlichen Reinigungsgeräte gibt Tab. 7.

Diese Geräte können bei der Aufbereitung von Getreide für den Markt nur zur Vorreinigung verwendet werden, für die Reinigung von Futtergetreide jedoch reichen sie völlig aus.

Tab. 7. Beurteilung der Reinigungsmaschinen

Bauart	Vorteile	Nachteile
Ringsichter	Geringer spezifischer Leistungsbedarf. Niedriges Gewicht. Geringe Abmessungen, deshalb fast überall einbaubar. Wenig Verschleißteile.	Reinigungsgrad und Durchsatz stark von Getreidefeuchtigkeit abhängig. Trennt nur Leichtteile ab.
Umlaufsichter	Einfache Bauart. Geringer Leistungsbedarf durch Luftkreislauf. Keine Staubbelästigung.	Trennt nur Leichtteile ab.
Windsichter mit Siebtrommel	Auch grobe Teile werden abgetrennt. Trommel wenig anfällig für Verstopfungen.	Höherer Leistungsbedarf. Größere Abmessungen. Mehr Verschleißteile.
Windfege	Erprobtes Gerät mit einfacher Bauart. Guter Reinigungserfolg.	Hoher Leistungsbedarf. Zum Aufnehmen der Rüttelbewegung muß festes Fundament vorhanden sein.
Aspirateur	Sehr guter Reinigungserfolg. Erprobtes Gerät.	Hoher Leistungsbedarf. Verhältnismäßig komplizierte Maschine, deshalb störungsanfällig.

Zerkleinern

Einige Tierarten, wie z. B. Schweine, können unzerkleinerte Getreidekörner nur unvollkommen verwerten. Um eine möglichst weitgehende Ausnutzung der verfütterten Nährstoffe zu sichern, ist es daher üblich, Getreide und Mais vor der Verfütterung zu zerkleinern. Dafür eignen sich verschiedene Geräte; die wichtigsten werden im Folgenden kurz beschrieben.

Hammermühlen sind sehr vielseitige Geräte und heute der verbreitetste Mühlentyp. Die Körner werden zwischen den rotierenden Schlagwerkzeugen und den scharfen Kanten des Mühlengehäuses hin- und hergeworfen und infolge der Massenträgheit zertrümmert. Ein Teil des Gehäusemantels ist als Sieb ausgebildet, durch das die ausreichend zerkleinerten Teilchen die Mühle verlassen. Die Kalibrierung des Siebes bestimmt also den Feinheitsgrad des Mahlgutes. Als Normalschrot wird Mahlgut bezeichnet, welches durch ein 4-mm-Sieb austritt. Für Feinschrot sind 3-mm-Siebe erforderlich. Mit dem Feinheitsgrad des Schrotes steigt auch der Energiebedarf. Hammermühlen werden meistens mit einem Zusatzgebläse ausgerüstet, welches in der Regel auf der gleichen Welle wie die Schlagwerkzeuge sitzt. Dieses Gebläse erlaubt die Förderung des Mahlgutes über weite Strecken und kühlt dabei das Schrot ab. Staubabscheider aus Gewebesäcken sind eine notwendige Zusatzausrüstung.

Die Ansaugluft des Gebläses kann zum Beschicken der Mühle benützt werden. Das Gut wird dabei auf eine Entfernung von bis zu 30 m auch von der Seite oder von unten zugeführt.

Zur Sicherung vor Fremdkörpern müssen Hammermühlen mit Abscheidevorrichtungen ausgestattet werden. Neben einem Sieb über dem Vorratsbehälter, welches größere Fremdkörper zurückhält, ist eine Abscheidekammer im Einlauf der Mühlen erforderlich, welche kleinere, schwere Fremdkörper, also Steine oder Metallstücke zurückhält.

Die Bemessung der Mühle richtet sich nach dem Schrotbedarf. Theoretisch würden bei automatisch arbeitenden Mahl- und Mischanlagen kleine Mühlen ausreichen (Nachtstrom!), da viel Zeit zur Verfügung steht. In der Praxis werden jedoch größere Mühlen bevorzugt, weil sie neben einer größeren Leistung auch größere Sicherheit gegen Überlasten der Förderwege und Verstopfung bieten und außerdem auch grobstückiges Gut und Feuchtgetreide verarbeiten können.

Stahlscheibenmühlen besitzen zwei Mahlringe aus Hartguß, zwischen denen das Mahlgut zerkleinert wird. Beide Scheiben sind beidseitig gerillt, dazwischen stehen scharfkantige Rippen und Zähne. Eine Scheibe ist starr am Mühlengehäuse befestigt, die zweite sitzt auf einer axial verschiebbaren Welle. So kann der Abstand zwischen beiden Scheiben und damit der Feinheitsgrad des gemahlenen Schrotes eingestellt werden. Nach Abnutzung einer Seite können die Scheiben gewendet werden. Je nach Anordnung der Scheibenachse werden Horizontal- und Vertikalläufer-Mühlen unterschieden. Die Beschickung erfolgt in der Mitte der feststehenden Scheibe. Das Schrot wird durch Zentrifugalkraft, Luftstrom und Schwerkraft nach außen zum Mühlenauslauf bewegt. Metallscheibenmühlen eignen sich nicht für grobstückiges Gut. Mit Feuchtgetreide werden sie jedoch besser fertig als Hammermühlen. Sie können Körner mit 26% Feuchtigkeit noch gut verarbeiten. Da die Saugwirkung der Hammermühlen bei den Metallscheibenmühlen fehlt, ist die Fremdkörperabscheidung durch Abscheidekammern bisher nicht möglich. Die Mühlen können nur über Magnete und Reinigungssiebe geschützt werden. Da kein Staub ent-

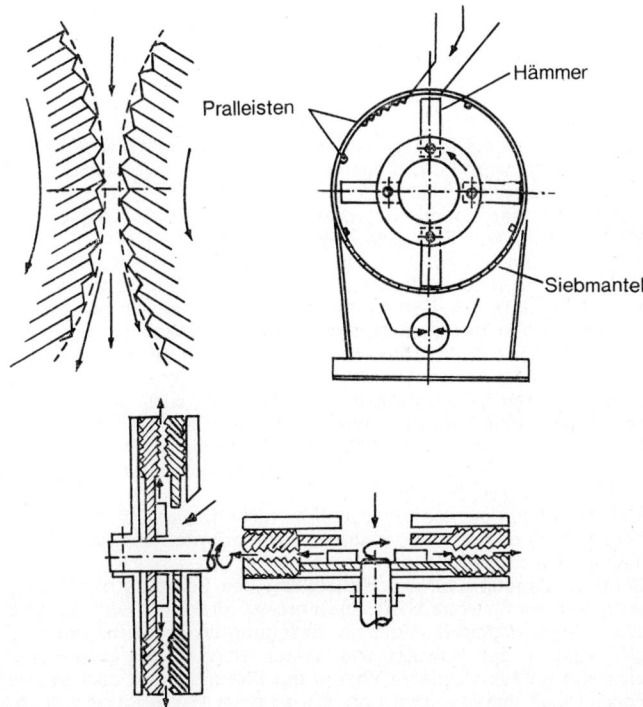

Abb. 9. Mühlenbauarten: Walzenmühle, Hammermühle, Stahlscheibenmühle mit stehenden oder liegenden Walzen.

wickelt wird, kann bei diesen Mühlen auf den Einbau von Staubabscheidern verzichtet werden. Sie eignen sich daher gut für kontinuierlich arbeitende Anlagen oder für den Einbau in den Mischer. Sie können jedoch auch mit einem Zusatzgebläse ausgestattet werden. Dann haben sie die gleichen Fördereigenschaften wie Hammermühlen. Wenden und Auswechseln der Scheiben ist einfach, lediglich das Zentrieren erfordert Aufmerksamkeit. Mit einem Scheibensatz können 800 bis 1000 dt Schrot hergestellt werden.

Nockenscheibenmühlen besitzen eine mit ringförmig angeordneten Nocken versehene Scheibe, die in einem Gehäuse umläuft, dessen Wandung mit Prallrippen ausgestattet ist. Die Körner werden zentral eingespeist. Die Feinheit des Schrotes wird durch axiales Verschieben des Läufers in dem Mahlgehäuse eingestellt. Die Scheibe kann beidseitig verwendet werden. Zum Austauschen sind nur wenige Handgriffe erforderlich. Auch Nockenscheibenmühlen können mit einem Fördergebläse ausgestattet werden. Sie eignen sich für alle Körnerarten und erzeugen gute Schrotqualitäten.

Kreiselschroter besitzen ein Schlagkreuz, das auf einer Läuferscheibe starr befestigt ist. Die Wand des Mühlengehäuses ist mit einem Ring aus Schneidkanten versehen. Der Abstand dieses Ringes zu den Schneidwerkzeugen auf der Läuferscheibe kann stufenlos verändert werden. Das Mahlgut wird zentral zugeführt.

Die Schrotleistungen der Kreiselschroter gleichen denen der Hammermühlen, der Energiebedarf ist etwas höher. Sie eignen sich besonders gut zum Zerkleinern feuchter Körner.

Walzenmühlen werden in der Landwirtschaft in erster Linie für die Zerkleinerung feuchter Körner und zum Quetschen von Hafer verwendet, für das Schroten trockenen Gutes haben sie nur geringe Bedeutung. Sie bestehen aus zwei geriffelten Walzen, die in entgegengesetzter Drehrichtung mit unterschiedlicher Umfangsgeschwindigkeit rotieren. Das Mahlgut wird in den Spalt zwischen beiden Walzen zugeführt. Durch die Riffelung wird das Korn aufgrund der beim Passieren des Spaltes auftretenden Scherkräfte zerkleinert. Fördern können Walzenmühlen nicht, sie eignen sich also nicht zum Einbau in eine automatisch gesteuerte Anlage zur Aufbereitung von Futtermitteln.

Steinschrotmühlen können ebenfalls nicht fördern, daneben sind sie empfindlich gegen Leerlaufen. Für moderne Anlagen kommen sie daher nicht in Betracht.

Der Energiebedarf für die Herstellung des Schrotes hängt einerseits von der Schrotfeinheit, andererseits aber auch von der Mühlenbauart und dem Mahlgut ab. Bezogen auf Gerste ist der Energiebedarf für das Schroten von Weizen, Roggen und Mais kleiner, für Hafer größer. Schließlich hängt der Energiebedarf auch von der Feuchtigkeit des Mahlgutes ab. Bis zu einer Feuchtigkeit von 19% steigt er an, darüber hinaus bleibt er zunächst gleich und nimmt bei sehr hohem Wassergehalt wieder ab. Tab. 8 gibt einen Überblick über den Energiebedarf verschiedener Mühlenbauarten für die

Herstellung von Feinschrot aus Gerste mit einer Feuchtigkeit von 14%.

Tab. 8. Spezifischer Energiebedarf beim Herstellen von Feinschrot (Gerste, 14% Wasser)

Mühlenbauart	Energiebedarf (kWh/dt)
Hammermühle	1,5 bis 1,8
Stahlscheibenmühle	1,4 bis 1,5
Kreiselschroter	1,6 bis 2,2
Walzenmühle	0,5 bis 0,7

Mischen

Für das Mischen einer Futterration aus verschiedenen Komponenten gibt es prinzipiell zwei Verfahren:
   das absätzige Mischen
   das kontinuierliche Mischen.

Beim *absätzigen Mischen* kommt es darauf an, daß Grundstoff und Zuschlagstoffe einer Futtermischung möglichst gleichmäßig verteilt werden, so daß die Einzelrationen bei der Entnahme aus dem Vorratsbehälter, der für die fertige Mischung notwendig ist, keine unterschiedliche Zusammensetzung des Futters aufweisen. Dieses gleichmäßige Verteilen bereitet besonders bei hochkonzentrierten Bestandteilen einer Futtermischung Schwierigkeiten, wenn diese nur einen geringen Anteil (z. B. weniger als 1%) an der Gesamtmenge ausmachen. Daher werden solche Komponenten oft erst mit anderen Bestandteilen vorgemischt und dann der Gesamtmenge zugegeben.

Die Bestandteile einer Futtermischung werden entweder anhand des Volumens (am einfachsten durch Füllmarken am Mischbehälter, was nur bei größeren Mengen möglich ist, oder durch Meßgefäße, z. B. Rollschaufel, Eimer) gemessen oder anhand des Gewichtes. Bei abgesackter Ware kann man die Säcke zählen, bei sackloser Aufbewahrung sind dagegen Waagen erforderlich: entweder Durchlaufwaagen mit abwechselnd in den Gutstrom gekippten Meßbehältern oder Behälterwaagen, in die die einzelnen Komponenten ihrem Gewichtsanteil entsprechend eingefüllt werden.

Das Mischen selbst erfolgt beim absätzigen Verfahren in Mischgeräten, die in der Regel stationär aufgestellt sind, aber auch als fahrbare Mahl- und Mischanlagen im Lohnbetrieb arbeiten. Der Mischer besteht aus Behälter, Mischwerkzeug und Antrieb. Er kann von oben oder von unten befüllt werden, wobei einige Ge-

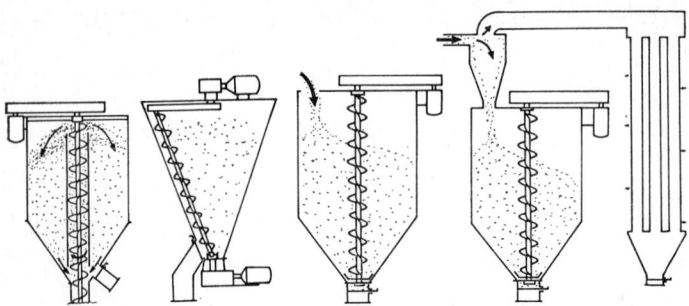

Abb. 10: Mischerbauarten: Zwangsmischer sowie Drei Typen von Freimischern.

räte beide Möglichkeiten eröffnen. Für die Untenbefüllung wird die Mischschnecke nach unten verlängert. Sie mündet in einem Einfülltrichter. Welche Bauart gewählt wird, ist nach den Gebäudeverhältnissen zu entscheiden.

Je nachdem, ob die Mischschnecke innerhalb des Mischers ummantelt ist oder frei läuft, unterscheidet man Zwangsmischer oder Freimischer. Beide Bauarten führen zu gleichmäßig zusammengesetzten Mischungen, wenn die erforderliche Mischzeit (10 bis 25 min) eingehalten wird. Freimischer eignen sich besonders für grobstückiges Gut, wie es als Kraftfutter an Milchvieh verfüttert wird. Die Größe des Mischbehälters richtet sich nach dem Futterbedarf. Sie muß auf das Fassungsvermögen des Aufschüttbehälters der Schrotmühle abgestimmt werden. Günstig ist, wenn der Mischer 25 bis 30% mehr fassen kann. Da über der Mischschnecke

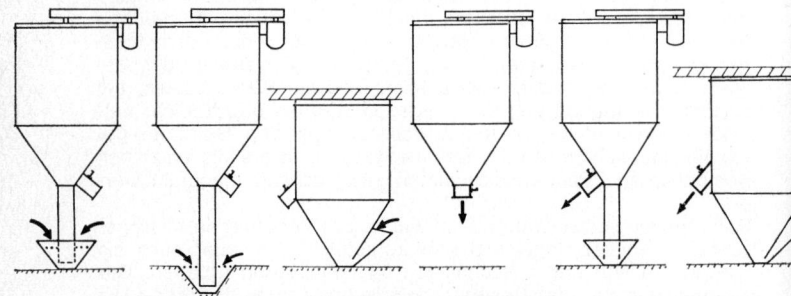

Abb. 11: Befüllung und Entleerung der Mischer.

stets ein Freiraum bleiben muß, ist das tatsächliche Fassungsvermögen eines Mischers kleiner als seine äußeren Abmessungen vermuten lassen. In den meisten Fällen dürften Mischer mit einem Fassungsvermögen von 1000 bis 1500 kg ausreichen. Ein etwas größerer Mischer ist jedoch vorzuziehen, weil bei kleinen Geräten zu häufig Futter bereitet werden muß.
Mischerbehälter werden aus Metall oder aus Holz hergestellt. Bei Holz, was seltener verwendet wird, ist die Gefahr der Kondenswasserbildung geringer. Um den Mischer vor Fremdkörpern zu schützen, sollte er abgedeckt werden. Den Einfülltrichter bei Geräten mit Untenbefüllung sollte man mit Abdeckgittern schützen.
Für den Einbau eines Mischers müssen in Altgebäuden entweder Mauerdurchbrüche vorgenommen oder ein zerlegbarer Mischer gewählt werden, der jedoch erheblich teurer ist.

Tab. 9. Leistungsbedarf beim Schrotmischen

Mischerinhalt (dt)	Antriebsleistung (kW)
5	2,4
10	2,9
15	3,3
20	3,8

Drehzahlen:	Zwangsmischer	150 bis 200 U/min
	Freimischer	50 bis 70 U/min

Für die Lagerung der fertigen Mischung gilt sinngemäß das im ersten Abschnitt dieses Kapitels Gesagte, allerdings ist die Vielfalt der Lagerbehälter hier größer, so können z. B. im Selbstbau Holz oder Preßpappe verarbeitet werden. Von der Industrie werden GFK-Behälter für Außenaufstellung und flexible Kunststoffsäcke zum Einhängen in Gebäude angeboten. In allen Fällen muß beachtet werden, daß Kondenswasserbildung zu Futterverderb sowie zum Verklumpen und zu Brückenbildung führt. Dies kann Gesundheitsstörungen bei den Tieren und Betriebsstörungen bei den automatischen Futterverteilanlagen bewirken. Daher sollten Schrotbehälter vorzugsweise in geschlossenen Gebäuden aufgestellt werden.
Es ist möglich, den Mahl- und Mischvorgang mehr oder weniger vollautomatisch zu steuern. Folgende Bedingungen müssen hierfür erfüllt sein:
1. Getreide und Zusatzkomponenten müssen weitgehend frei von Fremdkörpern sein

34 Füttern

2. Die Mühle muß durch ein Sieb und einen Fremdkörperabscheider geschützt sein
3. Die Mühlen müssen so weite Durchgänge aufweisen, daß Verstopfungen nicht vorkommen.

Empfehlenswert sind Mühlen mit Antriebsleistungen ab 5 kW.

Tab. 10. Überblick über die Möglichkeiten zur Automatisierung des Mahl- und Mischvorganges

Mahlen	Steuereinrichtungen	Mischen	Steuereinr.	Ablauf des Verfahrens
automat.	Leermeldeschalter	Hand	Handschalter	Mühle starten, Mischer starten und anhalten
automat.	Zeitschaltuhr und Leermeldeschalter	Hand	Handschalter	Mahlen im Nachtbetrieb Mischer starten und anhalten,
automat.	Zeitschaltuhr und Leermeldeschalter	automat.	Zeitschaltuhr	Nachtbetrieb, Starten der Mühle durch Uhr, anhalten durch Leermeldung, Mischer durch Zeituhr gesteuert
automat.	Leermeldeschalter	automat.	Zeitrelais	Start von Hand (nach 22 Uhr), Ablauf von Mühle und Mischer durch Leermeldeschalter mit nachgeschaltetem Zeitrelais gesteuert.

Anders als beim absätzigen Verfahren werden beim *kontinuierlichen* oder Fließverfahren keine Lagerbehälter für die Futtermischung benötigt. Vielmehr wird hier dem aus der Mühle fließenden Schrotstrom die erforderliche Menge an Zuschlagstoffen im richtigen Verhältnis laufend zugemischt und der Futterstrom sofort an die Geräte zur Futtervorlage weitergeleitet.

Dieses Vorgehen macht es erforderlich, daß man ausgehend von der Leistung der Mühle das anfallende Schrot und die erforderlichen Zuschlagstoffe in kg/min bestimmt. (Beispiel: Die Mühle leistet 600 kg/Stunde, das sind 10 kg/min. Der Getreideanteil der Mischung beträgt 75%, also müssen 3,33 kg/min an Zuschlagstoffen zugeführt werden.) Üblich ist bei Anlagen im Fließverfahren die Volumendosierung, aber auch die Zeitdosierung wird eingesetzt.

Folgende Dosiergeräte sind gebräuchlich:
1. Band- und Kratzkettendosierer, etwas höherer technischer Aufwand, aber betriebssicher auch bei stark brückenbildendem Futter.
2. Schneckendosierer, robust, häufig eingesetzt, Dosiergenauigkeit nimmt mit kleinerem Durchmesser und engeren Windungen zu, daher gelegentlich Schnecken mit Doppelwindungen im Einsatz.
3. Zellenraddosierer, wie in der Drillmaschine, zunehmend verarbeitet.
4. Vibrationsdosierer für trockene, gut fließende Komponenten (Mineralstoffe), u. U. Förderleistung durch Feuchtigkeit des Gutes und der Luft beeinflußt.
5. Tellerdosierer mit Abstreifer, betriebssicher, als Einzeldosierer für Futterverteilsysteme bewährt.

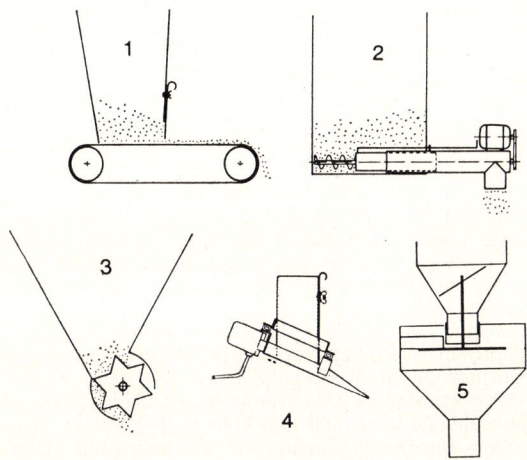

Abb. 12: In Schrotaufbereitungsanlagen verwendete Durchlaufdosierer.
1 = Förderband mit Schieber.
2 = Schneckendosierer.
3 = Zellenraddosierer.
4 = Vibrator.
5 = Drehteller mit Abstreifer.

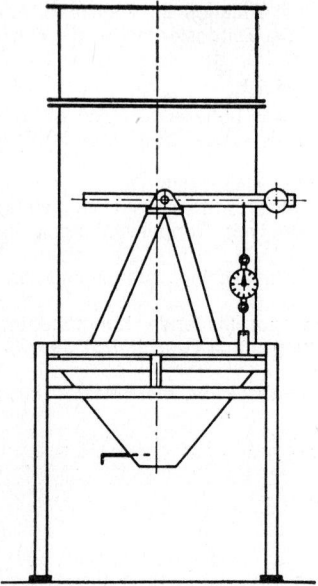

Abb. 13: Behälterwaage als Mühlenaufschüttbehälter.

Die Zusammensetzung kontinuierlich hergestellter Futtermischungen hängt von der Dosiergenauigkeit der Zuführorgane und den Schwankungen des Wassergehaltes des zugeführten Gutes ab. Abweichungen liegen in der Regel zwischen 1 und 5% von der Sollmenge. Sie fallen bei sehr geringen Ausbringmengen stärker ins Gewicht als bei größeren Mengen, außerdem nehmen sie bei unterbrochenem Betrieb zu.

Um die Leistung der Mühle voll nutzen zu können, werden bei der kontinuierlichen Mischung fast immer nur die Körner durch die Mühle geleitet. Je nach Auswahl der Geräte kann man drei bis sieben Mischkanäle bei Dosierer-Mühle-Kombinationen oder beliebig viele Kanäle bei Baukasten-Anlagen bekommen. Grundsätzlich ist aber eine Beschränkung auf die unbedingt erforderliche Anzahl der Komponenten zu empfehlen.

Auch die Anzahl der im Betrieb eingesetzten Mischungen sollte möglichst gering gehalten werden, da bei vollautomatischem Betrieb nur die gerade eingestellte Mischung hergestellt werden kann. Um eine andere Zusammensetzung zu erzielen, muß die Anlage umgestellt werden. Dabei kann außer der Menge auch die Anzahl der Komponenten geändert werden.

Fördern

Alle Fütterungsverfahren, bei denen Getreide-Futterstoffe eingesetzt werden, sind mit mehr oder weniger umfangreichen Fördervorgängen behaftet, die sich zwischen Vorratsbehälter, Aufbereitungsanlage, Zwischenbehälter und Ort der Futtervorlage abspielen. Die Fördervorgänge können dabei in drei Abschnitte unterteilt werden:
1. die Abgabe des Fördergutes an das Fördergerät (Entnahme)
2. den eigentlichen Fördervorgang (Transport)
3. die Übergabe des Gutes vom Fördergerät an die nachfolgende Station.

Die technische Gestaltung der Entnahme wird einerseits durch den Lagerbehälter bestimmt, andererseits muß sie sich auch den Forderungen des Transportmittels unterordnen, die sich bei absätzig und bei kontinuierlich arbeitenden Geräten erheblich unterscheiden. Der Fördervorgang und die Übergabe des Gutes richtet sich nach dem eingesetzten Fördergerät.

Tab. 11. Maschinenkosten für die Aufbereitung von Getreide und für Fütterungsanlagen – Stand 1973 –

Maschinenart, -größe, -typ	Anschaffungspreis DM	Gesamtkosten (DM/Jahr) bei einer jährlichen Ausnutzung von			
		50 h	100 h	200 h	500 h
Steinschrotmühle mit 10-PS-Elektromotor, 6,0 dt/h	2200	270	369	579	1349
Stahlscheibenmühle mit 3-PS-Elektromotor, 2,5 dt/h	1300	131	152	203	450
10-PS-Elektromotor, 8,0 dt/h	2100	234	287	411	933
Hammermühle mit Abschaltautomatik und Gebläse, mit 5-PS-Elektromotor, 2,5 dt/h	2400	247	296	412	922
10-PS-Elektromotor, 5,0 dt/h	2700	297	371	537	1222
15-PS-Elektromotor, 7,5 dt/h	4300	467	577	829	1879

38 Füttern

Maschinenart, -größe, -typ	Anschaffungspreis DM	Gesamtkosten (DM/Jahr) bei einer jährlichen Ausnutzung von			
		50 h	100 h	200 h	500 h
Kreiselschroter für Feuchtgetreide, mit					
10-PS-Elektromotor, 40 dt/h	2200	242	296	419	949
20-PS-Elektromotor, 70 dt/h	3500	402	502	728	1663
Trockenfuttermischer [a] ortsfest, für Untenfüllung senkrechte Anordnung, Mischschnecke zentral					
6–7 dt Inhalt	3100	299	336	433	944
10 dt Inhalt	3500	345	396	522	1149
15—20 dt Inhalt	4300	438	512	692	1538
Mahl- und Mischanalage, ortsfest, mit Hammermühle, Mischer, Schaltautomatik und Staubabscheider, mit 10-PS-Elektromotor,					
10 dt/h	6200	615	706	935	2058
20-PS-Elektromotor, 20 dt/h	9000	915	1071	1447	3214
Mahl- und Mischanlage, fahrbar, für					
45-PS-Schlepper, 12 dt/h	18 000	2351	2497	2790	4779
Trockenfütterungsanlage für					
200 Mastplätze	10 000	1547	1605	1720	2859
500 Mastplätze	15 000	2319	2403	2572	4269
1000 Mastplätze	25 000	3869	3988	4227	6945
Flüssigfütterungsanlage für					
500 Mastplätze	30 000	4680	4813	5078	8306
1000 Mastplätze	40 000	6241	6424	6790	11 128
Futterverteilwagen Betrieb von Hand,					
0,3 m^3	600	101	119	176	413
Batteriegetrieben, 1,5 m^3	3400	535	583	807	1865

[a] Minderpreis für Obenfüllung 500 DM

Tab. 12. Arbeitszeitbedarf für die Futteraufbereitung

	AKmin/100 kg	Gesamtmenge/Tag
Schroten,	von 5,6	250
Handmischen	bis 10,4	50
Mahl- und	von 4,0	125
Mischanlage	bis 3,2	250 und mehr

Entnahme

Die Entnahme aus dem Vorrat kann geschehen:
1. im freien Fall (selbstauslaufend)
2. mit mechanischen Hilfsmitteln
3. pneumatisch

Die Entnahme im freien Fall funktioniert nur bei Hochbehältern und nur so lange, wie sich noch Fördergut über der Auslauföffnung befindet. Je nach Art der Öffnung und Art des Behälterbodens sowie den Fließeigenschaften des Gutes verbleibt eine mehr oder weniger große Restmenge im Behälter. Die völlige Entleerung ist nur dann gesichert, wenn das Gut ohne Brückenbildung ausläuft und der Behälterboden um den Auslauf mindestens im Schüttwinkel ansteigt. Nachteilig ist, daß große ungenutzte Räume unter den Behältern entstehen, vorteilhaft, daß die Beschickung des Fördermittels selbsttätig erfolgt.

Flachbehälter, Hochbehälter mit flachen Böden und sonstige Flachlager können nur mit besonderen Vorrichtungen entleert werden. Am einfachsten sind hierfür Schaufel und Besen, zumal wenn eine vollständige Entleerung gewünscht wird. Anstelle der Handschaufel kann auch eine Rollschaufel eingesetzt werden. Nur in selteneren Fällen und bei großflächigen Flachlagern wird man ein motorisch angetriebenes Räumgerät einsetzen. Es gibt Gurtförderer, die mit einem mobilen, steuerbaren Annahmeteil ausgerüstet sind. Müssen kleinere Flächen vorzugsweise mit kreisförmigem Grundriß geräumt werden, bieten sich Räumschnecken an, die einen beweglichen Spindelteil ohne Mantel besitzen. Dieser schafft das Fördergut zu einem starren ummantelten Schneckenteil, der die Weiterförderung übernimmt. Bei Hochbehältern zur gasdichten Lagerung von Feuchtgetreide sind diese Schnecken fest eingebaut. Die Räumschnecke wird dabei motorisch bewegt.

Die pneumatische Entleerung von nicht selbstauslaufenden Behältern erfolgt durch einen gerichteten Luftstrom, der aus dem Boden des Behälters durch Loch- oder Lamellenbleche austritt und das Gut zum Auslauf fördert. Hierdurch wird eine weitgehende selbsttätige Entleerung des Behälters möglich. (Staubentwicklung!)

40 Füttern

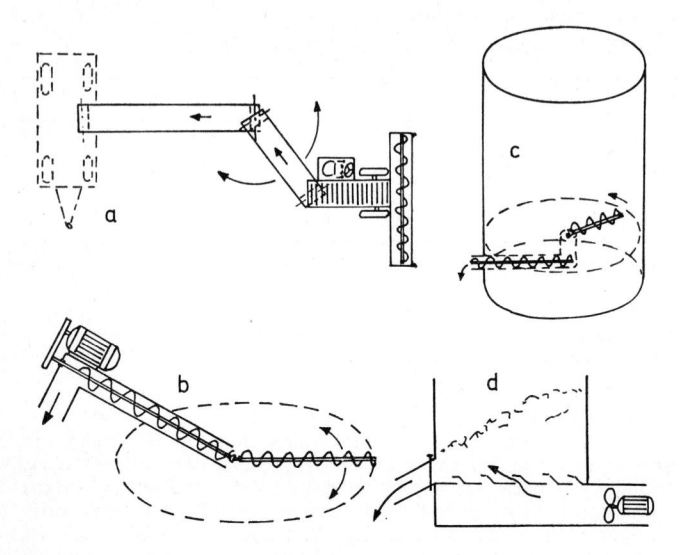

Abb. 14: Entnahme aus Vorrat.

Transportieren

Für den Transport von Getreide-Futtermitteln stehen zahlreiche technische Möglichkeiten zur Wahl. Diese können einerseits nach der technischen Lösung des Fördervorganges unterschieden werden, andererseits nach dem zeitlichen Ablauf, also danach, ob der Fördervorgang stetig (kontinuierlich) oder absätzig verläuft.

Stetig fördernde Geräte

Stetig fördernde Geräte verlangen eine gleichmäßige Zuführung des zu fördernden Gutes aus einem Vorrat. Sie können nur auf Wegen, die durch technische Einrichtungen vorbestimmt sind, fördern. Wird die Transportaufgabe geändert, so sind oft umfangreiche Umbauten erforderlich, es sei denn, das Fördergerät berührt alle in Frage kommenden Punkte und ist mit umschaltbaren Abgabestationen ausgerüstet.

Derartige Förderaufgaben können sowohl von einem Fördergerät alleine als auch gemeinsam von mehreren verschiedenartigen Geräten übernommen werden. Folgende Geräte stehen zur Verfügung:

1. Mechanische Fördergeräte:
   Becherwerke (Elevatoren), vor allem zur Senkrechtförderung in stationären Anlagen
   Schneckenförderer, Senkrecht- (annähernd) und Waagrechtförderung in mobilen oder stationären Anlagen
   Schwingförderer (Schüttelrinnen), zur Waagrechtförderung in stationären Anlagen
   Trogkettenförderer und Rohrkettenförderer zur Waagrecht- und Senkrechtförderung (vorzugsweise Rohrketten) in stationären Anlagen, auch Umlenkung möglich
   Drahtwendelförderer (Mehlschlange), zur Waagrecht- und Hochförderung in stationären Anlagen, Umkehrung in Grenzen möglich, sonst wie Schnecke
2. Körnergebläse, mehrere Bauarten, zur Waagrecht- und Senkrechtförderung in mobilen und stationären Anlagen, Umlenkungen mehrfach möglich, u. U. Maßnahmen zur Staubabscheidung erforderlich (Schrotgebläse).

(Nähere Angaben über die genannten Fördergeräte findet man in Band 1 auf den Seiten 72–80).

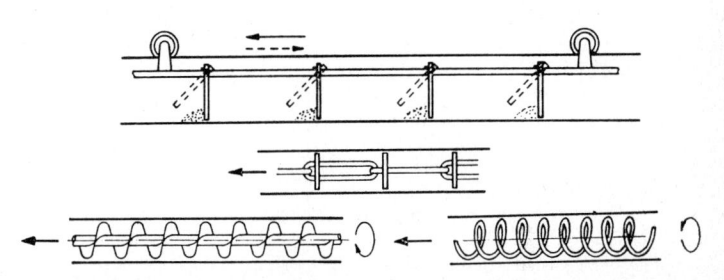

Abb. 15: Stetigförderer: Schubstangenförderer, Rohrkettenförderer, Drahtwendelförderer, Schnecke.

Es gibt ein spezielles Fördergerät für Futterverteilanlagen, das eine Variante des Schubstangenförderers darstellt. Das Fördergut wird in einem U-förmigen Trog von senkrecht hängenden Schubklappen gefördert. Dieses Gerät wird nur zur Waagrechtförderung ohne Umlenkung eingesetzt. Der Antrieb erfolgt durch Elektromotor über Kurbeltrieb.

Gebläse werden nur für den Transport zwischen Körnervorrat und Mühle bzw. zwischen Mühle und Schrotlager verwendet, nicht jedoch zum Fördern des Schrotvorrates zur Futterverteilung. Alle übrigen Geräte mit Ausnahme der Schwingförderer finden sich auch in Futterverteilanlagen.

42 Füttern

Absätzig fördernde Geräte

Während bei kontinuierlich fördernden Geräten die zugeführte Menge des Fördergutes auf die Dauer die Kapazität des Transportmittels nicht überschreiten darf, ist bei absätzig fördernden Fördergeräten eine beliebig rasche Zuführung des Fördergutes bis zur völligen Ausnützung der Transportkapazität möglich, und im Interesse einer möglichst hohen Transportleistung auch erforderlich. Absätzig fördernde Geräte für Getreide-Futtermittel sind überwiegend Wagen oder Karren, die von Hand oder mit Schlepper gezogen werden oder selbstfahrend sind. Nur in seltenen Fällen werden besonders ausgerüstete Frontlader oder Kräne (z. B. Portalkran, Brückenkran) dazu verwendet.

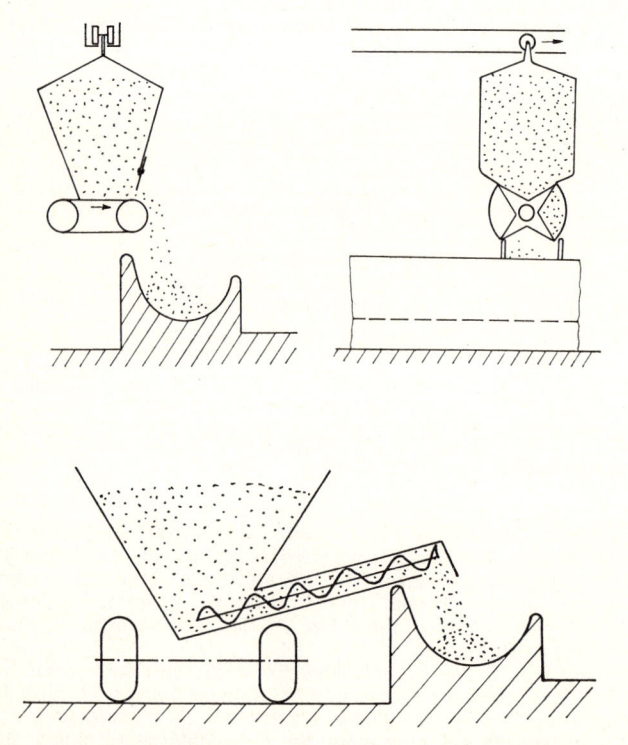

Abb. 16: Futterverteilwagen und gleitender Verteilbehälter.

Die Wagen oder Karren fahren entweder frei oder laufen auf Schienen (auch als Hängebahn). Während freifahrende Karren nicht an einen bestimmten Weg gebunden sind und keine festen Installationen erfordern, können sich schienengebundene Fahrzeuge nur auf dem vorgegebenen Weg bewegen. Ihr Vorteil liegt darin, daß sie weniger Kraft erfordern und ihren Weg alleine finden. Dies ist vor allem dann vorteilhaft, wenn sie mit einer Vorrichtung zur Futterverteilung ausgestattet sind. Der Bedienungsmann kann sich dabei völlig auf die Steuerung der Futtervorlage konzentrieren.

Futterwagen verlangen, vor allem wenn sie einen E-Motor haben, ebene Fahrbahnen zwischen Futtervorrat und Stall und auch im Stall selbst. Sie sollten so groß bemessen werden, daß eine Füllung für den gesamten Stall ausreicht. Auf Futterwagen mit handbetriebener Dosiereinrichtung können bis zu 150 kg Futter, auf solchen mit elektrisch angetriebener Dosiereinrichtung bis zu 250 kg Futter mitgeführt werden.

Dosieren

Die Getreide-Futtermittel weisen im allgemeinen erhebliche Nährstoffkonzentrationen auf. Aus wirtschaftlichen und physiologischen Gründen dürfen sie den Tieren nicht zur beliebigen Aufnahme vorgelegt werden. Dosiereinrichtungen sind daher wesentliche Bestandteile der meisten Einrichtungen zur Vorlage mehliger, schrotförmiger oder pelletierter Futtermittel.

Dosieren nach Gewicht

Dosieren nach Gewicht ist ein exaktes, aber aufwendiges Verfahren. Das Gewicht der vorzulegenden Futtermenge wird an einer Balkenwaage eingestellt. An deren Lastseite hängt ein Zwischenbehälter, der die zugewogene Futtermenge aufnimmt. Wird das eingestellte Gewicht erreicht, „kippt" die Waage um. Dieser Kippvorgang verschließt bei Futterverteilanlagen, die mit Fördereinrichtungen bis in den Stall ausgerüstet sind, die jeweilige Auslauföffnung des Fördergerätes durch eine Klappe. Das Futter läuft nun zur nächsten Station. Bei Anlagen mit Eimerketten, die zur Beschickung an einer Füllstation vorbeilaufen, löst das Kippen der Waage einerseits, das Abschalten des Fördergerätes und andererseits den Weitertransport der Eimerkette um eine Position aus. Durch die Waage werden elektrische Schalter betätigt.

Eine Gewichtsdosierung ist vor allem für Futtermittel vorteilhaft, die schlechte Schütteigenschaften aufweisen, so daß die Volumen trotz gleicher Menge häufig sehr unterschiedlich sind, je nachdem wie die Futtermittel vorher behandelt wurden.

Dosieren nach Volumen

Bei der Volumendosierung wird die zuzuteilende Futtermenge mit Hilfe eines Meßgefäßes bestimmt, dessen Rauminhalt veränderlich ist. Die Mengeneinstellung erfolgt durch verschiebbare Seitenwände, durch verschiebbaren Boden oder durch ein teleskopartig verstellbares Auslaufrohr, bei Flüssigfütterung auch durch die Abmessungen des Futtertroges. Hier kann allerdings nur die Höchstmenge sicher ermittelt werden (Trog randvoll).

Beim Wechsel der Futtermischung müssen Volumendosiergeräte jeweils neu geeicht werden; selbst wenn die Futtermischung beibehalten wird, ist ein gelegentliches Nacheichen erforderlich. Eine gewisse Entmischung der gröberen und feineren Anteile des Futters während des Transportes führt dazu, daß die Dosiergefäße am Anfang eines Förderstranges trotz gleicher Einstellung manchmal andere Futtermengen aufnehmen als die weiter hinten liegenden. Dieser Unterschied ist aber gleichbleibend und kann daher bei der Eichung berücksichtigt werden. Die Volumendosierung ist in der Zuteilgenauigkeit nicht wesentlich schlechter als die Gewichtsdosierung, unterschiedliche Feuchtigkeit des Futtermittels wirkt sich auf beide Dosierverfahren aus.

Dosieren nach Zeit

Neben der Gewichts- und Volumendosierung kommen für die Vorlage von Schrot und vergleichbaren Futtermitteln noch folgende andere Dosierverfahren in Betracht:

1. Durchlaufdosierung
2. Zeitdosierung.

Bei der Durchlaufdosierung wird die Futtermenge an einem oder mehreren Punkten kontinuierlich abgeworfen. Die Futtermengen werden durch den Querschnitt oder durch die Anzahl der Auswurföffnungen bestimmt. Bei mobilen Vorratsbehältern ändert man die Auswurfmenge pro Zeiteinheit oder die Vorfahrtsgeschwindigkeit. Auch kann das Dosieren durch Steuereinrichtungen, die vor den Futterplätzen angebracht sind, während dem Vorbeifahren des Vorratsbehälters verstellt werden.

Bei der Zeitdosierung erhalten die Tiere mehrmals täglich Zugang zu einer auf Vorrat bereitgestellten Futtermenge. Über die Dauer einer solchen Freßperiode wird die von den Tieren aufgenommene Futtermenge gesteuert. Dabei wird davon ausgegangen, daß die Tiere annähernd die gleiche Freßgeschwindigkeit erzielen, und daß diese sich bei den einzelnen Tieren auch nicht ändert. Technisch wird die Futteraufnahme durch schwenkbare Tröge, schwenkbare Trogabsperrungen oder durch den Einsatz von Drähten erreicht, die außerhalb der Futterzeiten an ein Elektrozaungerät angeschlossen werden.

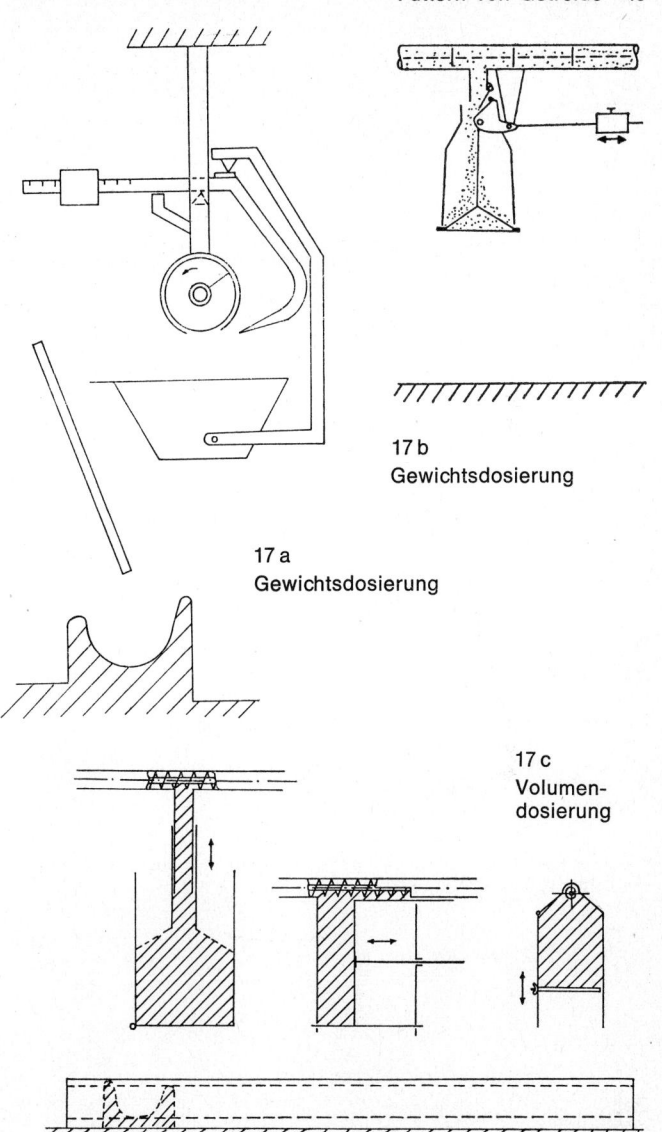

Füttern von Getreide 45

17 b
Gewichtsdosierung

17 a
Gewichtsdosierung

17 c
Volumendosierung

46 Füttern

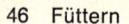

17 d
Durchlauf-
dosierung

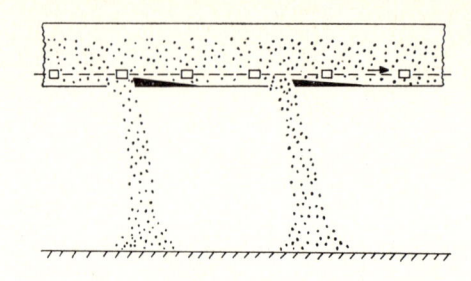

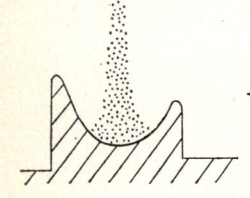

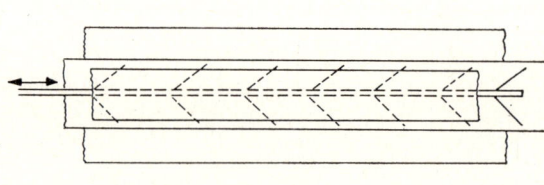

17 e
Durchlauf-
dosierung

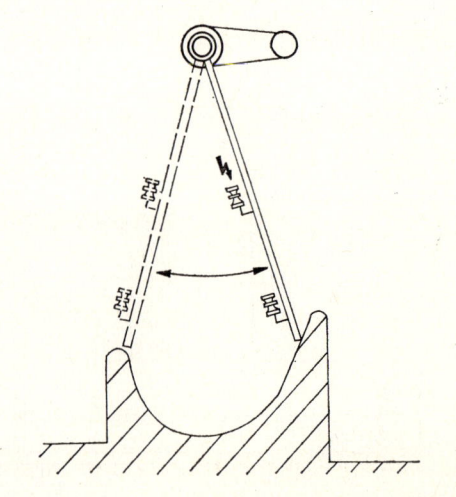

17 f
Zeit-
dosierung

17 g
Zeit-
dosierung

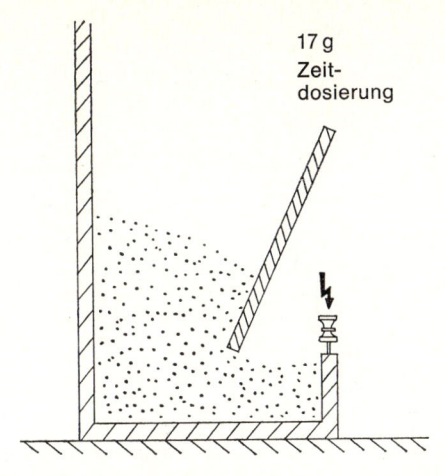

Abb. 17: Futterdosierer: a/b = Gewichts-, c = Volumen-, d/e = Durchlauf-, f/g = Zeitdosierung.

Füttern von Rauh- und Saftfutter

Bei der Stallfütterung lassen sich verschiedene Grundformen unterscheiden, die im Prinzip für alle Futterarten gelten. Die Verteilung des Futters an die Tiere erfolgt in drei Stufen:
1. Entnahme des Futters aus dem Futterstapel
2. Transport des Futters zu den Tieren
3. Zuteilung des Futters an die Tiere.

Mit einem Gerät kann man u. U. sogar zwei oder auch drei dieser Stufen mechanisieren. Auch eine unterschiedliche Zuordnung der Stufen ist möglich. Man unterscheidet zwei Verfahren der Futterzuteilung:
1. Absätzige Zuteilung
2. Stetige (kontinuierliche) Zuteilung.

Füttern von Silage

Silage entsteht durch Silierung (bakterielle Vergärung) und ist ein lagerfähig konserviertes Frischfutter (oder Grünfutter), das weitgehend als Winterfutter dient. Der Feuchtigkeitsgehalt schwankt von 50% bis 80% je nach Werbung und verwendetem Silo. Die Gutlänge schwankt von 0,5 cm (Exakthäcksel) bis zu ungeschnittenem Gut (Langgut) und ist unabhängig von der Siloform. Das Gut kann sogar zu Ballen gepreßt sein. Nach Gutlänge und der Siloform

48 Füttern

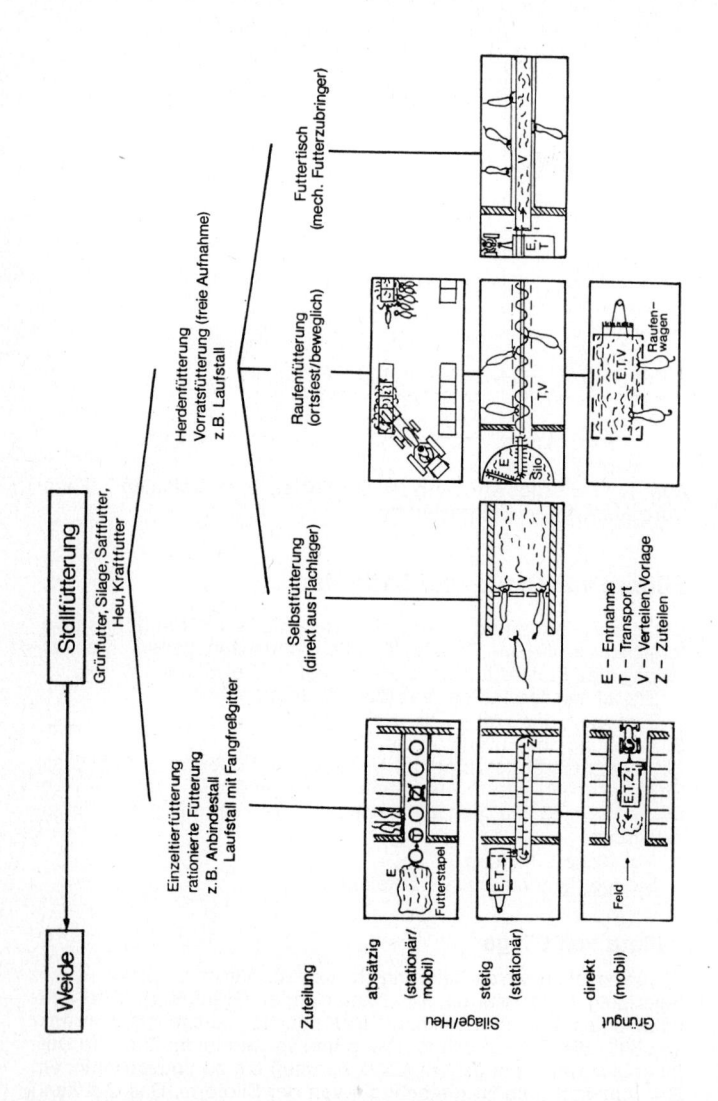

Abb. 18: Schema für verschiedene Fütterungsarten.

Füttern von Rauh- und Saftfutter 49

richtet sich die mögliche Entnahmetechnik. Das spezifische Gewicht von Silage ist im wesentlichen abhängig vom Feuchtegehalt des Gutes. Es schwankt etwa zwischen 400 kg/m³ und 750 kg/m³. (Beispiel: Kleegras (angewelkt) lang: 460 kg/m³, Rübenblatt gehäckselt: 700 kg/m³.)
Zu beachten sind der unterschiedliche Nährstoffgehalt des Ausgangsproduktes (z. B. junges Kleegras oder überständiges) sowie die Konservierungs- und Lagerungsverluste, die je nach Sorgfalt bei der Silierung und verwendetem Silo von 10% bis 25% schwanken können.

Lagerung

Zur Lagerung kommen verschiedene Siloformen in Betracht:

Hochsilo/Tiefsilo (massiv) Foliensilo:
Flachsilo   Freigärhaufen
  Massivsilo   Preßballensilo
  Teilmassivsilo   Folienschlauchsilo (Silowurst).

Grundsätzlich brauchen bei gewissenhafter und sorgfältiger Einlagerung und luftdichtem Abschluß (luftdichte Silos, Tauchdeckel, Seegerverschluß bei Folien u. a.) keine Qualitätsunterschiede als Folge der verschiedenen Siloformen und Baustoffe aufzutreten. Besondere Sorgfalt muß beim Preßballensilo angewendet werden, er ist mehr als Behelfssilo für Futterüberschüsse anzusehen (Folienzwischenschürzen, Folienflattern verhindern, nicht zu große Silos!). In allen Fällen sollten gewisse Mindestabmessungen eingehalten werden: Gesamtinhalt mindestens 100 m³ (d. h. beim Hoch- und Tiefsilo etwa 3,5 m Durchmesser und 10 m Höhe, beim Flachsilo 3,5 m Breite, 2 m Höhe, 12 m Länge und 20° Seitenwandneigung). Der Tiefsilo entspricht dem Hochsilo, jedoch schaut er nur etwa 80 cm aus dem Erdboden heraus.
Die Entnahmetechnik ist bei Hochsilos und Flachsilos unterschiedlich (Tab. 13).

Entnahme von Silage

Silageentnahme von Hand

Die Handentnahme ist kraft- und zeitraubend, sie ist jedoch im unteren Betriebsgrößenbereich kostengünstig und erfordert keine großen Investitionen.
Hochsilos müssen mit mehreren Auswurfluken in verschiedenen Höhen ausgerüstet werden. Im Flachsilo ist das Langgut vorzuschneiden, um die Anschnittflächen zu verkleinern.
Der Arbeitszeitbedarf beträgt etwa 12 AKmin/dt für Losreißen und Auswerfen sowie 3 AKmin für Wege- und Rüstzeiten je Entnahmevorgang.

Tab. 13. Mögliche Technik bei der Silageentnahme

	Hand	Greifer, ortsfest	Obenfräse	Untenfräse	Vorschn. den und Frontlader	Flachsilo-entn.-gerät	Greifer, fahrbar (Drehkran)	Heckschw.-lader	Selbstfütterung
Hochsilo Kurzgut	x	x	x	x	—	—	—	—	—
Hochsilo Langgut	x	x	—	—	—	—	—	—	—
Tiefsilo Kurz/Langgut	—	x	—	—	—	—	x	—	—
Flachsilo Kurzgut	x	—	—	—	—	x	x	x	x
Flachsilo Langgut	x	—	—	—	x	x	x	x	x

x = möglich; — = nicht möglich

Silageentnahme mit Greifer

Man unterscheidet fünf Typen
1. Ortsfester (stationärer) Drehkran
2. Fahrbarer Drehkran
3. Hallenlaufkran oder Portalkran, Brückenkran
4. Greiferaufzug (Schienengreifer)
5. Elektro-Hängebahn.

Alle Typen eignen sich für das Ein- und Auslagern von Futter, Greiferaufzug und Hängebahn auch für den Transport und (bedingt) für die Zuteilung. Die Greifer haben eine relativ hohe, allerdings absätzige Arbeitsleistung und verursachen geringe Kosten. Sie sind funktionssicher, haben niedrige Anschlußwerte (1,5–6 kW), stellen jedoch hohe Ansprüche an die Bedienungsperson, dafür geringere an den Behälter. Sie eignen sich vorwiegend für Langgut (es gibt auch Spezialzangen für Häcksel) und hinterlassen eine große rauhe Oberfläche auf dem Futterstock mit der Gefahr der Nachgärung. Ein Greifer kann im Schwenkbereich ohne Umbau aus mehreren Silos entnehmen (Mehrsilagefütterung).

Jede Greiferanlage besteht aus
1. Greifer, handbetätigt (1 Seilwinde) oder als Selbstgreifer mit 2 Seilwinden oder

Füttern von Rauh- und Saftfutter 51

Elektrogreifer oder
Hydraulikgreifer
2. Führungsbahn für den Greifer (Schiene oder Ausleger)
3. einer oder mehreren Seilwinden mit Schalteinrichtung und Antrieb zum Öffnen und Schließen des Greifers und um ihn in senkrechter und waagrechter Richtung zu bewegen.

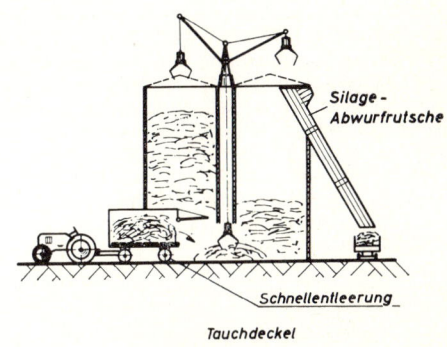

Silage-Abwurfrutsche

Schnellentleerung

Tauchdeckel

Betonplatte

Abb. 19:
Einlagerung und
Entnahme aus dem
Hochsilo mittels
Greifer.

Ein *stationärer Drehkran* eignet sich für bis zu vier Hochsilos in ringförmiger Anordnung. Bei ihm sind Seilwinde, Antriebsmotor und Auslegearm mit Greifer auf einem festen Drehgestell angeordnet. Der Kran steht meistens auf einer von einer Betonsäule getragene Plattform, auf der sich zugleich der Greiferführer aufhält. Der Arbeitsbereich hat einen Radius von 4 bis 6 m. Drehkräne werden heute nur mit Selbstgreifern ausgerüstet (Hubgeschwindigkeit 16–30 m/sec, Arbeitstaktzeit 30–40, bei hohen Silos bis 80 sec; Entnahmeleistung 40–75 dt/h). Bewegliche Steuervorrichtungen, die mehr und mehr Verwendung finden, erlauben es dem Greiferführer, den jeweils günstigsten Standort zu wählen. Das

52 Füttern

Futter wird auf einen Sammelplatz vor dem Silo oder über eine Rutsche direkt auf weiterfördernde Geräte abgelegt. Der Bedienungsplatz im Freien ist nachteilig.

Der *fahrbare Drehkran* entspricht dem stationären Drehkran, hat aber anstelle des festen Fundaments ein 1- bis 2-Achs-Fahrwerk und ist dadurch vielfältig einsetzbar. Zum Einsatzort wird er mit Schlepper gezogen. Der Antrieb bei der Arbeit geschieht durch die Schlepperzapfwelle, einen E-Motor oder einen Verbrennungsmotor, letzterer kann auch zum Fahrantrieb verwendet werden (Selbstfahrer). Die Standfestigkeit wird durch die Auslegerlänge, die Standflächenneigung und das Gegengewicht begrenzt. Bei 5 m Auslegerlänge und 15% Seitenhang ist die Höchstlast z. T. nur 300 kp. Die Entnahmeleistung liegt bei 100–150 dt/h. Das Futter wird auf Wagen abgelegt, mit denen es weiterbefördert werden muß. Für die an die Dreipunkteinrichtung des Schleppers angebauten hydraulisch betätigten „Heckschwenklader" (Hubkraft je nach Größe 450–800 kg) gilt das gleiche. Der Schlepper ist dabei für andere Arbeiten blockiert. Ein Vorschneiden des Futters ist in beiden Fällen sinnvoll.

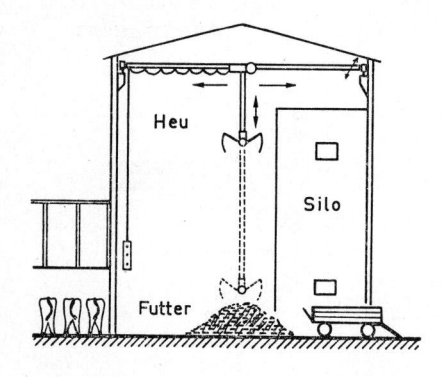

Abb. 20: Futtereinlagerung und Futterentnahme mittels Hallenlaufkran.

Brückenkrane (Hallenlaufkrane) sind geeignet zur Arbeit innerhalb von säulenfreien Hallen. Auf hochliegenden Konsolen ist eine fahrbare Brücke mit Greiferschiene angebracht, auf der sich eine bewegliche Laufkatze befindet. Es werden nur Selbstgreifer (Elektro und Elektrohydraulik) verwendet. Kleinere Anlagen werden über Hängedruckknopfschalter betätigt, größere über Schaltpulte, die an der Brücke angebracht sind. Die Stromversorgung erfolgt über ein Schleppkabel. Es kommen Zangengreifer und für Kurzhäcksel auch Schalengreifer zum Einsatz mit Nutzlasten bis etwa 500 kg. Die Förderleistung entspricht derjenigen des stationären Drehkranes. Der Brückenkran kann als alleinige Ein- und Auslagerungsmaschine eines Betriebes ausreichen. Die Hallenlänge ist beliebig, die Hallenbreite auf etwa 16 m beschränkt. Konstruktionsbedingt kann der Dachraum der Halle nicht genutzt werden. Kranhalle und Stall müssen baulich aufeinander abgestimmt sein. Schwierigkeiten ergeben sich beim Beschicken von Heubelüftungsanlagen. Die Annahme und Ablage des Futters ist nur auf der Futterdiele außerhalb des Stalles möglich. Die Weiterförderung in den Stall geschieht von Hand oder mit weiteren Maschinen und Hilfsmitteln.

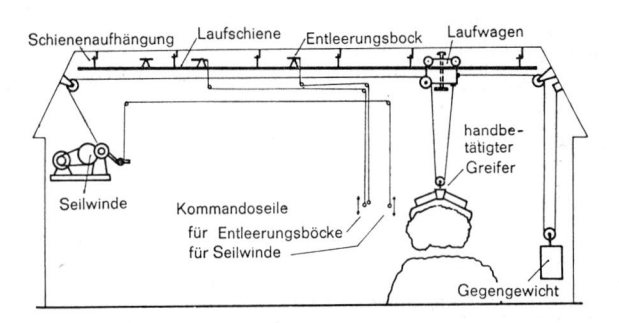

Abb. 21: Schema eines Greiferaufzuges.

Der *Greiferaufzug* besteht aus Seilwinde, Schienenbahn mit Laufwagen, handbetätigtem Greifer und Kommandoseil. Die Seilwinde kann an beliebiger Stelle, auch außerhalb des Gebäudes, aufgestellt werden. Die Laufschiene, deren Länge nicht begrenzt ist, wird pendelnd aufgehängt. Kurven und geringe Steigungen sind möglich. Teilweise ist das Laufschienenende schwenkbar. Der Greiferführer muß selbst im Silo immer an der Ladestelle stehen (Unfallschutz beachten!). Von Hand (oder mit dem Fuß) wird die Zange in das Gut gedrückt und das Greiferschloß wird verriegelt. Die Seilwinde hebt die Zange, bis sich das Greiferschloß am Laufwagen verriegelt. Dann wird dessen Arretierung an der Laufschiene gelöst, und die Seilwinde zieht den Laufwagen mit dem Greifer an der Laufschiene entlang bis zum Anschlag (Entleerungsbock) über der Abwurfstelle. Die Greiferzange öffnet sich und das Fördergut fällt nach unten. Es lassen sich beliebig viele Anschläge anbringen und über Steuerseile einschalten. Wenn die Winde auf Leerlauf umgeschaltet ist, zieht das Rückholseil (mittels Gegengewicht, seltener mittels Doppelwinde) den Laufwagen mit Greifer bis zur Ladestelle zurück, wo sich der Greifer löst und durch sein Eigengewicht wieder auf das zu fördernde Gut herabsinkt. Bei Sonderausführungen z. B. für das Ein- und Auslagern kann in beide Richtungen mit

54 Füttern

Last gefahren werden. Auch selbstgreifende Zangen werden angeboten. Das Futter wird zweckmäßig im Futtergang direkt vor den Tieren abgelegt.

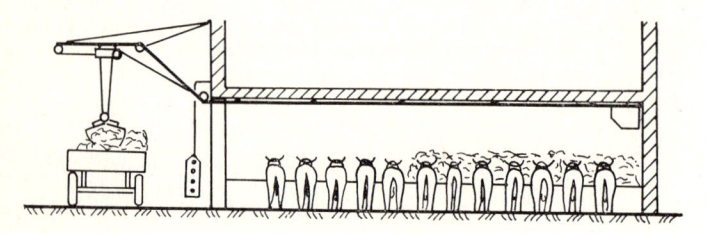

Abb. 22: Futtervorlage mit dem Schienengreifer.

Eine Sonderbauart mit Doppelwinde, starrer Laufschiene und Hängedruckknopfschalter wird zum Hereinbringen des täglichen Futters auf engen Futtergängen verwendet.
Bei der *Elektro-Hängebahn* sind in der Laufkatze Seilwinde, Antriebsmotor und Laufwagen vereinigt. Sie bewegt sich mit eigenem elektrischen Antrieb auf der pendelnd aufgehängten Laufschiene fort; Kurven, Weichen, Steigungen und sogar Drehscheiben können eingebaut werden. Außerhalb der Gebäude hängt die Laufschiene an einem Gerüstrahmen. Die Mindestdurchgangshöhe ist 2,0 m, die Breite 1,2 m, der Kurvenradius 1,0 m und die Maximalsteigung 40%. Der unter der Laufkatze hängende Greifer wird durch die Seilwinde gehoben und gesenkt. Das Füllen und Entleeren des Greifers kann an jedem beliebigen Punkt unter der

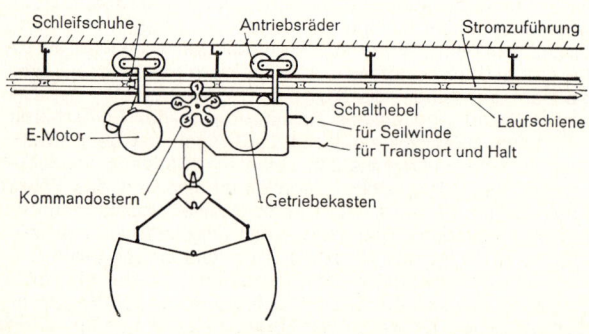

Abb. 23: Schema für Elektrokatze.

Laufschiene erfolgen. Der Greifer wird im landwirtschaftlichen Betrieb von Hand betätigt, aber auch Selbstgreifer (Zweiseil-, Elektro- oder Hydraulikgreifer) kommen in Betracht.

Es gibt Niederspannungsanlagen (24 V) mit Stromzuführung über Schleifleitung und Schaltung der Arbeitskommandos über Hebel und „Kommandostern" sowie Normalspannungsanlagen (220 V) mit Stromzuführung über Schleppkabel und Steuerung über Hängedruckknopfschalter.

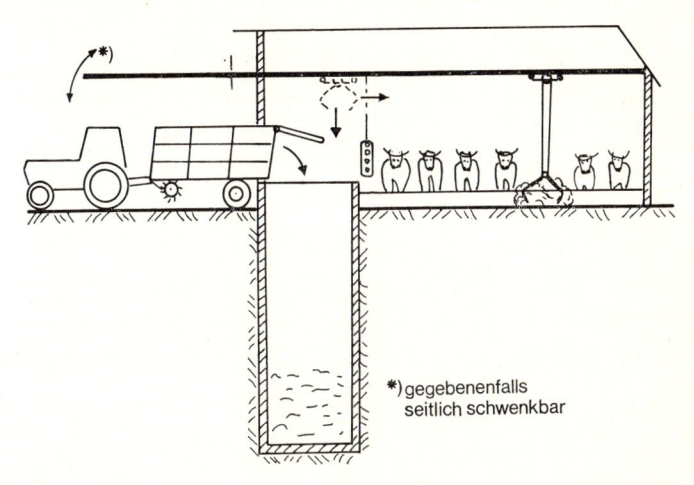

*) gegebenenfalls seitlich schwenkbar

Abb. 24: Futtereinlagerung in Tiefsilo, Entnahme mittels Elektrogreifer.

Silageentnahme mit Obenfräse

Das Arbeitsprinzip besteht darin, daß Fräswerkzeuge, die auf der Silageoberfläche aufliegen, die Silage losreißen und zur Mitte der Arbeitsfläche in ein Wurfgebläse transportieren. Durch langsame Rotation (0,5 U/min) des gesamten Fräsorgans um die Mittelachse des Silos wird ein gleichmäßiges Abfräsen der Silage erreicht. Die Silageoberfläche bleibt dadurch eben. (Das Wurfgebläse fördert das Futter durch Luken, die sich seitlich in der Silowand befinden, aus dem Silo heraus.) Der gesamte Antriebsbedarf liegt bei 3–4 kW, d. h. für den Anlauf wird noch kein Stern-Dreieckschalter gebraucht, so daß ein automatisches Ein- und Ausschalten möglich ist. Bei jedem Umlauf wird eine etwa 2–5 cm starke Silageschicht abgefräst. Zur Erhöhung des Losreißeffektes können bei allen Fräsen zusätzliche Reißwerkzeuge angebracht werden. Dies ist vor allem

56 Füttern

bei festlagernder feuchter Silage notwendig. Auch bei Frost arbeiten die Obenfräsen einwandfrei, solange die gefrorene Silageschicht an der Siloinnenwand die Stärke von ca. 10 cm nicht überschreitet. Bei der üblichen Bauart hängt die Fräse an einem Stahlseil, das sie auf gleicher Höhe hält und bewirkt, daß eine gleich-

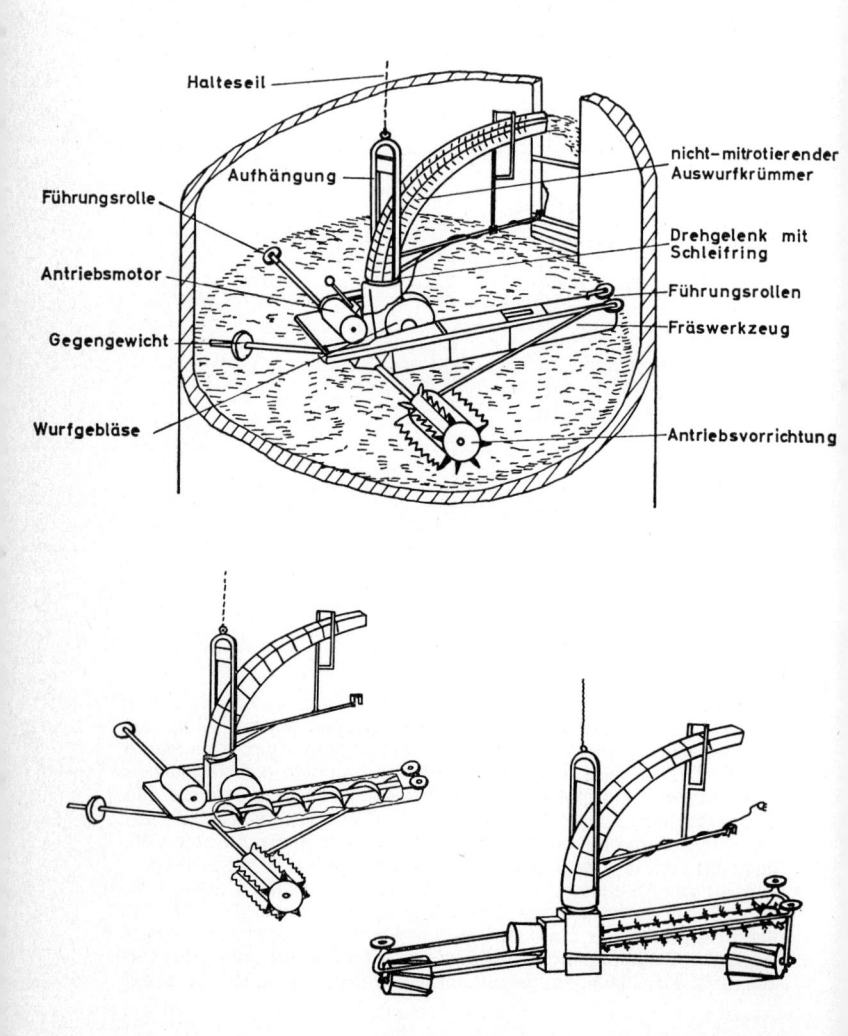

Füttern von Rauh- und Saftfutter 57

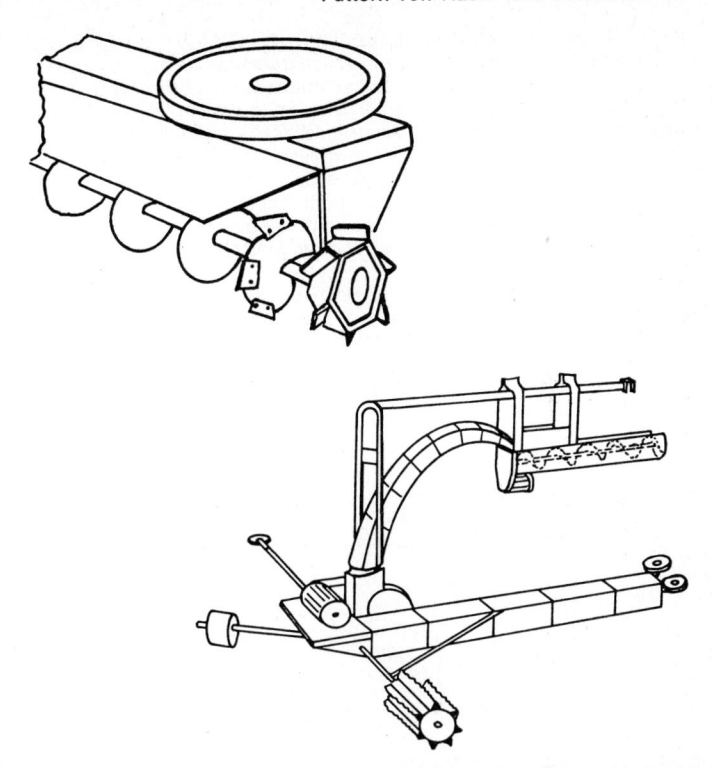

Abb. 25: Futterentnahme aus Hochsilo mittels Obenentnahme-Fräse.

mäßige Schicht abgefräst wird. Nach etwa zwei Umläufen wird die Fräse über die Handseilwinde wieder nachgesenkt. Es gibt auch eine einfache Automatik zum Absenken. Während der Entnahmearbeit ist keine weitere Arbeitskraft am Silo erforderlich.
Nach Entnahme einer Futterschicht von 1 bis 1,5 m muß der Auswurfkrümmer in die nächst tiefere Luke gesteckt werden; hierzu muß der Silo bestiegen werden. Für den ersten Einbau der Fräse benötigen zwei Personen, wenn eine Seilwinde und Schnellverschlüsse vorhanden sind, 1–2 Stunden (während der Befüllung liegt die Fräse oben auf dem Silo). Die gleiche Fräse kann nacheinander in verschiedenen Silos eingesetzt werden. Als Fräswerkzeug dienen eine oder zwei Losreißschnecken oder eine Losreiß-

58 Füttern

kette, die besonders für weichere Silage wie Gras geeignet ist. Als technische Hilfsmittel dienen: Ein Aufschraubmesser zum besseren Losreißen und Endfräsköpfe bei Schnecken für hartgefrorene Silage. Bei Silodurchmessern über 5 m ist eine Verlängerung der Auswurfkrümmer durch eine Austragschnecke möglich.

Technische Voraussetzung: vorgewelktes Kurzhäcksel (bei Mais nicht nötig) unter 5 cm (theoretische Schnittlänge 1 cm). Die Auswurfleistung beträgt etwa 70–120 kg/min bei Mais und 50–80 kg/min bei Gras. Die Futterablage erfolgt kontinuierlich unter dem Lukenband (Schirm) auf dem Erdboden oder gleich in weiterfördernde Geräte.

Bauliche Voraussetzung: Runder Hochsilo, 3–8 m Durchmesser mit Lukenband (und Abwurfschacht), Stegbreite hierbei bis 0,5 m bei Türöffnung nach innen, bis 0,75 m bei Türöffnung nach außen und 1,5 m bei zusätzlicher Austragschnecke; Erdoberkante annähernd gleich Siloboden. Maße für Einsatzluke in der Silodecke mindestens 1,2 x 1,6 m.

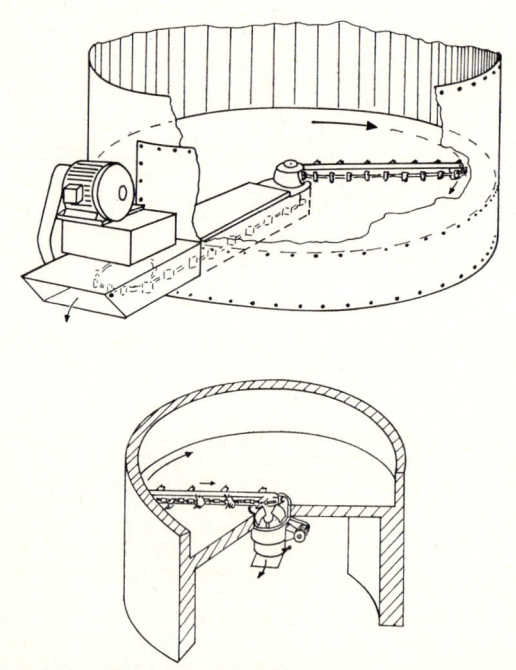

Abb. 26: Untenentnahme-Fräse für Hochsilos.

Füttern von Rauh- und Saftfutter

Silageentnahme mit Untenfräse

Das Arbeitsprinzip ist ähnlich wie bei der Obenfräse. Auf dem Siloboden kreist ein Fräsarm, um den eine mit verschieden gestalteten Fräswerkzeugen besetzte Kette läuft, die das Futter vom Futterstock losreißt und zur Silomitte befördert. Dort fällt es direkt aus dem Silo, sofern er eine zentrale Auswurföffnung hat, oder wird von einer Förderkette übernommen und seitlich aus dem Silo gefördert (in diesem Fall erfolgt der Antrieb durch einen außenliegenden Motor über die Förderkette). Als Werkzeuge dienen Messer, Haken und Räumer, die man aufgrund eigener Erfahrungen dem jeweiligen Futter anpaßt; exakte Beziehungen sind noch unklar. Ein Umlauf im gefüllten Behälter dauert 1 bis 6 Stunden und ist abhängig von Fräsenbauart, Vorschubdruck, Futterwiderstand. Die entnommene Futterschicht beträgt 15–20 cm. Bei Untenentnahmefräsen wird das zuerst eingefüllte Futter auch zuerst entnommen (Durchflußsystem). Das Silo kann entsprechend der Entnahme nachgefüllt werden.

Die Fräse kann zu Beginn der Entnahme oder bei Störungen nur dann ein- und ausgebaut werden, wenn der Fräsarm über dem Einbauschlitz im Behälterboden steht, es sei denn, der Silo hat einen kegelförmig geneigten Boden. Bei Fräsen mit seitlichem Auswurf gibt es eine zweite Montagestellung, wenn der Fräsarm in Richtung der Förderkette steht. Bevor man einen leeren Behälter füllt, muß die Untenfräse grundsätzlich ausgebaut sein, statt dessen wird ein Holzkasten eingelegt. Die Fräse wird mit einem speziellen Hubwagen oder -gestell eingefahren.

Technische Voraussetzung: Die Funktion ist um so sicherer, je kürzer das Futter gehäckselt (maximal 1–2 cm theoretische Schnittlänge) und je stärker es vorgewelkt ist (unter 25% TS-Gehalt führt zu Entnahmeschwierigkeiten). Die Auswurfleistung in kg TS/min nimmt mit steigendem TS-Gehalt zu, der Energieverbrauch verringert sich. Die Antriebsleistung ist 4–8 kW. Die durchschnittliche Auswurfleistung ist bei Maissilage 30–50 kg/min und bei Welkgrassilage 15–30 kg/min.

Bauliche Voraussetzungen: Geeignet sind nur runde Hochsilos, die in der Regel luftdicht abgeschlossen sein müssen. Der Unterbau ist entsprechend dem Fräsensystem zu gestalten, der Zentralauswurf erfordert das teurere Portalfundament. Werden mehrere Behälter zu einer Batterie gruppiert, kann sich ein technischer Mehraufwand ergeben. Silos mit seitlichem Auswurf erfordern genügend Platz für das Ein- und Ausfahren der Fräse.

Vorschneiden der Silage

Das Vorschneiden erleichtert die Entnahme und verhindert Nachgärungen in Flachsilos besonders bei Langgut und Rübenblatt. Angeboten werden heute Handgeräte und handbetätigte Motorgeräte. Handgeräte: Haumesser, Tretspaten (nicht für Anwelk-

60 Füttern

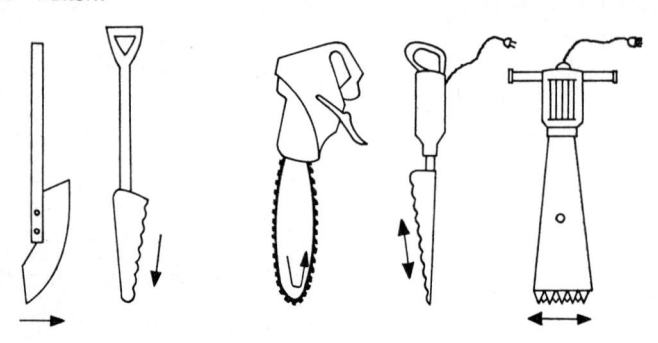

Abb. 27: Handgeräte zur Silageentnahme aus Flachsilos.

silage geeignet) und Sägespaten, Schnittiefe etwa 30 cm, Schnittleistung etwa 0,30 m^2/min bei Grassilage naß und angewelkt und 1 m^2/min bei Rübenblatt.
Motorgetriebene Handgeräte: Motorkettensäge mit spezieller Silagekette (für Anwelksilage ungeeignet, hoher Kettenverschleiß). Elektrische Stichsäge mit Stufenschliff (2–3 cm Hub, 2–3000 Hübe/min). Elektrischer Vibrationshammer (verwendbar, wenn vorhanden, sonst relativ teuer). Elektrosilageschneider mit Doppelmesser: Antrieb 1,0 bis 1,5 PS, Eigengewicht ca. 20 kg, Schnittiefe 50 cm, Schnittleistung 0,3–0,6 m^2/min je nach Silage, Versetzen zum nächsten Schnitt jeweils von Hand. Elektrosilageschneider mit Stichmesser: Schnittiefe 30 cm, Eigengewicht ca. 20 kg, Antrieb 0,5 PS, selbsttätiges Fortbewegen des Schneiders.
Für die Entnahme der vorgeschnittenen Silage sowie den Transport und das Verteilen sind der Frontlader mit einer ca. 1,1 m breiten Vielzweckgabel oder der Dreipunktlader mit einer Hubhöhe bis 2,1 m vorteilhaft. Der Frontlader kann auch hohe Vorratsraufen, Futterverteil- und Raufenwagen beschicken. Nachteilig ist der häufige Kaltstart des Traktors.

Flachsiloentnahmegeräte

Es existieren drei Grundtypen:
1. Geräte mit Fräsvorrichtung sowohl für Dreipunktanbau als auch größere Geräte für kompakten Anbau
2. Geräte mit Blockabschneidvorrichtung als Dreipunktanbaugeräte
3. Geräte mit kreissägenartiger Schneidvorrichtung.

Ihre Arbeitsprinzipien unterscheiden sich wie folgt:
Zu 1: An einem langen Antriebsarm, der auf und ab bewegt werden kann, rotiert eine Frästrommel. Das abgefräste Gut wird in

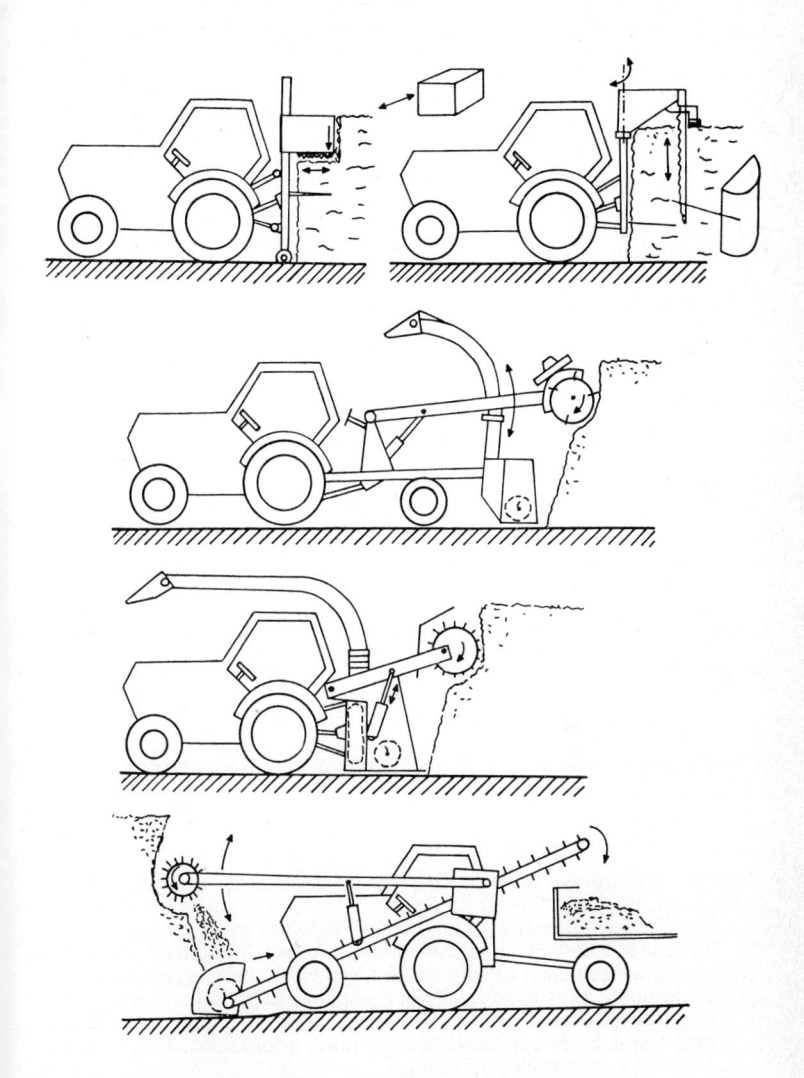

Abb. 28: Geräte zur Silageentnahme aus Flachsilos:
a/b = Blockausschneidegeräte; c/e = Entnahmefräsen.

eine Sammel- und Transportmulde abgelegt, die zum Gerät gehört und die zugleich zum Transport bis auf den Futtergang dient, oder in ein Fördergerät (Gebläse oder Band), das es auf einen angehängten Wagen weiterleitet. Die Arbeitshöhe ist bei Dreipunktanbau bis ca. 2 m und bei festem Anbau bis ca. 4,5 m. Der Fräsrotor ist 1,1 bis 1,5 m breit. Leistungen: Bis 600 kg/min bei Maissilage, bis 300 kg/min bei Grassilage.

Zu 2: Ein Gerät in der Art der Dreipunkt-Palettenstapelgabel, das am senkrechten Hubmast höhenverstellbar ist, wird rückwärts ins Silo eingestoßen. Dann wird das Futter über den Gabelzinken durch eine angebaute Schneidvorrichtung als Block herausgeschnitten, zum Stall transportiert und dort oder an anderer Stelle abgesetzt. Wahlweise können bei gemeinschaftlicher Nutzung des Gerätes auch mehrere Blöcke als Vorrat entnommen werden. Die Schneidvorrichtung kann ein senkrecht schwingendes, halbkreisförmig schwenkbares Messer, ein versetzbares, schmales durch einen Öldruckzylinder eingestoßenes oder ein waagerecht schwingendes Doppelmesser sein, die sich nach unten absenken. Der Antrieb erfolgt mechanisch über Zapfwelle, Gelenkwelle oder Ketten, die Steuerung über einen Hydraulikzylinder. Die Blockgröße beträgt ca. 0,75 m³ (bis 600 kg).

Zu 3: Ein weiteres Gerät arbeitet mit einem kreissägenartigen Messer, das sich an einem Gestell hin und her bewegt.

Technische Voraussetzung:
Zu 1: Möglichst Kurzhäcksel. Silohöhe je nach eingesetztem Typ 2,0–4,50 m.
Zu 2: Beliebiges Siliergut und beliebige Schnittlänge oder ungeschnitten, Silostockhöhe 2,8–3,1 m.
Bauliche Voraussetzungen: In jedem Fall ebener Untergrund, auch vor dem Silo, so daß der Schlepper eben steht, da es sonst zu Schwierigkeiten beim Herausfahren kommt. Schlepper möglichst mit Frontballast einsetzen.
Silageentnahme mit fahrbaren Greifern und Heckschwenkladern s. Seite 52.

Selbstfütterung am Flachsilo

Die Tiere werden in einem Laufstall an den Flachsilo herangeführt, wo sie ihr Futter selbst aus dem Futterstock entnehmen können. Der Futterverbrauch wird mit einem Freßgitter gesteuert. Die Verwendung eines Elektrozauns anstelle eines Freßgitters ist nur ein Notbehelf; denn es wird dabei zuviel Futter herausgerissen und verschmutzt. (Zur zweckmäßigen Freßgittergestaltung s. Seite 181.) Kammartige Freßgitter bewirken die geringsten Futterverluste. Eine besondere Futterbeschaffenheit ist nicht erforderlich. Die Futterstockhöhe ist maximal 1,8–2 m.
Bauliche Voraussetzungen: Betonierte Bodenfläche, Stallnähe des Silos, Freßplatzlänge mindestens 1 m je 4 Tiere.

Futterzuteilung von Silage

Die Tabellen 14 und 15 (s. Seite 80) geben eine Übersicht über die wesentlichen Eigenschaften der verschiedenen Maschinen für die absätzige und stetige Futterzuteilung. Der Transport des Futters vom Futterstapel in den Stall geschieht mit der gleichen Maschine wie die Zuteilung. Diese Maschine übernimmt ihrerseits das Futter entweder von dem Entnahmegerät direkt oder selbst aus einem bereitgestellten Vorratshaufen. Die Entnahme und die Annahme sind im allgemeinen die zeitaufwendigsten Arbeiten.

Absätziges Zuteilen

Es ist vorwiegend für kleinere Bestände geeignet und dort relativ preiswert. Langgut läßt sich fast nur mit absätzig arbeitenden Maschinen zuteilen. Auch hier gilt: Je langhalmiger ein Futter ist, um so schwieriger ist es zu handhaben. Durch das Silieren und die Entnahme aus dem Silo wird die Handhabung erleichtert. Im allgemeinen ist aber immer noch ein Nachverteilen von Hand notwendig. Dieser Aufwand geht jedoch mit steigenden Futterrationen zurück. Die zweireihige Aufstellung ist vorteilhafter als einreihige Aufstellung, sie bewirkt eine größere Futterdichte je lfdm. Grundsätzlich gilt:
Der Arbeitszeitbedarf ist absolut um so höher,
1. je weiter der Transportweg, bzw. je höher der Transportanteil ist
2. je höher die Leerlaufzeiten (Rüst-, Verlustzeiten) sind
3. je größer die Futterrationen (relativ ist er höher bei geringeren Einzelportionsgrößen) sind.

Bei geringer Kapitalinvestition kommen folgende *Handgeräte* für kleine Tierbestände in Betracht:
Gabel: Ohne weitere Hilfsmittel nur bis etwa 5 m Entfernung geeignet, Schwerarbeit, Futterstapel muß flach sein, Arbeitszeitbedarf für Entnahme, Transport und Zuteilen ca. 3,5 AKmin/dt.
Rollgabel mit Klappbügel: Geeignet bis 20 m Entfernung, Aufnahme von Halmgut in jeder Form, jedoch nur aus losen Haufen möglich. Das Ankippen des Handgriffs ist schwierig. Die durchschnittliche Gabelfüllung beträgt 35–40 kg Grüngut, 60–80 kg Silage, 13 kg Heu. Der Arbeitszeitbedarf für Annahme, Transport und Zuteilen bis 10 m Entfernung liegt bei 1,0–1,4 AKmin/dt für Silage, bei 1,8 AKmin/dt für Silomais, bei 1,3–2,3 AKmin/dt für Grüngut und bei 5,3 AKmin/dt für Heu.
Schubkarre: Geeignet bis etwa 30 m Entfernung, Fassungsvermögen etwa 1 dt, Arbeitszeitbedarf 3–4 AKmin/dt.
Plattformwagen: Geeignet erst ab Entfernungen über 30 m, Fassungsvermögen etwa 2,5 dt.
Für größere Bestände sind die folgenden Maschinen geeignet:
Schienengreifer: Von den verschiedenen Greiferanlagen eignen sich nur die Schienengreifer für die Futtervorlage. Greifer sind

sehr betriebssicher und stellen einen wirtschaftlichen Kompromiß dar zwischen hoher Arbeitsproduktivität und geringen Kosten. Die Anschlußwerte liegen zwischen 1,5 und 3 kW. Der Schienengreifer wird zweckmäßig auch zur Futterentnahme aus dem Futterstock verwendet (s. Seite 53). Er kann auch bei der Futtereinlagerung eingesetzt weren.
Zwei Maschinentypen kommen in Betracht:
1. Greiferaufzug mit seilgezogenem Laufwagen (s. Seite 53, Abb. 21)
2. Hängebahn mit selbstfahrender Laufkatze (s. Seite 54, Abb. 23).
Bauliche Voraussetzungen: Gerade Futterwege, möglichst zweireihige Aufstallung, Futtergangbreite aus arbeitswirtschaftlichen Gründen maximal 1,8 m, Niveauunterschiede zum Futtergang können überwunden werden.
Mögliche Futterart: Die besten Leistungen werden bei Langgut erzielt, doch kann der Greifer auch bei Häckselgut eingesetzt werden. Der Entnahmestapel sollte nicht zu flach sein.
Frontlader (und Dreipunktechklader): Eine Ladeschwinge mit Werkzeug zur Aufnahme der Ladegüter, die durch eigene Hubzylinder bzw. durch den Dreipunktkraftheber über die Schlepperhydraulikanlage gehoben und gesenkt werden kann, wird am Schlepper gelenkig angebaut und macht diesen zur selbstfahrenden Lademaschine.
Die verschiedenen Fabrikate sind praktisch alle gleich gut geeignet, geringfügige Unterschiede bestehen lediglich in der Handhabung. Die technischen Anforderungen, die für sonstige Ladearbeiten eine Rolle spielen, für das Füttern aber belanglos sind, wurden in Band 1 beschrieben.
Der Lader ist vielseitig einsetzbar und hat dementsprechend unterschiedliche, leicht auswechselbare Arbeitswerkzeuge. Zum Füttern kommt entweder die Spezialgrünfuttergabel oder aber eine Vielzweckgabel mit Federstahlzinken in Betracht, die für den jeweiligen Zweck in Breite, Zinkenlänge und Seitenwand angepaßt werden kann (vorteilhaft 1,6 m Breite und 1,4 m Zinkenlänge). Vielzweckgabeln können auch mit Parallelführung und hydraulisch betätigter Abschiebevorrichtung ausgerüstet werden, dies hat gegenüber dem sonst üblichen Abkippen Vorteile bei der Futtervorlage, weil man die Gabelfüllung auseinanderziehen kann.
Technische Voraussetzungen: Wenn aus dem Flachsilo entnommen wird, muß vorgeschnitten werden, nicht dagegen beim losen Futterhaufen. Die Gutlänge und die Gutart sind beliebig. Eine relativ schwere Nachverteilarbeit muß von Hand besorgt werden. Deswegen und wegen des hohen Transportanteils ist der Frontlader weniger für kleine Futterrationen und einseitige Aufstellung geeignet. Gut geeignet ist er dagegen, wo über kürzere Zeitabstände hohe Mengen Grüngut gefüttert werden (z. B. Rübenblatt).
Bauliche Voraussetzungen: Es können nur senkrechte Hubbewegungen ausgeführt werden, daher ist sehr viel Rangierarbeit und

Rückwärtsfahrt notwendig. Rangier- und Wendemöglichkeiten müssen auf dem Hof vorhanden sein — bei möglichst betoniertem Untergrund, Radius etwa 8 m.
Der Dreipunkthecklader benötigt weniger Rangierplatz als ein Frontlader, kostet etwa die Hälfte und leistet dennoch fast das gleiche, allerdings bei Hubhöhen bis höchstens etwa 2,2 m. Die Breite des befahrbaren Futtertisches muß 2,0 m und Durchfahrthöhe je nach Schleppertyp 2,5 bis 2,9 m betragen.
Eine Sonderbauart des Dreipunkt-Heckladers ist der Heckschiebesammler. Eine große Sammelgabel im Dreipunkt-Kraftheber, deren Zinkenspitzen auf den Boden gleiten, nimmt in Rückwärtsfahrt das Ladegut (nur Langgut) auf. Zum Transport wird die Gabel nur wenig angehoben; sie kann nur auf den Boden entleert werden. Die Ausführung für Silage und Grünfutter (Siloschwanz genannt) hat etwa 1,3 m lange Rohrzinken mit 20 cm Zinkenabstand. Die Gabelbreite ist je nach Schleppergröße 1,0 bis 2,8 m. Eine Gabelfüllung faßt zwischen 3,5 und 4,5 dt und reicht aus für 11 bis 18 Tiere für eine Mahlzeit. Sie ist nur für kleine Viehbestände geeignet und erfordert schwere Nachverteilarbeit von Hand.
Stallschlepper (Motortransportgerät): Kleinschlepper der Standardschlepperbauart sind ungeeignet zur Futtervorlage und nur bedingt geeignet zum Entmisten. Deshalb werden derzeit spezielle Stallschlepper mit Hydraulikanlage neu entwickelt. Stallschlepper sollen auch die Stallgänge von Altgebäuden ohne besondere bauliche Voraussetzungen befahren können. Die Abmessungen sind dementsprechend:
Breite: 1,0–1,2 m (20 cm Sicherheitsabstand sollte bei den Durchgängen verbleiben).
Länge (gefüllt): 1,8–2,0 m.
Wenden auf der Stelle oder mit einem Radius von höchstens 2,0 m. Auswechselbare Werkzeuge, Gabeln (Zinken bis 1,2 m) und Transportkübel zu 0,5 m^3 Inhalt.
Es kommt besonders darauf an, daß mit dem Stallschlepper aus dem Futterstapel entnommen werden kann, da dies die physisch schwerste und aufwendigste Arbeit ist. Sie setzt ausreichende Reißkraft und ausreichendes Eigengewicht (u. U. Ballastgewichte) voraus.
Die Fahrgeschwindigkeit beträgt 7–10 km/h für den Transport, daneben gibt es den langsamen Arbeitsgang.
Die optimale Portionsgröße ist etwa 2 dt, dies ergibt bei mittleren Transportentfernungen spezifische Arbeitsbedarfszahlen von ca. 1,0 (–1,6) AKmin/dt. Ein Nachverteilen von Hand ist unerläßlich, es wird um so geringer, je höher die Futterration ist. Die zweireihige Aufstellung ist besser als die einreihige.
Zwei Antriebsformen sind möglich und werden praktiziert:
1. Elektroantrieb aus Batterien (2 Starterbatterien mit ca. 180 Ah); gute Regelmöglichkeit und guter Anzug, nachladen etwa alle zwei Tage, Allradantrieb ohne Differential. Durch die Batterie-

66 Füttern

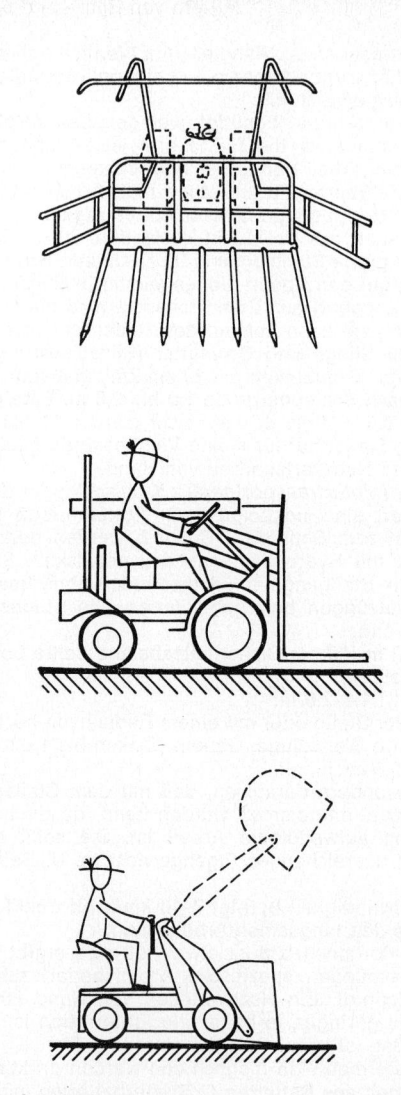

Abb. 29: Hof- und Stalltransportgeräte: Heckschiebesammler, Stallschlepper, Elektrokleinschlepper.

kapazität ist die Leistungsfähigkeit begrenzt; eine griffige ebene Fahrbahn ist notwendig. Der Verbrauch beträgt bei 25 RGV für Füttern und Entmisten etwa 3 kWh/Tag.
2. Dieselantrieb. Es können höhere PS-Leistungen installiert werden, daher gibt es keine Grenzen in der Leistungsfähigkeit. Anzug und Beschleunigung sind jedoch ungünstiger sowie das Wenden und Schalten im allgemeinen etwas aufwendiger. Es werden geringere Anforderungen an die Fahrbahn gestellt.

Stetiges Zuteilen

Kennzeichnend für das stetige Zuteilen ist, daß das Futter in stetigem Fluß auf festgelegten Förderwegen über begrenzte Entfernungen transportiert wird. Ein zusätzliches Nachverteilen des Futters von Hand auf dem Futtertisch erübrigt sich. Die Geräte werden kontinuierlich beschickt, eine Beschickung von Hand ist nicht üblich. Geeignet sind hierfür entweder Silofräsen oder bei weit entfernt liegenden Silos Wagen mit Verteileinrichtungen. Diese können bei ausreichend breiten Futtertischen auch zur direkten Futterzuteilung verwendet werden. Infrage kommen z. B. Spezialhäckselwagen und Häckslerladewagen mit Querförderband, Vielzweckwagen mit Schräg- und Querförderband (Schlegelgut) und in begrenztem Umfang Langgut-Ladewagen mit angebauter Verteiltrommel und Querförderband. Es kommt vor allem darauf an, daß die Geräte gleichmäßig beschickt werden. Da dies wegen der oft ungleichmäßigen Beladung, dem Schlupf von Zuteilkratzketten oder dem Abbröckeln der Häckselwand nicht immer erreicht wird, kann auch das Zuteilen, d. h. das Dosieren, nicht gleichmäßig erfolgen. Eine rationierte Fütterung ist daher bei stetigem Zuteilen nur bedingt möglich. Im allgemeinen sind die Stetigförderer fest installiert; die Anlagekosten steigen proportional mit den Förderwegen. Eine enge Zuordnung von Futterlager und Freßplatz ist systemspezifisch. Ein Futtergang im üblichen Sinne wird nicht gebraucht, ein Kontrollgang für den Fall von Störungen ist jedoch sinnvoll.
Folgende Geräte für die stetige Futterzuteilung kommen in Betracht:
Schneckenförderer: In einem Stahlrohr oder in einem Trog aus Hartholz oder Stahl läuft eine Förderschnecke (ϕ 200–300 mm). Durch Löcher (Rohr und Trog) oder Schlitze (Trog) in der Ummantelung fällt das Futter in die darunterliegende Krippe. Die Förderleistung der Anlage steigt mit dem Durchmesser, der Drehzahl und der Steigung der Schnecke. Der Leistungsbedarf beträgt etwa 0,11 kW je lfdm. Die Regulierung der Auswurfmenge erfolgt bei Rohrschnecken durch das Verdrehen des Rohres, d. h. durch Verstellen der Auswurfhöhe. Die Futtermenge läßt sich auch durch das Verschließen der Auswurföffnungen oder durch Höhenverstellung der Schnecke steuern, was bewirkt, daß sich die Größe des Fut-

68 Füttern

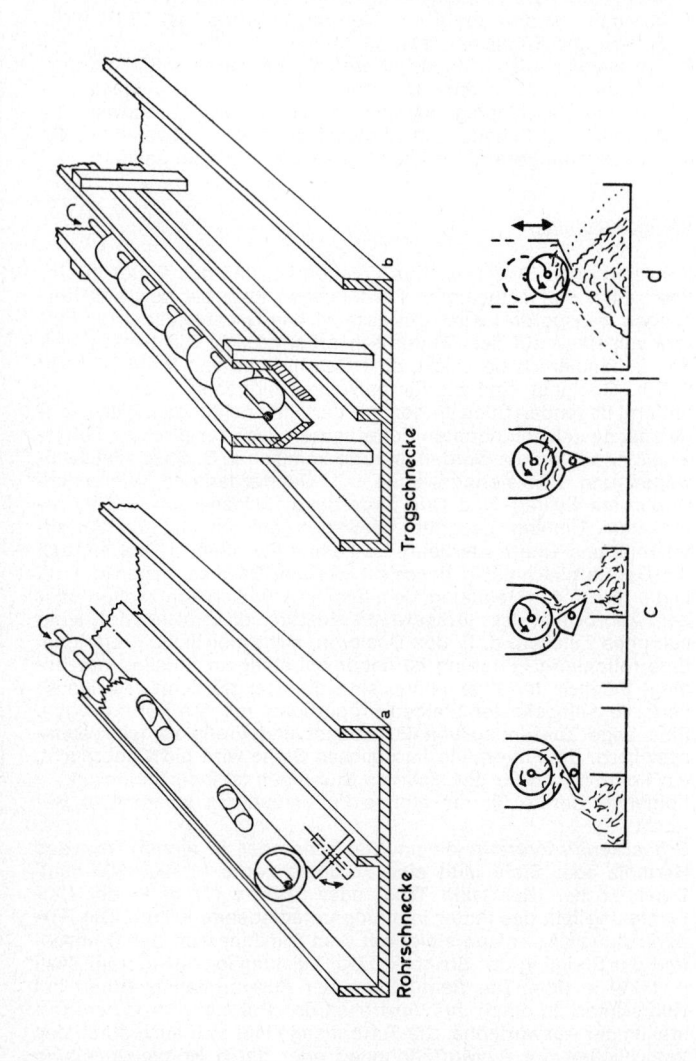

Abb. 30: Bauarten von Futterschnecken.

terkegels ändert, der von der Futterverteilanlage aufgeschüttet wird.

Die Schnecken sind wenig störanfällig und erfordern nur geringe Wartung. Eine unzureichende Füllung erhöht den Verschleiß der Anlagen, außerdem nimmt der Lärm zu.

Technische Voraussetzungen: Schnecken eignen sich nur für Silage und Grünfutter mit Häcksellängen bis zu 10 cm. Die Menge des ausgeworfenen Futters liegt zwischen 100 und 160 kg Maishäcksel/min und zwischen 20 und 50 kg Grashäcksel/min. Weiches Futter neigt zum Vermusen.

Bauliche Voraussetzungen: Wegen des Laufgeräusches, der Neigung zum Futterentmischen und den unzureichenden Dosiermöglichkeiten sind Schnecken für Anbindeställe nicht geeignet. Hingegen sind sie für freiliegende Freßplätze in Laufställen gut verwendbar, da sie schnee- und frostunempfindlich sind.

Schubstangenförderer: Auf einem Förderboden über dem Trog läuft eine Eisenstange (Schubstange) vor und zurück, die rechts und links mit Mitnehmern ausgestattet ist. Durch die wechselnde Bewegung wird das Futter langsam vorwärtsbewegt. Die Fördermenge – bis 175 kg/min Maishäcksel oder 50 kg/min Grashäcksel – hängt von der Zahl und Länge der Hübe sowie von Abstand und Länge der Mitnehmer ab. Die Fördergeschwindigkeit beträgt etwa 4 m/min.

Technische Voraussetzungen: Schubstangen eignen sich für gehäckseltes Silo- und Grünfutter bis zu 15 cm Häcksellänge. Die Futtermenge wird reguliert durch verstellbare Seitenbretter am Förderkanal oder durch Verändern der Breite des Förderbodens. Schubstangenanlagen sind relativ laufruhig und betriebssicher. Es werden nur geringe Ansprüche an die Beschickung gestellt. Der Leistungsbedarf ist ca. 0,08 kW je lfdm.

Bauliche Voraussetzungen: Keine. Die geringe Verteilgenauigkeit, die Futterentmischung und die Frostempfindlichkeit beschränken ihren Einsatz auf Laufställe mit witterungsgeschütztem Freßplatz.

Kettenrundförderer: Eine in oder dicht über dem Doppelfuttertrog waagerecht umlaufende endlose Kette ist in Abständen von 60–70 cm mit Mitnehmern versehen, die das aufgegebene Futter weiterführen. Anlagen mit vertikal umlaufender Kette werden z. Zt. in der BRD nicht gefertigt, da u. a. Verstopfungsgefahr besteht.

Technische Voraussetzungen: Kettenförderanlagen eignen sich für Silage, Grünfutter und gehäckseltes Heu jeweils bis ca. 15 cm Häcksellänge, wobei diese eine untergeordnete Rolle spielt. Die Antriebsleistung ist ca. 0,06 kW/lfdm. Die Förderleistung wächst mit dem Futterkrippenquerschnitt und der Kettengeschwindigkeit. Gebräuchliche Typen fördern ca. 120 kg Maishäcksel/min oder 50 kg Grashäcksel/min. Eine unterschiedliche Dosierung an einzelnen Standplätzen ist nicht möglich. Die vorgelegte Futtermenge und ihre Gleichmäßigkeit wird von der Art der Zuführung bestimmt.

70 Füttern

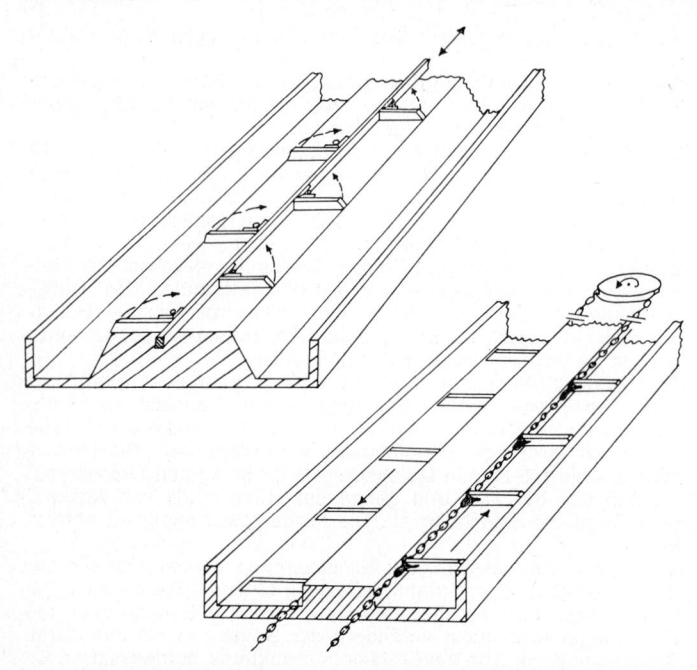

Abb. 31: Schubstangenförderer und Kratzenkettenförderer.

Bauliche Voraussetzungen: Der Einbau ist möglich in Anbindeställen und frostsicheren Laufställen, in denen keine unterschiedliche Dosierung an verschiedene Altersgruppen und Einzeltiere gefordert wird. Bei geeigneter Anordnung der Umlenkrollen kann zwischen den Krippen ein begehbarer (ab 50 cm) oder befahrbarer Kontrollgang angelegt werden (Kraftfutterzuteilung). Die Fördergeschwindigkeit ist bis 12 m/min. Die Störanfälligkeit steht in enger Beziehung zur Qualität und Dimensionierung der verwendeten Ketten. Das Nachspannen der Ketten erfordert etwas höhere Wartungsarbeiten als bei den vorgenannten Anlagen.
Bandförderer: Bandförderer laufen in der Krippe. Das Band bildet den Boden des Futtertroges. Man unterscheidet zwei Arten:
das bekannte über zwei Endrollen umlaufende *endlose Förderband* aus Gummi oder Kunststoff
und den nur auf der halben Länge mit Band ausgestatteten Bandförderer, die zweite Hälfte besteht aus einem Seil oder einer Kette, die über das Antriebsrad läuft.

Füttern von Rauh- und Saftfutter 71

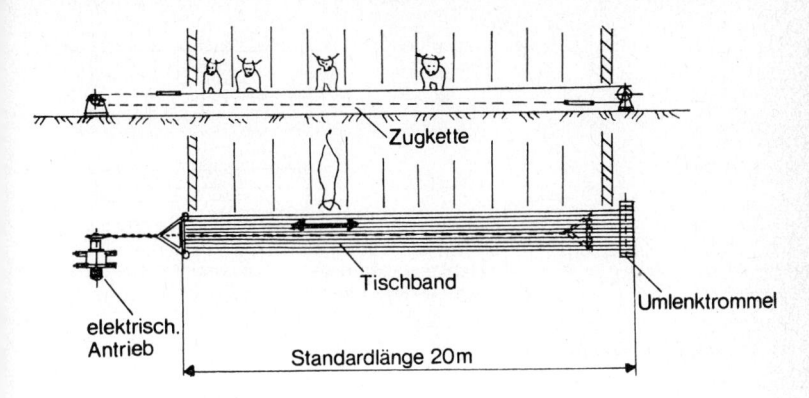

Abb. 32: Futterband.

Dieses Band muß vor der Befüllung stets in die Anfangsstellung gebracht werden. Endausschalter sorgen für den rechtzeitigen Bandstop in Anfangs- und Endstellung. Futterreste werden so automatisch zum Ende oder zum Anfang der Krippe gefördert und können dort leicht beseitigt werden.

Anlagen, die nicht umlaufen und von Hand oder mit einer gesonderten Vorrichtung zurückgezogen werden müssen, werden heute nicht mehr hergestellt; das gleiche gilt auch für den „fahrbaren Futtertisch".

Technische Voraussetzungen: Bandförderer sind für alle Futterarten geeignet. Die Bandgeschwindigkeit ist durchschnittlich 12 m/min (Extremwerte 5–40 m/min). Die Futtermenge pro m Krippenlänge muß unter Einrechnung der Bandgeschwindigkeit exakt aufgegeben werden. Wegen dieser Schwierigkeiten ist der Bandförderer weniger für den Anbindestall als für den Laufstall geeignet.

Bauliche Voraussetzungen: Gerade, nicht zu breite Futtergänge, vorwiegend im Laufstall. Aus Kostengründen ist die Breite des Bandes und damit die Krippenbreite begrenzt, daher besonders für Schafställe geeignet. Während der Bandbeschickung müssen die Tiere mit einem Freßgitter ferngehalten werden. Gut geeignet für Umbaulösungen.

Hängebahnförderer (auch Schwebeförderer genannt): In einem Blechtrog, der an zwei über dem Futtergang befestigten Führungsschienen verschiebbar aufgehängt ist, läuft eine zweiseitig geführte endlose Kratzkette (oder auch ein Band) um. Sie ist im unteren Trum in einem Punkt fest mit dem Gebäude verbunden. Wird die Kette angetrieben, setzt sich die ganze Vorrichtung in Bewegung und wirft das zugeführte Futter in Fahrtrichtung fortlaufend ab.

72 Füttern

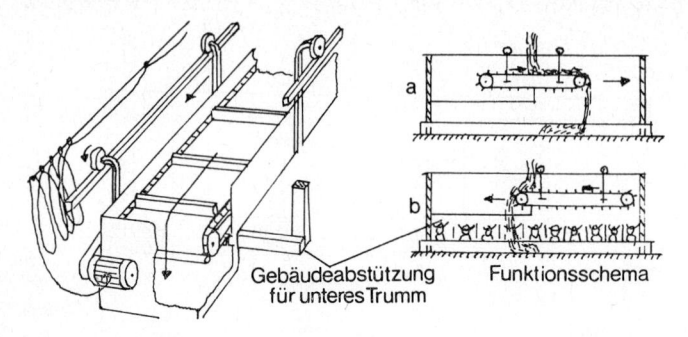

Gebäudeabstützung für unteres Trumm   **Funktionsschema**

Abb. 33: Hängeförderer.

Ist die Förderkette in der ganzen Länge der Fördermulde abgerollt, kehrt ein Umschalter die Drehrichtung des Motors und damit auch den Trogvorschub um. Dabei wird das Futter wiederum in der Vorschubrichtung der Fördermulde abgeworfen und somit die andere Hälfte des Futterganges beschickt. Die Vorschubgeschwindigkeit ist ca. 10 m/min. Um die notwendige Futtermenge vorzulegen, ist ein mehrmaliges Überfahren des gleichen Trogabschnittes erforderlich, wodurch eine gleichmäßige Verteilung erreicht wird.

Technische Voraussetzungen: Hängebahnförderer sind für gehäckseltes Grün- und Silofutter geeignet. An die Gleichmäßigkeit der Häcksellänge (bis 15 cm) stellen sie Anforderungen, die etwa zwischen denen von Schnecke und Kette leigen. Die Förderleistung ist ca. 100 kg/min für Luzernehäcksel mit 30% TS und 160 kg/min bei Maishäcksel.

Das Futter wird nicht entmischt und sehr genau verteilt, solange die Zuführung aus dem Futterstapel gleichmäßig genug erfolgt. Es können zwei unterschiedliche Tiergruppen in einem Anbindestall mit mittlerem Futtergang versorgt werden. In zweireihigen Stallungen kann die Futterration sowohl zwischen linkem und rechtem Trog als auch zwischen beiden Futtergangteilen, nicht jedoch innerhalb der Troglänge, verändert werden.

Bauliche Voraussetzungen: Die erforderliche Baulänge beträgt die Hälfte der Länge des jeweiligen Futterganges. Die Zuführung des Futters aus dem Futterstapel muß über der Mitte des Futterganges erfolgen; der Silostandort ist danach auszurichten. Die Störungs- und Reparaturanfälligkeit liegt etwas über der von Schnecken- und Schubstangenanlagen. Die Wartung erstreckt sich auf das Abschmieren der Lager und das Nachspannen von Ketten und Band.

Futterwagen: Der Futterwagen entspricht einem verkleinerten Spezialhäckselwagen. Ein stufenlos regelbarer Kratzboden führt das

Füttern von Rauh- und Saftfutter 73

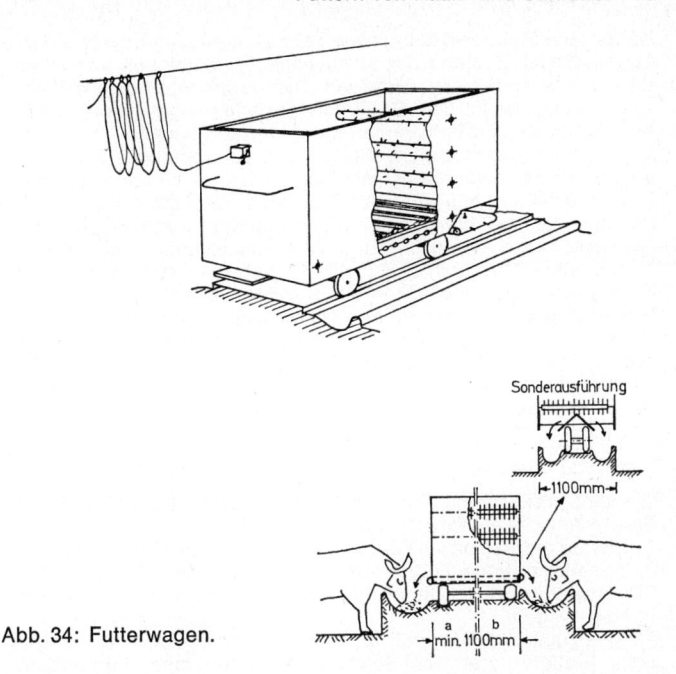

Abb. 34: Futterwagen.

Futter gegen Verteilerwalzen, die es abfräsen und auf ein Querförderband fallen lassen, das während der Vorwärtsfahrt wahlweise nach rechts oder links auswerfen kann.
Technische Voraussetzungen: Futterart beliebig, Häcksellänge bis höchstens 8 cm. Auswurfleistung etwa 0–16 kg/min, Fassungsvermögen je nach Typ zwischen 1,5 und 5 m³, zum Teil können zusätzliche Behälter für Kraftfutterbeimischung angebaut werden, 1 m³ Fassungsvermögen ist ausreichend für 20 bis 25 Tiere je Mahlzeit. Die Fahrgeschwindigkeit ist 2–5 km/h vorwärts und rückwärts.
Im Gegensatz zu den anderen Stetigförderern braucht der Futterwagen nicht kontinuierlich aus dem Futterstapel bzw. Futterlager befüllt zu werden. Schwierigkeiten können bei sehr langsamer Füllung auftreten, wenn eine Füllung nicht für eine Futterzeit ausreicht.
Störanfälligkeit und Reparaturbedarf sind entsprechend der Konstruktion etwas höher als bei den einfacheren Verteilanlagen. Die Wartung erstreckt sich auf Abschmieren und Nachspannen der

74 Füttern

Ketten. Bei Elektroantrieb ist wie beim Hängebahnförderer auf den einwandfreien Zustand der elektrischen Installationen und besonders der Stromführung zu achten. Der Hauptvorteil dieses Futterwagens liegt darin, daß die Futtermenge je Trogabschnitt wie bei der Handzuteilung beliebig verändert werden kann.
Bauliche Voraussetzungen: Weitgehend gebäudeunabhängig, notwendig ist ein befahrbarer, mindestens 1,10 m breiter Futtergang. In Sonderfällen kann auch der Trograum überfahren werden. Angeboten werden Futterwagen mit Benzinmotor (Unabhängigkeit vom Fahrweg, aber Geräusch- und Abgasbelästigung), mit Elektroantrieb über Stromschiene (zulässig nur bei strohloser Aufstallung sowie ausschließlicher Grün- und Silagefütterung und bei Niederspannung) oder über Schleppkabel (schienengebunden, leise, wartungsarm) sowie mit Batterieantrieb (2 x 12 V mit 120–180 Ah, gute Fahrwege notwendig, hoher Wartungsaufwand, Gesamtantriebsleistung ca. 3 kW). Auch bei den nicht schienengebundenen Typen ist eine Fahrspur im Stall zweckmäßig.

Vorratsfütterung

Sie wird praktisch nur im Laufstall eingesetzt. Grundsätzlich sind drei technische Verfahren möglich:
1. Einbau mechanischer Förderer in einen festen Futtertisch,
2. Beschicken eines Futtertisches mit Fahrzeugen
3. Verwendung von Standwagen als Futtertisch, d. h. Fütterung vom Wagen.

Als mechanische Förderer in festen Futtertischen sind verschiedene Stetigförderer, wie Schnecken-, Ketten- und Bandförderer, geeignet. 1 m Förderlänge beidseitig zugängig reicht für etwa 8 Tiere. Sie sind meist nur in direkter Verbindung mit Hochsilos geeignet. Zum Beschicken eines Futtertisches mit Fahrzeugen (bei Grünfutter als „Direktzuteilung" bezeichnet) kommen Wagen mit Kratzkettenboden in Betracht. Dazu muß ein Schlepper mit Kriechgang vorhanden sein. Grundsätzlich gilt, daß das Abladen um so gleichmäßiger geht, je kürzer die Häcksellänge und je höher der Trockensubstanzgehalt ist, Langgut und *frontladergeladenes Gut* läßt sich nur schwierig handhaben. Die eigentliche Entladezeit ist relativ kurz (2–3 min minimal), allerdings fallen höhere Rüstzeiten an.
Für die Futterablage vom Wagen eignet sich Langgut und Häcksel. Es kommen die üblichen Vielzweckwagen und Langgut-Ladewagen ohne Zusatzverteiler in Frage (s. Band 1). Ein zusätzliches Verteilen von Hand in seitliche Krippen ist notwendig, daher ist es günstig, wenn die Krippe tiefer liegt und die Krippenoberkante mit dem Futtertisch abschließt. Geschnittenes Ladewagengut läßt sich am besten handhaben, Kurzhäcksel ist weniger geeignet. Der Futtertisch kann zugleich Zwischenlager für die nächste Mahlzeit sein.

Füttern von Rauh- und Saftfutter 75

Soll das Futter seitlich neben der Fahrspur abgelegt werden, wofür nur Häcksel geeignet ist, kommen Spezial-Häckselwagen und Häcksler-Ladewagen, bedingt auch Vielzweckwagen mit Abladeverteiler und sogar Spezial-Lkw in Frage. Spezialhäckselwagen,

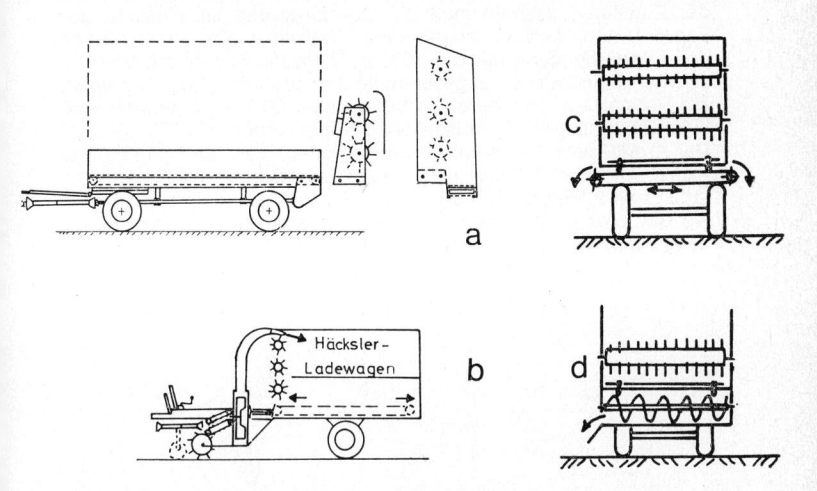

Abb. 35: Futterablage durch Ladewagen oder Universalwagen.

auch Automatikwagen, Sammelwagen oder Selbstentladewagen genannt, sind im allgemeinen 2-Achs-Wagen mit 3–5 t Nutzlast und vorne liegenden Verteilerwalzen. Sie sind ausgerüstet mit nach rechts und links schaltbarem Querförderband zur Entleerung des Ladegutes sowie mit Zapfwellendurchtrieb zum Antrieb eines Fördergebläses bei der Silobefüllung. Häcksler-Ladewagen (2–3 t Nutzlast) sind im Prinzip gleich aufgebaut. Die bisher angebotenen Typen sind jedoch 1achsig und besitzen als fest eingebautes Ladeorgan einen zusätzlichen Scheibenrad- oder Trommelhäcksler sowie eine Pick-up-Trommel oder im Austausch dafür ein Maisgebiß.
Das Gut wird beim Vorbeifahren direkt in die Krippe gefördert – bei doppelreihiger Aufstallung muß zweimal gefahren werden. Ein Nachverteilen von Hand entfällt im allgemeinen. Bei kleinen Viehbeständen kann evtl. die gesamte Tagesration auf einmal in die Krippe gegeben werden.
Zum Problem wird mitunter das Einhalten einer gleichmäßigen Zuteilrate (kg Futter/m Krippenlänge). Sie ist abhängig von der Aus-

76 Füttern

wurfleistung, der gleichmäßigen Beladung und der Fahrgeschwindigkeit. Ein Kriechgang von 0,6 km/h (= 10 m/min) und eine maximale Auswurfleistung von 300 kg/min führen zu einer Zuteilrate von 30 kg/m. In der Praxis werden Abweichungen von bis zu 40% festgestellt. Reguliert wird praktisch nur nach Augenmaß während der Zuteilung, deshalb muß die Querförderung im Blickfeld des Fahrers, d. h. vorn am Wagen, sein. Teilweise wird zur Erhöhung der Auswurfleistung mit der 1000er Zapfwelle gearbeitet. Vom Sicherheitsstandpunkt aus gesehen ist dies problematisch. Schlepper mit Doppelkupplung lassen in begrenztem Maße eine unterschiedliche Dosierung an den einzelnen Krippenständen zu.

Der Arbeitsaufwand ist bei den verschiedenen Wagentypen nahezu gleich: für 15 dt (30 GV) etwa 6 Minuten Rüstzeit, 6 Minuten Entladen und 2 Minuten Handausgleich für unregelmäßig ausgebrachtes Gut. Dies ergibt einen speziellen Gesamt-Arbeitszeitbedarf von ca. 0,9 min/dt.

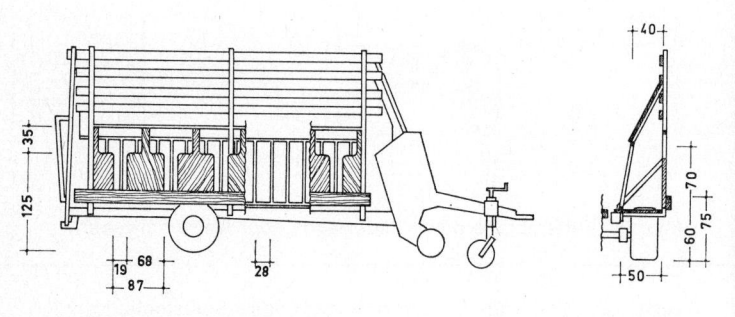

LADERAUFENWAGEN (TIEFLADER)

LADERAUFENWAGEN (HOCHLADER)

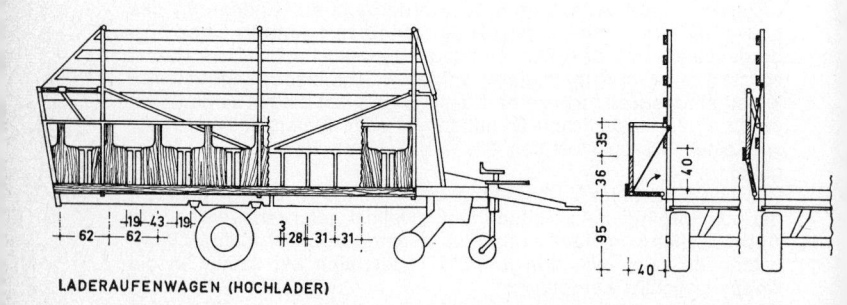

Abb. 36: Raufenladewagen.

Zur Fütterung im Laufstall kann auch ein mit Freßgitter versehener Wagen dienen, evtl. ein Ladewagen, der im Sommer zugleich zum Grünfutterladen und -holen benutzt wird. Das Freßgitter kann im Eigenbau angefertigt werden (s. Seite 183). Man rechnet für je 3 GV einen Freßplatz, d. h. bei einer Wagenlänge von 5 m können 40 Tiere gefüttert werden. Der einzige Arbeitsaufwand sind die Rüstzeit, das Füllen und ein gelegentliches Nachverteilen von Hand auf dem Wagen. Der spezifische Arbeitsaufwand beträgt nur ca. 0,7 min/dt, da sich die Kühe das Futter selbst vom Wagen holen. Gegebenenfalls braucht nur alle 2 bis 3 Tage nachgefüllt zu werden.

Bauliche Voraussetzungen: Die mechanischen Förderer nehmen nur geringen Platz in Anspruch und lassen sich daher auch bei geringem Raumangebot einsetzen. Soll ein Futtertisch mit Wagen beschickt werden, muß dieser das Überfahren gestatten und eine Breite von 2,5–3,0 m besitzen; eine Krippe kann hierin eingeschlossen sein, da hier Spurweite kaum über 1,8 m hinausgeht. Die freie Durchfahrtshöhe muß 2,5–3,0 m sein. Die Fütterung direkt vom Wagen erfordert überhaupt keine baulichen Voraussetzungen, sondern nur eine gut zugängliche Lauf- und Wagenstandfläche.

Angaben zur ökonomischen Beurteilung

Die Auswahl der verschiedenen Maschinen für die Silageentnahme und -zuteilung richtet sich nach den Gebäudeverhältnissen einschließlich den geplanten Erweiterungen sowie nach dem Viehbestand.

Die Tabellen 14 und 15 geben eine Übersicht über verschiedene Beurteilungskriterien. Als wichtigstes Beurteilungskriterium wird häufig „AKmin/GV" genannt. Dieser Wert ist nur bedingt geeignet, da er von der Futterration abhängig ist. Besser dürfte daher der Wert „AKmin/dt sein; die Umrechnung vom einen Wert in den anderen ist leicht möglich:

$$\frac{AKmin/GV}{dt/GV} = AKmin/dt.$$

Interessant sind auch der Gesamtarbeitsaufwand je Tier und Jahr (Futtertage) sowie der Kapitalbedarf (Tab. 16), aus dem die jährlichen Kosten resultieren (ϕ 12—25%). Eine Kostensenkung ergibt sich, wenn die Maschinen auch anderweitig verwendet werden können. Abb. 22 stellt die Zusammenhänge dar, wobei die Einzelwerte je nach Verhältnissen sehr stark schwanken. Einige Leitsätze seien noch einmal besonders genannt:

1. Absätzige Futterzuteilung wird mit steigendem Viehbestand wegen des steigenden Transportzeitanteils ungünstiger.
2. Stetigförderer sind im allgemeinen störungsanfälliger als Absätzigförderer oder Direktzuteiler selbst bei Kurzhäcksel.
3. Bei Stetigförderern steigt die Kapitalinvestition nahezu linear mit

78 Füttern

spez. Arbeitszeitbedarf nur Füttern
60 kg/Tier u. Tag ohne Futterholen

Kapitalbedarf für Fütterungseinrichtung

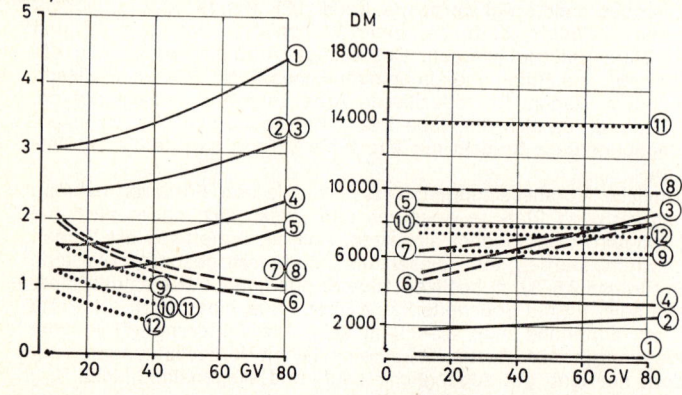

Abb. 37: Arbeitszeitbedarf sowie Kapitalbedarf für Füttern.

1 Handkarre
2 Greiferaufzug
3 Hängebahn
4 Frontlader
5 Stallschlepper
6 Stetigförderer für Verteilung aus Wagen
7 Futterwagen schienengebunden
8 Futterwagen Batterieantrieb
9 Ladewagen
10 Häckselwagen einachsig
11 Häcksler-Ladewagen
12 Raufenladewagen

dem Tierbestand, im Gegensatz zu absätzigen Förderern; der Platzbedarf ist im allgemeinen niedriger.

4. Bezüglich Zeit- und Kapitalbedarf ist die Wagenzuteilung günstig; sie ist auch für die Winterfütterung einzusetzen; nachteilig sind die großen Durchfahrten.
5. Einrichtungen, die direkt in der Krippe zuteilen bzw. diese bilden (Kratzkette, Schubstange, Schnecke, Band) sind für vielseitig zusammengesetzte Rationen ungeeignet, weil sie kein genaues Dosieren zulassen.

Sind die Gebäudeverhältnisse gegeben, fällt die Entscheidung zwischen

1. stationärer Mechanisierung
2. mobiler Mechanisierung
3. Selbstfütterung

Aufgrund der vorhandenen Futtergangbreite läßt sich das Förder- und Zuteilgerät auswählen.

Füttern von Rauh- und Saftfutter 79

stationäre Mechanisierung

mobile Mechanisierung

Selbstfütterung

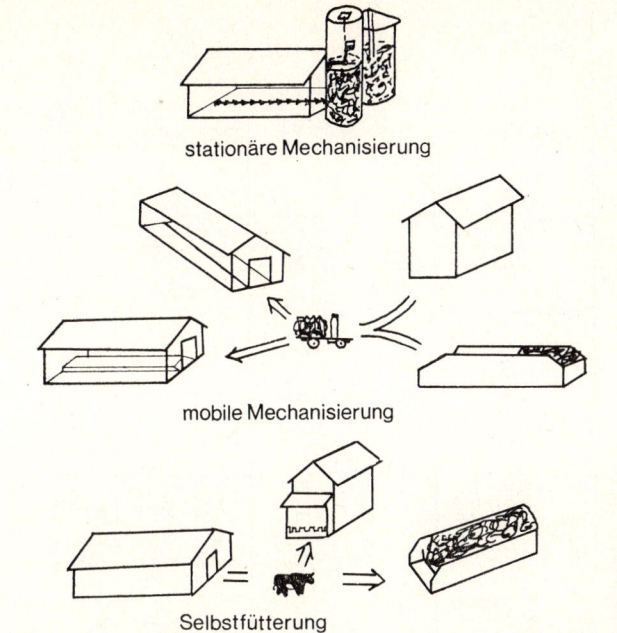

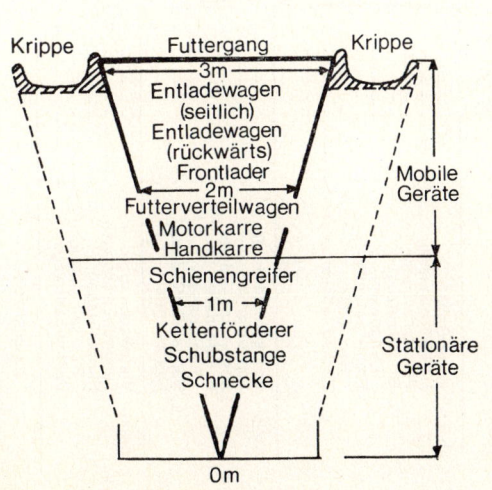

Abb. 38: Schema verschiedener Mechanisierungsarten

Krippe — Futtergang — Krippe
— 3m —
Entladewagen (seitlich)
Entladewagen (rückwärts)
Frontlader
— 2m —
Futterverteilwagen
Motorkarre
Handkarre

Mobile Geräte

Schienengreifer
— 1m —
Kettenförderer
Schubstange
Schnecke

Stationäre Geräte

0m

Abb. 39: Möglichkeiten der Mechanisierung der der Futtervorlage abhängig von der vorhandenen Futtergangbreite abhängig

Tab. 14. Technische Kriterien von Futterverteilanlagen für Rindvieh

Zuteilungsart	Maschine	Laden auf Feld und Transport zum Hof	Entnehmen	Transport	Verteilen	mögl. Gutsform L=lang K=kurz B=Ball.	mögl. Futtersorten S=Silage G=Grünf. H=Heu R=Rüben geschn.	notw. Futtertischbreite (m)	geeign. auch z. Einlag. += ja −=nein	Port.-Größe Silage Grüngut (kg)	mögl. Förderlänge (m)	notw. Antriebsleistung
absätzig	Hand-Gabel	—	—	—	—			1,2	+	5,5−6,5	5	—
	Hand-Schubkarre		—	—	—			1,2	−	100	30	—
	Plattformwagen		—	—	—		S, G, H	1,2	−	200	30	—
	Greiferaufzug/Hängebahn			—	—	(K, B)		1,2−1,8	+	40−80	50	1,5−3
	Front-Dreipunkt-Hecklader			—	—	L		2,0−2,4	++	130−200 350−430	belieb. belieb.	Schlepp. ab 25 PS El. 2−3 Dies. 8
	Heckschiebesammler	—	− −	− −	—		S, G, H, R	1,2−1,5	−	(150)−200	belieb.	
stetig	Schneckenförderer				—		S, (G)	1,0−1,2	−	entf. Förderge schwind. bis 10 m/min	50	kW/m 0,11
	Schubstange				—	(L)	S, G, R*	1,0−1,2	−		50	0,08
	Kettenrundförderer				—	(L)	S, G, R*, H	1,0−1,2	−		50	0,06
	Bandförderer/Futterband				—	L	S, G, R*; H	1,0	(+)		25−30	0−05
	Hängebahnförderer				—	K	S, G, (R*), H	1,1−1,3	−		25−30	0,3
	Futterwagen				—		S, G, (R*)		−		belieb.	2−3 kW
direkt	Vielzweckwagen	—	− −	− −		L, K	S, G, H	2,5	++	entfällt	beliebig	Schlepp. ab 30 PS
	Langgut-Ladewagen	—	− −	− −		L	S, G, H		+			
	Häckselwagen/Häckselladewagen	—	− −	− −		K, L	S, G, (H)		+			
	Raufen-Ladewagen	—	− −	− −		L			−			

*geschnitzelt

Tab. 15. Bewertung von Futterverteilanlagen für Rauhfutter und Silage

Zuteilungsart	Maschine	geeignet für vielseitige Futterration	Möglichkeit der Futterdosierung an bel. Frebpl.	Eignung für Anbindestall bezügl. Entmischung	Eignung für Anbindestall bezügl. Lärmentwicklung	Möglichkeit für einen begeh- od. befahrbaren Futtertrog	Einsatz bei ungünstigem Silostandort	Frostsicherheit bei schlechtem Wetterschutz	Anforderung an Häckselänge	Stör- und Reparaturanfälligkeit	Gesch. Lebensdauer in Jahren
absätzig	Schubkarre/Hand	x	x	x	x	x	x	x	mögl. ungehäckselt	keine	6–8
	Greiferanlagen Front-, Dreipunktheckl.	o	x	x	x	x	o	o		gering	15–20
	Heckschiebesammler	o	x	x	o	x	x	x		gering	15–20
	Stallschlepper	o	x	x	o	x	x	x		gering	15–20
		o	x	x	(x)	x	x	x		gering	10–12
stetig	Schneckenförd.	–	–	–	–	–	–	x	hoch	gering	6–8
	Schubstange	–	–	–	x	o	o	–	hoch	gering	12–15
	Kettenrundförd.	o	–	x	x	x	–	–	gering	hoch	10–12
	Bandförderer	o	–	x	x	(o)	–	–	gering	mittel	10–12
	Hängebahnförd.	o	–	x	x	o	o	–	mittel	mittel	10–12
	Futterwagen	o	x	x	x	x	x	o	mittel	mittel	10–12
direkt	Vielzweckwagen	–	o	x	o	x	x	x	keine	gering	12–15
	Langgut-Ladewag.	–	x	x	o	x	x	x	keine	gering	10–12
	Häckselwagen	–	o	x	o	x	x	x	mittel	gering	8–10
	Raufen-Ladewag.	–	–	–	–	–	x	–	keine	gering	8–10

x = ja   o = bedingt   — = nein
Quelle: nach Weidinger

Tab. 16. Anschaffungspreise und Kosten für Maschinen zum Füttern von Silage

	Anschaff. Preis (DM)	Gesamtkosten in DM bei jährlicher Ausnutzung von				
		50 h	100 h	200 h	500 h	1000 h
Stationärer Drehkran	4 200	500	570	690	955	
Hallenkran	18 000	2 380	2 570	2 950	4 075	
Greiferaufzug 15 m	2 000	216	245	400	920	
Hängebahn 15 m	5 000	660	715	820	1 130	
Obenfräse 4 m ⌀	5 700	946	1 037	1 447	3 361	
6 m ⌀	9 000	1 490	1 630	2 280	5 300	
Untenfräse 4 m ⌀	9 000	1 520	1 720	2 450	5 700	
6 m ⌀	13 500	2 287	2 575	3 684	8 602	
Motorvorschneidegerät	800	125	150	225	460	
Anbausiloschneider	4 000	665	830	1 150	2 680	
selbstfahrender Drehkran (6-PS-Diesel)	9 000	1 198	1 291	1 479	2 041	
Heckschwenklader m. Werkzeug						
400 kg Hubkraft	4 500	530	635	750	1 190	2 250
600 kg Hubkraft	7 100	850	991	1 177	1 883	3 554
Rollgabel	400	63	69	77	102	
Futterverteilwagen 3 m^3	8 800	1 376	1 444	1 928	4 425	

Füttern von Rauh- und Saftfutter 83

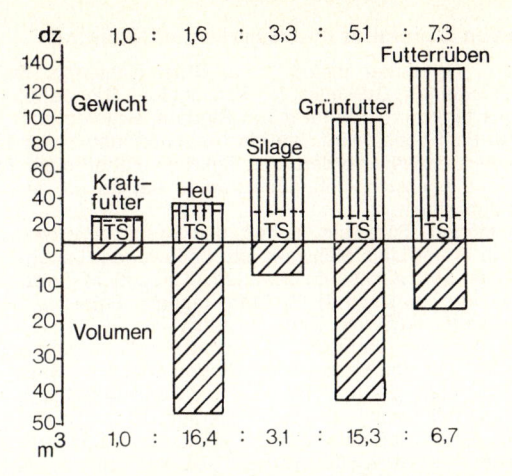

Abb. 40: Die unterschiedlichen Gewichte und Volumina von Futtermitteln gleichen Nährstoffgehaltes bedingen erhebliche Schwierigkeiten bei der Mechanisierung mit einer universellen Fütterungseinrichtung.

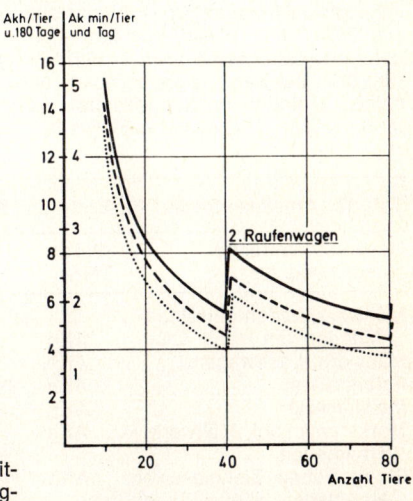

Abb. 41: Arbeitszeitbedarf für das tägliche Grünfüttern mit Raufenwagen einschließlich Ernte.

Füttern von Grünfutter und Sommerstallfütterung

Der Begriff Grünfutter umfaßt u. a. Gras, Gemenge, Zwischenfrüchte, Rübenblatt, Grünmais, Markstammkohl, Stoppelrüben, d. h. Futter, das täglich zum Füttern von Rindern, Schafen und Pferden frisch vom Feld geholt wird. Die rasche Erwärmung besonders des gehäckselten Gutes erfordert ein tägliches Futterholen. Frisches Gut hat den höchsten Nährstoffertrag je ha, da die niedrigsten Verluste auftreten.

Für das Mähen, Sammeln, Laden und Transportieren zum Hof kommen in erster Linie Mähwerk und Ladewagen (Langgut) sowie Feldhäcksler und Häcksel-Ladewagen (Kurzgut) in Betracht (Einzelheiten hierzu s. Band 1). Kleinere tägliche Futtermengen werden auch heute noch von Hand geladen.

Die Mechanisierungsverfahren zur Sommerstallfütterung umfassen den Bereich von der Ernte bis zur Futtervorlage im Stall. Im wesentlichen können die gleichen Verfahren und Maschinen wie bei der Winterstallfütterung eingesetzt werden, d. h. die Geräte und Maschinen zur Grünfutterverteilung können vielfach auch für andere Futtermittel verwendet werden, teilweise auch zu deren Einlagerung. Grundsätzlich ist eine Tendenz zur Einmannarbeit festzustellen sowie zur Einschränkung aller unproduktiven Zeiten wie Rüst-, Zwischen-, Neben- und Verlustzeit.

Der durchschnittliche Arbeitszeitbedarf für Ernte und Anfuhr (einschließlich Abkippen am Hof) geht aus Tab. 17 hervor.

Das Futter wird entweder als Stapel bei oder in dem Stall zwischengelagert (Lagerfläche etwa 2 m^2/dt für Langgut, 3 m^2/dt für Kurzgut) oder auf dem Wagen belassen und von dort verteilt. Für langsames Entladen in Zuteildosierer oder mit Häckselwagen direkt in die Krippe ist für 30 dt mit etwa 0,3 AKH zu rechnen.

Tab. 17. Arbeitszeitbedarf für Ernte und Anfuhr von Grünfutter

Gesamtfuttermenge ausreichend für	dt/Tag Tiere	10 20	30 60	50 100
Mähwerk, Laden einschl. Abladen von Hand	AKh	1,4	3,0	4,8
Mähwerk, Ladewagen	AKh	0,7	0,9	2 x 0,9
Feldhäcksler	AKh	0,6–0,9	1,1–1,5	1,3–2,0
Maishäcksler	AKh	0,7	1,2	1,6*)
Markstammkohl, Mähwerk, Handladen	AKh	1,4	3,5	5,9
Stoppelrüben, Ziehmaschine, Handladen	AKh	1,7	4,3	7,2

*) Schwad = 2, 1; Schlegel-FH = 1,2

Füttern von Rauh- und Saftfutter 85

Jahresarbeitszeitbedarf einschl. Feldernte

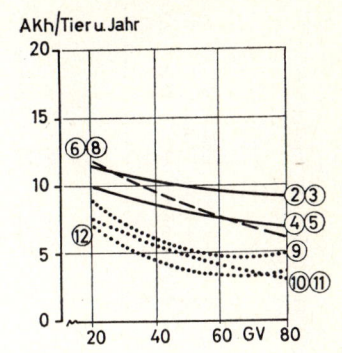

AKh/Tier u. Jahr

Abb. 42: Jahresarbeitszeitbedarf für Grünfütterung einschließlich Feldanteil. Erläuterungen siehe Abb. 37.

Im Prinzip gelten die gleichen Werte wie für Silage. Es ergeben sich nur geringe Abweichungen im Arbeitszeitbedarf je dt. Der Arbeitszeitbedarf je Tier und Tag bei Frischgut ist aus drei Gründen etwas größer (s. auch Abb. 41):
1. allgemein sind Grünfutter-Tagesrationen höher als Silagerationen (50–60 kg/Tier und Tag gegenüber 25–30 kg/Tier und Tag)
2. unterschiedliches Gewicht bei gleichem Nährstoffgehalt (ca. 50 Prozent mehr bei Grünfutter)
3. unterschiedliches Volumen bei gleichem Nährstoffgehalt (bis 4,5fach bei Grünfutter).

Im folgenden werden die wesentlichen Abweichungen, die sich zu Grünfutter gegenüber Silage ergeben, beschrieben.

Absätziges Zuteilen

Es kommt überwiegend für Langgut in Betracht. Je langhalmiger aber das Futter ist, um so schwieriger wird seine Handhabung (z. B. Mais). Dies gilt besonders für Futter, das mit dem Frontlader geladen ist. Besser eignet sich geschnittenes Ladewagengut. Feste oder mobile Vorratsraufen können in allen Laufstallformen angewendet werden, man befüllt sie durch Greifer sowie Front- und Hecklader.

Stetiges Zuteilen

Es wird bei Grünfutter nur in geringem Umfang angewendet. Der Schneckenförderer bewirkt eine Futterentmischung und ist daher nur bedingt geeignet. Eine rationierte Fütterung ist allgemein nicht möglich.

Tab. 18. Arbeitszeitbedarf für das tägliche Futterholen einschließlich Fütterung bei einer täglichen Futtermenge von 15 dt

	Futterzuteilung	Futterholen											
		Langgut-Ladewagen		Frontlader		Heckschiebe-sammler		Häcksler-ladewagen		Exaktfeld-häcksler		Schlegelfeld-häcksler	
		AKmin a)	AKh b)	AKmin a)	AKh b)	AKmin a)	AKh b)	AKmin a)	AKh b)	AKmin a)	AKh b)	AKmin a)	AKh b)
absätzig	Handgabel und Schubkarre	79	237	98	294	113	339	88	264	96	288	92	276
	Schienengreifer	67	201	86	258	101	303	78	234	86	258	80	240
	Frontlader	55	165	74	222	89	237	62	186	70	210	66	198
	Motortransport-gerät	53	159	72	216	87	261	62	186	70	210	66	198
stetig	Kettenförderer	(40)	120	–	–	–	–	42	126	51	153	47	141
direkt	Rückwärtige Zu-teilung v. Wagen	48	144	76	228	–	–	52	156	60	180	56	168
	Seitliche Zutei-lung vom Wagen	(40)	(120)	–	–	–	–	46	138	54	162	50	150
	Raufenladewagen	38	114	–	–	–	–	–	–	–	–	–	–

Unterstellungen: Futterertrag 200 dz/ha, Feldentfernung 1 km, zweireihiger Anbindestall; bei Raufenladewagen Laufstall. (Die eingeklammerten Verfahren sind nur bedingt möglich.)
a) AKmin je Tag und Herde (30 GV) für die Ernte und Fütterung; b) AKh in 180 Tagen für 30 GV.
Quelle: nach MERKES.

Direktes Zuteilen

Da dabei jegliches Umladen zwischen Feld und Tier bzw. Futterlager entfällt, ist dies die kürzeste und einfachste Arbeitskette bei Sommerstallfütterung. Praktisch kommen nur Wagen mit Kratzkettenboden in Betracht. Sie sind dort geeignet, wo zu jeder Mahlzeit das Futter frisch geholt wird, d. h. ab etwa 60 GV. Das Zwischenlagern im Wagen scheidet wegen der Futtererwärmung aus. Bei ganz kleinen Viehbeständen und bei kurzen Feldentfernungen (arrondierte Betriebe) kann für Langgut auch der Heckschiebesammler (s. Seite 65) eingesetzt werden. Er bringt das Futter vom Feld direkt vor die Tiere: Bei 1 km Feldentfernung und ca. 3,5 dt Lademenge ist der Arbeitsbedarf etwa 0,4 AKh/Ladung (ca. 0,1 AKh/dt ohne Handnachverteilen).

Die kürzeste Grünfütterungskette ergibt sich, wenn der Ladewagen neben Ernte und Transport zugleich als Fütterungseinrichtung (Krippe) dient. Sie ist auf Laufstallbetriebe beschränkt. Dazu kann der Ladewagen mit Freßgittern versehen werden, so daß sich die Kühe das Futter selbst vom Wagen holen. Das Risiko liegt in der schnellen Futtererwärmung, deshalb darf man nur Ladewagen mit futterschonenden und nicht pressenden Ladeorganen verwenden (z. B. Rechenkette).

Anstelle des Ladewagens kann auch ein gewöhnlicher Wagen mit Raufen verwendet werden, den man auf dem Feld mit dem Frontlader oder Feldhäcksler belädt. Der Gesamtaufwand ist dann höher.

Angaben zur ökonomischen Beurteilung

Es gelten die gleichen Merkmale wie bei Silage. Das Futterholen sollte man von vornherein mitbetrachten. Eine Auswahl der Möglichkeiten ist in Tab. 16 und Abb. 42 aufgeführt.

Füttern von Rüben

In der BRD beträgt die Anbaufläche von Futterrüben etwa dreiviertel der von Zuckerrüben. Allerdings liegt die durchschnittliche Anbaufläche je Betrieb unter 1 ha und erfolgt der Anbau durchweg in kleineren Betrieben. Die Arbeitsgänge Einlagerung, Auslagerung und Verfütterung – in erster Linie an das Rindvieh – sind daher nur in minimalem Umfang mechanisiert.

Lagern

Gelagert wird in Kellern oder Mieten (Feldrandmiete oder Hofmiete, die Vorteile bei der Winterfütterung hat). Teure Festbehälter sind nicht erforderlich. Die zweckmäßige Anlage der Miete ist in Abb. 43 dargestellt. Für die Lagerung an einer Hauswand genügt im allgemeinen ein Strohballenschutz sowie eine äußere Folie.

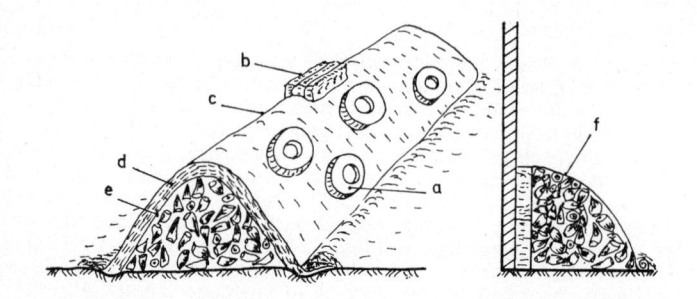

Abb. 43: Lagerung von Futterrüben in Feld- oder Hausrandmiete: a = Schutz gegen Flattern, b = Lüftungsschlitze, c = Abdeckfolie BE schwarz 0,15–0,20 mm, d = Strohisolierungsschicht etwa 30 cm stark, e = innere Schutzfolie BE transparent 0,1 mm, f = im allgemeinen genügt nur eine Folie. Feldrandmietenbreite ca. 3 m.

Entnehmen und Aufbereiten

Aus der Feldmiete wird von Hand oder mit Frontlader entnommen und auf einfache Ackerwagen als Transportgerät und Vorratslager geladen. Aus dem Vorratswagen, dem Keller oder der Hausrandmiete wird zweckmäßig von Hand in Reiniger und Schnitzler zugeteilt, sofern nicht unzerkleinert gefüttert wird.

Das Reinigen erhöht den Futterwert. Üblich sind Trockenreiniger, die als längliche Gittertrommeln für kontinuierlichen Überlauf (150–300 U/min, 1 kW Antrieb, 30–50 dt/h Durchsatz) ausgebildet und vielfach mit einem Schneidgerät gekoppelt sind.

Zur Verfütterung von Rüben an Rindvieh, Pferde und Schafe wird vielfach eine gröbere Zerkleinerung gewünscht als für Schweine, da die Futteraufnahme angeblich höher sein soll.

Man unterscheidet Messerscheiben-Rübenschneider, Trommel-Rübenschneider und Kegel-Rübenschneider (einfacher oder Doppelkegel). Messerscheiben-Rübenschneider gleichen Scheibenrad-Häckslern. Wird das Messerrad mit Wurfschaufeln und die Abdeckhaube mit einer Förderleitung versehen, so können die geschnitzelten Rüben z. B. aus tiefliegenden Kellern bis zu 6 m hoch geschleudert werden, wofür eine etwas erhöhte Drehzahl nötig ist. Mit einfachen Räumleisten läßt sich erreichen, daß der Auswurf an der Schneidscheibenoberkante erfolgt. Trommel-Rübenschneider haben ähnlich den Trommelhäckslern die günstigste Messerform und besitzen zusätzliche Reißzähne. Sie neigen weniger zum Verstopfen und weisen infolge der höheren Drehzahlen bei Motorantrieb größere Leistungen auf.

Wichtig für die Leistungsfähigkeit ist die Form des Einfülltrichters: Die Oberkante muß aus Gründen des Unfallschutzes genügend weit von den Schneidwerkzeugen entfernt sein (mindestens 75 cm), in der Gesamthöhe aber für die Handbefüllung noch gut erreichbar bleiben. Damit die Rüben gut eingezogen werden, darf der Winkel zwischen Einfüllrutsche und Messerboden höchstens 23 bis 40° betragen. Gezahnte und gewellte Messer sind glatten Messern vorzuziehen. Die Drehzahl beträgt bei Handbetrieb 40–60 U/min, bei Motorantrieb 80–150 U/min und bei Wurfförderung bis 500 U/min. Die Antriebsleistung ist 1–1,5 kW, der Energiebedarf etwa 1–2 kW/100 dt geschnitzelte Rüben. Die Arbeitsleistung ist 1–4 t/h, bei Trommelrübenschneidern bis 10 t/h.

Der Auswurf der geschnittenen Rüben muß so hoch liegen, daß ein nachfolgendes Transportgerät direkt befüllt werden kann.

Zuteilen von Rüben

Da Rüben überwiegend in kleinen Viehbeständen verfüttert werden, wird weitgehend von Hand zugeteilt. Eingesetzt werden Körbe, Schubkarren, 2- bis 4rädrige Futterwagen, Muldenkipper mit bis zu 5 dt Inhalt zur seitlichen Entleerung, deren Oberkante zum Befüllen niedrig sein, beim Kippen aber noch über den Krippenrand reichen muß, und schließlich Hängebahnen mit Kippmulde. Außer Schneckenförderern eignen sich auch fast alle stationären Stetigförderer zur Vorlage von geschnittenen Rüben an die Tiere. Die gleichmäßige Befüllung kann bei Verwendung von Förderband und Wurfschneider Schwierigkeiten bereiten.

Tab. 19. Anschaffungspreise von Rübenschneidern

Rübenschneider ohne Reinigung mit Handantrieb	DM 300,–
– ohne Reinigung mit E-Motorantrieb 3 t/h Durchsatz	DM 500,–
– ohne Reinigung mit Hochförderung (6 m) 10 t/h Durchsatz	DM 1200,–
– mit Reinigung, 4,5 t/h, Motorantrieb	DM 850,–
– mit Reinigung, 10 t/h, Motorantrieb	DM 1000,–

Füttern von Heu

Heu ist in seiner Beschaffenheit wesentlich einheitlicher als Silage. Der Feuchtigkeitsgehalt liegt zwischen 15 und 20%. Die Gutslänge (Halmlänge) schwankt zwischen Langgut (lose und in Ballen, Bunde nur noch selten) und grob gehäckselt (bis 15 cm). Entsprechend der Lagerungsart ändert sich das spezifische Gewicht im Futterstapel von 100 kg/m³ für lose Kurzhäcksel über 150 bis 170 kg/m³

90 Füttern

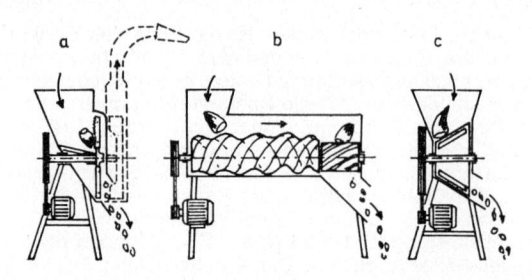

Abb. 44: Rübenschneider: a = Messerscheibenschneider, b = Trommelschneider mit Reinigungsvorsatz, c = Kegelmesserschneider.

für Hochdruckballen und Heuturm bis zu 150 bis 200 kg/m^3 für warmluftgetrocknetes Feuchtheu.

Lagern von Heu

Sowohl bodengetrocknetes Heu als auch Unterdachtrocknungsheu werden in festen Gebäuden ebenerdig oder deckenlastig (meist über dem Stall) gelagert. Für unterdachgetrocknetes Heu werden Belüftungseinrichtungen wie Roste, Kanäle und z. T. feste Umwandungen gebraucht. Ein Sonderfall ist der Heuturm, der das vollmechanische Befüllen und Entleeren bei einer Häcksellänge von 8 bis 12 cm erlaubt. Es werden Heutürme von 400 bis 1000 m^3 Inhalt angeboten.
Die Heulagerung in oder unter Folie oder unter einfachem Schutzdach ist bei uns nur in Ausnahmefällen üblich. Die in Holland bekannte „Feime" und der analoge „Heuberg" (Heuturm ohne Seitenverkleidung) müssen in der BRD aus Gründen des Feuerschutzes einen so großen Abstand von den übrigen Gebäuden haben, daß sie kaum mehr interessant sind.

Entnahme von Heu

Es überwiegt die Handentnahme. Mechanische Entnahmen gibt es nur wenig. Die vollmechanische und vollautomatische Entnahme ist zur Zeit nur in Verbindung mit dem Heuturm möglich.
Greifer: Zur Entnahme von Heu aus dem Futterstapel eignen sich unter den verschiedenen Greifern praktisch nur der Hallenlaufkran (Greiferhof) und der Greiferaufzug im Dachfirst, die den Transport in beiden Richtungen zulassen und daher auch zur Einlagerung verwendet werden (Bauform, Arbeitsprinzip und bauliche Voraussetzungen s. S. 52).

Technische Voraussetzungen: Beide Typen nehmen loses und gepreßtes Langgut sowie mit Spezialzangen auch Häcksel auf. Beim Greiferaufzug wird im allgemeinen nur mit der einfachen Zange, die von Hand eingestoßen wird, gearbeitet, d. h. daß die Bedienungsperson den Futterstapel betreten muß.
Die Ablage des Gutes erfolgt absätzig auf die Futtertenne. Wenn der Stall unter der Fahrbahn liegt, wird evtl. auch durch Luken direkt auf den Futtertisch oder in Raufen von Selbstfütterungsanlagen abgelegt. Rutschen können seitliche Versetzungen bis zu einem gewissen Grade ausgleichen.
Die Entnahmeleistung beträgt:
  Greiferaufzug   20 – 30 dt/h = 2 – 3 AKmin/dt
  Hallenkran   30 – 50 dt/h = 1,2 – 2 AKmin/dt.
Frontlader und Stallschlepper: s. S. 64 bzw. 65.
Technische Voraussetzungen: Ebenerdige Futterlagerung. Die Lage des Futterstapels zum Stall ist beliebig. Das Heu muß gehäckselt sein. Das Losreißen von Langgut oder Ballen ist auch mit Spezialgreifzangen, die für den Frontlader ohnehin nicht angeboten werden, praktisch nicht möglich. Daher ist der Einsatz begrenzt.
Heuturm (Bauform und Arbeitsprinzip s. Band 1): Die Entnahme geschieht vollmechanisch und über eine Zeituhr vollautomatisch durch Sternräder (Prinzip „Sternrechen"), die auf dem Futterstock umlaufen und das eingelagerte Gut von oben in den zentralen Fallschacht fördern, an dessen unterem Ende es von einer Förderungseinrichtung oder über einen Futterwagen weiterbefördert wird.
Bei Heutürmen, die für den nachträglichen Einbau in vorhandene Scheunen bestimmt sind, fördern die Sternräder das Gut nach außen. Die Abdeckschürze kann an beliebiger Stelle geöffnet werden. Das Futter fällt seitlich nach unten. Die maximale Häksellänge ist 8–12 cm und die Auswurfleistung etwa wie bei Silage mit 60% TS 15–20 kg/min = 5–6,6 AKmin/dt. Die Anwesenheit einer AP ist nicht erforderlich.

Abb. 45: Strohzerreißer.

Zuteilen von Heu

Handzuteilen: Wegen des geringen Raumgewichtes von Heu und der im allgemeinen geringen Heuration (2–4 kg/Tier und Tag) kann noch in mittleren Viehbeständen Handarbeit zugrunde gelegt werden, verwendet wird die normale Handgabel oder bei ebenerdigen Transporten auch die Rollgabel. Bei glattem Unterboden läßt sich Heu schieben, was breite Abwurföffnungen voraussetzt. Der Hochdruckballen bietet sich als Maßeinheit an. Langgut ist schlechter zu handhaben als Kurzgut.
Der spezifische Leistungsbedarf ist bei geringen Entfernungen 1,2 AKmin/dt.

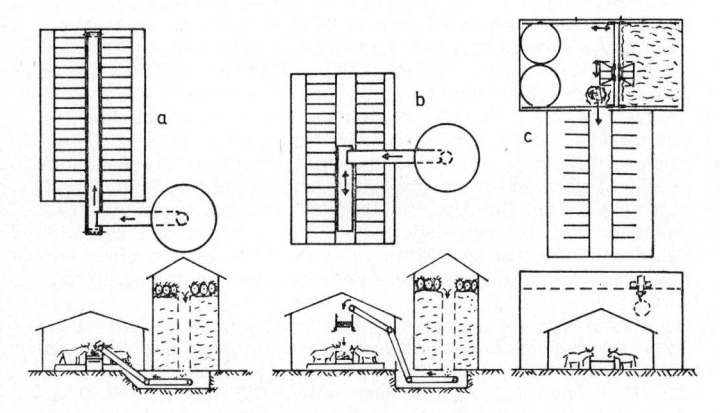

Abb. 46: Mechanisierung der Heuentnahme:
a = Heuturm und Vorlage mittels Futterband,
b = Heuturm und Vorlage mittels Hängeförderer,
c = Entnahme mittels Hallengreifer.

Der *Ballenzerreißer* kann als weiteres Glied in eine Ballenlinie eingesetzt werden. Am Ende eines Kanals, in den die Ballen geschoben werden, rotiert eine mit Reißmessern bestückte Frästrommel. Sie zerreißt den Ballen und legt ihn gut aufgelockert ab. Als Antriebsleistung werden etwa 2 PS benötigt. Arbeitszeit wird dadurch praktisch nicht eingespart.
Greifer: Zum Transport von der Zwischenablagestelle in den Futtergang sind nur der Schienengreiferaufzug und die Elektrohängebahn geeignet; das gleiche gilt bedingt auch für den Transport direkt aus dem Heulager in den Futtergang. Infolge der absätzigen Arbeitsweise wird der Greifer mit zunehmendem Transportweg un-

günstig und ist, falls das Heu nur einen geringen Anteil an der Futterration hat, gegenüber der reinen Handarbeit kaum mehr vorteilhaft. Der Greifer ist für Langgut, Ballen und Häcksel brauchbar. Der spezifische Arbeitszeitbedarf beträgt bis 10 m Transportlänge ca. 1,2 AKmin/dt (s. S. 50).

Der *Frontlader* und der Stallschlepper nehmen das Heu als Häcksel oder aus lockeren Zwischenlagerungshaufen auch als Langgut auf (s. S. 81).

Das *Futterband* in der Krippe ist hinsichtlich Bauform, Arbeitsprinzip und baulichen Voraussetzungen auf Seite 71 beschrieben. Die technischen Voraussetzungen sind ein Häckselgut bis 15 cm Länge und ein kontinuierliches Beschicken vom Bandende aus. Das Futterband eignet sich speziell in Verbindung mit dem Heuturm und kann gegebenenfalls über verschiedene Zwischenbänder versorgt werden. Der Heuturm liegt am besten an der Stallstirnseite. Der Arbeitsaufwand besteht im Einschalten und Überwachen der Anlage. Wenn das Futterband auch für Silage und Grüngut verwendet werden soll, müssen verschiedene Umlaufgeschwindigkeiten möglich sein.

Hängebahnförderer, auch Schwebefütterer genannt (Bauform, Arbeitsprinzip und bauliche Voraussetzungen s. Seite 71): Im übrigen gilt das gleiche wie für das Futterband. Das System ist geeignet, wenn sich die Futterzuführung in der Stallmitte befindet, d. h. der Heuturm sollte seitlich neben dem Stall liegen.

Selbstfütterung: In Verbindung mit dem Heuturm ist eine Ringselbstfütterung direkt unter dem Turm möglich. Das durch den Fallschacht auf die Fundamentplatte gefallene Heu wird mit einem am Zentralmast rotierenden Schubarm nach außen in die ringförmig angebrachte Krippe geschoben. Die Tiere haben jederzeit Zutritt zur überdachten Ringkrippe. Über eine Zeitschaltautomatik kann zu beliebigen Zeiten Heu eingegeben werden. Das Verfahren kommt ab 30 Kühen in Frage. Bei geringen Heugaben ist pro Kuh eine Krippenbreite von 15–20 cm ausreichend.

Daten zur ökonomischen Beurteilung

Exakte Daten sind wegen der sehr großen Unterschiede in der Heubeschaffenheit, dem Heulagerraum und den Gebäudeverhältnissen nur schwer zu geben. Wegen des üblicherweise geringen Heuanteils in den Futterrationen hat die Mechanisierung der Heufütterung nur wenig Einfluß auf die Arbeitswirtschaft. Da die gleichen Maschinen auch für Silage und Grünfutter verwendet werden, gelten die dortigen Angaben sinngemäß (s. Seite 78 und Seite 84). Der Arbeitszeitbedarf setzt sich jeweils aus einem mengenunabhängigen konstanten Anteil, der etwa 5 bis 10 Minuten beträgt, und dem spezifischen Anteil, der von der Maschine und der Futtermenge abhängt, zusammen.

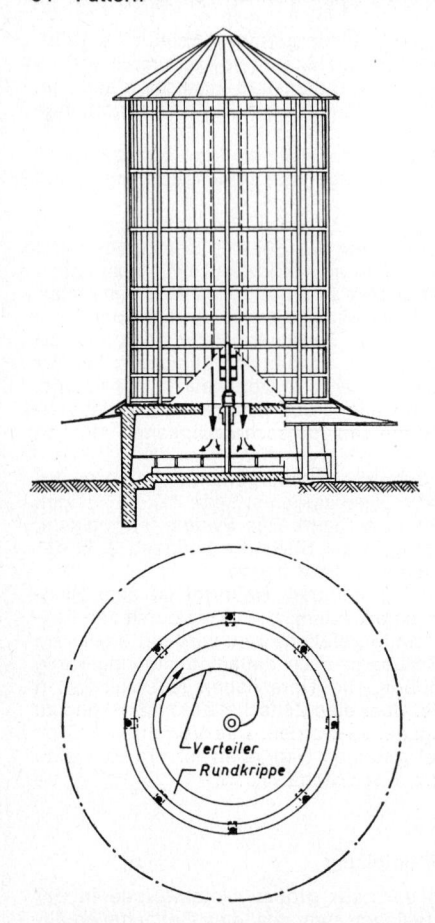

Abb. 47: Heuturm in Verbindung mit Selbstfütterung.

Futtermittel aus Grünfuttertrocknungsanlagen

Man unterscheidet 5 Futtermittelarten:
1. Loses Kurzhäcksel
2. Grünmehl
3. Pellets (verpreßtes Grünmehl) – etwa 8–15 mm ϕ
4. Cobs – etwa 25–40 mm ϕ } verpreßter unvermahlener
5. Briketts – etwa 50–100 mm ϕ } Häcksel

Loses Kurzhäcksel entspricht Heu (s. Seite 89).

Tab. 20. Spezifischer Arbeitszeitbedarf (ohne konstanten Anteil)

Heuentnahme:	von Hand	1,5 AKmin/dt
	Greiferaufzug	2–3 AKmin/dt
	Hallenkran	1,2–2 AKmin/dt
	Heuturm	5–6,5 min/dt
Heuzuteilen:	von Hand	
	Greiferaufzug	1,2–1,5 AKmin/dt
	Futterband/Hängeförderer	

Tab. 21. Anschaffungspreise

Heuturm 400 cbm Inhalt		DM 20 000,–
Heuturm 1000 cbm Inhalt		DM 35 000,–
Futterband/Hängeförderer für 20 m Futterganglänge (1,2 m Tischbreite)		DM 5 000,–
Zubringerbänder		
Horizontalband	5 m Länge	DM 2 000,–
Steigband	5 m Länge	DM 2 500,–

Grünmehl und Pellets werden im allgemeinen an Futtermittelwerke geliefert und in geringem Umfang auch als Komponente für Futtermischungen im eigenen Betrieb verwendet (s. Seite 31). Sie werden in Papiersäcken abgepackt, die im Flachlager gelagert und beliebig hoch gestapelt werden. Sehr große Mengen werden z. T. auch in Silos unter CO_2-Atmosphäre zur Verringerung von Karotinverlusten gelagert. Je Tier können bis 3 kg täglich verfüttert werden.

Cobs und Briketts können auch in größeren Mengen an Rindvieh verfüttert werden, weil die Rauhfutterstruktur erhalten bleibt. (Cobs bis 10 kg/Tier und Tag, Briketts unbegrenzt). Die auf Kollergangpressen erzeugten Cobs haben einen höheren Feinanteil als die Briketts aus Kolbenpressen. Beide Erzeugnisse können auch mit Zuschlagstoffen versehen und als Alleinfutter verwendet werden. Briketts und Cobs haben einen Feuchtegehalt von 10–12% Wasser. Das spezifische Gewicht beträgt über 600 kg/m³, was einem Schüttgewicht von etwa 300 bis 450 kg/m³ entspricht. Die Entwicklung der Brikettierung und die Verfütterung von Briketts steht erst am Anfang. Zur Zeit liegen fast keine gesicherten betriebswirtschaftlichen und technischen Daten vor.

Lagern von Briketts

Da die Briketts ein Schüttgut sind, ist die Lagerung einfach. Teure Gebäude oder Installationen sind nicht nötig. Jeder vorhandene

96 Füttern

Scheunenraum oder jedes Flachsilo können verwendet werden. Der Boden muß trocken sein und ist evtl. mit Folie zu unterlegen. Die Lagerhöhe kann unbedenklich bis über 6 m betragen. Neubauten sollten dem Schüttgutcharakter und dem dadurch möglichen selbsttätigen Fluß zur Futterstelle Rechnung tragen.

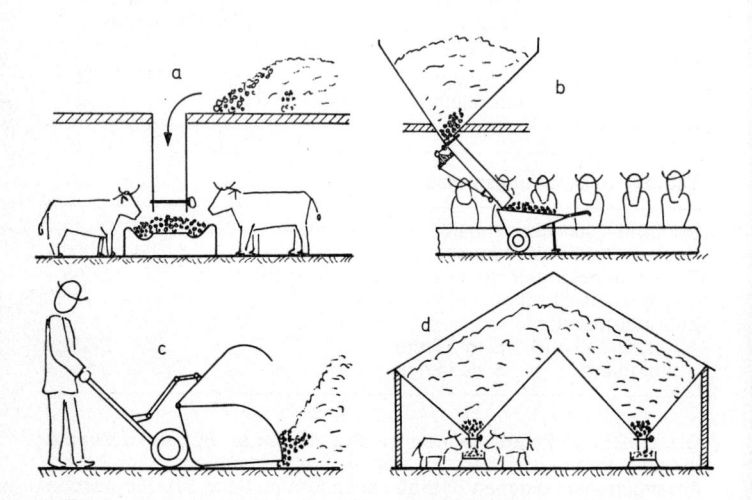

Abb. 48: Lagerungsmöglichkeiten für Heubriketts.

Entnahme von Briketts

Briketts werden aus ebenerdigen Räumen von Hand mit Rollschaufeln o. ä. oder mechanisch mit Frontlader, Greifer u. a. entnommen. Bei einer Lagerung über dem Stall läßt sich der Schütteffekt am besten ausnutzen. Man hilft mit der Rollschaufel nach und reguliert durch einen Schieber.

Zuteilen von Briketts

Das absätzige Zuteilen geschieht von Hand mit Karren oder Wagen und mechanisch mit Frontlader oder einem Stallschlepper.
Ein kontinuierliches Zuteilen ist mit allen im Stall gebräuchlichen Stetigförderern möglich (vgl. bei Heu und Grünfutter). Infolge der Schüttfähigkeit der Briketts ist theoretisch auch eine automatisierte Dosierung möglich. Die Verfahren dazu sind jedoch erst in der Entwicklung. Die Selbstfütterung bietet sich ebenfalls an. Problematisch ist der Futterabrieb (Staub).

Ökonomische Beurteilung

Praktische Daten fehlen bisher. Da das spezifische Gewicht mit dem von Anwelksilage vergleichbar ist, können die Werte für Häckselsilage angenähert zugrunde gelegt werden.

Literatur

ACHILLES, A.: Fütterung von Cobs und Briketts aus heißluftgetrocknetem Halmgut. Mitteilungen der DLG, 87, 902–904, 1972
AGENA, M. U.: Bergung, Einlagerung und Vorlage von Heu. Landtechnik, 23, 762–767, 1968
BERNHARD, A., und RIEMANN, U.: Mühlen zum Zerkleinern von Kornsilage – Bauarten. KTBL-Arbeitsblatt für Landtechnik, Nr. 81 / KTBL, Frankfurt/M. 1967
DOHNE, E., FELDMANN, F., und KÄMMERLING, H. J.: Landtechnik 1, Feldwirtschaft. Ulmer, Stuttgart 1969
FAESSLER, P.: Zur Frage der optimalen Produktivität und Rentabilität des Betriebszweiges Futterbau – Rindviehhaltung unter besonderer Berücksichtigung von Betrieben mit hohem Grünlandanteil. Diss., Zürich 1966
GRIMM, K.: Kapitalintensive Verfahren der Rindviehfütterung. Landtechnik, 19, 266–272, 1964
HANF, C. H., HELL, K. W., und HONIG, H. H.: Produktionsverfahren in der Grünlandbewirtschaftung und ihre betriebswirtschaftliche Einordnung. Landbauforschung Völkenrode, Sonderheft 5. Braunschweig 1970
HEEGE, H. J.: Beitrag zur Untenentnahme von Gärfutter aus Hochsilos. Landtechnische Forschung, 14, 135, 1964
KLOEPPEL, R., und WEGE, R.: Preßballensilage. Sonderdruck. RKL, Berlin 1968
MAURER, K.: Mechanisierung der Heueinlagerung. Landtechnik, 24, 250–253, 1969
MERKES, R.: Technische Hilfsmittel und Verfahren für das Ernten und Füttern von Grüngut. KTBL-Berichte über Landtechnik Nr. 137. Hiltrup 1970.
NORDENSKJÖLD, R. v.: Trockengrün als Handelsware. Mitteilungen der DLG, 86, 582, 1971
ORTH, A.: Untersuchungen über den Einfluß der Lagerung von Wiesenheu in gehäckselter und ungehäckselter Form auf den Nährstoffgehalt. Landwirtschaft angewandte Wissenschaften, Nr. 7. Hiltrup 1953
RIEMANN, U.: Schrotverteilanlagen für Schweineställe-Bauarten. KTBL-Arbeitsblatt für Landtechnik. Nr. 86. KTBL, Frankfurt/M. 1968
– und DINSE, W.: Mechanische Körnerförderer. KTBL-Arbeitsblatt für Landtechnik, Nr. 28. KTBL, Frankfurt/M. 1964
–: Aufbereitung von Schrotmischungen im landwirtschaftlichen Betrieb. KTBL-Flugschrift Nr. 18, Neureuter, Wolfratshausen 1968

– und BRUNS, P.: Silo-Untenfräsen, Bauarten, Typentabelle. KTBL-Arbeitsblätter für Landtechnik, Nr. 58 und 70. KTBL, Frankfurt/M. 1966
ROOS, H. J.: Der Getreidespeicher im landwirtschaftlichen Betrieb. KTBL-Bericht über Landtechnik, Nr. 127. Neureuter, Wolfratshausen 1969
SCHEFFLER, E.: Die Entwicklung des Heu-Brikettierverfahrens in den USA. Landtechnik 241 ff., 1969
SCHNEIDER, B., u. a.: Heißlufttrocknung von Grünfutter und Hackfrüchten. Verlag Technik, Berlin 1970
SCHÖN, H.: Voraussetzungen und Möglichkeiten einer Mechanisierung der Vorratsfütterung in Rinderlaufställen. KTBL-Berichte über Landtechnik, Nr. 133. Hiltrup 1969
SCHÜRZINGER, H.: Folienmieten zur Einlagerung von Futterrüben. Landw. Wochenbl. Westf.-Lippe, (44), 1970
SCHULZ, H.: Landtechnische Tendenzen im Futterrüben- und Silomaisbau. Mitteilungen der DLG, (34), 878 ff., 1971
– und SCHÜRZINGER, H.: Futterrüben zeitgemäß mechanisiert. AID-Heft, Nr. 315, AID, Bonn-Bad Godesberg 1970
–: Füttern von Heu im Laufstall. Landtechnik 20, 600–602, 1965
– und GRIMM, A.: Der Flachsilo. KTBL-Flugschrift, Nr. 16, KTBL, Frankfurt/M. 1967
–: Technische Hilfsmittel bei Winterfütterung für Rindvieh. Landtechnik 19, 582–590, 1967
SCHURIG, M.: Silo-Obenfräsen, Bauarten und Typentabelle. KTBL-Arbeitsblatt für Landtechnik, Nr. 42 und 43. KTBL, Frankfurt/M. 1965
STUTTERHEIM, W.: Trockenfuttermischer für landwirtschaftliche Betriebe – Bauarten. KTBL-Arbeitsblatt für Landtechnik, Nr. 26. KTBL, Frankfurt/M. 1964
VERSBACH, M.: Technik und Verfahren der Einzeltierfütterung im Rindviehlaufstall. KTBL-Berichte über Landtechnik, Nr. 139. Hiltrup 1970
WEIDINGER, A., und MEIER, L.: Futterverteilanlagen für Rauhfutter und Silage in Rinderställen-Bauarten, Typentabelle. KTBL-Arbeitsblatt für Landtechnik, Nr. 79 und 80. KTBL, Frankfurt/M. 1967
–: Technische und funktionelle Untersuchungen an ausgewählten mechanischen Fütterungsanlagen für Rinder. KTBL-Berichte über Landtechnik, Nr. 108. Neureuter, Wolfratshausen 1967
WIENEKE, F., ACHILLES, A., und RATSCHOW, J.-P.: Kosten der Halmfutterernte. Mitteilungen der DLG, 87, 900–902, 1972
–: Verfahren der Halmfutterproduktion. Göttingen 1972 (Privatdruck)

Haltung

Zur Haltung zählen alle Vorrichtungen und Maßnahmen, die der Unterbringung und Pflege der Tiere dienen. In diesem Kapitel werden vor allem die speziellen technischen und z. T. auch die baulichen Einrichtungen behandelt, mit denen das Tier direkt in Berührung kommt und die seine eigentliche Umwelt ausmachen. Es wird dabei nach den Funktionsbereichen eines Stallsystems (Liege-, Lauf- und Freßbereich), die sich auch überschneiden können, und den besonderen Anforderungen von Hygiene und Stallklima gegliedert. Die einzelnen Nutztierarten werden innerhalb der genannten Gliederungspunkte gesondert behandelt.
Konstruktive Ausbildung und Bemessung von technischen und baulichen Einrichtungen sind bisher überwiegend auf dem Erfahrungsweg ermittelt worden. In den letzten Jahren bemühte sich die Forschung verstärkt um Kenntnisse über das Verhalten der Haustiere und damit auch der landwirtschaftlichen Nutztiere.
Bei der Konzeption der Stalleinrichtung muß auch davon ausgegangen werden, daß ein Bestand aus Tieren mit unterschiedlichen Gewichten und Körperabmessungen zusammengesetzt ist. Gewichte und Körpermaße beeinflussen die Bemessung und Ausführung der Stalleinrichtung. Vorzugs- bzw. Richtmaße können nur Kompromißlösungen darstellen. Im Einzelfall sollten schon in der Planung des Stallgebäudes wesentliche Abweichungen konstruktiv berücksichtigt werden. Schließlich werden haltungstechnische Überlegungen bei der Planung auch von der Nutzungsrichtung der Tierart und im Einzelfall auch von der Rasse bestimmt.

Liegebereich

Als Liegebereich wird der Stallteil bezeichnet, in dem das Tier während der Ruhezeiten abliegen kann.
In Ställen, in denen größere Gruppen freibeweglicher Tiere gehalten Tieren (Geflügel) individuelle Plätze zugewiesen sind, ist dieser Bereich mit dem Standplatz bzw. der Standfläche identisch; das Tier wird durch entsprechende technische Vorrichtungen an diesem Platz festgehalten.
In Ställen, in denen größere Gruppen freibewglicher Tiere gehalten werden, kann dagegen nicht mehr von einem individuellen Liegeplatz gesprochen werden, wohl aber von einer für eine bestimmte Zahl von Tieren bemessenen Liegefläche. Diese wird entweder als Gruppenliegeplatz konzipiert oder in Einzelliegeplätze aufgeteilt. Die Tiere in der Herde sind damit nicht mehr an bestimmte Plätze gebunden.
Liegeflächen und Standplätze müssen so bemessen und beschaffen sein, daß eine tiergerechte Haltung ermöglicht wird. Dazu gehört, daß die Tiere ungehindert und ohne Verletzungsgefahr aufstehen und abliegen können und daß sie auf der ihnen zugeord-

neten Fläche nicht durch benachbart untergebrachte Tiere behindert werden. Bei Gruppenliegeflächen muß der Liegebereich mit Rücksicht auf die freie Laufbewegung der Tiere in der Herde ausreichend groß bemessen sein.

Rind

Abmessungen der Tiere

Die Körperabmessungen der Tiere sind in doppelter Hinsicht für die Tierzucht und -haltung bedeutsam:
So werden einerseits in der Literatur verschiedene Beziehungen zwischen Körpermaßen und Leistungseigenschaften der Tiere angegeben; z. B. weist die Widerristhöhe eine gewisse Korrelation zur Milch- und Fleischleistung auf. Besonders bei milchbetonten Rassen ist Großrahmigkeit Bestandteil des Zuchtzieles.
Zum anderen hat die Körperabmessung für die Landtechnik und das landwirtschaftliche Bauen Bedeutung – von ihr hängen die technischen und baulichen Maße im Stall ab.
Geht man bei der Planung von Körperabmessungen aus, so muß man Durchschnittsmaße zugrundelegen. Absolute Werte von Einzeltieren scheiden schon deshalb als Richtwerte aus, weil sie von der Genauigkeit der Erhebung, der Meßmethode und den biologischen Faktoren (Alter, Laktationsstadium, Milchleistung) abhängen.
Außerdem treten selbst innerhalb einzelner Rassen so große Unterschiede zwischen den Einzeltieren auf, daß von einem „Einheitsmaß" nie gesprochen werden kann (s. Seite 103).
Die Tabelle 22 verdeutlicht die starke Streuung innerhalb der Rassen. Die Streuung stellt dabei den durchschnittlichen Wert dar, um den die Einzelwerte vom Mittelwert abweichen.

Tab. 22. Höhen- und Längenmaße von Milchkühen verschiedener Rassen

Rasse	Widerristhöhe (cm)			Rumpflänge (cm)		
	Mittelwert	Streuung	Schwankungsbreite	Mittelwert	Streuung	Schwankungsbreite
Deutsche Schwarzbunte	129	4,0	121–138	156	5,7	145–171
Deutsches Fleckvieh	134	4,0	122–144	160	5,6	143–176
Gelbvieh	131	4,4	122–145	158	6,6	142–177

Daraus resultiert, daß die Technik im Stall nicht nur von den Unterschieden zwischen den Rassen, sondern auch von den Abweichungen innerhalb der Rassen abhängt.
Das Grundmaß muß so neutral sein, daß sich Tiere der verschiedensten Größen einordnen lassen.
Als Bezugspunkt für technische und bauliche Maße sind die für die Tierhaltung wesentlichen Merkmale Rumpflänge, gemessen von der Bugspitze bis zum Sitzbeinhöcker, Widerristhöhe und Rumpfbreite (Hüftbreite) angegeben (Abb. 49).
Die Angaben beschränken sich auf die beiden verbreitetsten westdeutschen Rassen „Deutsche Schwarzbunte" und „Deutsches Fleckvieh", die zusammen etwa 75% Anteil am Gesamtbestand haben.

Kalb und Jungrind

Die Jungtiere wachsen in den ersten Lebensmonaten bis etwa zum Alter von einem Jahr auffallend rasch. Mit zunehmendem Alter läßt die Intensität nach, um bei etwa drei Jahren fast ganz aufzuhören (Abb. 50). Das Rind hat dann seine endgültige Größe erreicht, die Maße ändern sich nur noch um wenige cm.

Tab. 23. Durchschnittliche Abmessungen von Kälbern und Jungrindern der Rassen Deutsche Schwarzbunte (1) und Deutsches Fleckvieh (2)

Alter (Jahre)		1/4	1/2	1	1 1/2	2	3
Gewicht (kg)	1	100	190	310	390	450	540
	2	100	180	300	390	480	590
Widerristhöhe (cm)	1	85	100	114	120	125	130
	2	85	101	114	121	126	131
Rumpflänge (cm)	1	90	110	130	140	148	156
	2	90	110	137	142	150	158
Rumpfbreite (cm)	1	23	24	38	43	47	52
	2	28	35	40	45	50	55

Milchkuh und Bulle

Als Zuchtziel für das Schwarzbunte Niederungsvieh werden 600 bis 650 kg Körpergewicht und etwa 130 bis 132 cm Widerristhöhe angestrebt; für das Fleckvieh liegen diese Werte bei 650 bis 700 kg Gewicht und 132 bis 134 cm Widerristhöhe.
Bei der Milchkuh ist noch ein weiteres Maß hervorzuheben, nämlich die Höhe der Zitzen über dem Boden. Hier handelt es sich nur

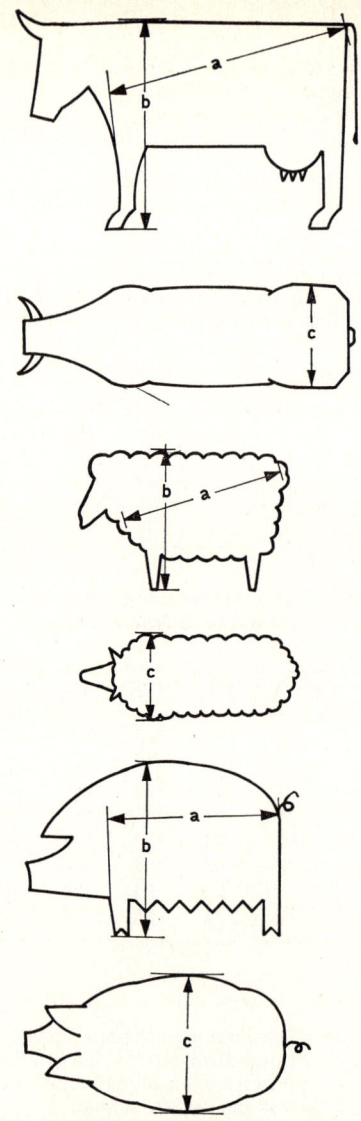

Abb. 49: Durchschnittswerte für Tierabmessungen:
a = Rumpflänge, b = Widerristhöhe, c = Rumpfbreite.

um ein indirektes Merkmal, nach dem sich die Technik richten muß; richtiger wird es sein, in der Züchtung auf melkbare Euter und damit auch auf ausreichende „Bodenfreiheit" zu achten. Der Abstand Zitzenbasis – Boden sollte mindestens 40 bis 45 cm betragen.

Tab. 24. Durchschnittliche Abmessungen von Kühen der Rassen Deutsche Schwarzbunte (1) und Fleckvieh (2)

Alter (Jahre)		5	7	9
Gewicht (kg)	1	600	630	650
	2	650	700	720
Widerristhöhe (cm)	1	130	131	132
	2	132	133	133
Rumpflänge (cm)	1	157	159	161
	2	160	162	163
Rumpfbreite (cm)	1	55	58	60
	2	57	60	62

Die Maße aus den Tabellen 23 und 24 sind in der Skizze (Abb. 51) noch einmal am Objekt verdeutlicht.
Die größeren Maße der männlichen Tiere sind in Tabelle 25 enthalten.

Tab. 25. Entwicklung von Abmessungen bei Bullen der Rasse Deutsche Schwarzbunte

Alter	Widerristhöhe (cm)	Rumpflänge (cm)
Geburt	72	69
3 Monate	86	89
6 Monate	101	123
12 Monate	116	134
30 Monate	137	165

Unterschiede zwischen Rassen und innerhalb von Rassen

Die Unterschiede in den Abmessungen der wichtigsten Rassen, die in der BRD vertreten sind, sind nach Messungen auf DLG-Ausstellungen so gering, daß eine Aufschlüsselung nach Altersstufen und anderen Merkmalen innerhalb der einzelnen Rassen keine

104 Haltung

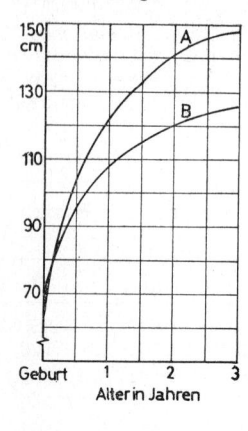

Abb. 50: Durchschnittliche Höhen- und Längenentwicklungen von Färsen der schwarzbunten Niederungsrasse. A = Länge, B = Höhe.

Tab. 26. Gewicht und Abmessungen ausgewachsener Bullen der Rassen Deutsche Schwarzbunte (1) und Deutsches Fleckvieh (2) vieh (2)

Alter (Jahre)		bis 6	über 6
Gewicht (kg)	1	980	1150
	2	1100	1100
Widerristhöhe (cm)	1	146	149
	2	144	144
Rumpflänge (cm)	1	172	185
	2	176	181
Rumpfbreite (cm)	1	65	69
	2	65	65

praktische Bedeutung für die Tierhaltung mehr hat. Es wird immer wieder deutlich, daß die Schwankungsbreite innerhalb der Rasse die Unterschiede zwischen den Tieren überlagert. Die individuellen Differenzen lassen daher auch kein „Individualmaß" als Richtwert für die Landtechnik zu.

Bemessung der Liegefläche und Standfläche

Die Bemessung der Liege- und Standfläche im Stallgebäude richtet sich neben der tiergerechten Haltung vor allem nach einem weitgehend störungsfreien Arbeitsablauf bei geringstem Arbeitsaufwand. Dies gilt besonders bei der Einrichtung von Einzelliegeplät-

Tab. 27. Ausgewählte Durchschnittsmaße und deren Schwankungsbereich (auf DLG-Ausstellungen) von Kühen im Alter von 6 Jahren bei verschiedenen Rassen

Rasse	deren Verbreitung in BRD	Lebendgewicht (kg)	Widerristhöhe (cm)	Rumpflänge (cm)	Rumpfbreite (cm)
Fleckvieh	38,5%	766,5 659–883	134,6 131–142	159,2 150–173	55,5 51–62
Schwarzbunte	34,4%	661,4 600–776	133,4 129–138	161,6 150–173	55,5 54–61
Rotbunte	8,4%	732,2 606–836	132,2 129–140	160,4 149–171	58,7 50–69
Gelbvieh	7,7%	714,1 620–820	134,9 131–138	161,7 157–165	54,4 51–56

Quelle: PIERITZ, Kühe auf DLG-Ausstellungen, Frankfurt, 1968

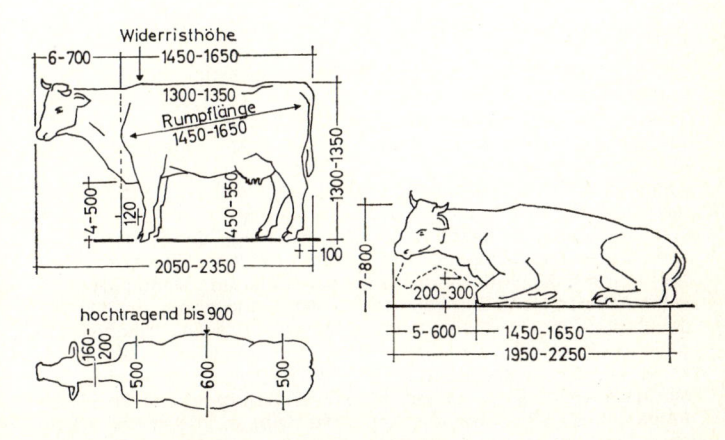

Abb. 51: Durchschnittsmaße der Milchkuh.

zen in Verbindung mit stationären Techniken für Füttern und Entmisten. Es muß außerdem eine ständige Gesundheitskontrolle der Tiere möglich sein. Jede Einengung des Lebensraumes der Nutztiere bedarf einer genauen Anpassung der Stalleinrichtung an deren Bedürfnisse und Verhaltensweisen.
Diese Anforderungen sind oft nur schwer aufeinander abzustimmen,

weil das Tiermaterial einer Gruppe zum Teil erhebliche Abweichungen in den Abmessungen zeigt. Unterschiedliche Tierlängen können sowohl durch verstellbare Anbindevorrichtungen als auch durch verschiebbare Bauteile im hinteren Standflächenbereich oder durch Kragroste korrigiert werden.

Die angegebenen Bereiche für die Abmessungen der Liege- und Standfläche können nur Richtwerte sein. Die endgültigen Maße richten sich nach den betrieblichen Voraussetzungen (Tiermaterial, technische Verfahren). Die Liegefläche ist außerdem auf die Krippenform und die Anbindevorrichtungen abzustimmen.

An dieser Stelle sei darauf verwiesen, daß in Praxis und Literatur unterschiedliche Bezugsgrößen verwendet werden, nämlich Alter, Tiergewicht und Rumpflänge (Rahmen). Alter und Tiergewicht müssen in Abhängigkeit von der Rasse und der beabsichtigten Aufstallungsdauer (z. B. Zahl der Kalbungen) gesehen werden. Sie allein sind keine zuverlässigen Merkmale für die technischen Bemessungen, denn gleiches Alter kann unterschiedliche Gewichte beinhalten und umgekehrt. Erst die tatsächlich zu erwartenden Abmessungen dürfen bei der Planung Bezugsgröße für die Bemessung sein.

Anbindestall

Der Anbindestall wird durch technische Vorrichtungen zum Festhalten des Tieres an der vorderen Abgrenzung des Liege- und Standplatzes gekennzeichnet. Zusätzlich zur vorderen Anbindung können die Tiere durch seitliche Absperrungen in ihrer Bewegung eingeengt werden.

Allgemein wird aufgrund der Standlänge zwischen Lang-, Mittellang- und Kurzstand unterschieden.

Der Langstand als ältere Form war eine Folge der längeren und lockeren Kettenanbindung. Die dadurch bedingte Bewegungsfreiheit führte letztlich dazu, daß etwa ein Drittel der Standfläche verschmutzt war. Hohe Einstreumengen waren notwendig, um Kot und Jauche zu binden. Das besondere Merkmal des Langstandes und gleichzeitig sein Nachteil war eine Krippe von etwa 60 bis 80 cm Höhe, die das Überklettern durch die Tiere verhindern sollte.

Die dadurch bedingte unnatürliche Freßhaltung konnte im Mittellangstand beseitigt werden, indem die Krippen in den heute üblichen Freßbereich verlegt und durch ein verschließbares Freßgitter abgeschirmt wurden. Der Einstreubedarf und der Verschmutzungsgrad von Standfläche und Tieren gingen zurück, so daß auch der Arbeitsaufwand sank. Diese Standform bietet den Tieren bei geöffnetem Freßgitter größere Bewegungsfreiheit ohne die Nachteile des Langstandes aufzuweisen. Bei geschlossenem Freßgitter haben die Tiere allerdings nicht mehr Platz zur Verfügung als im Kurzstand, da die Kopf-Hals-Partie mitberücksichtigt werden muß.

Die Fütterung kann individuell und ungehindert erfolgen. Das Freßgitter ermöglicht außerdem, daß die Tiere bei Behandlung oder zum Melken festgehalten werden können. Das Einstreumaterial hält beim Mittellangstand den Liegeplatz trocken und sauber, da Kot und Harn zumindest während der Freßzeiten noch auf die Liegefläche abgesetzt werden können. Bedeutung hat der Mittellangstand heute noch in größeren Beständen als gesonderter Pflegestand für Abkalbungen und für kranke Tiere, wobei im Interesse einer größeren Beweglichkeit meist auf das Freßgitter verzichtet wird.

Wegen des immer noch hohen Einstreubedarfs und trotz der Vorteile für die Tiere entwickelte sich aus den vorgenannten Formen der Kurzstand, der sich in einstreuarmen und auch einstreulosen Haltungen durchgesetzt hat. Der eingesparte Lagerraum und die 40 bis 60 cm kürzere Standlänge verringern die Baukosten. Außerdem ermöglicht der Kurzstand bei entsprechender Fütterungsweise die zeitlich unbegrenzte Nahrungsaufnahme, während im Mittellangstand die Freßgitter nur zur Fütterungszeit geöffnet werden. Kurzstände bringen arbeitswirtschaftliche Vorteile, weil Kot und Harn nicht auf die Liege- und Standfläche abgesetzt werden.

Bei der Anbindehaltung von Bullen ist zusätzlich für eine schnelle Ableitung des Harnes Sorge zu tragen.

Die Verringerung der Standlänge zieht nicht unbedingt auch eine Verringerung der Stallbreite nach sich, da in Ställen, in denen die Kühe am Standplatz abkalben, ausreichend Platz für die Geburtshilfe (Kalb-ziehen) vorhanden sein sollte. Aus dieser Forderung resultiert ein Abstand von etwa 2 m zwischen Kuh und Wand (= Gangbreite).

Die Stand- und Liegefläche wird oft in bezug zum Tiergewicht oder -alter gebracht. Da diese Bezugsgrößen nur ungenaue Schätzwerte zulassen und die Körperabmessungen der Tiere selbst sehr schwanken (s. Seite 105), müssen Möglichkeiten zur Veränderung der Standlänge durch entsprechende konstruktive Ausbildung der Anbindevorrichtungen oder der Kotgrabenüberdeckung vorgesehen werden. Verstellbare Anbindevorrichtungen (s. Seite 110) und verschiebbare Kotroste haben den Vorteil, daß Tiere unterschiedlicher Länge zu Leistungsgruppen zusammengestellt werden können; eine z. B. schräg verlaufende Kotgrabenkante läßt nur eine Aufstellung nach Körperlänge zu (diese Form hat in der Praxis daher nur geringe Bedeutung).

Abb. 52 zeigt einige Möglichkeiten, die Standlänge bei verschiedenen Kurzstandformen auf die variierende Tiergröße abzustimmen. Die Anbindevorrichtung und die Standlänge müssen eine normale Beinstellung und eine bequeme Ruhelage zulassen; außerdem sollen die Tiere ohne Aufregungen, Einengungen und Verletzungen abliegen und aufstehen können.

Allgemein kann für die BRD gesagt werden, daß der Anbindestall bis zu Bestandsgrößen von etwa 30 Tieren noch seine arbeitswirtschaftliche und ökonomische Berechtigung hat, in größeren Beständen aber vom Laufstall verdrängt wird.

108 Haltung

Verschiedene Sonderformen der Haltung von Rindvieh werden auf den Seiten 120 ff. ausführlich behandelt. Die technischen Details der Anbindehaltung sind im Abschnitt „Technische Einrichtungen im Liegebereich" (Seite 130) beschrieben.

Milchvieh – Mittellangstand

Tab. 28. Standflächenbemessung im Mittellangstand in Abhängigkeit vom Tiergewicht

Tiergewicht (kg)	Standlänge (m)	Standbreite (m)
100	1,50	0,70
200	1,65	0,80
300	1,80	0,90
400	1,90	1,00
500	2,05	1,05
600	2,20	1,10
700	2,30	1,15

Tab. 29. Standflächenbemessung im Mittellangstand in Abhängigkeit von der Rumpflänge

Rumpflänge (m)	Standlänge (m)	Standbreite (m)
um 1,40	1,90 – 2,00	1,00
um 1,50	2,00 – 2,10	1,10
um 1,60	2,15 – 2,25	1,15
um 1,70	2,25 – 2,35	1,20

In Tab. 29 sind die Maße für die Standlänge errechnet aus der Rumpflänge der Tiere und einem Zuschlag für die Kopf-Hals-Partie: bis 1,50 m Rumpflänge 0,50 bis 0,60 m Zuschlag, über 1,50 m Rumpflänge 0,55 bis 0,65 m Zuschlag.

Da oft nur das Endmaß für ausgewachsene Tiere in der Bauplanung berücksichtigt werden kann, werden als Durchschnittswerte folgende Maße zugrunde gelegt:

für kleinrahmige Rassen
(z. B. Jersey)　　　　　　　　　2,00 m Standlänge, 1,05 m Standbreite

für mittelrahmige Rassen
(z. B. Deutsche
Schwarzbunte) 2,10 m Standlänge, 1,10 m Standbreite

für großrahmige Rassen
(z. B. Fleckvieh) 2,20 m Standlänge, 1,15 m Standbreite

Zusätzlich ist im Mittellangstand auf ausreichendes Gefälle zu achten, um den eingestreuten Standplatz trocken zu halten; zwei Möglichkeiten bieten sich an:

1. ein gleichbleibendes Gefälle auf der ganzen Länge des Standplatzes von 2%,
2. 2% nur im hinteren Drittel.

Milchvieh-Kurzstand

Die Maße des Kurzstandes sind abhängig vom gewählten Entmistungsverfahren. Es können folgende Ausführungen unterschieden werden:

1. Kurzstand mit Kotstufe
2. Kurzstand mit Gitterrost
3. Kurzstand mit Kraggitter

In der baulichen Ausführung sind vor allem zwei Formen (1 und 2/3) zu unterscheiden. Für den Fall 1 ist die Standlänge der planbefestigten Fläche zuzuordnen; bei 2 und 3 kann die Standfläche kürzer gehalten werden, da den Tieren z. T. noch der Gitterrost oder das Kraggitter zur Verfügung stehen (Abb. 53).

Die Bemessung der Standlänge richtet sich auch im Kurzstand nach der Rumpflänge der aufgestallten Tiere; die Standlänge läßt sich nach der Formel von WANDER berechnen:

$$L = a \cdot R + k$$

L = Standlänge
R = Rumpflänge
a = Multiplikationsfaktor (Teil von R)
k = Konstante für den durch die Anbindevorrichtung gegebenen Bewegungsspielraum (im Mittel 20 cm)

Wander setzt für Kurzstände mit Kotstufe $a = 0{,}90$ bis $0{,}95$ an, für Kurzstände mit einem Kotrost (Gitterrost) $a = 0{,}80$ bis $0{,}85$.
Unterstellt man, daß die Rumpflängen ausgewachsener Kühe von 1,45 bis 1,70 m variieren, ergibt sich für die Standlänge nach der Formel von WANDER folgende Streubreite

für Kurzstände mit Kotstufe 1,51 m bis 1,82 m
für Kurzstände mit Kotrost 1,36 m bis 1,65 m

Die Abhängigkeit der einzelnen Werte von der Rumpflänge der Tiere ist aus Tab. 30 und 31 zu ersehen.

Tab. 30. Standlängenbemessung im Kurzstand mit Kotstufe (k = 20 cm)

Rumpflänge (m)	Standlänge (m) bei a = 0,90	bei a = 0,95
1,45	1,51	1,58
1,50	1,55	1,63
1,55	1,60	1,67
1,60	1,64	1,72
1,65	1,69	1,77
1,70	1,73	1,82

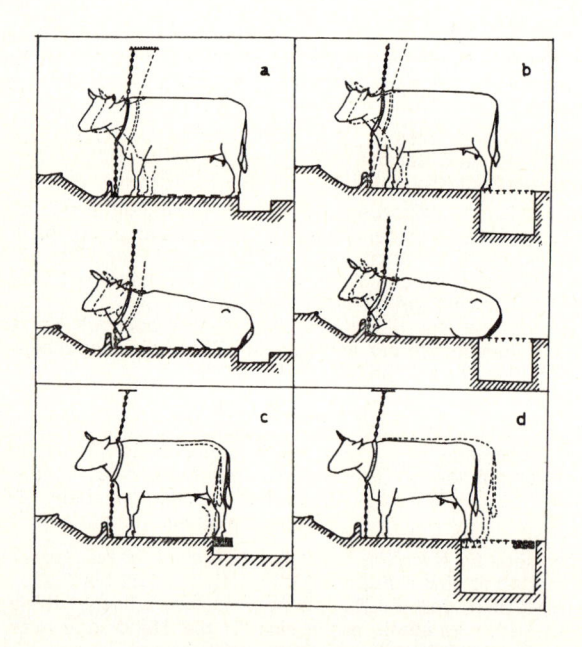

Abb. 52: Kurzstandformen mit unterschiedlichen Möglichkeiten der Abstimmung der Standlänge auf die Tiergröße:
a = Kotstufe und verstellbare Anbindevorrichtung,
d = Gitterrost und verstellbare Anbindevorrichtung,
c = Kraggitter als Standverlängerung,
d = Schieberost als Standverlängerung.

Tab. 31. Standlängenbemessung (planbefestigter Teil) im Kurzstand mit Kotrost (k = 20 cm)

Rumpflänge (m)	Standlänge (m) bei a = 0,80	bei a = 0,85
1,45	1,36	1,43
1,50	1,40	1,48
1,55	1,44	1,52
1,60	1,48	156
1,65	1,52	1,60
1,70	1,56	1,62

Diese Maße decken sich auch mit anderen Literaturangaben, in denen als ‚Faustzahlen' für den Kurzstand mit Kotstufe ‚Rumpflänge + 5 cm' und für den Kurzstand mit Kotrost ‚Rumpflänge – 10 cm' genannt werden.

Diese Angaben können nur Richtwerte darstellen; die Entscheidung über das endgültige Standmaß hängt im Einzelfall von der Herde ab, die eingestallt werden soll.

Es gibt einige zusätzliche Möglichkeiten, die Standlängen an die Variationen der Rumpflängen in einer Herde anzupassen:

1. Um die kürzeste Standlänge zu vermeiden, kann man als zusätzliches Hilfsmittel den sogenannten ‚Kuh-trainer' einsetzen. Dieser über dem Rücken der Tiere angebrachte Drahtbügel ist einem Elektrozaun vergleichbar und veranlaßt die Tiere, beim Abkoten zurückzutreten. Die Standlänge liegt dann etwa in der Mitte zwischen Kurzstand mit Kotstufe und Kurzstand mit Kotrost.

2. Als weitere Sonderform der Kurzstandaufstallung mit ebenfalls abweichender Bemessung ist der Kurzstand mit ‚Tretrost' zu bezeichnen. Hier wird die planbefestigte Standfläche so kurz bemessen, daß die Tiere mit den Hinterbeinen auf dem Kotrost stehen müssen; dadurch soll erreicht werden, daß der Kot ständig durchgetreten wird.

Als Faustzahl für die Standlänge kann beim Kurzstand mit Tretrost Rumpflänge – 20 cm zugrunde gelegt werden.

Bei Kurzstandaufstallung mit Kotstufe ist eine Stufenhöhe von 20 cm bis 30 cm vorzusehen; sowohl bei zu geringer als auch bei zu großer Höhe treten Nachteile auf, indem die Tiere entweder mit den Hinterbeinen den Stand zu oft verlassen oder sich an der hohen Stufe verletzten

Auch im Kurzstand ist die planbefestigte Fläche in der Bauausführung mit einem Gefälle von 2% zu versehen.

Die Standbreite (lichte Weite) muß im Kurzstand so bemessen sein,

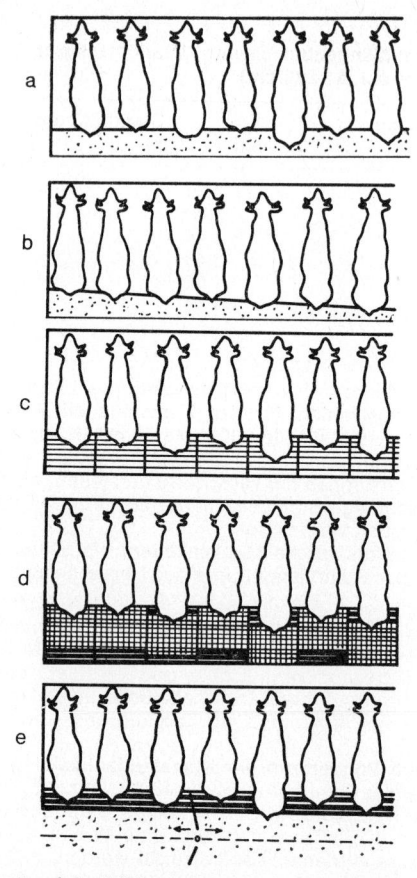

Abb. 53: Kurzstand-Ausbildungsformen:
a = Kurzstand mit Kotstufe und gerade verlaufender Kotkante
Standlänge wird nach Häufigkeitsverteilung der Rumpflängen bemessen (passend für $^2/_3$ der Herden); Festmist-Entmistung; durch Einstreu können physiolog. Nachteile für größere Tiere und Standverschmutzung bei kleineren Tieren kompensiert werden.
b = Kurzstand mit schräg verlaufender Kotkante
Die Tiere werden nach Größe aufgestallt; Kotgraben wird erforderlich, um einfache Festmist-Entmistungsverfahren einsetzen zu können; individuelle Fütterung erschwert.

Tab. 32. Bemessung der Standbreite im Kurzstand in Abhängigkeit von der Rumpflänge der Tiere (Deutsche Schwarzbunte)

Rumpflänge (m)	Standbreite (m)
1,45	0,95
1,50	1,00
1,55	1,05
1,60 – 1,70	1,10 – 1,20

daß die Tiere unbehindert die seitliche Ruhelage einnehmen können. Wander empfiehlt als Grundregel

Standbreite = Rumpfbreite · Faktor 1,8 oder 2,0.

Da das Verhältnis von Rumpflänge zu Rumpfbreite in einer Herde der gleichen Rasse nur unwesentlich schwankt, können die Werte für die Standbreite gleich in Abhängigkeit von der Rumpflänge angegeben werden. Hier wird der Kompromiß zwischen tatsächlichem Platzbedarf und Baumaß immer zugunsten der Baumaße ausfallen müssen, weil zum einen die Einschränkung der Standbreite die Tiere physiologisch weniger belastet als z. B. eine zu kurz bemessene Standlänge und zum anderen die Abstimmung der einzelnen Bau- und Einrichtungsteile aufeinander (Krippengitter, Standbelag, Gitterrost u. a.) das unbedingte Einhalten von einheitlichen Maßen erfordert.

---

c = Kurzstand mit einheitlichem Gitterrost
  Standlänge wird auf kürzere Tiere abgestimmt; große Tiere müssen teilweise auf Gitterrost liegen; Flüssigmistverfahren: Gitterrost überdeckt Güllekanal; Tiere können nach Fütterungsgruppen aufgestellt werden.
d = Kurzstand mit verschiebbarem Gitterrost
  Standardlängenbemessung wie c); Gitterrost mobil verlegt; zusätzlich 2–3 Holzbohlen vorgesehen, mit denen Stand individuell verlängert wird; Flüssigmistverfahren; Sauberhaltung der Roste muß beachtet werden, da sonst Mobilität der Kanalabdeckung eingeschränkt.
e = Kurzstand mit Kraggitter
  Standlängenbemessung wie c); Kraggitter besteht i. allg. aus 3 Holzbohlen, die den Standplatz verlängern und über den Kotgang ragen; kein Güllekanal notwendig; Festmist oder Flüssigmist (außerhalb des Stalles) möglich durch Einsatz von Flachschieber, der Kraggitter unterfahren kann.

Haltung

Jungvieh

Wenn Jungvieh, das als Nachzucht für eine Milchviehherde bestimmt ist, ebenfalls im Anbindestall gehalten wird, können etwa 25% der Standplätze nach den in Tab. 33 aufgeführten Werten bemessen werden.
Die Jungviehstandplätze werden zweckmäßigerweise im Stall gesondert angeordnet.

Tab. 33. Bemessung der Standplätze im Kurzstand für Jungvieh, ausgewiesen in Abhängigkeit von der Rumpflänge

Rumpflänge (m)	Standlänge (m)		Standbreite (m)
	mit Kotstufe	mit Kotrost	
1,25	1,30	1,15	0,75
1,35	1,40	1,25	0,85
1,45	1,50	1,35	0,95

Bullen

In Betrieben, die neben der Milchviehhaltung Rindermast betreiben, richtet sich die Aufstallungsform der Mastrinder nach dem Haltungs- und Entmistungssystem der Milchkühe.
Obwohl die Anbindehaltung für *Mastbullen* arbeitswirtschaftlich aufwendiger ist, wird diese in vielen Fällen wegen der größeren Ruhe im Stall, der besseren Übersicht und des z. T. besseren Masterfolges vorgezogen. Für die Bemessung der Standfläche gelten die gleichen Voraussetzungen wie sie auf Seite 109 genannt sind.
Als Durchschnittswerte können die in Tab. 34 dargestellten Maße dienen.
Kennzeichnend für die Mastrinderhaltung im Anbindestall ist die Schwierigkeit, die Standfläche den sich relativ schnell ändernden Körpermaßen (Gewicht, Rumpflänge, -breite) anzupassen. Da ein häufiges Verlegen der Tiere den Masterfolg beeinträchtigen kann, sollten nur zwei verschiedene Standplatz-Maße gewählt werden, wenn nicht sogar nur eine Bemessung für die Endmast vorgesehen wird (bei Anfangsmast im Laufstall oder Magerviehzukauf). Im allgemeinen bestehen die gleichen Möglichkeiten der Standlängenanpassung, wie sie für das Milchvieh beschrieben wurden (s. Seite 112).
Bei männlichen Tieren muß für die Ableitung des Harnes durch spezielle Maßnahmen gesorgt werden (Abb. 54):
1. Harnablauf als Rost in der Mitte eines jeden Standes; unter der Standfläche ist ein Abflußrohr zur Kotrinne verlegt.
2. Harnablauf als Rost zwischen je zwei Ständen mit entsprechendem seitlichen Gefälle der Standfläche; Abflußrohr wie 1.

3. Harnablauf über parallel zur Kotrinne verlaufende abgedeckte Harnrinne oder auch PVC-Abflußrine mit Einlauftüllen.
4. Standfläche als Teilspaltenboden ausbilden, entweder mittig für je zwei Stände oder als „Schlitzentwässerung" im hinteren Bereich der Standfläche.
5. Standfläche als Vollspaltenboden ausbilden.
6. Geschlossene Standfläche mit 5% Gefälle zur Kotrinne bzw. zum Güllekanal.

Die Lösungen 1, 2 und z. T. auch 3 sind in der Praxis dann nicht funktionsgerecht, wenn Futterreste die Abläufe verstopfen. Lösung 5 ist funktionsgerecht, führt aber im allgemeinen zu höherem Bau- und damit auch Kostenaufwand, während bei Lösung 4 der zusätzliche Aufwand in Grenzen gehalten werden kann. Lösung 6 kann Bewegungsschwierigkeiten verursachen (starkes Gefälle der zeitweilig feuchten Standfläche).

Für die Bewertung der Funktionstüchtigkeit ergibt sich die Reihenfolge (gut → eingeschränkt)

$$5 - 4 - 6 - 3 - 2 - 1$$

und für den Kostenaufwand (hoch → gering)

$$5 - 4 - 3 - 1 - 2 - 6$$

Bei der Bemessung der Standbreite muß man auch die Trennwände zwischen den Tieren berücksichtigen, die bei Mastrindern zur Vermeidung von Unruhe für jeden Stand vorzusehen sind. Der Anbindestall wird dadurch verteuert und die (tierärztliche) Behandlung der Tiere erschwert.

Tab. 34. Bemessung der Standfläche für Bullen im Anbindestall in Abhängigkeit von der Rumpflänge (Lebendgewicht)

Lebendgewicht	Rumpflänge	Standlänge			Standbreite
		Mittellangstand	Kurzstand mit Kotstufe	Kurzstand mit Kotrost	
(kg)	(m)	(m)	(m)	(m)	(m)
bis 400	1,30	1,80	1,35	1,20	0,80
bis 500	1,40	1,90	1,45	1,30	0,90
bis 600	1,50	2,00	1,55	1,40	1,00
bis 700	1,60	2,15	1,65	1,50	1,10
über 700	1,70	2,30	1,75	1,60	1,20

Die Standfläche für angebundene *Zuchtbullen* richtet sich in der Regel nach den Langstandmaßen, damit die Tiere genügend Bewegungsfreiheit und Ruhe genießen. Die Standlänge schwankt dabei zwischen 2,60 m und 3,00 m, die Standbreite zwischen 1,80 m und 2,00 m.

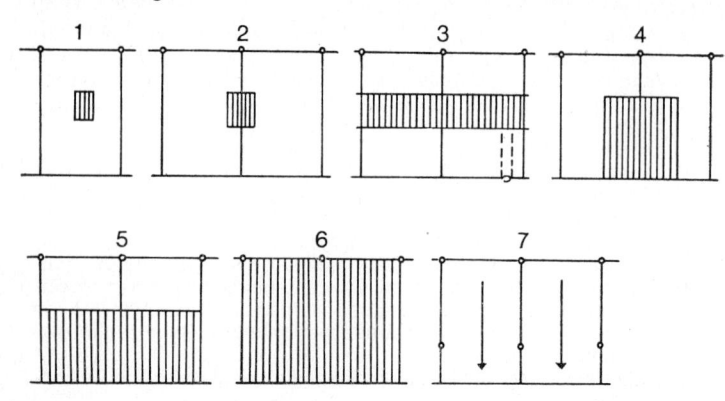

Abb. 54: Möglichkeiten der Harnableitung in Anbindeställen für Bullen (Ziffern siehe Seite 114/115).

Kälber

In der Regel wird nur für Mastkälber eine Anbindehaltung vorgesehen. Die Aufstallung erfolgt meist auf Anbindeständen, die 0,65 m bis 0,75 m breit und 1,75 m lang sind. Hierbei wird die Standfläche auf einer Länge von 1,20 bis 1,30 m (gemessen von der Stirnwand/ vom Stirngitter) geschlossen ausgebildet; daran schließt sich ein 0,45 bis 0,55 m breiter Latten- oder Gitterrost an.
Stirnwand oder -gitter können bei geschlossener Standfläche zur Anpassung der Standlänge für kleine Kälber bis max. 0,40 m zum Mistgang zurückversetzt werden. Die Standlängenanpassung, die der Sauberhaltung der Standfläche und damit der Tiere dient, braucht nicht zu erfolgen, wenn die Kälber auf einem Rostboden gehalten werden. Dieser Rostboden kann aus kunststoffummantelten Gitterrosten bestehen.
Einzelboxen s. Seite 120.

Laufstall

Der Laufstall ist gekennzeichnet durch die Bewegungsfreiheit der Tiere innerhalb vorgegebener Räume. Wird er in verschiedene Funktionsbereiche aufgeteilt, können diese entsprechend ihrer speziellen Aufgabe gestaltet werden; die Aufteilung erfolgt im allgemeinen in Liegebereich, Laufbereich und Freßbereich. Bei Milchkühen muß als weitere Funktion das Melken berücksichtigt werden. Im Milchviehlaufstall gehen die Tiere selbst zum Funktionsbereich ‚Melken', dem Melkstand, hin. Dadurch wird der Melkstand zum weiteren charakteristischen Merkmal des Laufstallsystems, da im Anbindestall herkömmlicher Art am Standplatz der Tiere gemolken wird.

Für die Entwicklung des Laufstallsystems waren arbeitswirtschaftliche Gründe entscheidend, da in größeren Beständen vor allem der Melkvorgang sowohl aus organisatorischer als auch aus hygienischer Sicht besser zu gestalten ist.

Den arbeitswirtschaftlichen Vorteilen standen lange Zeit Nachteile gegenüber, da sich vor allem in der Milchviehhaltung Leistungseinbußen bemerkbar machten. Die Erfahrungen haben inzwischen eindeutig gelehrt, daß auch Hochleistungsherden im Laufstall gehalten werden können.

Diese einfachste Form des Laufstalles, der als eingestreuter Tiefstall genutzte Einraumlaufstall, weist keine Trennung von Liegefläche, Freßplatz und Lauffläche auf. Der dafür erforderliche hohe Einstreubedarf von 10 bis 12 kg/Tier und Tag legte eine solche Trennung nahe. Im Zweiraumlaufstall ist nur noch die Liegefläche eingestreut, wodurch der Einstreubedarf auf 5 bis 6 kg Stroh/Tier und Tag und weniger gesenkt werden kann. Auf dem befestigten oder als Spaltenboden ausgebildeten Freßplatz werden etwa 50% des Kotes abgesetzt. Im Mehrraumlaufstall trennt eine zusätzliche Lauffläche (ebenfalls befestigt oder Spaltenboden) Liegefläche und Freßplatz. Der Einstreubedarf kann noch weiter gesenkt werden, wenn die Liegefläche in einzelne Buchten unterteilt wird (Boxen-Laufstall): Er beträgt dann 0,5 bis 1 kg Stroh/Tier und Tag.

Der Vollspaltenbodenstall, der gänzlich ohne Einstreu auskommt, stellt arbeitswirtschaftlich die günstigste Lösung dar, eignet sich jedoch nur für Jung- und Mastvieh.

Milchvieh — Einzelliegeplatz

Die allgemein mit dem Begriff „Boxenlaufstall" bezeichnete Stallform sieht pro Tier einen Liegeplatz vor. Die Liegefläche ist so zu bemessen, daß die Box ein Tier voll aufnimmt und zum Aufstehen und Abliegen genügend Bewegungsfreiheit gewährt.

Die Maße von Liegeboxen richten sich nach den Werten für Mittellangstände (s. Seite 108). Zusätzlich ist zu beachten, daß ein Sicherheitsabstand von etwa 40 cm zur vorderen Boxenbegrenzung besteht. Diese Maßnahme verhindert ein Festliegen der Tiere; denn sie benötigen zum Aufstehen genügend Raum für das Schwungholen mit der Kopf-Hals-Partie.

Die Liegefläche der Einzelbox wird gegen die Lauffläche mit einem etwa 20 cm hohen Holz- oder Betonbalken abgegrenzt oder sie weist – seltener – ein höheres Niveau als die Lauffläche auf. Dadurch wird erreicht, daß die Tiere nicht in die Lauffläche hineinragen, die gleichzeitig den Mistgang darstellt, daß das Einstreumaterial in der Box verbleibt und daß sich die Tiere nicht rückwärts in die Box einstellen.

Haltung

Milchvieh – Gruppenliegeplatz

Wird auf die Abgrenzung von Einzelliegeplätzen verzichtet, ist ein Stallteil vorzusehen, in dem die Herde als Gruppe abliegen kann. Für die Bemessung ist der Flächenbedarf pro Tier maßgebend. Im eingestreuten Einraumlaufstall, der dann meist zur Festmistgewinnung mit meist zweimaliger Entmistung pro Jahr genutzt wird, liegt der Platzbedarf pro Kuh zwischen 6 und 8 m² und entspricht damit fast der gesamten Stallfläche/Tier (nur der Raumbedarf für die Futtervorlage ist noch hinzuzurechnen). Wird der Liegebereich räumlich oder technisch durch unterschiedliches Niveau oder durch eine Lauffläche als Spaltenboden getrennt, verringert sich der Platzbedarf der Liegefläche auf 4 m² bis 6 m²/Kuh.

Mastvieh

Für die Rindermast in Laufställen empfiehlt es sich, gleichgeschlechtliche Gruppen von 8 bis 12 Tieren zu bilden. Bei knapper Bemessung des Platzbedarfs je Tier ist die Ruhe im Stall größer, außerdem bleiben die Tiere sauberer.
Als Gruppenlaufställe für die Rindermast sind sowohl Tieflaufställe als auch — im Gegensatz zur Milchviehhaltung — Vollspaltenbodenställe geeignet.
Um den Platzbedarf an das Wachstum der Tiere anzupassen, können verschieden große Buchten vorgesehen werden; das Umbuchten bringt Unruhe und evtl. eine Verschlechterung der Zunahme, so daß möglichst nur einmal umgebuchtet werden sollte.
Dabei empfiehlt es sich, bei gleicher Buchtentiefe die Breite der Bucht dem unterschiedlichen Platzbedarf der Tiere anzupassen.
Die Bemessung richtet sich nach dem Platzbedarf je Tier und nach der Zahl der in der Gruppe gehaltenen Rinder. Die Buchtentiefe soll so bemessen sein, daß hinter den fressenden Tieren noch andere Tiere genügend Bewegungsfreiheit haben. Die Breite der Bucht richtet sich nach der für ein Tier notwendigen Freßplatzbreite (s. auch Seite 176).
Eingestreute Sammelbuchten im sog. Flachstall sorgen mit einem Liegeflächengefälle von 3% bis 5% für ein trockenes Lager (Abb. 55). Der Mist wird durch das Gefälle und die Bewegung der Tiere stetig in den Laufgang/Mistgang getreten und dort weggeräumt.
Eine dichte Belegung fördert das Sauberhalten der Tiere, der Platzbedarf kann auf 2,2 m² gesenkt werden. Die Bemessung der Sammelbucht richtet sich nach der Gruppengröße, die Buchtentiefe bleibt durchgehend 3 m.

Kälber

Zuchtkälber werden anfangs in Einzelboxen gehalten. Bleiben sie nur zwei Wochen in Einzelhaltung, kann die Box 1,15 x 0,70 m bemessen werden; je zehn Kühe wird eine Kälberbox gebraucht.

Tab. 35. Ausgangswerte für die Bemessung von Buchten in Mastrinder-Laufställen

Tiergewicht	Buchten-breite (= Freßplatzbreite) je Rind	Buchten-tiefe	Durchschnittliche Buchten- bzw. Liegefläche in m^2 je Rind bei	
			Tieflaufställen	Vollspaltenboden-Laufställen
kg	cm	cm		
einmal umbuchten				
100 bis 350	55	280	2,10	1,85
350 bis 700	75	330	2,75	2,50
zweimal umbuchten				
100 bis 300	50	260	1,95	1,70
300 bis 500	65	300	2,35	2,10
500 bis 700	75	330	2,75	2,50

Tab. 36. Bemessung des Spaltenbodens im Mastrinder-Laufstall

Tiergewicht	Obere Spaltenweite	Balken-Auftrittbreite
bis 100 kg	2,0 cm	8 – 10 cm
100 bis 200 kg	3,0 cm	10 – 12 cm
200 bis 350 kg	3,5 cm	12 – 15 cm
über 350 kg	4,0 cm	15 cm

Abb. 55: Schnitt durch einen Flachstall.

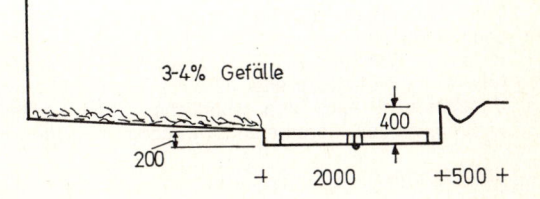

Sollen die Kälber drei bis vier Monate in den Boxen verbringen, betragen die Abmessungen 1,5 m x 1,0 m bis 1,70 m x 1,20 m; je zehn Kühe sind zwei Kälberboxen erforderlich.

Die Böden der Einzelboxen können aus Lattenrosten bestehen, die 30 cm über dem Stallboden angebracht sind (35 mm Spaltenbreite, 40 mm Lattenbreite). Querverlattung ist vorzuziehen.
Anschließend ist die Haltung in Sammelbuchten möglich (fünf bis zehn Tiere je Bucht). Die Werte für den Flächenbedarf pro Tier schwanken je nach Alter zwischen 1,2 und 2,0 m²; auch hierbei sollte eine Mindestbuchtentiefe von 1,2 m bis 2,0 m vorgesehen werden.
Wird für ältere Kälber eine Haltung auf Spaltenboden geplant, sind 3 bis 10 cm breite Balken im Abstand von 2 bis 3 cm zu verlegen.
Mastkälber können ebenfalls in Einzelboxen und Sammelbuchten gehalten werden.

Tab. 37. Platzbedarf für Kälber

Gewichts-abschnitt (kg)	Einzel-Boxenmaße Länge × Breite (m)	Sammelboxen Flächenbedarf/Kalb (m²)	Freßplatzbreite/Kalb (m)
bis 60	1,10 × 0,55	0,8	0,25
60 bis 100	1,30 × 0,60	1,0	0,30
100 bis 150	1,50 × 0,65	1,2	0,35
über 150	1,70 × 0,70	1,5	0,40

Da die Tiere nicht zu oft umgebucht werden sollen, wählt man von vornherein ein auf das Mastendgewicht abgestimmtes Boxenmaß. Jüngere und kleinere Kälber können zu Beginn der Mast in der Box angebunden werden (40 bis 50 cm lange Kette oder Band).
Sammelbuchten können je nach Fütterungsverfahren bis zu 20 Tiere fassen; der Flächenbedarf pro Kalb ist in Tabelle 37 zusammengestellt.
Wird die Tränke aus Milchaustauscher mit Automaten aufbereitet, ist die Freßplatzbreite nicht mehr entscheidend; hier kann die Sammelbucht nach den räumlichen Stallverhältnissen gestaltet werden, da den Tieren ständig Futter zur Verfügung steht.

Sonderformen

Sperr- oder Fangboxenställe (Abb. 56) finden in der Milchviehhaltung Anwendung und sind dadurch gekennzeichnet, daß die Tiere mit Hilfe bestimmter Fixiervorrichtungen am Einzelstandplatz festgehalten werden, ohne angebunden zu sein, zum Melken den

Liegebereich 121

Standplatz jedoch verlassen können (Melkstand). Der Abstand zwischen vorderer und hinterer Absperrung (La) ist so zu bemessen, daß die Bewegungsfreiheit erhalten bleibt. Die Maße liegen zwischen denen des Kurzstandes und denen des Mittellangstandes. Kurzstandmaße allein würden für den erforderlichen Freiraum (L_a in Skizze) nicht ausreichen, Mittellangstandmaße sind dagegen nicht notwendig, da die Tiere vorn mit dem Kopf über den Krippenrand ragen.

Die geschlossene Liegefläche wird wie bei einer Kurzstand-Gitterrostaufstallung bemessen (L_b in Skizze); die hintere Absperrung befindet sich über dem Gitterrost.

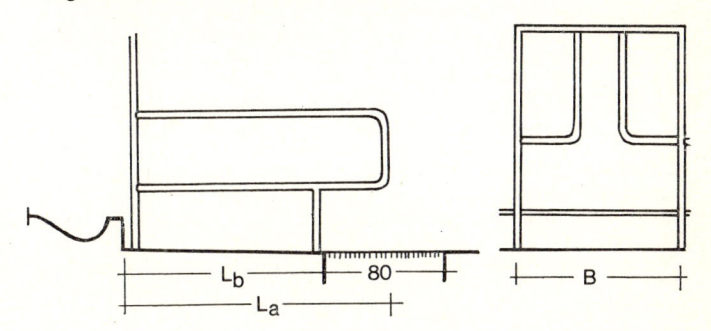

Abb. 56: Bemessung von Sperrboxen (Beschreibung im Text).

Tab. 38. Abmessungen von Sperrboxen

Rumpflänge (m)	Standlänge L_a (m)	Standlänge L_b (m)	Standbreite B (m)
1,45	1,70	1,30	1,05
1,50	1,75	1,35	1,10
1,55	1,80	1,40	1,10
1,60	1,90	1,45	1,15
1,65	2,00	1,50	1,15
1,70	2,10	1,55	1,20

Da die Tiere nach der Rückkehr vom Melkstand selten den gleichen Standplatz aufsuchen, sind einheitliche Abmessungen vorzusehen.

Freß-Liege-Boxen-Ställe, in Süddeutschland auch Kombibuchten-Ställe genannt, stehen als Sonderform zwischen Anbinde- und Laufstall. Sie weisen keine Anbinde- und Absperrvorrichtungen auf, so daß die Tiere in einem dem Anbindestall ähnlichen Stallsystem ihren Standplatz frei wählen können. Im Gegensatz zum Liegeboxenlaufstall, aber in Übereinstimmung mit dem Sperrboxenstall erfolgt die Futtervorlage am Standplatz (= Freß-Liege-Box); gemolken werden die Tiere im Melkstand.

Die Länge des Standplatzes ergibt sich aus den Maßen für ‚Kurzstand mit Kotstufe' und einem Zuschlag von 10 cm. Die Breite entspricht dem Normalmaß von Liegeboxen. Die Werte sind der Tab. 30 und Seite 108 mit entsprechender Korrektur zu entnehmen.

Isolierstände. Hierunter sind vom oder im Hauptstall getrennt liegende Aufenthaltsräume zu verstehen, in denen vorübergehend rindernde, abkalbende oder kranke Tiere gehalten werden. Die Notwendigkeit dieser Isolierstände ist in der Praxis zwar umstritten, sie gewinnen aber in größeren Beständen an Bedeutung. Für rindernde oder abkalbende Kühe genügt im Laufstall das Abtrennen eingestreuter Einzelbuchten, die überdies den Kontakt zur Herde gewährleisten. Die Tierhygiene empfiehlt eine Buchtengröße von 3 m x 4 m, wobei für je zehn Kühe eine Bucht einzuplanen ist.

Kranke Tiere sollten dagegen in einem Nebenraum gehalten werden; für je zwanzig Kühe ist ein Krankenplatz als Mittellangstand vorzusehen.

Beschaffenheit der Liegefläche

Bei Stallhaltung haben die Tiere ständigen Kontakt mit dem Fußboden. Je nach Stallsystem werden für das Einzeltier unterschiedlich große Anteile des Liegebereichs ausgewiesen. In Anbindeställen und in Sperrboxenställen ist die Bewegung der Tiere auf eine nur knapp bemessene Fläche beschränkt. Der Fußboden muß durch seine Qualität hinlängliche Gewähr dafür bieten, daß die Tiere ohne Gefährdung der Gesundheit und ohne Leistungsminderung gehalten werden können. Fehlplanungen und mangelhafte Ausführungen können besonders bei intensiven Haltungsformen zu spürbaren nachteiligen Folgen für den Betrieb führen.

In Laufställen mit größeren Flächenanteilen je Tier und vor allem in Anlagen mit getrennt angeordneten Funktionsbereichen für Liegen, Laufen, Stehen und Fressen können die Tiere ihren Standort nach Bedarf relativ freizügig wechseln. Hier lassen sich die differenzierten Anforderungen an den Fußboden auf die Einzelbereiche aufteilen und damit leichter und konsequenter erfüllen.

Fußböden werden in geschlossene und durchbrochene Böden unterteilt.

Geschlossene Böden haben ein durchgehendes festes Gefüge mit einer Oberfläche aus fugenlos aufgebrachten Materialien. Sie können auch aus kleinformatigen Bauteilen, die mit der gesamten Konstruktion fest verbunden sind, oder aus lose aufgelegten Materialien, z. B. Matten, bestehen.

Bei *durchbrochenen Böden* ist das Gefüge durch Löcher oder Spalten zur Ableitung bzw. Abführung der tierischen Abgänge in unter dem Fußboden liegende Dungkanäle oder Lagerräume unterbrochen. Die Einzelbauteile für durchbrochene Böden können durchgehend aus einem Material bestehen oder mehrschichtig ausgeführt werden.

Bei geschlossenen Böden können die vielfältigen Anforderungen im konstruktiven Aufbau mehr oder weniger umfassend berücksichtigt werden. Bei durchbrochenen Böden ist dagegen auf die tierspezifischen Anforderungen, wie z. B. den ausreichenden Wärmeschutz von Bauteilen und die Wärmeableitung, Rücksicht zu nehmen, was von vornherein zu Kompromissen zwingt.

Bei der Haltung von Tieren in Einzelställen oder in Boxen hat sich zunehmend die einstreulose Aufstallung eingeführt. Früher erfüllte die Einstreuschicht auf einem einfachen festen Fußboden nahezu alle Anforderungen der Tiere an die Liegefläche. Dies konnte auch durch Versuchsreihen und Meßergebnisse belegt werden. In Auswahlversuchen im Laufstall konnte festgestellt werden, daß die Tiere Boxen mit weichem Lager bevorzugen. – Heute muß die Fußboden-Konstruktion diese Anforderungen unmittelbar erfüllen.

Die Ansprüche, die von den Tieren und vom gesamten Betriebsablauf an die Stallfußböden im Liegebereich gestellt werden, sind:

1. Die Oberfläche des Fußbodens muß eben, tritt- und abriebfest und in der gesamten Konstruktion ausreichend tragfähig ausgebildet sein.

2. Die Oberfläche des Fußbodens muß zum Schutz vor Verletzungen durch Ausgleiten beim Abliegen, beim Aufstehen und bei Bewegungen im Stehen eine griffige Struktur erhalten. Die Rauhigkeit darf jedoch nicht zu Haut-, Gelenk- oder Klauenschäden durch Aufliegen oder übermäßigen Abrieb vor allem bei jungen Tieren führen.

3. Die Oberfläche des Fußbodens muß dicht gegen die anfallende Feuchtigkeit sein. Ein unkontrollierter Abfluß von Feuchtigkeit in die Unterkonstruktion und in das Erdreich muß unter allen Umständen vermieden werden. Auch gegen aufsteigendes Wasser aus dem Erdreich muß die Fußbodenkonstruktion gesichert werden.

4. Die Oberfläche des Fußbodens muß beständig sein gegenüber chemischen Einflüssen aus dem Futter, aus den Abgängen der Tiere und aus Desinfektionsmitteln.

5. Die Oberfläche des Fußbodens soll in gewissem Maße elastisch und verformbar sein, damit die druckempfindlichen Körperteile der Tiere beim Liegen nicht übermäßig belastet werden.

6. Der Fußboden muß bei einstreuarmer und bei einstreuloser Haltung einen Wärmeschutz erhalten, der so zu bemessen ist, daß einerseits ein übermäßiger Wärmeentzug bei den Tieren verhindert und andererseits einem Wärmestau vorgebeugt wird.

Die Anforderungen lassen sich zusammenfassend gruppieren in:
1. mechanische
2. thermische
3. chemische
4. hygienische.

Hinweise auf den Aufbau und die Anforderungen an Fußböden für Stallanlagen sind in der DIN-Norm 18907, Blatt 1, enthalten. Weitere Daten und Richtlinien für die Anwendung von keramischen, zementgebundenen und bitumen-gebundenen Belägen sowie für Holzpflasterbeläge für Stand- und Liegeflächen sind in den DIN-Normen 18907, Blätter 3 bis 6, festgelegt.

DIN 18908 gibt Hinweise auf Fußböden für Stallanlagen mit Spaltenböden. Weiterreichende Auflagen für die Ausführung von Fußböden in Stallanlagen sind in Ländergesetzen (Bauordnungen der Länder) und Bundesgesetzen verankert.

Eignung, Lebensdauer und Preis von Fußbodenkonstruktionen müssen im ausgewogenen Verhältnis zueinander stehen. Auf dem Baumarkt werden derzeit eine Vielzahl von Fußbodenkonstruktionen angeboten, u. a. weil allgemein anerkannte Versuchsanstellungen zur Quantifizierung von Qualitätsanforderungen wie z. B. Abriebfestigkeit oder Griffigkeit fehlen. Aus diesem Grunde erfolgt die Auswahl in erster Linie nach örtlichen und finanziellen Gegebenheiten.

Mechanische Eigenschaften

Tragfähigkeit/Trittfestigkeit. Die erforderliche Tragfähigkeit von Fußböden wird von den zu erwartenden Lastverhältnissen bestimmt. Diese stellen sich im Liegebereich bei geschlossenen Böden und bei stehenden Tieren wie folgt dar:
Das Rind stützt sein Körpergewicht beim Stehen mit allen vier Beinen auf den Fußboden ab. Vorder- und Hinterhand werden dabei nicht gleich stark belastet. Da Kopf und Hals weit über die Vorderbeine vorstehen, ist der Körperschwerpunkt aus der Rumpfmitte zum Vorderrumpf hin verschoben. Sein Abstand von der Vorderfläche des Schultergelenkes beträgt etwa 43% der Rumpflänge, sein Abstand von der Hinterfläche des Sitzbeinhöckers etwa 57%. Unter diesen Umständen lasten ca. 55% des Körpergewichtes auf den Vorderbeinen und nur ca. 45% auf den Hinterbeinen.
Beim Vorwärtsschreiten verändern sich die Lastverhältnisse von Vorderhand bis zur Hinterhand auf 65% zu 35%. Eine noch stärkere Belastung der Vorderhand bis zu 75% des Körpergewichts tritt manchmal kurzfristig beim Aufstehen oder Abliegen des Tieres

ein, wenn sich der Vorderrumpf in der Aufschwung- bzw. Abschwungphase für einen kurzen Zeitraum allein auf ein zurückgesetztes Vorderbein abstützt.
Aus den dargestellten Lastfällen ergibt sich, daß der Bereich hinter der Krippe bei Anbindehaltung und in Sperr- oder Fangboxen der am höchsten beanspruchte Teil der Liege- bzw. Standfläche ist. Bei einer 600 kg schweren Kuh kann die Belastung des Fußbodens über ein Vorderbein kurzfristig bis zu 450 kg betragen. Daraus errechnet sich je nach Auftrittsfläche ein maximaler Belastungswert von 4,0–10,0 kp/cm² für Stehen, Abliegen, Aufstehen und Laufen.
Beim Liegen beträgt die Auflagefläche einer ausgewachsenen Kuh von 600 kg Körpergewicht ungefähr 1,0 bis 1,2 m² Bei etwa gleichmäßig angenommener Verteilung des Körpergewichtes auf die Liegefläche entsteht ein Druck unter 0,1 kp/cm². Damit ist die Auflast durch liegende Tiere für die Fußbodenkonstruktion praktisch ohne Bedeutung. Die errechnete maximale Belastung von 4,0 bis 10,0 kp/cm² bleibt zuzüglich entsprechenden Sicherheiten maßgebend für die erforderliche Druckfestigkeit der verschiedenen Materialien. Sie wird ohne Schwierigkeiten von allen erprobten Fußbodenkonstruktionen erbracht.
Daten für die Bemessung von Einzelbalken für Spaltenböden bei Bewegungs- und Liegefläche, wie sie z. B. bei der Haltung von Jungvieh in Gruppenbuchten mit Ganzspaltenboden vorkommen, sind im Normenentwurf 18 908 Fußböden für Stallanlagen mit Spaltenböden angegeben. Die erforderliche Druckfestigkeiten lassen sich sowohl an Werkstoffproben als auch an fertigen Konstruktionen feststellen (einheitliche Prüfverfahren z. B. durch Material-Prüfanstalten).

Abriebfestigkeit
Wenn die Tiere auf eng begrenzter Fläche gehalten und dadurch gezwungen werden, längere Zeiten auf dem gleichen Platz zu stehen, versuchen sie, einzelne Muskelpartien durch häufiges Wechseln des Standbeines zu entlasten. Dies geschieht nach vorliegenden Untersuchungsergebnissen etwa 50 mal in der Stunde. Die Tiere stehen auf Anbindeständen und in Sperr- oder Fangboxen zwischen 8–12 Stunden und wechseln 400–600mal das Standbein am Tag. Dabei wird die Oberfläche vor allem einstreuarmer und einstreuloser Fußböden, aber auch die Klaue, erheblich auf Abrieb beansprucht. In Ruhezeiten herrscht an den Trittstellen ein maximaler Druck unter den Vorderbeinen von 3,5–4,5 kp/cm². Bei ungünstiger Anbindung und niedrig eingebauten Krippenschalen kann die Belastung bis auf den dreifachen Wert ansteigen.
In Liegeboxen von Laufställen wurden Stehzeiten von nur 0,6–0,7 Stunden und ein 30- bis 40maliger Standbeinwechsel täglich gemessen. Die Belastung des Fußbodens beträgt unter den Vorderbeinen durchwegs 1,9–2,9 kp/cm² bei ausgewachsenen Tieren. Höhere Belastungen treten kaum auf, da die Futteraufnahme über-

wiegend außerhalb der Boxen erfolgt. In Boxen wird die Oberfläche des Fußbodens daher weitaus weniger auf Abrieb beansprucht.
Bei Gruppen-Liegeflächen aus Spaltenböden muß der Abrieb des Einzelbalkens mit einem etwa 10% höheren Druck, der sich aus den Laufbewegungen ergibt, berechnet werden. Über die Zahl der Abriebvorgänge, bezogen auf eine Flächeneinheit/Tier, sind keine Werte bekannt.
Für die Oberfläche dürfen daher nur Materialien verwendet werden, die sich unter der zu erwartenden Belastung möglichst wenig und dann gleichmäßig abnutzen. Die Abriebqualität muß durchgehend gleich sein. Schäden durch Abrieb können vor allem bei fugenlosen Materialien zu erheblichen Reparaturkosten führen.
Für Stallfußböden liegen noch keine anerkannten Werte für die Abrieb- und Verschleißfestigkeit vor. Die Hersteller von Spezial-Stallfußböden führen eigene Abriebversuche für ihre angebotenen Materialien und Konstruktionen durch. Die Praxis ist weitgehend auf Erfahrungswerte angewiesen.

Griffigkeit
Solange die Tiere ruhig stehen, werden die Lasten aus dem Körpergewicht nahezu senkrecht auf den Fußboden abgetragen. In der Bewegung jedoch werden die Beine aus dem Ellenbogen- bzw. Kniegelenk bis zu einem Winkel von etwa 20° vor- oder zurückgestellt. Dabei wird der Lastanteil im Verhältnis von 1:3 bis 2:4 in eine Horizontal- und eine Vertikalkomponente zerlegt. Die Horizontalkomponente kann, wenn das Körpergewicht mit beiden Beinen abgestützt wird, bei einer 600 kg schweren Kuh je Vorderbein 60–90 kp und je Hinterbein 40–65 kp betragen. Bei kurzzeitiger Abstützung des Körpergewichts auf nur ein Bein, z. B. an der Hinterhand beim Aufstehen, können die angegebenen Daten auf das Doppelte anwachsen.
Diese auf die Fußbodenoberfläche wirkenden Kräfte können, wenn der Belag nicht ausreichend griffig ist, zum Ausgleiten und vor allem bei eng bemessenen, ringsum fest abgegrenzten Boxen oder Ständen zu erheblichen Verletzungen, mindestens aber zur Unsicherheit der Tiere und damit zu verminderter Leistung führen.
Bei eingestreuten Liegebereichen bewirkt das Einstreumaterial die Rutschsicherheit, vorausgesetzt, daß die Liegefläche trocken ist und die Einstreumengen nicht zu knapp bemessen werden. Auf nicht eingestreuten Liegeflächen wird die Griffigkeit entweder durch die Eigenstruktur oder die Ausbildung des Belagmaterials gegeben, oder sie muß durch eine entsprechende Behandlung der Oberfläche hergestellt werden. Bei fugenlos aufgebrachten mineralischen bzw. anorganischen Belagschichten helfen Hartkornzuschläge, die Griffigkeit über längere Zeiträume zu erhalten. Mit der Zeit glatt gewordene Böden lassen sich durch Nachbearbeitung wieder aufrauhen.

Auch auf glatten Gummi- oder Kunststoffmatten finden die Tiere einen guten Halt, wenn die verwendeten Materialien elastisch sind und der Klaue genügenden Halt gegen seitliches Ausrutschen geben. Auch für die Auftrittsflächen bei Spaltenböden gelten die gleichen Regeln. Trockene Trittflächen bieten durchwegs eine größere Rutschsicherheit.
Zu rauhe Flächen können andererseits zu Verletzungen der Haut sowie zu Gelenkentzündungen durch Aufliegen führen und vor allem bei jungen Tieren auch zu Klauenverletzungen. Meßgeräte oder Meßmethoden für die Griffigkeit von Stallfußböden sind bisher nicht bekannt. Die Praxis ist auf Erfahrungswerte angewiesen.

Elastizität und Verformbarkeit
Die Elastizität und Verformbarkeit der Belagschicht ist vor allem für das Liegen der Tiere von Bedeutung. Die Körperunterseite des liegenden Tieres weist bei untergeschlagenen Beinen harte und besonders druckempfindliche Vorsprünge auf, die auf einer ebenen und unnachgiebigen Liegefläche die Hauptlast des Körpers zu tragen haben. Das führt bei den Tieren oft schon nach kurzer Liegezeit zu Unbehagen und Schmerzen und damit zwangsläufig zu Fehlverhalten.
Wahlversuche in Boxenlaufställen haben gezeigt, daß die Tiere solche Liegeflächen bevorzugen, deren Oberfläche sich infolge guter Verformbarkeit den Konturen ihrer Körperunterseite anpaßt. Schüttungen von Stroh, Sägemehl oder Torf werden von den Tieren gern angenommen. Diese Materialien lassen jedoch keine Flüssigmistverfahren zu, außerdem werden sie von den Tieren leicht auseinandergetreten, so daß diese teilweise wieder auf der harten Unterlage liegen. Auf Anbindeständen sind sie nicht zu verwenden.
Gute Eigenschaften zeigen Gummi- und Kunststoffböden in fester Verbindung mit der Unterkonstruktion oder als lose aufgelegte Matten. Wenn sie fest mit den unteren Schichten verbunden sind, können sie sich nur in der Vertikalen elastisch verformen. Lose Matten reagieren auf Belastung zusätzlich durch seitliche Dehnung und verhalten sich daher plastisch. Sie werden von den Tieren bevorzugt angenommen. Gegen lose Matten bestehen jedoch hygienische Bedenken, weil sich zwischen der Matte und dem Unterboden Schmutz, Harn-, Kot- und Futterreste ablagern und zur Brutstätte von Krankheitserregern werden können.
Ideal wären fest verbundene Gummi- oder Kunststoffbeläge mit überwiegend plastischem Verformungsverhalten. Solche Beläge können die gewünschte Tragfähigkeit nicht mehr erbringen, sie muß dann vom Unterboden übernommen werden. Für durchbrochene Böden gilt im Prinzip das gleiche. Kennzeichen für Elastizität und Verformbarkeit von Stallfußböden fehlen bisher. Die Praxis ist deswegen auch hier auf Erfahrungswerte angewiesen.

Dichtigkeit gegen anfallende Feuchtigkeit
Die Stand- und Liegeplätze werden durch nasses Futter, Tränkwasser, Reinigungswasser, durch Abgänge der Tiere und durch abtropfendes Kondensat laufend benäßt werden. Feuchte bzw. nasse Liegeflächen gefährden aber vor allem bei einstreuloser Haltung die Sicherheit der Tiere. Zudem wird mit zunehmender Durchfeuchtung des Fußbodens dessen Wärmedämmung entscheidend verschlechtert. Das Eindringen von verschmutzter Feuchtigkeit in den Fußboden (z. B. Reinigungswasser oder Harn) fördert die Bildung von Krankheitserregern.
Die anfallende Feuchtigkeit muß daher möglichst schnell abgeführt werden. Dies geschieht durch die Verwendung von Materialien mit dichter Struktur und durch Gefälle in den Liegeflächen. Dennoch ist es von Vorteil, wenn die Liegefläche kleinere Mengen transperierender Feuchtigkeit aufnehmen kann. Eine Abführung dieser Feuchtigkeit durch Verdunstung muß dann gesichert sein.
Vorbeugend sollten Tröge und Tränkebecken so ausgeführt und angeordnet werden, daß eine Benetzung der Liegefläche aus dem Futter mit dem Tränkwasser weitgehend ausgeschlossen wird. Mit Reinigungswasser sollte sparsam und gezielt umgegangen werden. Hinsichtlich der Wasserundurchlässigkeit finden sich entsprechende Auflagen in den jeweiligen Länderbauordnungen und in Bundesgesetzen zum Schutz der Umwelt.

Thermische Eigenschaften

Bei der Berechnung des Wärmehaushaltes eines geschlossenen Stalles ermittelt man die Wärmemenge, die zum Ausgleich für den Wärmedurchgang durch die raumumschließenden Bauteile und für die Zulufterwärmung notwendig ist, um die Lufttemperatur konstant zu halten. Dabei sollten die Wärmeverluste nicht größer sein als die von den Tieren abgegebene Wärmemenge. Erst wenn die Maßnahmen zur Verbesserung des Wärmeschutzes einzelner Bauteile einen zu hohen Kapitalaufwand erfordern, kann bei extremen Klimaverhältnissen eine Zusatzheizung vorgesehen werden. Heute wird davon ausgegangen, daß bei Warmställen für alle raumumschließenden Bauteile ein gleicher Wärmedurchlaßwert von 2,5 kcal/m² · h · grd (= K-Wert) erreicht werden sollte.
Der Fußboden wird bei der Ermittlung des Wärmehaushaltes entsprechend seinem Flächenanteil, seiner Konstruktion und dem vorhandenen maximalen Temperaturgefälle rechnerisch einbezogen.
Bei eingestreuten Liegeflächen kann auf die Anordnung einer Wärmedämmschicht verzichtet werden. Bei einstreuarmer und einstreuloser Haltung sollten aber Wärmedämmschichten vorgesehen werden.
Da die Tiere beim Liegen den Fußboden unmittelbar berühren, ist zusätzlich die Wärmeableitung zu bedenken. Ein liegendes Rind von 600 kg Lebendgewicht hat auf einer Fläche von ungefähr 1,0 m²

direkten Kontakt mit dem Fußboden. Es gibt über diese Berührungsfläche je nach Umgebungstemperatur stündlich 110–120 kcal Wärme ab. Aus diesem Wert lassen sich nach WANDER höchstzulässige Wärmedurchlaßzahlen von 5,5 bis 4,0 kcal/m² · h · grd errechnen. Diesen Werten entsprechen Wärmedurchlaßwiderstände von 0,18–0,25 $\frac{m^2 \cdot h \cdot grd}{kcal}$

Daraus errechnen sich Wärmeleitzahlen von 1,1 bis 0,8 kcal/m · h · grd für einen 20 cm dicken Fußboden. Dieser Richtwert wird nahezu von allen gängigen Fußbodenmaterialien erreicht.
Die Wärmeableitung eines Fußbodens hängt von der Wärmeleitfähigkeit der Baustoffschichten ab.
Eine Wärmedämmschicht beeinflußt den Wärmeentzug nur bedingt. Eine organische Belagschicht von > 2,0 cm Dicke über der Wärmedämmschicht hebt den hemmenden Einfluß der Wärmedämmschicht schon nahezu auf. Je näher die Wärmedämmschicht an der Oberfläche liegt, desto geringer ist der Wärmeentzug. Am geringsten ist er, wenn die Belagschicht gleichzeitig den Wärmeschutz übernimmt.
Wärmedämmstoffe mit Wärmeleitzahlen von 0,08 kcal/m² · h · grd und günstiger müssen zum Schutz gegen mechanische Beschädigungen mit einer festen Abdeckung versehen werden. Nur bei Materialien, die mindestens Festigkeiten wie hartes Holz oder Holzpflaster bieten, kann die Oberflächenschicht auch gleichzeitig die Wärmedämmung übernehmen. Diese Grundsätze gelten auch für durchbrochene Böden.

Chemische Eigenschaften

Im Gärfutter, in Schlempen, in den Abgängen der Tiere und in Desinfektionsmitteln sind aggressive Säuren enthalten, die Baustoffe, wie sie für Stallfußböden Verwendung finden, angreifen und zerstören können. Die meisten gebräuchlichen Fußbodenmaterialien sind gegenüber Säuren, wie sie auf der Liegefläche anfallen, ausreichend widerstandsfähig.
Bei eingestreuten Liegeflächen werden Säureanteile auch vom Einstreumaterial gebunden.

Hygienische Eigenschaften

Die Liegeflächen sollen so ausgeführt werden, daß sie ohne großen Aufwand zu reinigen sind. Dazu gehört, daß die Oberfläche ausreichend dicht ist und daß die Anschlüsse an angrenzende Bauteile ausgerundet sind. In dieser Hinsicht sind lose aufgelegte Liegematten bedenklich. Die Einrichtungen im Liegebereich müssen gleichermaßen gründlich und leicht zu säubern und zu desinfizieren sein.

Technische Einrichtungen im Liegebereich

Anbindevorrichtungen

Anbindevorrichtungen haben generell die Aufgabe, die Tiere am Standplatz zu fixieren. Darüber hinaus haben sie im Kurzstand die Tierbewegungen auf dem knappen verfügbaren Raum zu steuern. Einerseits müssen sie verhindern, daß die Tiere zu weit nach hinten in den Kotbereich treten und sich dort an den Kanten des Kotgrabens oder auf den Kotrosten verletzen oder sich beschmutzen. Andererseits ist es ihre Aufgabe, die Tiere nicht zu weit nach vorne treten zu lassen. Es gilt zu verhindern, daß sich die Tiere die Vorderhand beim Aufsteigen oder Hinlegen am Krippensockel verletzen, daß sie beim Aufstehen und Hinlegen durch einen zu geringen Abstand von der Krippe behindert werden und daß sie die Standfläche durch Kot und Harn verschmutzen, was die Gefahr von Aufliegen und Euterinfektionen nach sich zieht. Bei all diesen Funktionen muß die Anbindevorrichtung dem Tier soviel Spielraum lassen, daß seine Bewegungsabläufe möglichst ungehindert vor sich gehen können.

Auch das Freilassen und Einfangen der Tiere darf keine Schwierigkeiten bereiten. Für Notfälle ist es vorteilhaft, wenn man die Tiere in Gruppen freilassen kann, das gleiche gilt für solche Betriebe, in denen die Tiere während der Weidezeit im Stall gemolken werden. In diesen Fällen ist auch das Einfangen in Gruppen oder eine Selbstfanganbindevorrichtung sinnvoll.

Die bekannten Anbindevorrichtungen lassen sich entsprechend ihrer Anbringung in Vertikalanbindungen und Horizontalanbindungen einteilen.

Vertikalanbindungen sind senkrecht zwischen Boden und einem Traggerüst oder der Deckenkonstruktion (in Altbauten) eingespannt. Da die Tragvorrichtung über alle Stände einer Reihe hinwegführen kann, ist es einerseits möglich, sie als Versteifung der seitlichen Standabtrennungen einzusetzen, andererseits kann an ihr bei geeigneten Anbindevorrichtungen der Stellmechanismus zum An- und Abketten ganzer Tiergruppen angebracht werden. Auch zur Montage der Wasserleitungen sowie der Vakuum- und Milchleitungen von Melkanlagen läßt sich das Traggerüst verwenden.

Die Anbindevorrichtungen, die zu den *Vertikalanbindungen* rechnen, werden im folgenden beschrieben.

Die *Grabnerkette* (auch Hängekette, Abb. 57a) ist so gebaut, daß an einer senkrecht oder in einem Winkel von höchstens 20° eingespannten Kette ein Halsbügel auf- und abgleitet. Es gibt Varianten, die Kunstfaserband oder Seil an Stelle der Kette (weniger Lärm) verwenden oder verstellbare obere und (seltener) untere Aufhängepunkte aufweisen.

Das Abketten ganzer Gruppen ist möglich, das Anketten muß einzeln vorgenommen werden; daher sind Grabnerketten für Weidegang nur bedingt geeignet, bei ganzjähriger Stallhaltung aber für eingestreute und einstreulose Haltung brauchbar. Die Anpassung der Standlänge an die Tiergröße kann über die Anbindung erfolgen, besser sind aber Schieberoste; denn sie bewirken, daß die Stellung zur Krippe unabhängig von der Standlänge wird. In der Praxis wird diese Möglichkeit jedoch nur selten richtig gehandhabt (s. Seite 112).
Die Grabnerkette ist sehr verbreitet und preisgünstig.

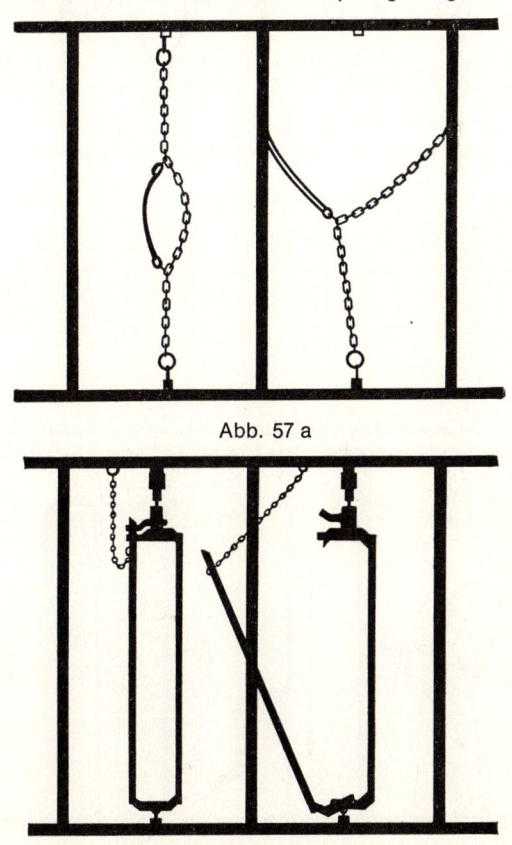

Abb. 57 a

Abb. 57 b

132 Haltung

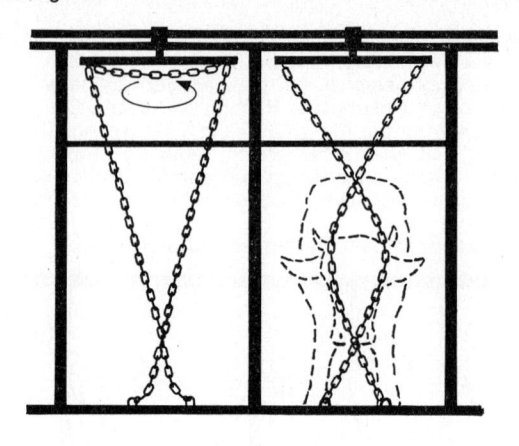

Abb. 57 c

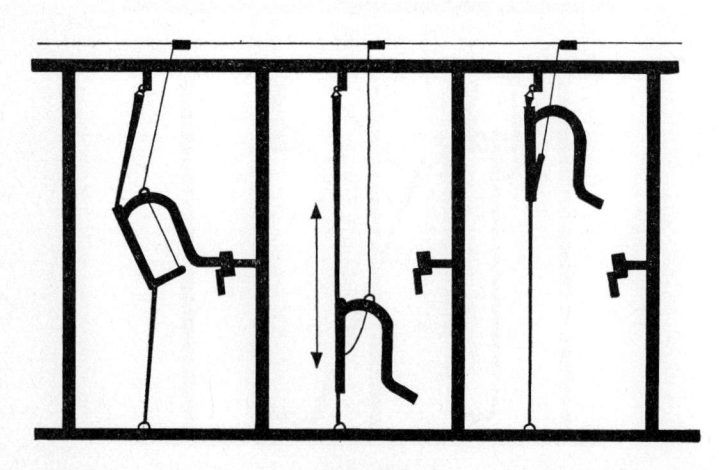

Abb. 57 d

Liegebereich 133

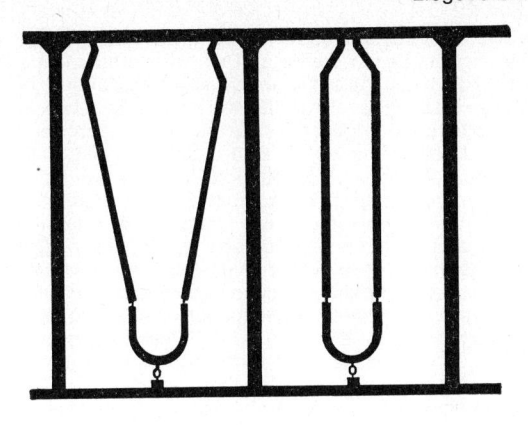

Abb. 57 e

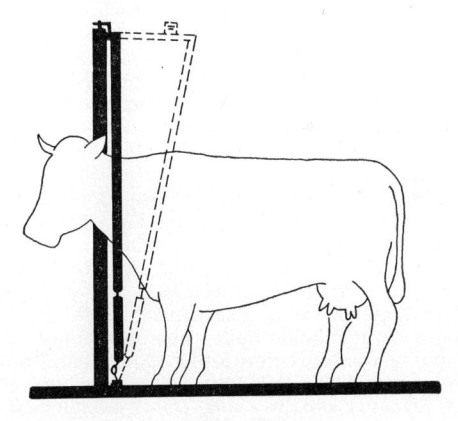

Abb. 57 f

Abb. 57: Anbindevorrichtungen, a = Hängekette, b = Halsrahmen, c = Gleitkette, d = Selbstfanganbindung, e = Selbstfanghalsrahmen, f = wie e, gestrichelte Linie = geöffneter Zustand.

Der *Halsrahmen* besteht aus zwei Holmen, zwischen denen der Hals des angebundenen Tieres auf- und niedergleiten kann (Abb. 57b). Sie sind unten gelenkig miteinander verbunden und meist mit ein paar Kettengliedern im Boden verankert. Oben ist entweder eine Verbindung angebracht, die zum Freilassen der Tiere gelöst werden kann. Beide Holme sind dabei über eine gemeinsame Kette mit dem Traggerüst verbunden. Im anderen Fall ist jeder Holm für sich am Traggerüst angelenkt. Bei der ersten Lösung bildet der Halsrahmen eine leicht vom Traggerüst lösbare Einheit, die auch durch eine Grabnerkette ersetzt werden kann. Dies ist im zweiten Falle nicht ohne weiteres möglich. Auch verändert sich hier beim Drehen um die vertikale Achse die lichte Weite des Rahmens, wenn die oberen Anlenkpunkte beider Holme nicht auf einer Drehachse liegen. Dagegen ist bei diesen Konstruktionen im allgemeinen das Freilassen und Einfangen von Tiergruppen möglich.

Die Anhängpunkte sind bei Halsrahmen nur ausnahmsweise in der Längsachse des Standes verstellbar.

Eine Variante der Halsrahmenanbindung ist mit in sich gelenkigen oder mit gekröpften Halsrahmen ausgestattet. Auch kommt es vor, daß Teile des festen Rahmens durch Ketten ersetzt werden. Dadurch wird diese ursprünglich sehr steife Anbindevorrichtung für das Tier wesentlich angenehmer.

Sie eignet sich, sofern das Einfangen und Freilassen von Gruppen möglich ist, besonders gut für Weidehaltung. Der Einsatz in einstreulosen Ställen ist nur bedingt möglich. Vielmehr empfiehlt sich die Verwendung von Einstreu, weil man mit dieser Anbindevorrichtung die Standlänge nur schwer an die Tiergröße anpassen kann. Bei Haltungsverfahren ohne Einstreu sollten Schieberoste verwendet werden.

Auch der Halsrahmen ist verhältnismäßig stark verbreitet.

Die *Gleitkettenanbindung* besteht aus zwei Senkrechtketten, die zwischen der oberen Tragvorrichtung und zwei Bodenankern nahe der seitlichen Standbegrenzung gespannt sind (Abb. 57c). Im geöffneten Zustand sind die Ketten einmal überkreuzt so daß der Hals des den Stand betretenden Tieres in den Winkel über dem Kreuzungspunkt geführt wird. Zum Verschließen der Anbindung wird der Bügel, an dem beide Ketten oben befestigt sind, um 180° gedreht. Dadurch werden beide Ketten über dem Tier nochmals verschlungen, so daß der Hals des Tieres in einer vertikal verschiebbaren Schlinge geführt wird. Der Bewegungsbereich der Tiere wird durch einen einfachen Nackenriegel eingestellt. Da über eine Zahnstange mehrere Stände zugleich geöffnet oder verschlossen werden können, ist diese Anbindevorrichtung für den Weidebetrieb geeignet. Sie kann auch bei ganzjähriger Stallhaltung eingesetzt werden, da sie für die Tiere ausreichend bequem ist. Schwierigkeiten ergeben sich unter Umständen dadurch, daß bei zu lockerem Sitz der Ketten die Tiere ihren Kopf aus der Schlinge ziehen und sich befreien können.

Anbindevorrichtungen mit Selbstfangeinrichtung gestatten das Einfangen von Tiergruppen. Mit handbetätigten Anbindevorrichtungen läßt sich diese Aufgabe in der Praxis nur schwer durchführen, da selten alle Tiere zugleich in der richtigen Position stehen. Meist ist dafür eine Hilfsperson erforderlich, die die Tiere in die Anbindevorrichtungen treibt. Abhilfe sollen Anbindevorrichtungen schaffen, die das Tier selbständig einfangen, sobald es den Stand betritt. Hierfür gibt es mehrere Lösungen, die von der Grabnerkette abgeleitet oder aus dem Halsrahmen entstanden sind.

Ein Beispiel für eine aus der Grabnerkette abgeleitete Selbstfanganbindung zeigt Abb. 57d. An einem Seil aus Kunstfasern gleitet ein U-Bügel, der auf dem Hals des Tieres aufliegt. Zum Freilassen der Tiere wird er nach oben gezogen. Hat das Tier den Stand verlassen, so senkt man den Bügel ab, bis sein einer, etwas ausgestellter Schenkel sich auf einer Auflage abstützt. Betritt das Tier den Stand, so drückt es den Bügel von dieser Auflage herunter. Er gleitet daraufhin auf seinen Hals und fängt das Tier wieder ein.

Abb. 57 zeigt auch eine aus einem Halsrahmen abgeleitete Selbstfanganbindung. Der bewegliche Schenkel des Halsrahmens ist hier über den unteren Drehpunkt hinaus U-förmig gebogen. In geschlossenem Zustand ist das Tier in einem herkömmlichen Halsrahmen eingefangen, der verlängerte Schenkel des beweglichen Bügels deckt sich mit dem festen Schenkel. Bei Öffnen des Halsrahmens schwenkt die Verlängerung des beweglichen Bügels in den unteren Freiraum des Halsrahmens ein. Betritt das Tier von neuem den Stand und drückt mit seinem Hals nach unten, was durch Futter in der Krippe erreicht werden kann, so schiebt es die Verlängerung des beweglichen Bügels beiseite, so daß die Anbindung geschlossen wird und in diesem Zustand einrastet.

Bei einem anderen Selbstfanghalsrahmen (Abb. 57e) sind die oberen Drehpunkte jeweils an einem seitlich nach hinten ausschwenkbaren Arm befestigt, der nahe des Anlenkpunktes des Holmes mit einer Fangöse ausgestattet ist. Diese liegt im geschlossenen Zustand über einem Haken am drehbaren Oberrohr der Standkonstruktion. Zum Öffnen wird das Oberrohr so verdreht, daß der Haken zum Tier hin geschwenkt wird und den Halsrahmen freigibt. Solange das Tier nicht im Stand ist, hält Federkraft beide Holme in geöffneter Stellung. Das eintretende Tier drückt beide Holme in die Stellung „Anbindung geschlossen", wobei die beiden Fangösen in den inzwischen wieder zurückgedrehten Haken einrasten.

Die Gruppe der *Horizontalanbindungen* umfaßt folgende Bauarten (Abb. 58):

136 Haltung

1. Anbindevorrichtungen, die mit Halsbügeln an Ketten oder ausschließlich mit Ketten ausgerüstet und in der Höhe beweglich an den seitlichen Standbegrenzungen befestigt sind.
Die Typen, bei denen ausschließlich Ketten verwendet werden, gewähren den Tieren sehr viel Bewegungsraum. Sie müssen daher im allgemeinen durch Trimmvorrichtungen ergänzt werden. Anbindevorrichtungen mit Halsbügeln dagegen können so eingestellt werden, daß Trimmvorrichtungen entbehrlich sind.

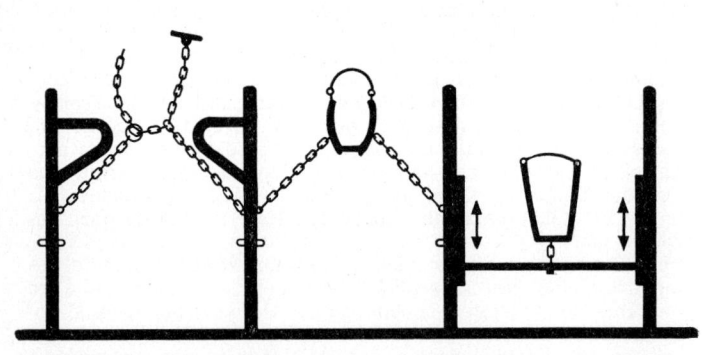

Abb. 58: Horizontalanbindungen, a = nur Ketten, b = Halsbügel und Kette, c = Gleitschwengel.

2. Anbindevorrichtungen mit Halsbügeln und Ketten, die an den seitlichen Standabtrennungen unbeweglich befestigt sind. Die Gleitbahnen für die vertikale Beweglichkeit befinden sich in diesen Fällen am Halsbügel. Trimmvorrichtungen sind nicht erforderlich.
3. Anbindevorrichtungen mit Halsbügeln oder Ketten und daran befestigter Querstange, die vertikal beweglich an den seitlichen Standabtrennungen angebracht ist (sogenannte Gleitschwengel). Diese heute seltener eingesetzte Anbindevorrichtung benötigt keine Trimmvorrichtung.

Alle aufgeführten Horizontalanbindungen eignen sich für die ganzjährige Stallhaltung, weniger jedoch für die Weidehaltung, wenn die Tiere im Stall gemolken werden, da das Freilassen und Anbinden der Tiere in der Regel nur einzeln oder höchstens paarweise erfolgen kann. Bei entsprechend sorgfältiger Anpassung der Anbindevorrichtung an Standlänge und Tiergröße können diese Enirichtungen in der einstreulosen Haltung angesetzt werden.

Liegebereich

Trimmvorrichtungen

Trimmvorrichtungen werden bei Anbindevorrichtungen mit wenig genauer Fixierung der Tiere ergänzend eingesetzt, um Haltungsschäden, Standverschmutzung und Futterverderben, die durch eine ungenügende Steuerung der Tiere auf den Ständen ausgelöst werden können, zu vermeiden. In Sperr- oder Fangboxenställen sowie in Kombibuchten erfüllen sie die Steuerungsfunktion der dort nicht vorhandenen Anbindevorrichtung. Es gibt verschiedene Bauarten (Abb. 59).

Der *gerade Nackenriegel* besteht aus einer Querstange, die in Nackenhöhe des Tieres zwischen die seitlichen Standabtrennungen eingespannt wird. Diese Vorrichtung soll das Tier daran hindern, zu weit nach vorne zu treten. Eine seitliche Führung der Tiere ist damit nicht möglich. Der gerade Nackenriegel wird auch in Liegeboxen verwendet.

Der *gekröpfte Nackenriegel* ist im Prinzip genauso aufgebaut wie der gerade Nackenriegel, jedoch wird die Querstange seitlich tiefer angebracht und für die zum Stehen notwendige Höhe über der Standmitte nach oben ausgebogen. Diese Anordnung bewirkt eine sehr genaue Stellung der Tiere sowohl nach vorne als auch nach der Seite.

Schulterstützen bestehen aus zwei Rundbügeln, die an den seitlichen Standabtrennungen angebracht werden. Ihre Höhe muß auf das Buggelenk des Tieres eingestellt werden. Beim Stehen befindet sich der Hals des Tieres zwischen beiden Bügeln, beim Liegen beschränken sie die Bewegungsfreiheit des Tieres nicht. Wie der gekröpfte Nackenriegel steuern sie die Bewegung der Tiere nach vorne und nach der Seite. Einzelne Hersteller verbinden die beiden Bügel oben, so daß sie dem gekröpften Nackenriegel auch im Aussehen nahekommen. Die Anforderungen an die mechanische Belastbarkeit des Standgerüstes sind in diesen Fällen geringer als wenn die Verbindung der beiden Bügel fehlt.

Das *Nackenhorn* gleicht dem gekröpften Nackenriegel. Im einfachsten Fall besteht es aus zwei nach oben gekrümmten Rohrstücken, die an den seitlichen Standabtrennungen befestigt sind und durch ein Zwischenstück miteinander verbunden werden. Um die Anordnung stabiler zu machen, wird vielfach auch das Zwischenstück von einer Standseite zur anderen geführt. Auch Nackenhörner bewirken neben einer Begrenzung nach vorne eine seitliche Führung der Tiere. Da die Kröpfung jedoch meist nicht so ausgeprägt ist wie beim gekröpften Nackenriegel und der seitliche Ansatz höher ist als bei den Schulterstützen, sind letztere Vorrichtungen in der seitlichen Begrenzung oft wirksamer als Nackenhörner.

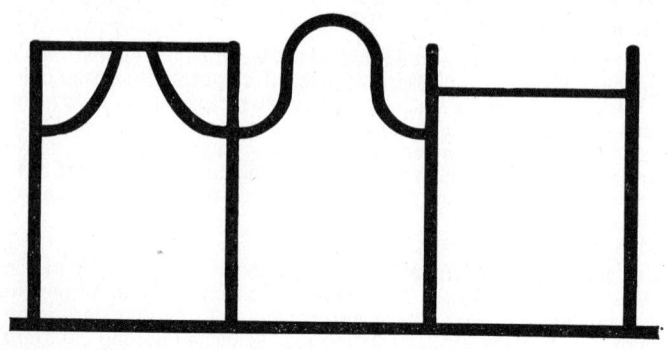

Abb. 59: Trimmvorrichtungen.

Seitliche Standabtrennungen

In Anbindeställen mit Kurzständen werden im allgemeinen nach je zwei Ständen, manchmal auch nach jedem Stand, seitliche Standabtrennungen eingebaut. Diese Vorrichtungen sollen einerseits verhindern, daß die Tiere sich querstellen und damit den Nachbarplatz beanspruchen und verunreinigen, zum anderen dienen sie auch zum Versteifen des Traggerüstets für die Anbindevorrichtung. Sie bestehen in der Regel aus einem rechtwinklig mit weitem Bogen abgewinkelten Rohr, das in einer Höhe von ca. 90 cm am Traggerüst der Anbindevorrichtung angeschweißt oder mit Laschen angeschraubt ist. Das andere Rohrende wird in den Stallboden mit 60 bis 80 cm Abstand von der Krippenkante einbetoniert. Dieser Abstand sichert eine ausreichende Wirksamkeit der Vorrichtung, ohne daß sich die Tiere im Bereich der Hinterhand verletzen können, wie das bei weiter zurückgesetzten Abtrennungen der Fall wäre.

Solche Trennwände können den Tierarzt bei seiner Behandlung behindern und zu Verletzungen durch Einklemmen führen.

Verschlüsse von Sperrboxen

Abwandlungen des Anbindestalles, wie Freßliegeboxenställe sowie Sperrboxen- oder Fangboxenställe, bedienen sich bei der technischen Gestaltung des Standplatzes einerseits Elemente des Anbindestalles, nämlich der vorderen Standabgrenzung und der Krippe, und andererseits des Laufstalles, nämlich der seitlichen Trennwände, an welche die gleichen Anforderungen wie in Liegeboxenställen gestellt werden. Während Freßliegeboxenställe die Tiere weder vorne noch hinten festhalten, sind für Sperrboxenställe die hinter dem Tier angebrachten Boxenverschlüsse kennzeichnend. Folgende Bauarten sind in Gebrauch:

Quer vorgehängte Ketten oder Seile sind die einfachsten Verschlußbauarten. Das Öffnen und Verschließen erfolgt von Hand. Die seitlichen Trennwände müssen so lang sein wie die erforderliche Standlänge.

Quer hinter die Box gelegte Stangen entsprechen zunächst der vorher genannten Bauart, auch hinsichtlich der Länge der seitlichen Trennwände. Die Querstangen können jedoch auf pneumatischem Wege durch Fernsteuerung geöffnet und durch ein Ventil, welches an der vorderen Standabgrenzung angebracht ist und von den Tieren bei Betreten der Box bedient wird, ohne Handarbeit verschlossen werden. Diese Ausstattung des Sperrboxenstalles wird auch als Fangboxenstall bezeichnet.

U-Bügel, die nach oben geklappt werden können, gehören zu den ersten bei Sperrboxen angewandten Verschlüssen. Sie werden von Hand oder durch Seilzug betätigt. Bei Seilzugbetätigung können Tiergruppen freigelassen oder eingefangen werden. Die Trennwand braucht bei dieser Verschlußbauart nur bis zum Anlenkpunkt des Bügels nach hinten gezogen zu werden.

Die *Verschlußwippe* (cow-trap Abb. 60) stellt im Prinzip einen U-Bügel dar, der zu einem Rahmen ergänzt wurde. Im Drehpunkt ist er nach oben abgewinkelt. Dadurch kommt eine „Wippe" zustande, die in geschlossenem und in geöffnetem Zustand zwei stabile Positionen aufweist. Das Öffnen kann von Hand oder durch Seilzug erfolgen. Das Verschließen besorgen die Tiere selbst, indem sie beim Betreten des Standes den auf der seitlichen Standabtrennung aufliegenden vorderen Teil des Bügels anheben. Dadurch wird die Wippe aus ihrer stabilen offenen Lage gebracht und kippt in die stabile Verschlossen-Stellung.

Trennwände von Liegeboxen

Die Liegeplätze in Laufställen und anderen Ställen, in denen sich die Tiere wenigstens zeitweise frei bewegen können, müssen bequem gestaltet sein, damit die Tiere gerne aufsuchen. Dies gilt nicht nur für die Liegefläche selbst, sondern auch für die Trennwände zwischen den Einzelliegeplätzen.

Die Trennwand soll die Tiere wirksam voneinander trennen, jedoch die Übersicht nicht behindern. Außerdem soll sie soviel Bewegungsraum bieten, daß auch den älteren und schwereren Tieren das Aufstehen und Hinlegen nicht unnötig erschwert wird.

Trennwände in Liegeboxen können aus Holz oder Stahlrohr hergestellt werden. Ihre Höhe beträgt 1,10 m bis 1,20 m, gemessen von der Oberkante Einstreu oder Liegefläche. Damit die Tiere beim Stehen den Kopf nicht durch die Abtrennungen stecken, sind Zwischenriegel erforderlich. Diese sind mindestens 45 cm über der Oberkante Einstreu oder Liegefläche anzubringen, damit die Tiere beim Liegen ihre Beine seitlich ausstrecken können. Der Abstand zu den weiteren Sprossen beträgt entweder weniger als 20 cm

140 Haltung

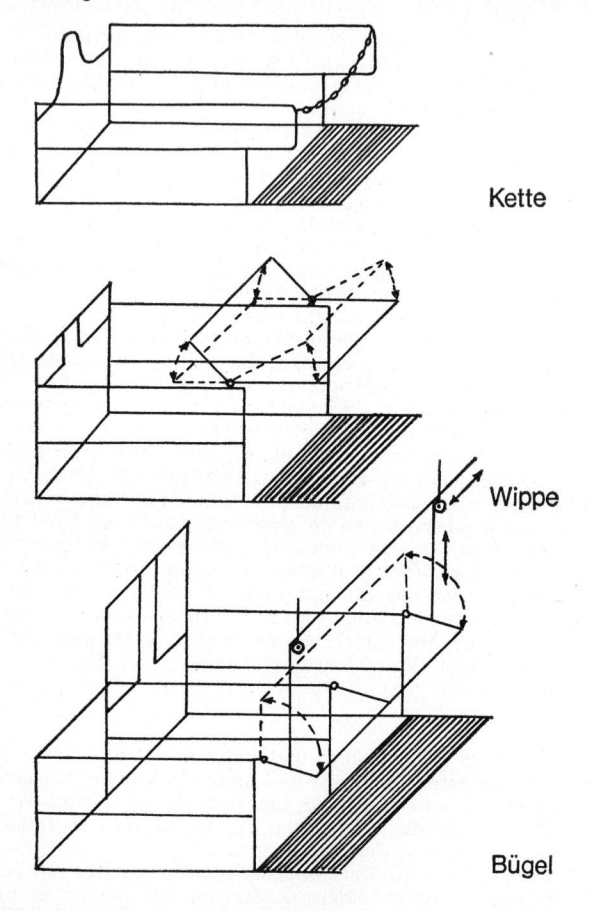

Kette

Wippe

Bügel

Abb. 60: Verschlüsse von Sperrboxen.

oder mehr als 45 cm, damit die Tiere ihren Kopf nicht einklemmen können. Aus dem gleichen Grund dürfen Trennwände, die nicht an der Wand befestigt sind, entweder nicht mehr als 10 cm oder nicht unter 45 cm Zwischenraum zur Wand aufweisen.
Trennwände werden in verschiedenen Ausführungen (Abb. 61) angeboten; sie können aber auch im Selbstbau erstellt werden.

Trennwände von Sperr- oder Fangboxen haben hinsichtlich der Bodenfreiheit die gleichen Anforderungen wie die Trennwände in Liegeboxen zu erfüllen. Im Unterschied zu diesen gibt es jedoch keine besonderen Auflagen für den Kopfraum, da sich die Köpfe der Tiere wie im Kurzstand über der Krippe befinden. Die Trennwand ist aus dem gleichen Grund meistens um 50 bis 70 cm kürzer und die hinteren Stützen sind sogar noch weiter nach vorne gesetzt, so daß sie mitunter nicht weiter als 50 bis 60 cm hinter dem Krippensockel stehen. Die Oberkante der Abtrennung wird dagegen entsprechend dem Boxenverschluß oft bis zur äußeren Seite des Kotrostes vorgezogen. In solchen Fällen wird meist noch eine weitere Stütze angebracht, um die Stabilität der Trennwand zu erhöhen.

Keinesfalls darf eine Stütze im Bereich der Kante der festen Standfläche vorgesehen werden, weil diese zu Verletzungen am Hüftbein der Kühe führen würde. Dies ist besonders beim Selbstbau von Trennwänden zu beachten.

Die Trennwände von Kombibuchten- oder Freßboxenställen brauchen nicht weit nach hinten gezogen zu werden. Hier reichen die Abmessungen aus, wie sie für seitliche Standabgrenzungen in Anbindeställen oder für Trennwände in Sperrboxenställen mit nach vorne zu klappenden Bügeln genannt wurden, also etwa 1,00 bis 1,20 m an der Oberkante. Hinsichtlich der Freiräume gilt das Gleiche wie für die übrigen Trennwände.

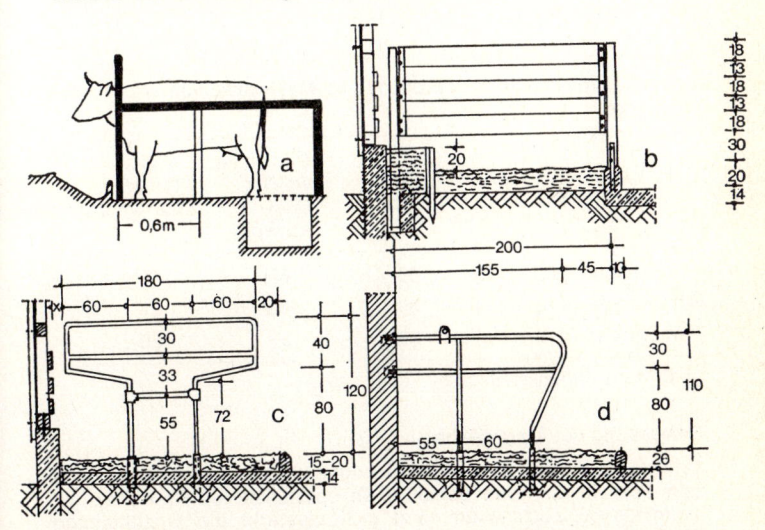

Abb. 61: Verschiedene Möglichkeiten für Sperrboxen-Trennwände.

Schwein

Abmessungen der Tiere

Widerristhöhe, Rumpflänge und Rumpfbreite werden als für die Haltung wichtige Maße betrachtet.

Tab. 39. Durchschnittswerte für Körpergewicht und -maße bei Zuchtschweinen der Deutschen Landrasse (90% Anteil in der BRD)

	Ferkel	Zucht-Läufer	Jung-sauen	Sauen bis 3 Jhr.	Sauen über 3 Jhr.	Eber bis 2 Jhr.	Eber über 2 Jhr.
Gewicht (kg)	15	80	175	250	300	250	350
Widerristhöhe a) (cm)	18	58	78	83	88	88	91
Rumpflänge a) (cm)	50	80	110	120	126	129	129
Rumpfbreite a) (cm)	10	25	35	38	40	38	42

a) Erläuterungen s. S. 102

Tab. 40. Durchschnittswerte bei 110-kg-Mastschweinen verschiedener Rassen

		Deutsche Landrasse	Deutsches weißes Edelschwein	Angler Sattel-Schwein
Widerristhöhe (cm)	a)	68	67	66
Rumpflänge (cm)	a)	89	90	87
Rumpfbreite (cm)	a)	28	29	29

a) Erläuterungen s. S. 102

Bemessung der Liegefläche

Je nach Bestandsgröße und Trächtigkeitsgrad werden Sauen einzeln oder in Gruppen gehalten. In spezialisierten Betrieben mit mehr als 50 Zuchtsauen setzt sich verstärkt die Einzelhaltung durch. Sie erleichtert die individuelle Betreuung der Muttertiere.

Die Produktionserfolge werden nach den bisherigen Erfahrungen verbessert, gleichzeitig der Arbeitsaufwand je Tier vermindert. Mit verringerter Tierzahl je Bucht steigt jedoch der bauliche Aufwand. Die Jungtiere werden vor der Zuchtreife im allgemeinen in Gruppenbuchten gehalten.
Zum Abferkeln werden die Sauen in das Abferkelabteil bzw. den Abferkelstall umgetrieben. Dort werden sie in einer Zwangsbucht mit seitlichem Erdrückungsschutz untergebracht. Nach 5 bis 7 Wochen werden Muttersau und Ferkel getrennt. Vorzuziehen ist, daß das Muttertier abgesetzt und wieder in den Sauenstall zurückgeführt wird. Die Ferkel verbleiben in der Bucht, was sie vor weiterem Streß verschont und sich günstig auf ihre Fortentwicklung auswirkt.
Zuchteber sollten in der Nähe der Stallungen für nichttragende Sauen untergebracht werden. Zuchteber werden einzeln gehalten. In Mastbetrieben mit eigener Ferkelproduktion kann bei entsprechender Anlage der Abferkel-Aufzuchtabteile ein Vormaststall entfallen. Die Jungtiere werden gleich in den Maststall umgetrieben. Bei Mastbetrieben ohne eigene Ferkelproduktion werden die Jungtiere im Vormaststall auf das Mastanfangsgewicht herangefüttert. In Betrieben mit großen Bestandszahlen empfiehlt es sich, die Zukaufferkel zur Sicherung des Mastbestandes ein Quarantäneabteil durchlaufen zu lassen.
Mastschweine werden im Vormast- wie im Maststall und wenn erforderlich auch im Quarantänestall ausschließlich in Gruppen gehalten. Für kranke oder verletzte Tiere sollten separate Pflegebuchten vorgesehen werden.
Bei ganzjähriger Stallhaltung dient die gleiche Fläche als Liege- bzw. Stand- und Lauffläche, anders ist es bei Haltungsformen mit Ausläufen im Freien.
Die Liegefläche muß so bemessen werden, daß den Tieren ausreichend Platz für ein ungehindertes Abliegen und Aufstehen verbleibt. Bei Gruppenhaltung wird zusätzliche Fläche für die freie Bewegung und gegebenenfalls für den Zugang zum Freßplatz, zur Tränke und zum Mistplatz angeboten.
Die Bemessung der Liegefläche muß tiergerecht sein und darf nicht zu gesundheitlichen Schäden bei den Tieren führen.

Einzelbuchten für tragende und güste Sauen

Kastenstände sind vierseitig umschlossen und weisen eine zusätzliche Sicherung über dem Kasten gegen das Herausspringen auf. Die Sau wird auf eng begrenzter Fläche frei gehalten (Abb. 62).
Es gibt verschiedene Bauarten:
1. Planbefestigte Kastenstände (Entmistung: von Hand oder mit Oberflurentmistungsgerät);
2. Kastenstände mit Teilspaltboden (Entmistung: Treibmist, Stauverfahren oder Unterflurentmistung).

Statt Teilspaltenböden können auch Gußroste und perforierte Böden verwendet werden. Bei diesen ist die volle Funktion gewährleistet, wenn Silage und Grünfutter auf 1,5 cm exakt gehäckselt werden und das Futter nicht zu rohfaserreich ist. Bei einer Kombination mit der Weidehaltung ist der hintere Abschluß des Kastenstandes so anzuordnen, daß eine Öffnung vom Futtergang aus möglich ist. So können Kastenstände während der Weidezeit als Einzelfreßstände dienen, während sie im Winter voll genutzt werden.

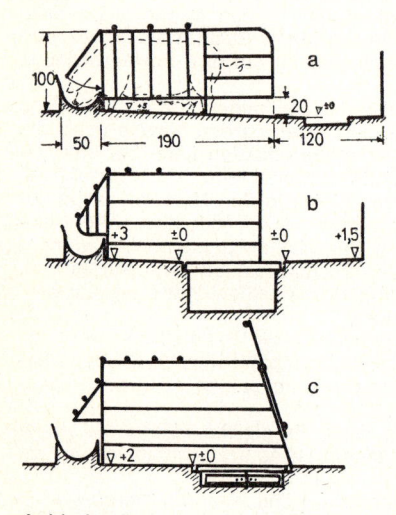

Abb. 62: Sauenkastenstand
a = mit Festmist,
b = mit Spaltenboden,
c = mit Spaltenboden und Faltenschieber;
Standbreite jeweils 0,65 m.

Anbindestände haben seitliche Abgrenzungen von etwa 0,65 bis 1,0 m Länge (Abb. 63). Die Sau wird durch Hals- oder Schulteranbindung auf dem Stand fixiert. Ein Ausbrechen nach vorn oder

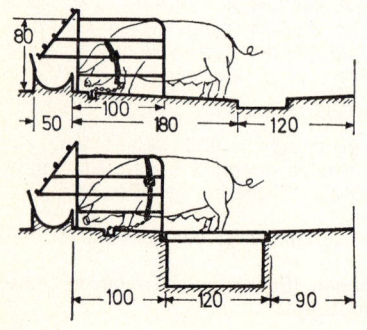

Abb. 63:
Sauenanbindestand mit Nackengurt und mit Schultergurt.

nach hinten wird dadurch verhindert. Junge Sauen sollten während der ersten Tage in einem Eingewöhnungsstand gehalten werden. Dieser ist mit einem zusätzlichen längenverstellbaren Bügel ausgerüstet, der verhindert, daß ein angebundenes Tier, welches versucht, die Anbindung abzustreifen, nach hinten drängt und sich dabei verletzt. Anbindestände können wie Kastenstände mit planbefestigtem Boden oder Teilspaltenboden kombiniert werden.

Gruppenbuchten für tragende und güste Sauen

In Kombibuchten (Abb. 64a) werden Einzelfreßstände und Kastenstände kombiniert. Sie werden nur während der Freßzeit geschlossen. Sonst können sie von den Sauen jederzeit verlassen werden. 6–8 Kombibuchten sind zu einer Gruppe zusammengefaßt, wobei die Gruppen im Mistgang durch ein bewegliches Gatter voneinander getrennt werden. Gleiche Maße werden bei hochklappbaren Standabtrennungen verwendet.
Dreiflächenbuchten mit Einzelfreßständen (Abb. 64b) bestehen aus Einzelfreßständen mit Mistgang und einer anschließenden Liegefläche. Sie eignen sich gut zum Einbau in Altgebäude.
Bei Tieflaufställen mit Einzelfreßständen (Abb. 65a) ist die Liege-

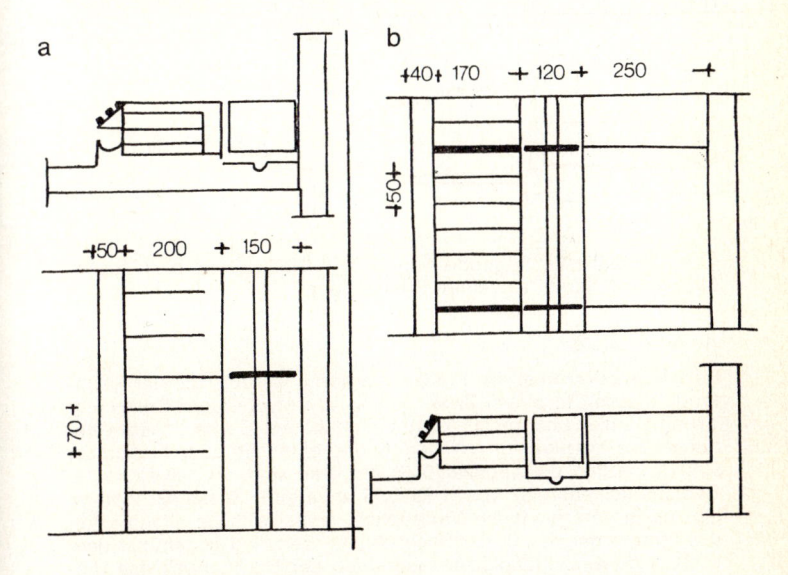

Abb. 64: Ställe für tragende Sauen; a = Gruppenbuchten, b = Dreiflächenbuchten mit Einzelfreßständen.

146 Haltung

fläche durch 25–30 cm hohe Stufen vom Futterplatz getrennt, was bei einer kostensparenden Ausnutzung von Altgebäuden zweckmäßig sein kann. Der hohe Arbeitsaufwand für die Einstreu kann durch breitflächig arbeitende Oberflurentmistungsgeräte hinter dem Futterplatz reduziert werden.

Bei Sauenhütten mit Einzelfreßständen (Abb. 65b) dienen die Hütten den Sauen als Liegefläche und werden eingestreut. Sie sind mit einem etwa 1,50 m breiten Mistplatz verbunden, der über ein Schlupfloch zu erreichen ist.

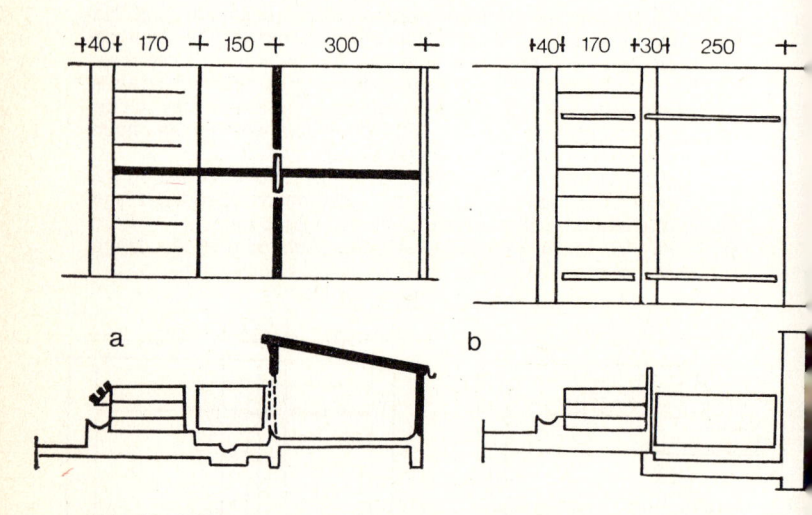

Abb. 65: Ställe für tragende Sauen; a = Tieflaufstall, b = Sauenhütten; jeweils mit einzelnen Freßständen.

Abferkelbuchten

Bei Abferkelbuchten in Kastenstandform werden die ferkelführenden Sauen in einem Zwangsstand von etwa 65 cm Breite eingeengt. Links und rechts davon stehen den Ferkeln Ausweichräume zur Verfügung, von denen der eine mit dem Ferkelnest 90–100 cm und der andere 40–50 cm breit sind, so daß sich eine Gesamtbuchtenbreite von 1,95–2,15 m ergibt. Diese Grundform gibt es in verschiedenen Variationen, wobei sich im allgemeinen das Füttern der Sau in der Bucht durchgesetzt hat gegenüber dem Füttern an Einzelfreßplätzen außerhalb der Bucht. Auch das Umstallen von einer Abferkel- in eine Aufzuchtbucht ist kaum noch üblich.

Da sich die Abferkeltermine nicht immer gleichmäßig verteilen lassen, sollte die Anzahl der Buchten bei einer Belegungszeit von 60 Tagen (3 Tage Eingewöhnung, 42 Tage Säugezeit, 10 Tage Anfütterungszeit der Ferkel nach dem Absetzen, 5 Tage Reinigungs- und Desinfektionszeit bis zum Neubelegen) mindestens 40% der insgesamt vorhandenen Muttertiere betragen. Dieser Richtwert kann bei Beständen über 50 Zuchtsauen verkleinert und muß bei unter 50 Zuchtsauen eher etwas vergrößert werden. Durch Frühabsetzen der Ferkel mit etwa 28 Tagen kann die Zahl der Abferkelbuchten auf die Hälfte verringert werden.
Es empfiehlt sich, den Abferkel-Aufzuchtstall in mehrere räumlich voneinander getrennte Hygieneeinheiten mit maximal 30 Buchten zu unterteilen.
Folgende Formen der Abferkel-Aufzuchtbucht sind üblich:
Die Abferkel-Aufzuchtbucht mit Füttern der Sau in der Bucht, wo von Hand entmistet wird (Abb. 66a). Bei Entmisten über dem Futtergang kann auf den hinteren Treibgang verzichtet werden.
In der Abferkel-Aufzuchtbucht mit Mistgang und Füttern der Sau in der Bucht (Abb. 66b) kann der Sauenbereich durch Ausschwenken des Trenngitters vergrößert werden (nach 14 Tagen Säugezeit). Sau und Ferkel haben dann freien Zugang zum Mistgang. Mechanische Entmistung ist möglich. Das gleiche wird erreicht, wenn die Abgrenzung des Abferkelkäfigs zum Mistgang herausgenommen wird.
Die Abferkel-Aufzuchtbucht als Mehrzweckbucht mit Mistgang zeichnet sich dadurch aus, daß man die Trenngitter für die Sau schrägstellen und hierbei Buchtentiefe einsparen kann (Abb. 67a). Durchgehende Tröge und herausnehmbare Trenngitter erlauben es, die Bucht auch als Mastbucht zu verwenden.
In *Abferkelbucht mit eingebautem Trog und angebundenen Sauen* (Abb. 67b) wird die Sau während der ganzen Säugezeit in einem durch den Schutzbügel eingegrenzten Bereich angebunden gehalten. Der Schutzbügel ist hochklappbar, z. B. zum Entmisten oder Reinigen der Bucht. Das Anbinden erfolgt mit Halskette oder Schultergurt. Bei angebundenen Sauen kann der Erdrückungsschutz nach hinten offen gehalten werden, wodurch das Ausmisten erleichtert wird.
Die Trenngitter der ersten drei Formen von Abferkelbuchten sind seiten- und höhenverstellbar oder auch fest montiert. Die untere Stange, welche je nach Größe der Sau 26–30 cm Bodenfreiheit haben muß, kann mit senkrechten Abweisbügeln ausgerüstet sein, wobei auch eine größere Bodenfreiheit möglich wird. Bewährt haben sich hochklappbare Trennbügel.

Mastbuchten

Bei den Mastbuchten unterscheidet man 4 Grundformen, die insbesondere in der Anordnung und Ausbildung des Mistplatzes

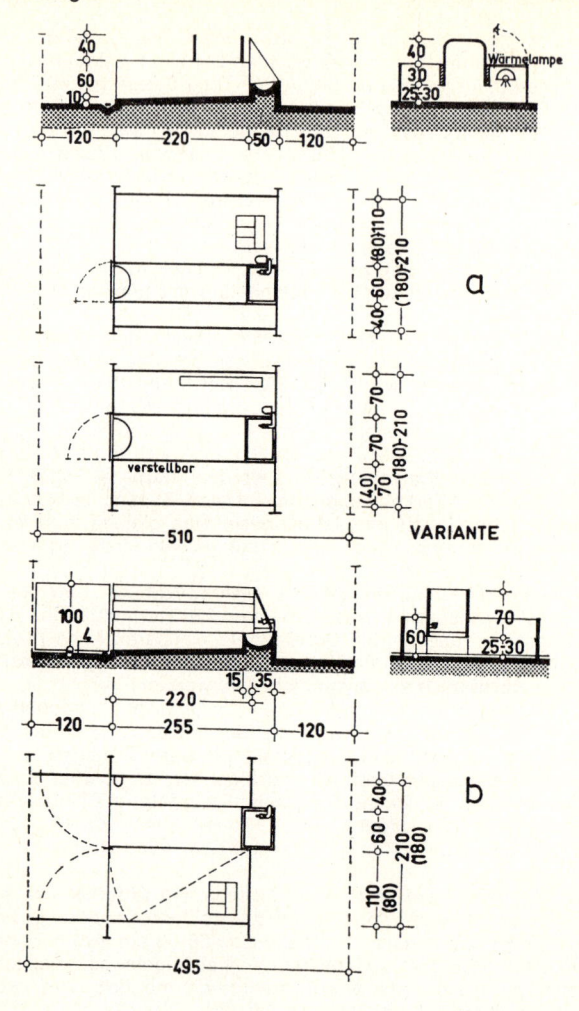

Abb. 66: Abferkel-Aufzuchtbucht; a = mit Fütterung der Sau in der Bucht, b = mit Mistgang und Fütterung der Sau in der Bucht.

Sauentränke-Trog

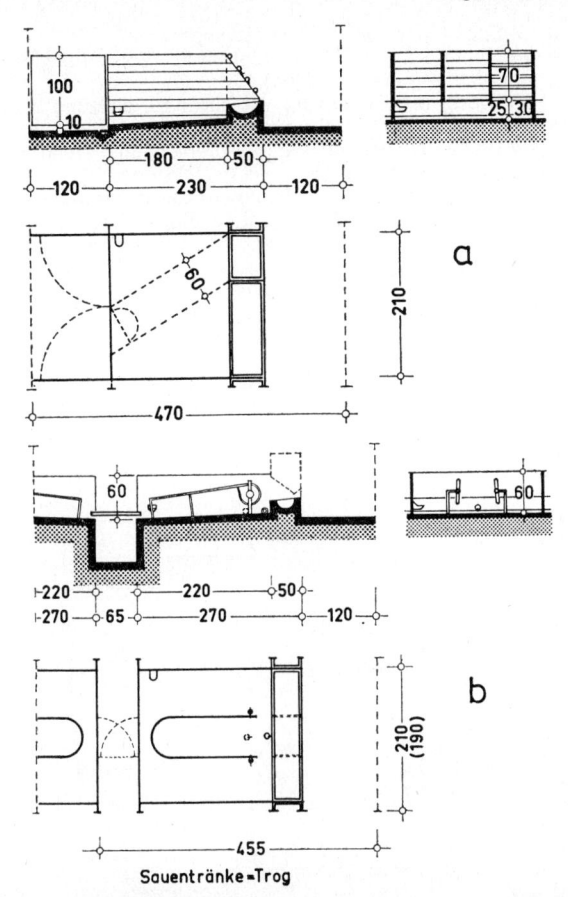

Abb. 67: Abferkelbucht mit eingebautem Trog; a = mit schräg gestelltem Trenngitter, b = mit Sauenschutzbügel.

variieren. Die Entscheidung, welche Mastbuchtart gewählt wird, ist vor allem abhängig
  vom Gebäude (Neubau oder Ausbau vorhandener Gebäude)
  von der Bestandsgröße
  von der Futterart und der Futterzuteilung
  von der Entmistung

vom AK-Besatz und der Mechanisierungsstufe
von der Organisation des Mastbetriebes (Einstallungsgewicht, Ferkelbeschaffung, Vermarktung).
Die *Tiefstallbucht* (Abb. 68a) wird vor allem zur Nutzung alter Gebäude verwendet. Ihre Vorteile sind:
Billigste Umbaulösung (nur Freßplatzbefestigung, keine Wärmedämmung des Liegeplatzes)
warmer Liegeplatz durch die Mistmatratze, daher gute Voraussetzungen für Absatzferkel und Vormasttiere, relativ geringe Ansprüche an Stalltemperaturen
tägliches Entmisten entfällt
Haltung in großen Gruppen möglich.
Die Nachteile sind:
hoher Strohbedarf
hoher Liegeplatzbedarf
kein vollmechanischer Arbeitsablauf möglich.
Bei mechanischer Entmistung (Abb. 68b) der Freßplatte kann der Einstreuaufwand vermindert werden.

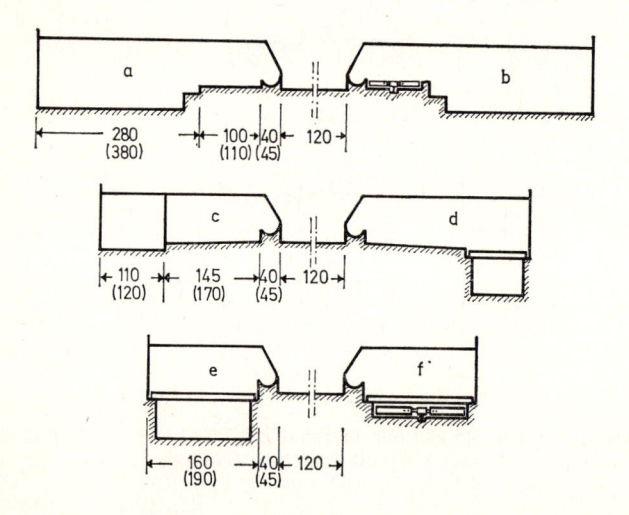

Abb. 68: Mastbuchten; a = Tiefstall, b = Tiefstall mit mechanischen Entmistungsgeräten, c = dänische Aufstallung mit außenliegenden Mistgängen und mittlerem Futtergang, d = dänische Aufstallung mit Teilspaltenboden, e = Stall mit Ganzspaltenboden, f = Stall mit Ganzspaltenboden und mechanischen Entmistungsgeräten.

Liegebereich

Die *Dänische Aufstallungsbucht* (Abb. 68c) wird ebenfalls zur Nutzung alter Gebäude verwendet. Sie ist gekennzeichnet durch die klare Trennung zwischen dem Liegeplatz, der gleichzeitig Freßplatz ist, und dem abgesetzten Mistplatz. Während des Entmistens werden die Schweine mit Hilfe einer über dem Mistgang angebrachten schwenkbaren Türe vom Mistgang ausgeschlossen, so daß von Hand, mit handgeführtem Seilzugschieber oder einem mobilen Entmistungsgerät und ohne Behinderung durch die Schweine entmistet werden kann.

Der relativ hohe Raumbedarf von etwa 1 qm je Mastschwein in der Endmastphase kann durch mehrmaliges Umbuchten und Abstimmen der Buchtentiefe auf die Tiergröße reduziert werden. Von Nachteil ist dabei der Umbuchtstreß und die schwierige mechanische Zuteilung von zwei Futtermischungen, weil sich kleine und große Buchten gegenüberliegen. Variationsformen der Dänischen Aufstallung sind:

Bucht mit Außenmistplatz. Diese ist nur bei sehr geringer Stallbreite sinnvoll und hat den Nachteil, daß im Winter durch den zum Außenmistplatz führenden Verbindungsgang Kälte in den Stall eindringt.

Bucht ohne Schwenktüren mit feststehenden Buchtenabtrennungen über dem Mistgang. Diese Buchten können nur mit vollmechanisch arbeitenden Flachschiebern entmistet werden, wobei eine entsprechende Bodenfreiheit unter der Abtrennung erforderlich ist. Die Schweine werden über den Futtergang herein- und herausgetrieben.

Bei der *Teilspaltenbodenbucht* (Abb. 68d) besteht der Mistgang aus einem Teilspaltenboden mit Balkenbreiten von 12,5 bzw. 15,0 cm und 2,5–3,0 cm breiten Spalten. Die Abmessungen sind wie bei der Dänischen Bucht. Die Aufstallung sollte erst bei einem Anfangsgewicht von 25–30 kg beginnen.

Die Teilspaltenbodenbucht ist die derzeit gebräuchlichste Buchtenform. Sie kann strohlos oder mit geringer Einstreu bewirtschaftet werden. Das Kot-Harngemisch wird unter dem Teilspaltenboden in einem Kanal gesammelt und meistens im Stau- oder Treibmistverfahren den Außengruben zugeführt oder auch direkt entnommen. Zunehmende Verbreitung findet die Unterflurentmistung, wobei der Teilspaltenboden z. T. höher als die Liegefläche verlegt wird und mit etwa 5 cm Abstand unter dem Teilspaltenboden ein vollmechanisch arbeitender Flachschieber eingesetzt wird.

Die *Vollspaltenbodenbucht* faßt (Abb. 68e) die Funktionsbereiche „Liegen" und „Entmisten" in der ganzen Bucht zusammen. Sie erfordert den geringsten Raumbedarf, stellt aber auch die höchsten Ansprüche an das Stallklima. Die Einstellung sollte erst bei einem Anfangsgewicht von 30 kg beginnen.

Man unterscheidet zwischen der Dunglagerung im Stall, welche stallklimatische Schwierigkeiten verursachen kann, und der Unter-

flurentmistung (Abb. 68f) und Flüssigmistlagerung außerhalb des Stalles, die zwar die höchsten Kosten erfordert, aber stallklimatisch günstiger ist.
Wird auf die Trogfütterung am Futtergang verzichtet und die Fütterung in Trögen zwischen den Buchtenabtrennungen oder in den Buchten durchgeführt (z. B. mit Automatenfütterung oder mit Bodenfütterung bei punkt- oder bandförmiger Ablage), kann die sogenannte „Langbucht" mit einer größeren Buchtentiefe (215 cm bei Anfangsmast, 315 cm bei Endmast) und einer geringeren Breite, 180–220 cm, gewählt werden. Ihre Vorteile sind die geringeren Futter- und Mistgangwege und die günstigeren Gebäudeabmessungen. Die Langbucht gewinnt im Hinblick auf die dosierte Automatenfütterung und eine zukünftige ad-libitum-Fütterung zunehmend an Bedeutung.

Beschaffenheit der Liegefläche

Grundsätzlich gelten auch beim Schwein die auf den Seiten 122 ff. genannten Anforderungen an die Liegefläche hinsichtlich ihrer mechanischen, thermischen und hygienischen Eigenschaften. Besondere Bedeutung hat in der Schweinehaltung die Wärmedämmung des Stallbodens im Bereich der Liegefläche. Die Schweine haben kein Fell und damit keine körpereigene Wärmedämmung, zumal der Fettanteil beim modernen Fleischschwein gering ist. Daher darf der Fußboden nur wenig Wärme entziehen (Dämmschicht).
Bei Ferkeln ist eine Zusatzheizung erforderlich.
Gegenüber Rindern liegt die Flächenbelastung etwa 30% niedriger, die Punktbelastung durch die Klauen ist mit 2,5 bis 3,0 kp/cm^2 nur wenig geringer. Insgesamt kann von denselben mechanischen Beanspruchungen ausgegangen werden. Scharfkantige Stellen im Fußboden verursachen Schädigungen der Haut.
Infolge des geringeren Flächendruckes stellen die Schweine auch keine höheren Anforderungen an die Weichheit der Liegefläche; spezielle Beläge, wie Gummi oder Kunststoff, müssen jedoch so verlegt sein, daß sie den Schweinen keine Angriffspunkte zum Benagen bieten.

Schaf

Abmessungen der Tiere

Die Körpermaße der Schafe streuen individuell genauso stark wie bei den anderen Tierarten, deutliche Rassenunterschiede treten hinzu.
Auch hier können die angegebenen Körpermaße nur Richtwerte für die technische und bauliche Bemessung sein. Bei der überwie-

Tab. 41. Durchschnittliche Werte für Körperabmessungen bei Schafen verschiedener Rassen

Rasse	Gewicht des ausgewachs. Tieres kg		Widerristhöhe cm		Rumpflänge cm		Beckenbreite cm	
	♂	♀	♂	♀	♂	♀	♂	♀ a)
Merinolandschaf	128,6	96,9	83,3	77,7	96,1	85,3	29,1	26,2
Schwarzköpfiges Fleischschaf	130,1	85,1	74,3	67,8	98,9	82,3	35,8	30,2
Weißköpfiges Fleischschaf	120,3	81,7	78,9	72,1	91,6	82,9	33,4	30,6
Texelschaf	104,8	74,2	77,1	69,3	87,4	80,2	24,7	22,9
Milchschaf	105,6	80,2	83,3	75,3	95,5	86,0	23,6	22,9
Rhönschaf	91,7	65,6	77,0	68,2	92,0	78,5	21,7	20,8
Allgemeiner Durchschnitt	—	—	79,7	72,6	92,8	83,1	28,2	22,5

a) ♂ = männliche Tiere (Böcke); ♀ = weibliche Tiere
Quelle: Spitzentiere auf der 50. DLG-Ausstellung, Frankfurt 1968.

genden Gruppen- oder Herdenhaltung der Schafe werden außerdem kaum Bemessungen für das Einzeltier benötigt.
Die Bemessung der Liegeflächen, der Anforderungen des Schafes an diese und die technischen Einrichtungen im Liegebereich werden der Eigenart der Schafhaltung entsprechend im Abschnitt Laufbereich (s. Seite 166 ff.) abgehandelt.

Geflügel

Bemessung der Fläche je Tier

In der Legehennenhaltung hat sich die Käfighaltung als rationellste Form erwiesen und allgemein durchgesetzt. Der Käfig muß so gestaltet sein, daß die Tiere sich darin ausreichend wohlfühlen und somit die Voraussetzungen für hohe Leistungen gegeben sind. Die Besatzstärke sollte mindestens 500 bis 600 cm^2 pro Henne betragen, wobei in einem Käfig 2 bis 5 Hennen, in den meisten Fällen aber 3 Hennen, gehalten werden. Die Trogbreite beträgt mindestens 10 cm, besser 12 bis 15 cm, pro Tier.

Tab. 42. Raumbedarf in der Geflügelhaltung

Tierart	Haltungsform	Besatzdichte Tiere je m²	Raumbearf a) m³ je 10 Tiere
Küken bis 16 Wochen	Bodenhaltung	8–10	2,45
Legehennen	Bodenhaltung	4– 6	4,40
Legehennen	Käfighaltung b)	14–22	1,15
Masttiere bis 1200 g Endgewicht	Bodenhaltung	15	1,85
Masttiere bis 1500 g Endgewicht	Bodenhaltung	12	2,20

a) Raumhöhe 2,20 m
b) 3 bis 4 Tiere je Käfig

Beschaffenheit des Bodens

Der Bodendraht von Käfigen sollte je nach Drahtqualität zwischen 2 und 2,5 mm stark sein. Das Bodengitter muß elastisch sein. Ein dickerer Draht federt zu wenig und verursacht mehr Knickeier, ein dünnerer Draht biegt sich zu sehr durch und ist für die Tiere unbequem. Das Gefälle des Bodengitters liegt bei etwa 7 bis 9°, damit die Eier einwandfrei abrollen können.
Die Hähnchenmast erfolgt im allgemeinen noch auf eingestreutem Tiefstall. Zur Erleichterung des Ausmistens und der Stalldesinfektion wird der Boden befestigt.

Technische Einrichtungen

Sie bestehen aus:
  Fütterungs- und Tränkvorrichtungen
  Vorrichtungen zum Eiersammeln
  Entmistungsvorrichtungen.
Die technischen Einrichtungen der Käfighaltung sind sehr stark an die Bauarten gebunden. Man unterscheidet die drei Grundbauarten (Abb. 69)
  Stufenkäfiganlagen
  Etagenkäfiganlagen
  Flat-Deck-Käfiganlagen.
Bei den Stufenkäfiganlagen sind die Käfigreihen etagenweise zwei- oder dreistufig zueinander versetzt angeordnet, wobei die oberen Käfigreihen von Vier- und Sechsfachkäfigen mit dem Rücken aneinanderstoßen. Bei Zweifach-Stufenkäfiganlagen, die

Liegebereich 155

praktisch halbe Vierfach-Käfiganlagen darstellen, stützt sich die obere Käfigreihe an der Stallwand ab. Die Hauptmerkmale sind, daß

    der Raum unter jeder Käfigreihe zur Kotablage frei ist

    die Futtertröge zueinander versetzt liegen und nicht in der Senkrechten, was die mechanische Futterzuführung etwas erschwert

    der Raumbedarf relativ groß ist.

Bei den Etagenkäfiganlagen, wo bis vier Etagen übereinandergestellt werden können, stoßen in jeder Etage zwei Käfigreihen mit der Rückseite aneinander. Das bedeutet

    eine günstigere Anordnung der Futtertröge (senkrecht übereinander)

    eine Kotauffangvorrichtung unter jeder Etage

    eine günstigere Ausnutzung des Stallraumes.

Bei der Flat-Deck-Käfiganlage liegen alle Käfigreihen in einer Ebene. Zur besseren Raumausnutzung werden meistens vier Käfigreihen nebeneinander angeordnet. Das bedeutet

    den Zwang zur vollmechanischen Futterzuteilung und Eiersammlung

    eine günstige Mechanisierung, da alles in einer Ebene liegt,

    einen freien Kotabfall unter den Käfigen.

Stufenkäfiganlage   Flat-Deck-Käfiganlage

Etagenkäfiganlage   Huckepackanlage

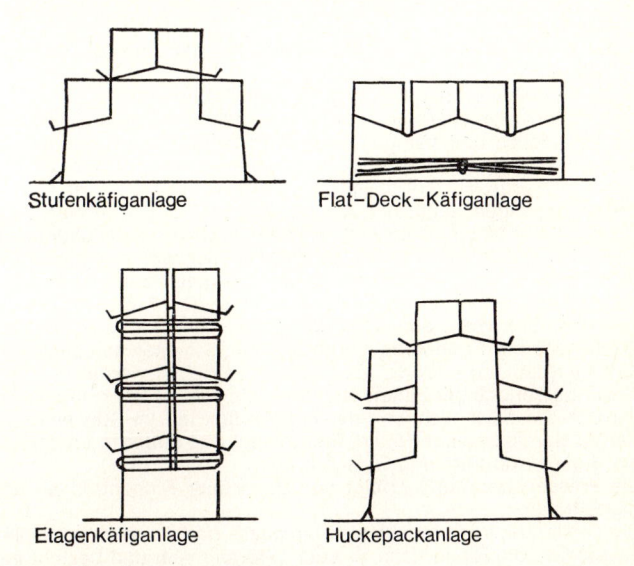

Abb. 69: Geflügelkäfiganlagen.

Bei Zwischenformen, beispielsweise bei Kompaktanlage und ähnlichen, stoßen nur die oberen Käfigreihen mit der Rückseite aneinander. Die anderen Etagen sind aber so angeordnet, daß sie mehr oder weniger von den oberen Etagen überdeckt werden, so daß nur bei den Käfigen der obersten und der untersten Reihe in jedem Fall ein freier Kotabfall auf den Boden gewährleistet ist, unter den anderen Etagen aber der Kot aufgefangen und irgendwie zur Kotgrabenmitte hin abgelegt werden muß. Das geschieht durch Handschieber oder mechanische Schieber, die auch mit einem Futterwagen gekoppelt sein können, zum Teil auch durch schräggestellte Kotabfangbleche, die verhindern, daß der Kot auf die unten liegenden Käfige fällt. Die Kriterien dieser Anlagen sind:
Der Kot kann auf den Auffangbrettern unter den Käfigreihen, d. h. im hohen Temperatur- und Lüftungsbereich, schnell abtrocknen und später im Kotgraben unter den Käfigen bei lockerer Lagerung noch weiter trocknen (Trockenkotgewinnung).
Der Raumbedarf ist geringer als bei Stufenkäfiganlagen.
Durch die günstigere Anordnung der Futtertröge wird die Mechanisierung der Fütterung erleichtert.

Fütterungs- und Tränkevorrichtungen

Die Fütterung kann erfolgen
von Hand
mit dem Futterwagen (auf Schienen in der Anlage oder freilaufend)
mit einer Futterkette direkt oder über Fallrohre.
Das Füttern von Hand ist nur bei Stufenkäfigen ohne Schwierigkeiten möglich und nur bei kleinen Beständen üblich. Wichtig ist die gleichmäßige Futterverteilung. Gefüttert wird täglich einmal, bei zweitägigem Füttern steigen die Futterverluste stark an.
Der Futterwagen kann, mit Ausnahme der Flat-Deck-Anlage, bei allen Käfiganlagen eingesetzt werden. Freilaufende Futterwagen (Abb. 70) werden von Hand geschoben oder von einem Elektromotor über Batterie angetrieben. Für den gleichmäßigen Abstand zur Käfiganlage sorgt eine Führungsschiene. Der Futterwagen wird aus dem Silo von Hand, über die Futterschnecke oder über ein Förderrohr mit Futterkette beschickt. Auf Schienen laufende Futterwagen können auch vollautomatisch betrieben werden.
Die Futtervorlage mit Futterkette oder über ein Fallrohr unterscheidet sich technisch nicht von der Futterzuführung im Schweinestall. Bei Verwendung einer Futterkette gelangt das Futter in Langtröge, bei der Fallrohrfütterung in Rundtröge.
Die Wasserversorgung erfolgt vor allem über Rinnentränken und Nippeltränken.
Die Rinnentränken werden als Durchlauf- und Schwimmertränken eingesetzt. Die Rinne kann V- oder U-förmig sein und besteht aus Stahl-, glasemailliertem Material oder aus Kunststoff. Die Nippel

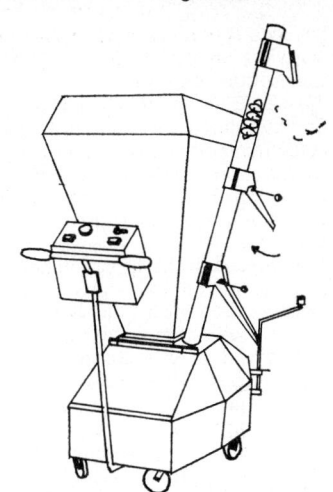

Abb. 70: Freilaufender Futterwagen mit Batterieantrieb.

bestehen aus nichtrostendem Stahl oder aus Kunststoff. Für je 4 bis 5 Hennen sollte ein Nippel vorhanden sein. Es ist zweckmäßig, die Nippel so anzubringen, daß von jedem Käfig aus zwei Nippel erreichbar sind für den Fall, daß ein Nippel ausfällt. Als weitere Tränken sind Hart-Cup-Tränken aus PVC auf dem Markt, eine Miniaturausgabe der Schwimmertränkebecken bei Großvieh. Es gibt auch Tränkeschalen, in deren Mitte sich ein vom Tier zu betätigender Nippel befindet. Zu beachten ist:

Die sichere Versorgung mit frischem, sauberem Wasser ist eine wichtige Voraussetzung für gute Leistungen.

Bei Trockenkotverfahren vermeide man, daß Wasser mit Kot in Berührung kommt. Bei Nippeltränken empfehlen sich Auffangrinnen. Soll mit Flüssigkot gearbeitet werden, kann das Tränkwasser erwünscht sein, weil bei diesem Verfahren etwa 50% Wasserzusatz zum Kot notwendig ist.

Vorrichtungen zum Eiersammeln

Das Eiersammeln ist eine der Hauptarbeiten bei der Legehennenhaltung. An jede technische Lösung sind folgende Forderungen zu stellen:

Sauberkeit der Eier
Vermeidung von Knickeiern
hohe Arbeitsleistung bei bequemer Körperhaltung.

Das Verschmutzen der Eier wird vor allem dadurch vermieden, daß die Eier möglichst oft, mindestens einmal täglich, entnommen und die Eiersammelrinnen entstaubt werden. Letzteres kann durch besondere Bürsten, die z. B. am Kotabstreiferwagen oder am Futterwagen angebracht sind, in einem Arbeitsgang mit anderen Arbeiten durchgeführt werden.

Für das Eiersammeln von Hand ist es wichtig, daß die Eier in den Sammelrinnen bequem zu erreichen sind, was z. B. bei der obersten Sammelrinne von Vier-Etagen-Käfigen nicht der Fall ist. Die Eier werden in Körbe oder in Höckerpappen gesammelt und auf einem von Hand geschobenen Eiersammelwagen (auch auf Hängebahnen) mitgeführt (durchschnittliche Leistung: 2500 Eier/Stunde und AK).

Das mechanische Eiersammeln geschieht mit Hilfe eines Eiersammelbandes (meistens gewebtes Juteband) in der Eierrinne, welches die Eier an die Stirnseite der Ablage befördert. Hier können sie von Sammeltischen aufgenommen oder über ein Querförderband zu den Sortier- und Verpackungseinrichtungen befördert werden. Flat-Deck-Käfiganlagen bieten den Vorteil, daß alle Eier in einer Ebene liegen und das Sammelband die Eier von je zwei Käfigreihen aufnehmen kann. Bei Etagenkäfigen wird das Sammelband in einer Etage installiert und die Eier aus den anderen Etagen von Hand auf dieses Band gelegt. Soll auch diese Handarbeit eingespart werden, müssen die Eier an der Stirnseite des Stalles auf eine Ebene gebracht werden. Das kann mit einem Elevator geschehen. Oder es wird mit einer Sammelkette gearbeitet, die so konstruiert ist, daß ein Rutschen oder Rollen der Eier weitgehend ausgeschlossen wird. Über die Kette können die Eier schräg nach oben oder unten oder auch in Bögen bis auf die Ebene des Transportbandes zur Sortieranlage gefördert werden. Auslaufende beschädigte Eier verschmutzen die anderen Eier beim Band eher als bei der Kette. Der Eiinhalt kann in der Kette durch die Glieder ablaufen.

Entmistungseinrichtungen

Die Koträumung in der Geflügelhaltung muß infolge der zunehmenden Konzentration der Bestände als umweltverträgliche Kotbeseitigung geplant werden (s. Kapitel „Dungbehandlung und -beseitigung und Umweltschutz", Seite 226). Es besteht ein Zusammenhang zwischen der Koträumung, der Käfigbauart und der Dungbeseitigung. Zu unterscheiden sind:
Trockenkotverfahren – Flüssigkotverfahren
Kotlagerung im Stall – Kotlagerung außerhalb des Stalles.
Bei Einrichtung einer Hühnerhaltung muß man sich für das eine oder das andere Verfahren entscheiden; denn die Zwischenform, der lavaartig verfließende Kot, ist am schwierigsten zu handhaben und bringt auch die größten Probleme der Umweltgefährdung mit sich. Fällt die Entscheidung für ein Trockenkotverfahren, so muß man alle Möglichkeiten ausnutzen, die Abtrocknung des Kotes zu fördern; z. B. muß man das Spritzwasser so auffangen, daß es

nicht mit dem Kot in Berührung kommt. Bei Flüssigmistverfahren ist eine Wasserzugabe in Höhe von etwa 50% des Frischkotes erforderlich, um das Mischen, Pumpen und Ausbringen zu erleichtern. Hier kann dem Kot also Spritzwasser zugegeben werden.
Zum Trockenkotverfahren gehört im allgemeinen die Kotlagerung im Stall und die Stufenkäfiganlage, besser noch die Kompakt- oder Huckepackanlage, bei der schon eine gewisse Vortrocknung des Kotes auf den Kotbrettern unter den Käfigen erfolgt. Flüssigkotverfahren sind vor allem bei Etagenkäfigen üblich, weil hier täglich entmistet und der Kot außerhalb des Stalles in Gruben gelagert wird. Eine Ausnahme sind die „21-Tage-Batterie" und andere Etagenkäfiganlagen, wo der Kot unter jeder Etage längere Zeit liegenbleibt und beim Entmisten gleich auf den Transportwagen kommt. Die Flüssigmistlagerung in Gräben unter den Käfigen ist möglich und selbst als Treibmistanlage funktionsfähig, aus stallhygienischen Gründen aber nicht empfehlenswert, es sei denn, daß der Flüssigmist innerhalb des Stalles im Oxydationsgraben behandelt wird, wie es in den USA zum Teil üblich ist.

Die Koträumung zwischen den Etagen
Es wurde schon bei der Beschreibung der Grundbauarten andeutungsweise auf den Ort des Kotanfalles hingewiesen. Die Koträumung zwischen den Etagen wird dann notwendig, wenn der Kot nicht direkt in eine Kotgrube oder ebenerdig auf den Boden fallen kann. Es lassen sich bei der Koträumung zwischen den Etagen zwei Grundsysteme unterscheiden, und zwar die Kotbandentmistung und die Kotschieberentmistung.

Die Kotbandentmistung
Die Kotbandentmistung ist nur für Etagenkäfige geeignet, wo die Rückwände der Käfigreihen unmittelbar zusammenstehen, so daß der Kot unter jeder Etage geräumt werden muß. Der Kot wird gleich aus dem Stall entfernt, was auch für das Stallklima vorteilhaft ist.
Bei der Kotbandentmistung finden wir entweder ein sich aufrollendes Kotband, das unmittelbar nach der Koträumung zurückgedreht werden muß, oder ein endloses Kotband, auch „Rundumkotband" genannt. Abstreichbleche am Ende der Batterie sorgen dafür, daß der Kot auf die Kotquerförderung gelangt. Ein Hersteller bietet eine Kotbandwaschanlage an. Bei großen Anlagen ist für jede Anlagenreihe ein zentraler Antriebsmotor vorhanden. In kleineren Betrieben hilft man sich mit einer Handkurbel oder mit einem Aufsteckmotor. Wie häufig der Kot bei solchen Anlagen geräumt werden muß, ist von dem Zwischenraum zwischen Kotband und dem darüberliegenden Käfigboden sowie von der Festigkeit des Kotbandes abhängig. Diese begrenzt auch die Anlagenlänge. Das Kotband besteht meist aus Gewebe mit Kunststoffbeschichtung oder aus reinem Kunststoff.

160 Haltung

Eine Variante des Kotbandes ist der aufrollbare Maschendraht, auf dem ein Spezialpapier ausgebreitet wird, das den anfallenden Kot aufnimmt, die Feuchtigkeit aufsaugt und dadurch die Kotkonsistenz günstig beeinflußt.

Die Kotschieberentmistung

Für Etagenkäfiganlagen, bei denen die Käfigrückwände unmittelbar zusammenstehen, setzt man in jeder Etage ungeteilte Kotschieber ein. Es können in jeder Etage mehrere Kotschieber am Zugseil bzw. an der Zugkette laufen. Bei einigen Anlagen ist der Kotboden wannenförmig ausgebildet, wodurch aber die natürliche Kottrocknung etwas behindert wird. Die Kotlagerzeit hängt im wesentlichen vom Abstand zwischen Kotplatte und Käfigboden ab, bei kontinuierlicher Räumung auch von der Anzahl der Schieber, der Festigkeit des Zugseiles bzw. der Zugkette und der Stärke des Antriebes. Es ist im Interesse der Haltbarkeit darauf zu achten, daß Kette oder Seil nicht zu sehr verschmutzen oder reiben. Beim schrittweisen Verfahren lassen sich die Längen der Räumetappen der Menge des angefallenen Kotes anpassen.

Der Kotboden zwischen den Etagen besteht aus verzinktem Stahlblech, Asbestzementplatten, Glasplatten oder Drahtglas. Zur Querförderung des Kotes werden bei Etagenkäfigen – sowohl bei der Kotband- als auch bei der Kotschieberentmistung – entweder Kotband, Kotschnecke, Schubstangen- oder Kettenentmistung benutzt.

In kleineren Käfiganlagen, bei denen der Kot zur Mitte hin in eine Kotgrube oder auf den Stallboden abgestreift werden muß, kann diese Arbeit mit einem Handschieber erledigt werden. Es werden auch besondere Kotabstreifer eingesetzt. Der Kotabstreifer kann separat oder in Verbindung mit einem Futterwagen arbeiten. Die eigentliche Koträumung geschieht dann unter der Anlage.

Die Koträumung unter der Anlage

Bei Anlagen, die genügend Bewegungsfreiheit lassen, kann der Kot von Hand unter der Anlage weggeräumt werden. In größeren Einheiten wird man die Maschinenarbeit vorziehen und Kotschlitten oder Kotschieber einsetzen. Kotschlitten (Abb. 71) fördern den über längere Zeit angesammelten Kot schrittweise zur Kotförderung. Kotschieber arbeiten gewöhnlich in flachen Gruben. Die Koträumung unter der Anlage kann mit dem Abstreifen des Kotes von den Kotplatten kombiniert werden. Dies hat zur Folge, daß der Kot weniger lange im Stall lagert.

Bei den Entmistungsanlagen wird die Koträumung entweder von Hand ein- und ausgeschaltet oder über eine Schaltuhr geregelt.

Der Koträumer kann auch als Doppelseilzug auf einer fahrbaren Entmistungsrampe angebracht sein, so daß man ihn an verschiedenen Kotgruben einsetzen kann. Dazu wird am Grubenausgang eine Rampenverbindung zur fahrbaren Rampe und dem Ausgang ge-

Liegebereich 161

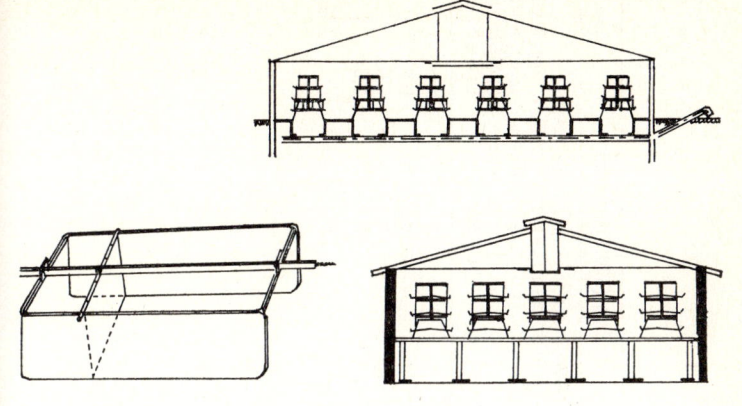

Abb. 71: Einsatz von Kotschlitten in Geflügelkäfiganlagen.

Ökonomische Daten

Tab. 43. Kapital- und Arbeitsbedarf in verschiedenen Veredlungszweigen

		Eiererzeugung	Hähnchenmast
Zahl der Tiere je Periode		—	7 000
Zahl der Tiere je Jahr		2 800	35 000
Kapitalbedarf bis zu den ersten Einnahmen			
Unterbringung			
(Stall und Geräte)	DM	105 000	105 000
je Stallplatz	DM	37	15
Aufzucht bzw. eine			
Mastperiode	DM	50 000	22 700
insgesamt	DM	155 000	127 700
Arbeitsbedarf			
AK/min je Tier u. Jahr		45	3
AK/h im Jahr		2 100	1 050

Quelle: BURCKHARDT (1968) + 50% Aufschlag bei Kosten

Tab. 44. Kapitalaufwand und Kapitalkosten bei verschiedenen Aufstallungsarten (5000 Hennen)

Bauart bzw. Haltungsform	Kapitalaufwand Stall und Geräte je Hennne DM	Verhältnis Stall zu Gerätekapital	Kapitalkosten (Amortisation, Verzinsung) je Henne und Jahr DM	je Ei in Pf bei 250 Eiern, je Anf. Henne
Einbau				
Stufenkäfige	15,— (12,— bis 18,—)	25 : 75	2,—	0,8
Bodenhaltung	21,— (17,— bis 23,—)	55 : 45	2,45	1,0
Batterie/Kompaktanl. (3—4 Hennen)	24,— (20,— bis 27,—)	25 : 75	3,20	1,3
Neubau				
Bodenhaltung	40,— (35,— bis 45,—)	65 : 35	3,80	1,5
Batterie/Kompaktanl. (3 Hennen)	45,— (40,— bis 50,—)	60 : 40	5,60	2,2
Batterie/Kompaktanl. (4 Hennen)	32,— (28,— bis 35,—)	50 : 50	3,90	1,6

Quelle: KTBL 1974

Tab. 45. Betriebswirtschaftliche Ergebnisse LWK Hannover 1966/67[a]

Hennen	Aufstal-lung[b]	Anzahl Betriebe	durch-schnittl. Bestand	Eier-leistung	Futter je Ei g	Kosten (ohne Vermarktung) ♀/Jahr/ DM	Ei/Pf
1– 999	Bo	18	630	241	189	39,02	16,3
	K/Ba	9	735	258	172	37,72	14,7
1000–1999	Bo	18	1372	242	195	39,06	15,7
	K/Ba	20	1433	250	180	38,21	15,1
2000–2999	Bo	5	2698	234	199	38,70	17,2
	K/Ba	3	2191	258	170	37,29	14,7
3000 u. mehr	Bo	4	6429	241	188	36,50	15,0
	K/Ba	11	5337	249	173	36,50	14,5

[a] danach Zahlen für Bodenhaltung kaum erfaßbar
[b] Bo = Bodenhaltung, K/Ba = Käfig-Batteriehaltung

genüber eine Umlenkrolle zur Aufnahme des Doppelseilzuges benötigt.
Soll der Kot mit dem Frontlader direkt unter den Käfigen entnommen werden, muß der Abstand vom Grubenboden bis zum untersten Käfig mindestens 2,60 m betragen (Abb. 72). Solche Ställe

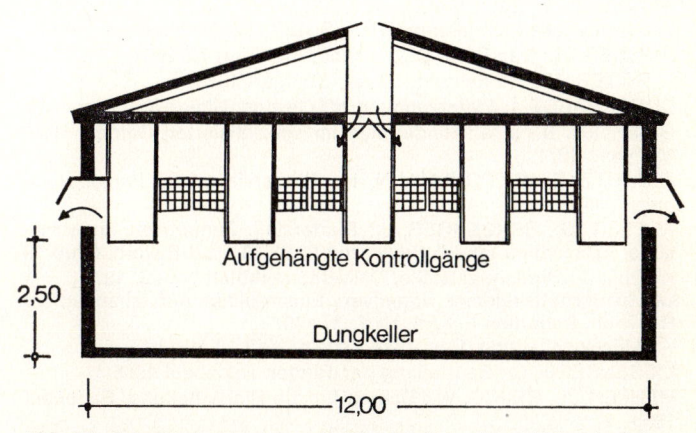

Abb. 72: Schnitt durch einen Geflügelstall in den USA mit tiefem Dungkeller unter den Käfigen. Andere Ställe sind zweistöckig, wobei der untere Stock als Dungkeller Verwendung findet.

gibt es in Amerika und England, vereinzelt auch bei uns. Vorteil: Größte Variabilität für den Ausbringungszeitpunkt.
Wenn der Kot flüssig gelagert wird, kann man entweder das Stauverfahren oder das Treibmistverfahren anwenden. Auch eine normale Schieberentmistung, die bis über eine Außengrube führt, ist möglich.

Die Antriebsstation
Meistens werden die Geräte für Kot- und Futtertransport angetrieben. Sind Futterwagenfütterung und Entmistung kombiniert, reicht ein zentraler Getriebemotor je Batteriereihe aus. Bei einigen Anlagen läßt sich der Antrieb für die Entmistung abkuppeln, so daß nur der Futterwagen in Betrieb bleibt. Sollen Koträumung und Fütterung generell getrennt erfolgen, sind zwei Motoren je Anlagenreihe erforderlich. Der Antriebsmotor kann bei der Koträumung in der Weise entlastet werden, daß bei dreietagigen Anlagen jeweils ein (oder zwei) Kotschieber leer zurückläuft, während zwei (oder ein) Kotschieber räumen. Ein Seilschutzkorb schützt vor Unfällen beim Reißen eines Seiles. Am Ort der Antriebsstation befinden sich in der Regel auch die Schwimmerbehälter, weiterhin die Futtersäule bei Kettenfütterung. Auch dient er als Abstell- beziehungsweise Halteplatz für den Futterwagen.

Literatur

BLANKEN, G., SAGEMANN, W.: Käfiganlagen und Kotbeseitigung bei der Legehennenhaltung. KTBL-Schrift 150. Frankfurt/M. 1972
BOGNER, H.: Das Rind. DLG-Verlag, Frankfurt/M. 1968
–, RITTER, H.: Tierhaltung. Ulmer, Stuttgart 1965
BURCKHARDT, I: Eiererzeugung mit Gewinn. Ulmer, Stuttgart 1968
GEISSLER, B., u. a.: Rindermast im spezialisierten Betrieb. BLV, München 1971
JEBAUTZKE, W., POHLMANN, H.: Rinderviehställe. Parey, Hamburg 1966
KOLLER, G., BOXBERGER, J.: Rinderstall, Fangboxen für Milchkühe. Arbeitsblatt landw. Bauwesen 02.03.13. ALB-Bayern, Grub 19
KRÖLL, J.: Rindermastställe. ÖKL-Baumerkblatt Nr. 26. 1972
Landwirtschaftskammer Hannover: Einstreulose Aufstallungen für Rindvieh. Baubriefe Echem, Heft 11. 1967
– : Milchviehhaltung. Baubriefe Echem, Heft 13. 1971
LIEBENBERG, O.: Beurteilung der Rinder. Radebeul 1966
MEHLER, A., HEINIG, W.: Bauten für die Rinderhaltung. Radebeul 1968
OBER, J.: Maße für Kurzstände, Liegebuchten und Mittellangstände. Arbeitsblatt landw. Bauwesen 02.02.01.02.03.02. ALB-Bayern, Grub 1967

–, KOLLER, G.: Rindviehställe – Planung, Bau, Einrichtung. BLV, München 1969
–: Stallfußböden. Ein Untersuchungs- und Erfahrungsbericht. Schriftenreihe der ABTL-NRW, Heft 11. Düsseldorf 1970
ORDOLFF, D.: Anbindevorrichtungen und Vorratsraufen für Kurzstände. ALB-KTL-Blatt Nr. 3.23. Frankfurt 1968
–: Sperrboxenställe. ALB-Informationsblatt Nr. 2. Frankfurt 1968
PIERITZ, K. D.: Kühe auf DLG-Ausstellungen. Arbeiten der DLG, Band 118. Frankfurt/M. 1968
POHLMANN, H., WAR, F.: Kurzstand. ALB-Musterblatt F.3.11. Frankfurt/M. 1966
–:Liegeboxen. ALB-Musterblatt F.3.2, F.3.19 bis F.3.21. Frankfurt/ 1967
RIST, M.: Kurzstände für Milchvieh. Bauen auf dem Lande 22, (6), 215–222, 1971
ROOTS, E., HAUPT, J., und HARTWIGK, H.: Veterinärhygiene. Parey, Berlin, 2. Aufl. 1972
SCHLICHTING, M. C.: Belastungen von Stallböden durch landw. Nutztiere, Teil I und II. Der Tierzüchter, 22 (20 und 22), 642–644 und 710–711, 1970
SEBASTIAN, D., MARTEN, J.: Funktionsmaße für den Stallbau. Entwurf zum KTBL-Musterblatt B.1.00. Frankfurt/M. 1970
WANDER, J. F., FRICKE, W.: Verhaltensuntersuchungen an Milchkühen als Planungsgrundlage für Kurzstände. Landbauforschung Völkenrode, 17 (1), 43–54, 1967
–: Einige Ansprüche der Rinder an den Stallfußboden. In: Dokumentation CIGR 1970, Band 1, Seite 13 (1–9). Gent (Belgien) 1970

Laufbereich

Rind

Ansprüche an den Laufbereich

An die Lauffläche werden grundsätzlich die gleichen Ansprüche gestellt wie an die Liegefläche. Die Schwerpunkte sind jedoch verlagert, d. h. der mechanischen Beanspruchung wird mehr Beachtung geschenkt als den thermischen Eigenschaften. Neben den Tieren beanspruchen auch die Geräte für die Mistbeseitigung und evtl. für den Futtertransport die Lauffläche: daher sind Radlasten und der zusätzliche Abrieb z. B. durch Schiebeschilde und andere flachräumende Entmistungsgeräte zu beachten.
Bei der Ausführung vor allem der offenen Laufbereiche sind auch die klimatischen Gegebenheiten zu berücksichtigen, um Schäden durch Auffrieren oder durch eindringende Nässe zu vermeiden.

Flächenbedarf bei verschiedenen Laufstallsystemen

Der Laufbereich umfaßt im Rindviehlaufstall alle Verkehrsflächen, die für den Zugang zum Liegeplatz, zum Freßplatz und zum Melkstand notwendig sind. Daraus wird ersichtlich, daß von einem Laufbereich nur in Laufställen mit getrennten Funktionsbereichen gesprochen werden kann (Mehrraumlaufstall).

Im Laufstall mit kombinierten Funktionsbereichen (Einraumlaufstall) wird nicht zwischen Liegebereich und Laufbereich unterschieden. Die Bemessung des Flächenbedarfs bezieht sich dabei auf die Gesamtstallfläche (s. Seite 118).

Laufställe mit getrennten Funktionsbereichen weisen in der einfachsten Form nur eine Trennung von Liegeplatz und Freßplatz auf. Da der Freßplatz in diesem Fall mit der Verkehrsfläche identisch ist, sollte unabhängig von der Art der Futtervorlage (rationiert am Einzelfreßplatz oder auf Vorrat) ein Bewegungsraum von mindestens 4 m^2/Tier beim Jungvieh und 6 m^2/Tier bei Kühen vorgesehen werden.

Im Laufstall mit begrenzten Einzelliegeplätzen (Liegeboxen) ist der Laufbereich gleich den einzelnen Verkehrswegen. Generelle Flächenbedarfswerte je Tier können dafür nicht angegeben werden, weil diese sich je nach Planung der Gesamtanlage und Zuordnung der Funktionsbereiche verändern und von der Bestandsgröße abhängen.

Bei der Bemessung der Verkehrsfläche sind jedoch Grenzwerte zu beachten: Für die Laufgänge zwischen den Boxenreihen sind 2,00 m bis 2,50 m vorzusehen; die Verkehrsfläche vor dem Futtertisch muß so bemessen sein, daß hinter den fressenden Tieren noch andere Tiere vorbeilaufen können, also 2,50 m bis 3.00 m (Abb. 73).

Schaf

In der Schafhaltung sind drei Funktionsbereiche zu unterscheiden:
    Stall
    Ausläufe
    Weide.

Stalleinrichtungen

Im Vordergrund stehen die Stallunterteilung und die sichere Abtrennung in Gruppen. Das Unterteilen in verschiedene Gruppen kann durch Hürden oder Raufen geschehen. Ställe mit Längsdurchfahrten sind leichter zu unterteilen. Es braucht nur noch die Stallbreite getrennt zu werden, weil die Abgrenzung durch Raufen an der Durchfahrt bereits gegeben ist. In Ställen mit Querdurchfahrt oder ohne Durchfahrt ist die Unterteilung schwieriger und die Versorgung der einzelnen Gruppen erfordert einen höheren Arbeitsaufwand.

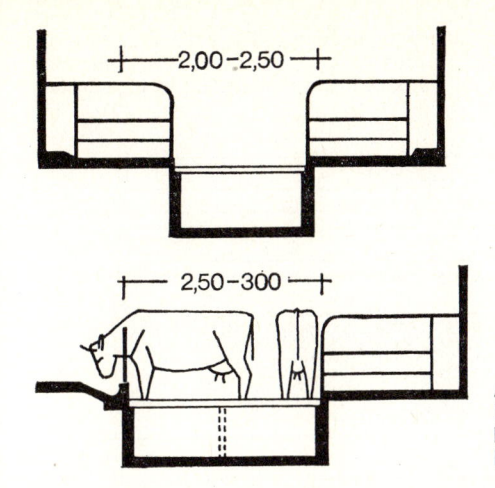

Abb. 73:
Liegeboxenlaufstall, Laufgangbreite und Freßgangbreite.

Die Hürden (Abb. 74) werden zumeist aus Holz in Latten-, seltener in Sprossen-Konstruktion hergestellt. Sie sind so auszubilden, daß Verletzungen der Tiere und grobe Schädigungen des Wollvlieses vermieden werden. Die Hürden sind im allgemeinen 4 m lang und etwa 1 m hoch (bei Lattenkonstruktionen vier- oder fünflattig). Neben den reinen Holzkonstruktionen können für Hürden auch Holzrahmen mit aufgenageltem Maschendraht oder Baustahlgewebe verwendet werden. Zwischenlängen lassen sich durch kürzere oder ausziehbare Hürden überbrücken. Zum Durchschlüpfen junger Tiere werden sogenannte Lämmerschlupfe in die Hürden eingebaut. Für Bockbuchten empfiehlt es sich, 1,30 m hohe Abtrennungen zu verwenden. Das sichere Abtrennen von Krankenbuchten im Stall kann z. B. durch doppelt gestellte Hürden mit dazwischen aufgeschichteten Strohballen, die verhindern, daß sich die kranken und gesunden Tiere berühren, erreicht werden.

Ablamm- und Ablammzwangsbuchten werden in der Ablammzeit aus kurzen, 1,25 bis 1,50 m langen Hürden aufgebaut oder aus speziellen Bausätzen zusammengestellt. Diese Buchten müssen so zu öffnen sein, daß die Tiere leicht eingetrieben werden können (Abb. 75).

Die Unterteilung durch Raufen ist in Ställen ohne Längsdurchfahrt nur dann sinnvoll, wenn diese für jeweils benachbarte Gruppen mit der gleichen Futterration beschickt werden können. Andernfalls kann eine Unterteilung durch Raufen nicht empfohlen werden.

Die Schafe werden überwiegend in Laufställen mit eingetreuten *Liege- und Laufflächen* gehalten. Dabei wächst der Miststapel, auf dem die Tiere liegen und sich bewegen, durch die tägliche Einstreu stetig an (die Höhe des Miststapels ist abhängig von der Einstreumenge, von der Lagerzeit und von der Belegungsdichte).

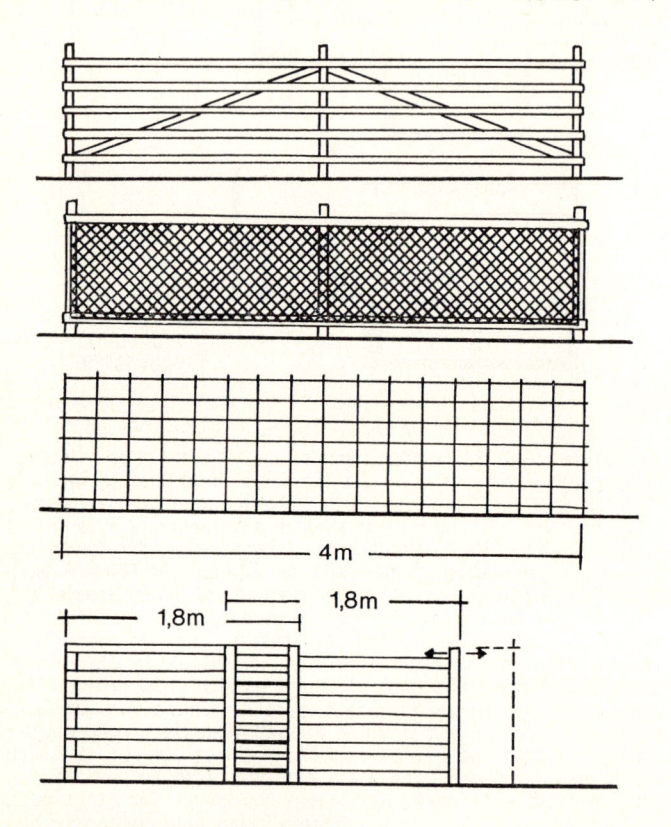

Abb. 74: Hürden für Schafpferche.

Bei der Planung muß vor allem bei Ställen mit Durchfahrten das Ansteigen des Niveaus im Liege- und Laufbereich berücksichtigt werden. Die Krippen und Raufen an den Durchfahrten müssen entsprechend höhenverstellbar sein. Krippen, die auf den ganzen Stallraum verteilt sind, müssen von Zeit zu Zeit umgestellt werden, damit der Mist gleichmäßig anwächst und die Bewegungsfläche der

Tiere eben bleibt. Die Sohle des Miststapels ist so auszuführen, daß jeder unkontrollierte Abfluß vermieden wird. Über der Liegefläche sollte bei höchstem Miststapel eine durchgehende lichte Stallhöhe von etwa 3,00 bis 3,50 m als Arbeitsraum erhalten bleiben.

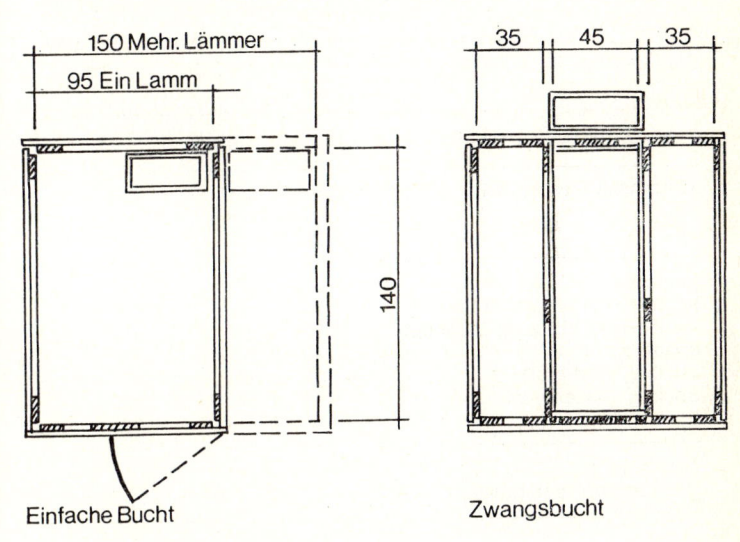

Abb. 75: Ablammbuchten.

Auf hohen Miststapeln wird die Gruppenunterteilung der Herde dadurch erleichtert, daß Stützpfähle für die Abtrennung ohne große Mühe eingeschlagen werden können. Bei harter Stapelsohle und geringer Misthöhe werden für die Abstützung besondere Hürdenstützen verwendet.
Statt in eingestreuten Laufställen können Schafe auch auf Spaltenboden gehalten werden. Diese Art der Haltung bringt eine Einsparung an Lagerraumbedarf und an Arbeitsaufwand, belastet aber den Tierplatz durch zusätzliche Kosten für den Spaltenboden. Die Ausführungen des Spaltenbodens reichen von einfachen Dachlattenkonstruktionen bis zu speziell angefertigten konischen Holzbalken. Auftrittsbreiten von 3,5 bis 4,0 cm und Spaltenbreiten von 2,0 cm scheinen besonders günstig zu sein für das Sauberhalten der Liege- und Laufflächen (Dachlatten). Es empfiehlt sich, den Spaltenboden aus Rosten zu bauen, die für das Ausbringen des

Dungs leicht und schnell entfernt werden können. Eine Lagerhöhe von ungefähr 0,80 m unter dem Spaltenboden reicht für eine etwa sechsmonatige Aufstallperiode aus. In ungünstigen Klimalagen dürfen Spaltenböden nur in wärmegedämmte Ställe eingebaut werden. Gegen schädigende Einwirkungen des Mistes sind bis zur Höhe des anfallenden Miststapels alle Gebäudeteile besonders zu schützen.

Der Bedarf an befestigten und unbefestigten Außenflächen und Ausläufen in der Schafhaltung beträgt überschlägig:

Tab. 46. Bedarf an Stallflächen in der Schafhaltung

Tiere nach Geschlecht und Alter	Liegefläche einschließlich Raufen m²/Tier	Raufenlänge m/Tier
Mutterschaf ohne Lamm	0,70 – 1,0	0,4
Mutterschaf mit einem Lamm	1,20 – 1,50	0,6
Mutterschaf mit zwei Lämmern	1,50 – 1,75	0,7
Absatzlamm	0,40 – 0,50	0,2
Jährling (Zutreter)	0,50 – 0,70	0,3
Bock in Einzelbucht	3,00 – 4,00	0,5
Bock in Sammelbucht	1,50 – 2,00	0,5
Ablammbucht je nach Zahl der Lämmer	1,50 – 1,75	

Tab. 47. Bergeraumbedarf für 150 Tage je PE[a)]

Futterart	dt		Raumgewicht kg/m³	Raumbedarf m³
Heu	1,3	geschichtet	70	1,8
		gepreßt	170	0,8
Gärfutter	7,0		700	1,0
Kraftfutter	1,7		500	0,4
Stroh	1,0	lose	45	2,2
		gepreßt	170	0,6

[a)] 1 PE (Produktionseinheit) = 1 Mutterschaf + 0,2 Jährlinge + 0,03 Bock + 1 Lamm

Tab. 48. Zweckmäßige Auslaufflächen

Art der Flächen	überschlägiger Bedarf	
	m²/Schaf	m²/Bock
Befestigte Außenfläche und Ausläufe	0,4	2,0
Unbefestigte Ausläufe	0,8 – 1,0	4,0

Ausläufe

Stallausläufe und Außenflächen dienen als Sammel- oder Warteplätze, als zusätzliche Bewegungsstätten außerhalb des Stalles oder als Flächen für bestimmte Funktionsbereiche, wie Füttern im Freien, Behandlung u. a.
Für die häufig betretenen Flächen, z. B. beim Füttern im Freien, ist eine Befestigung anzuraten, die vor allem bei feuchter Witterung den Tieren einen wirksamen Schutz gegen Klauenerkrankungen und deren Übertragung gibt. Um jedes unnötige Verschmutzen dieser Fläche zu vermeiden, sollten die befestigten Außenflächen von den unbefestigten getrennt werden.
Es ist sinnvoll, die befestigten Freiflächen mit einer Behandlungsanlage (Abb. 76) zu kombinieren und die Tiere vor dem Eintreiben in den Stall ein Klauenbad passieren zu lassen. Die Fläche hat verschiedene Funktionen, es werden die Gruppen eingeteilt, die Klauen gebadet, die Schafe gegen Außenparasiten behandelt, die Medikamente gegen Innenparasiten eingegeben oder eingespritzt und häufig auch die Schafe gewogen. In der Behandlungsanlage werden die Schafe gesammelt. Anschließend müssen sie einen Gang passieren, in dem sie gezwungen sind, hintereinander zu laufen. Dabei kann das Sortieren, Wiegen oder Behandeln vorgenommen werden. Es ist zugleich die Garantie gegeben, daß kein Tier ausgelassen wird, weil der Laufgang die einzige Verbindung zu den neuen Sammelplätzen darstellt. Die Behandlungsanlage kann im Eigenbau aus Holz hergestellt werden.

Weide

Zu den Einrichtungen für die Weidehaltung gehören vor allem Zäune, Futtertröge und eine Wasserversorgung. Wo auf die Einzäunung verzichtet wird, z. B. bei der Wanderschafhaltung oder der stationären Hüteschafhaltung, werden die Schafe nachts eingepfercht.
Die Zäune haben die Aufgabe, die Schafe auf einer bestimmten Fläche für eine bestimmte Zeit ohne Aufsicht einzugrenzen und ihnen Schutz gegen wildernde Hunde und sonstige Gefahren zu gewähren. Der Zaun muß die Flächen so lückenlos abschließen, daß die Schafe nicht durchschlüpfen, und er muß so hoch sein,

172 Haltung

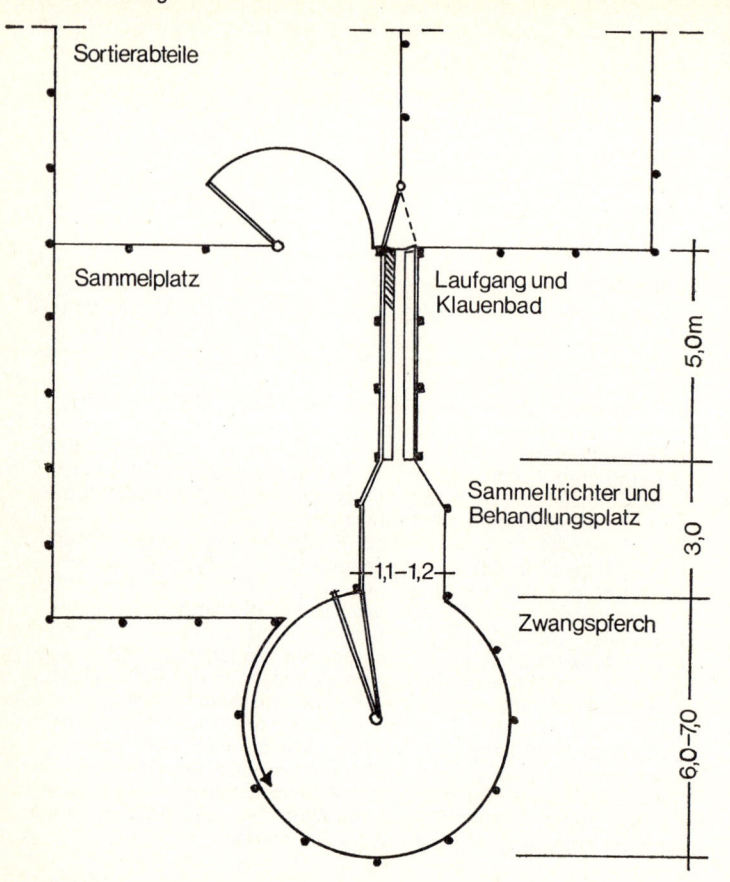

Abb. 76: Schema einer Behandlungsanlage.

Sortierabteile
Sammelplatz
Laufgang und Klauenbad
Sammeltrichter und Behandlungsplatz
Zwangspferch

5,0 m
3,0
6,0–7,0
1,1–1,2

daß sie ihn nicht überspringen können. Schließlich muß der Zaun so stabil sein, daß er weder durchbrochen, noch umgedrückt, noch übersprungen wird. Dies gilt besonders für den Pferch, in dem die Schafe auf engem Raum zusammengedrängt sind.
Als Zaunhöhe genügen 0,80 bis 0,90 m. Bei Drahtzäunen sollte der untere Draht nicht höher als 0,20 m über dem Boden angebracht sein, da die Schafe mehr zum Unterkriechen als zum Überspringen

neigen. Für Rindvieh ist eine Zaunhöhe von 1,20 bis 1,25 m erforderlich.

Verwendet werden:
  Lattenzäune (fest oder aus Hürden zusammengestellt)
  Stacheldrahtzäune
  Maschendrahtzäune
  Knotengitter
  Zäune aus glattem Draht
  Elektrozäune
  Kombinationen verschiedener Materialien und Systeme.

Bei der Koppelschafhaltung hat sich allgemein eingeführt, daß außen feste Zäune verwendet, die Unterteilungen in Koppeln aber mit Elektrozäunen vorgenommen werden. Bei kurz genutzten Ackerfutterschlägen verwendet man fast nur den Elektrozaun, der leicht zu versetzen ist. Außenumzäunungen an Verkehrsstraßen und Bahnstrecken sind besonders ausbruchsicher zu erstellen.

Beim Lattenzaun dürfen die Abstände nicht größer als bei der Schafhürde sein. Die Latten werden an der Innenseite der Koppeln an die Zaunpfähle genagelt und entweder bündig in Pfahlmitte aneinandergestoßen oder untereinander auf dem Pfahl befestigt (Abb. 77). Im ersten Fall spart man eine Pfahlbreite Lattenlänge ein, benötigt aber eine ebene Fläche zum Aufnageln, im zweiten Fall können die Latten an runde Zaunpfähle genagelt werden. Der Pfahlabstand beträgt je nach Lattenstärke 3 bis 4 m. Als Latten

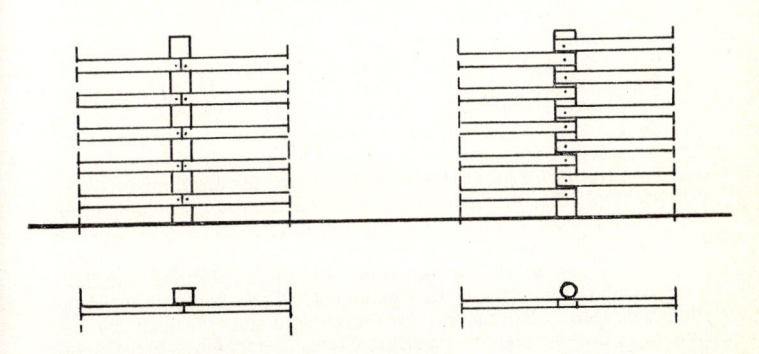

Abb. 77: Zweckmäßige Lattennagelung.

werden normalerweise aufgetrennte Rundstangen aus Nadelhölzern verwendet. Für den 0,90 m hohen Lattenzaun genügt eine Pfahllänge von 1,60 m, wobei der Pfahl 0,60 m tief eingegraben wird.

Stacheldraht eignet sich nur bedingt für Schafkoppeln, weil das

Wollvlies durch die Stacheln beschädigt wird. Am häufigsten wird er als oberster Draht verwendet.

Zäune aus Maschendraht und aus Baustahlgewebe gehören zu den sichersten, aber auch teuersten Einzäunungen.

Das Knotengitter hat sich weithin für die Einkoppelung von Schafweiden durchgesetzt, weil es relativ billig und leicht zu handhaben ist. Das Drahtknotengitter kostet ca. 0,90 bis 1,50 DM je lfdm, dazu kommt alle 4 m ein Holzpfahl, ca. 1,60 DM.

Das elektrische Knotengitter hat sich für die Unterteilung der Koppeln und zum Einpferchen der Schafe bewährt. Es wird in 50 m langen Rollen mit 13 kunststoffbeschichteten Metallpfählen geliefert, ist sehr leicht zu handhaben (50 m wiegen einschließlich Pfählen nur 4 kg) und relativ billig (50 m kosten etwa 150,– DM).

Glatte Drähte sind nicht ausbruchsicher. Sie werden daher meistens in Kombination mit anderen Einzäunungen oder als Elektrozaun verwendet.

Der Lämmerschlupf besteht aus einem Lattenzaun, bei dem die Latten senkrecht und waagrecht so zusammengenagelt sind, daß die Lücken einen Durchschlupf für die Lämmer bieten, die Mutterschafe aber zurückgehalten werden. Für Lämmer von 45 bis 50 kg genügt ein Durchschlupf mit 0,27 m Höhe und 0,23 m Breite. So können die Lämmer in den angrenzenden Koppeln vorweiden und jederzeit zum Saugen zu den Mutterschafen zurückkommen. Der Lämmerschlupf ist aus vielerlei Gründen nicht stark verbreitet und hat keine sehr große Bedeutung; insbesondere werden die Lämmer durch das Vorweiden zu Ausbrechern erzogen.

Futtertröge sind oft für Kraftfutterbeigaben, vor allem für die Lämmer und auf mageren Weiden auch für die Mutterschafe, notwendig. Das Kraftfutter darf normalerweise ausschließlich den Lämmern zugänglich sein. Sind Lämmerschlupfe vorhanden, genügen für die Lämmer hölzerne Tröge von 30 bis 40 cm Breite. Eine 30 cm darüber angebrachte Stange verhindert, daß die Lämmer in den Trog treten. Es gibt fahrbare Futtertröge mit vorgebautem Kopfdurchschlupf, die für die Mutterschafe nicht zugänglich sind. Das Kraftfutter für die Mutterschafe kann in einfachen flachen Holztrögen zugeteilt werden.

Bei der stationären Hüteschafhaltung und bei der Wanderschafhaltung werden die Schafe zu bestimmten Tageszeiten, insbesondere bei Nacht, eingepfercht. Im Pferch wird sehr oft auch die Behandlung der Schafe durchgeführt. Man unterscheidet den Dauerpferch und den beweglichen Pferch.

Der Dauerpferch bleibt an der gleichen Stelle und wird eingestreut, so daß sich der Miststapel wie beim Tiefstall langsam aufbaut. Der Flächenbedarf beträgt 3 bis 4 m²/ Schaf. Der Dauerpferch wird mit einem stabilen Zaun, zumeist einem Lattenzaun, umgrenzt. Auch ein Holzspaltenboden im Freien eignet sich als Dauerpferch. Bei stationärer Hüteschafhaltung wird der Dauerpferch häufig auch überdacht.

Beim beweglichen Pferch werden die Nutzflächen durch die Schafe abgedüngt. Obwohl die Arbeit des Dungausfahrens entfällt, entsteht doch ein zusätzlicher Arbeitsaufwand, weil der Pferch je nach der gewünschten Düngermenge ständig versetzt („fortgeschlagen") werden muß, oft zweimal in 24 Stunden. Nach HUTTER wird 1 ha Ackerfläche in 10 bis 12 Tagen durch eine Herde von 300 Schafen im Pferch abgedüngt.

Der Arbeitsaufwand für das Fortschlagen eines Pferches mit 20 Hürden zu je 4 m (20 x 20 m) für 340 Schafe dauert bei 2 Arbeitspersonen etwa 15 min = 30 AKmin (Abb. 78).

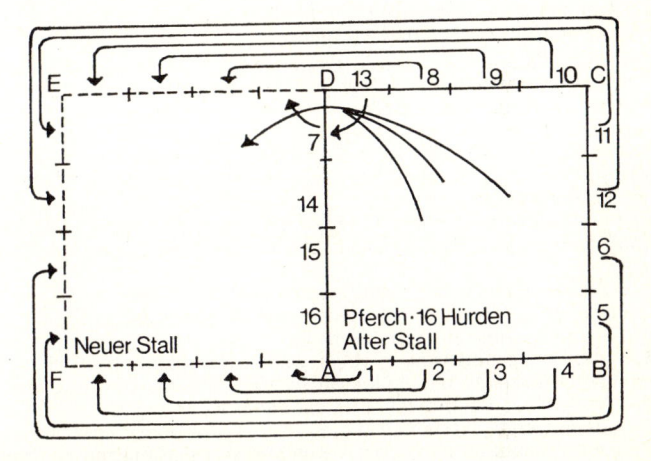

Abb. 78: Richtiges Pferchschlagen.

Freßbereich

Der Freßbereich umfaßt sowohl die Einrichtung zur Futtervorlage und -aufnahme als auch den dazugehörigen Standplatz und den Bewegungsraum der Tiere. Die Gestaltung des Freßbereichs wird vom Fütterungsverfahren, von der Art des Futters, von den technischen Einrichtungen und von den Ansprüchen der Tiere bestimmt. Wenn das Einzeltier an einen Platz fixiert ist (z. B. im Rindviehanbindestall oder in der Zuchtsaueneinzelhaltung) ist der Freßbereich mit dem Tierplatz identisch. Bei Systemen, die den Tieren die freie Wahl des Aufenthaltsortes gestatten, wird der Freßbereich im allgemeinen gesondert ausgewiesen.

Rind

Platzbedarf beim Fressen

Im Rindviehanbindestall ist der Platzbedarf durch die Standmaße vorgegeben.
Im Laufstall dagegen können die Werte für die Futterkrippe der Rumpfbreite der Tiere angepaßt (s. Seite 103) und daher kleiner gehalten werden.
Die Breite eines Freßplatzes entspricht der Krippenlänge je Tier. Je nach Größe der Tiere werden folgende Werte zugrundegelegt:

Milchvieh	0,70 – 0,80 m	Krippenlänge/Tier
Mastvieh ab 1 Jahr	0,60 – 0,70 m	"
Jungvieh	0,50 – 0,60 m	"

Bei den Fütterungsverfahren unterscheidet man Vorratsfütterung und rationierte Fütterung. Rationierte Fütterung besagt, daß das Futter zu festgesetzten Zeiten vorgelegt wird. Alle Tiere fressen gleichzeitig, so daß eine gezielte Zuteilung von Grünfutter und Kraftfutter möglich wird. Ein Freßgitter, das die Tiere vorübergehend am Futterplatz fixiert, erlaubt die individuelle Fütterung jedes Einzeltieres.
Die Gesamtlänge der Krippe errechnet sich bei rationierter Fütterung im Laufstall demnach aus der o. a. Krippenlänge mal Tierzahl:
  bei einseitiger Krippe als Krippenlänge/Tier x Zahl der Tiere
  bei einem Futtertisch mit beidseitiger Krippe Krippenlänge/Tier x Zahl der Tiere dividiert durch 2
Bei der Vorratsfütterung gibt es weder Freßzeiten noch Futterrationen; hier steht das Futter zur freien Aufnahme zur Verfügung. Der Vorrat muß der Tierzahl und der Lagerdauer angemessen sein. Dieses Fütterungsverfahren ermöglicht es, den Platzbedarf weiter einzuschränken. Je nach dem Verhältnis von Freßplätzen zu Tierzahl (1:3 oder 1:4) ergeben sich folgende Gesamtlängen:
  für die einseitige Krippe Krippenlänge/Tier x Zahl der Tiere dividiert durch 3 oder 4
  für die beidseitige Krippe Krippenlänge/Tier x Zahl der Tiere dividiert durch 6 oder 8
Bei Heu- und Vorratsfütterung reicht ein Freßplatz für 6 bis 8 Tiere aus. Bei solchen Berechnungen darf keinesfalls der Freßrhythmus der Tiere übersehen werden.
Die Größe des Freßplatzes wird außerdem durch den Flächenbedarf der fressenden Tiere bestimmt. Vor der Krippe oder Raufe ist ein Raum von 3 m Tiefe vorzusehen; zwei Meter werden vom fressenden Tier beansprucht; der Rest ist erforderlich, um den Tieren einen ungehinderten Zugang zum Freßplatz zu gewähren (= Verkehrsbereich).
Die Abmessungen des Freßplatzes werden zusätzlich durch die Verfahren für Futtertransport und -vorlage bestimmt. Beim Einsatz

Freßbereich 177

eines Frontladers z. B. müssen genügend große Rangierflächen vorhanden sein. Die Bemessungen sind jedoch im einzelnen von den betrieblichen Gegebenheiten abhängig, so daß diese Verhältnisse hier nur an einem Beispiel demonstriert werden können (Abb. 79).

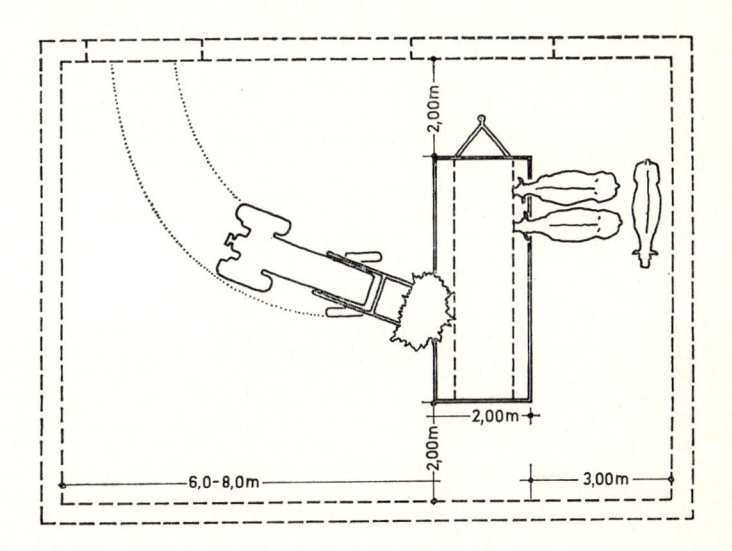

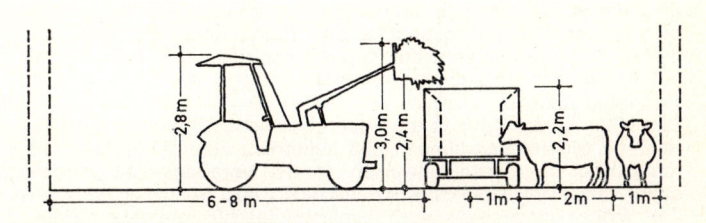

Abb. 79: Platzbedarf beim Füttern mit Vorratsraufen.

Gestaltung des Freßplatzes

Der Freßplatz muß so gestaltet werden, daß einerseits dem Tier eine ungestörte, seinem artgemäßen Verhalten entsprechende Futteraufnahme ermöglicht und andererseits der Einsatz der vorhandenen technischen Hilfsmittel nicht behindert wird. Die Einrichtungen zur Futtervorlage erfordern unter Umständen eine spezielle Gestaltung des Freßplatzes, wodurch ein Übergang zu anderen Techniken der Futtervorlage erschwert oder unmöglich gemacht wird. Das Verschleppen des Futters auf die Standflächen und in den Entmistungsbereich sowie auf etwa vorhandene Verkehrsflächen (Futtertisch) sollte so weit wie möglich ausgeschlossen sein.

Freßplätze im Anbindestall, im Sperrboxen- und im Kombibuchtenstall

Im Anbindestall mit Kurzständen, in Sperrboxen- und in Kombibuchtenställen ist die Futtervorlage in der Regel dem Standplatz zugeordnet. Der Freßplatz ist gegen die Standfläche durch eine Abtrennung, die meist Bestandteil der Krippe ist, abgegrenzt, die verhindern soll, daß Futter auf die Standfläche gerät. Sie darf nicht zu hoch sein, damit das ruhende Tier den Kopf bequem aufstützen kann (gilt nicht für Langstand und Mittellangstand). Als Maximalwert werden 25 bis 30 cm über der Standfläche angesehen. Das weidende Tier stellt bei der Futteraufnahme vom Boden die Vorderhand nach vorne aus und erreicht den Boden zwischen den Beinen. Diese Körperhaltung ist in den genannten Stallformen nicht möglich. Der Freßplatz muß also ausschließlich durch Strecken des Halses erreicht werden können, ohne daß die normale Standposition der Beine geändert wird. Jede andere Haltung, würde auf die Dauer zu gesundheitsschädlichen Belastungen der Vordergliedmaßen führen. Daher muß die Sohle des Freßplatzes über das Niveau der Standfläche angehoben werden. Es wird gefordert, daß der tiefste Punkt des Freßplatzes mindestens 12 cm über der Standfläche liegt und empfohlen, daß das Profil des Freßplatzes dem Bewegungsbereich des Tieres angepaßt wird. Das bedeutet also, daß geeignete Krippenkonstruktionen (Abb. 80) auf jeden Fall der preisgünstigeren Futtervorlage auf einer ebenen Fläche vorzuziehen sind.

Das Material der Krippen muß den chemischen Angriffen der Futterstoffe widerstehen können und außerdem eine glatte, leicht zu reinigende Oberfläche aufweisen. In der Vergangenheit wurden daher fast ausschließlich Krippenschalen aus Steinzeug verwendet, jedoch sind heute auch kunststoffbeschichtete Oberflächen oder spezielle Zementmischungen gebräuchlich. Das Grundmaterial für den Bau der Krippen ist noch vorwiegend Beton, jedoch zeichnet sich für die Zukunft auch der Einsatz von Kunststoffen ab. Um das Beschicken und Reinigen zu erleichtern, werden im allgemeinen keine Abtrennungen der Krippen zwischen den Standplätzen vorgesehen. Im normalen Betrieb besorgen Anbindevorrichtungen bzw. die vordere Standbegrenzungen eine ausreichende

Einschränkung der seitlichen Bewegungen der Tiere und helfen Konkurrenzkämpfe um besonders schmackhafte Futtermittel in engen Grenzen zu halten. In Versuchsställen und Mastprüfungsanstalten ist es dagegen üblich, mit Hilfe seitlicher Blenden den Freßbereich des Einzeltieres exakt einzugrenzen.

Freßplätze im Laufstall

In Laufställen ist der Freßbereich vom Liegebereich getrennt angelegt. Darüber hinaus ist es in Laufställen üblich, futtermittelspezifische Freßplätze vorzusehen, so daß die Tiere jedes Futtermittel in einem anderen Bereich des Stalles vorfinden. Dadurch wird es möglich, bestimmte Futtermittel, die nicht der Rationalisierung unterliegen, in Vorratsfütterung anzubieten. Die trifft z. B. für Heu und in bestimmtem Umfange auch für Silage zu.

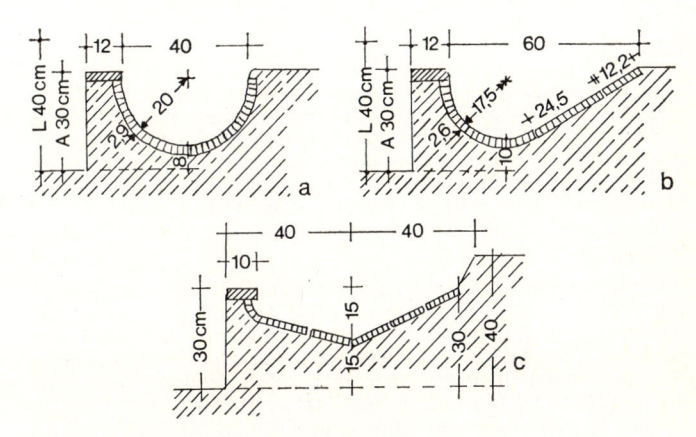

Abb. 80: Krippen-Formen für Rindvieh,
a = Halbrundschale, b = Drittelschale, c = Zeeb-Krippe.

Einzeltierfütterung

Für die Einzelfütterung muß auch im Laufstall für jedes Tier ein Einzelfreßplatz angelegt werden. Wird Kraftfutter im Melkstand vorgelegt, gibt es dabei nur so viele Freßplätze wie Melkplätze; die Tiere können jedoch nacheinander einzeln fressen, so daß auch hier der Effekt von Einzelfreßplätzen gegeben ist.
Die Einzelfreßplätze für die übrigen Futtermittel müssen nach den selben Gesichtspunkten wie im Anbindestall angelegt werden, wo-

bei die Reichweite und die anderen anatomischen Anforderungen der Tiere ebenfalls zu berücksichtigen sind. Aus diesem Grunde werden die gleichen Krippenformen, die vorher beschrieben wurden, verwendet.

Es empfiehlt sich besonders in Ställen mit hohem Bauaufwand die Freßplätze in einem gemeinsamen Stallraum anzuordnen. Der Laufbereich, der im allgemeinen zwischen dem Freßbereich und dem Liegebereich liegt, kann dann auf eine minimale Fläche begrenzt werden. Dies ist besonders bei solchen Ställen von Bedeutung, die Laufflächen aus Spaltenboden aufweisen, oder auch bei betonierten Laufflächen, die durch einen Flachschieber vollautomatisch gereinigt werden.

In Kaltställen werden die Freßplätze häufig beim Futterlager vorgesehen oder in den Bereich des Futterlagers einbezogen. Oft kann dadurch der Förderweg vom Futterlager zum Freßplatz sehr kurz gehalten werden. In solchen Fällen wird im allgemeinen kein besonderes Gebäude erstellt, sondern lediglich die Krippe überdacht, um die Fördergeräte und das Futter vor der Witterung zu schützen. Die Lauffläche pro Tier ist bei diesen Ställen größer als bei den anderen Lösungen. Sie wird im allgemeinen betoniert ausgeführt. Die Reinigung erfolgt in den meisten Fällen mit Frontlader oder Heckschiebeschild und kann bei unvorteilhafter Raumaufteilung (viele Winkel) einen hohen Arbeitsaufwand verursachen. Ist die Lauffläche nicht überdacht, muß zusätzlich das Niederschlagswasser in die Gülle- oder Jauchebehälter abgeführt werden, was erheblich größere Lagerräume notwendig macht.

Vorratsfütterung

Bei der Vorratsfütterung wird einer ganzen Tiergruppe eine nichtportionierte Futtermenge vorgelegt. Die Aufnahme einer solchen Ration kann sich über einen längeren Zeitraum erstrecken. Daher ist es auch nicht zwingend erforderlich, daß alle Tiere gleichzeitig fressen können. Vielmehr kann man einen Freßplatz mehreren Tieren zuordnen. Die Anzahl der Tiere, die sich einen Freßplatz teilen müssen, ist von der Futtersorte abhängig. Sie stellt in allen Systemen der Vorratsfütterung eine Kenngröße dar, die als Freßplatzverhältnis bezeichnet wird. Grundsätzlich gilt, daß um so mehr Freßplätze vorhanden sein müssen, je schmackhafter das vorgelegte Futter ist, je konzentrierter es ist und je lieber die Tiere es fressen. Damit ist zugleich angedeutet, daß für bestimmte Futtermittel, wie für Kraftfutter und Futterrüben, die Vorratsfütterung nicht geeignet ist.

Stehen zu wenige Freßplätze zur Verfügung, wird die Futteraufnahme der Einzeltiere durch Rangordnungskämpfe beeinträchtigt. Aus diesem Grunde wird vielfach davor gewarnt, mehr als zwei Tiere für einen Freßplatz einzuteilen.

Die Vorratsfütterung wird im allgemeinen in Kaltställen eingesetzt. Der Bewegungsraum für die Tiere kann dabei größer gehalten

werden, ohne daß die Kosten für die Gebäude zu stark ansteigen. Laufflächen unter freiem Himmel sind soweit wie möglich zu vermeiden, um den Lagerraum für Jauche oder Flüssigmist nicht allzusehr zu beanspruchen.
Die Größe der auf einmal zugeteilten Portionen hängt vom Futtermittel ab. Bei der Grünfütterung und bei Silage muß berücksichtigt werden, daß die Futtermittel nur begrenzt lagerfähig sind und sehr schnell verderben. Dies ist vor allem bei der Selbstfütterung am Flachsilo zu bedenken. Hier muß jeweils soviel gefressen werden, daß die Anschnittfläche des Futterstockes nicht durch Nachgärung oder durch Schimmel ungenießbar wird. Bei allen Vorratsfütterungen muß ferner beachtet werden, daß möglichst kein Futter in den Standbereich der Tiere gerät, weil sonst erhebliche Futterverluste auftreten. Man verhindert das durch Freßgitter, die allerdings nicht verschließbar zu sein brauchen (s. Seite 185).
Wie bei allen Stallsystemen, die mit getrennten Funktionsbereichen arbeiten, muß auch in Ställen mit Selbstfütterung auf die sinnvolle Zuordnung der verschiedenen Bereiche geachtet werden. Eine ungünstige Planung kann dazu führen, daß die Laufflächen nicht mechanisch gereinigt werden können. Dies gilt besonders dort, wo stationäre Freßplätze eingerichtet werden, wie das z. B. bei der Selbstfütterung an Flachsilos der Fall ist, bei denen noch zusätzlich die Arbeitstechnik der Silierung berücksichtigt werden muß.
Die Auslegung eines derartigen Stallsystems wird flexibler, wenn mobile Freßstände eingerichtet werden, d. h. wenn z. B. vom Raufenwagen gefüttert wird.

Technische Einrichtungen des Freßplatzes

Die technischen Einrichtungen des Freßplatzes haben die Aufgabe, sicherzustellen, daß jedes Tier das vorgelegte Futter und die notwendige Wassermenge ungestört aufnehmen kann. Außerdem sollen sie dafür sorgen, daß Futterverluste durch Verschleppen und im Zusammenhang damit das Beschmutzen der Liegefläche und das Belasten der Flüssigentmistungen mit Futterresten möglichst vollständig vermieden werden. Schließlich erleichtern sie die Arbeit, wenn sie das gleichzeitige Vorlegen von mehreren Teilen der Futterration erlauben.

Raufen und Freßgitter

Raufen und Freßgitter sind Hilfsmittel zur Vorlage von Grünfutter, Rauhfutter und Silage. Im Laufstall werden Freßgitter an Einzelfreßständen verwendet, damit sich die Tiere nicht gegenseitig stören.
Im Anbindestall werden Raufen als Ergänzung zur Futtervorlage in der Krippe eingesetzt. Sie bestehen meist aus einem vor dem Kopf des Tieres fest angebrachten Gitter und aus einer schwenk-

182 Haltung

baren Klappe, die es auch erlaubt, die Tiere von der Krippe auszusperren. Bei einer Konstruktion nimmt die Krippe den durch die Raufe erreichbaren Teil der Futterration auf. Diese Bauart wird vom Hersteller als *„Dauerfreßgitter"* bezeichnet (Abb. 81). Im Anbindestall bringen Raufen bei manueller Futtervorlage insofern eine gewisse Erleichterung, als mit der Vorlage mehrerer Teilrationen nicht gewartet werden muß, bis die Krippe jeweils leergefressen ist. Die Futtervorlage kann daher auf einen kürzeren Zeitraum zusammengedrängt werden. Arbeitszeit wird jedoch nicht gespart, weil für die Futtervorlage ebenso viele Arbeitsgänge ausgeführt werden müssen wie im normal ausgestatteten Stall. Bei erhöht angebrachten Raufen oder bei hohen Krippenkanten ist mit

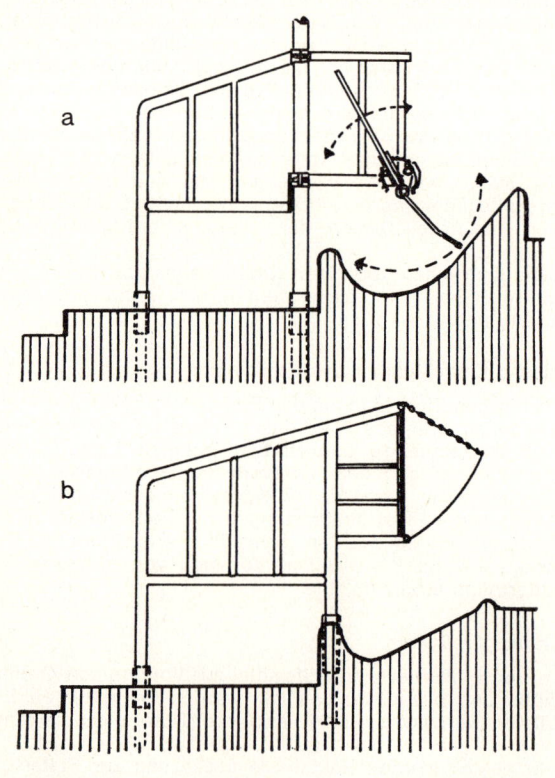

Abb. 81: Raufen im Kurzstand,
a = Dauerfreßgitter, b = Vorratsraufen.

diesen Ausrüstungen sogar eine Erschwerung der Arbeit verbunden. Eine mechanische Beschickung der Raufen ist schwierig, wenn nicht unmöglich.

Im Laufstall dienen Raufen für die Vorratsfütterung mit Grünfutter, Heu und Silage (s. Seite 74). Einfache *Vorratsraufen* sind jedoch nicht geeignet, da sie mit hohen Futterverlusten (bis 30%) belastet sind, die Tiere sich beim Fressen abdrängen können und keine mehrtägige Bevorratung des Futters möglich ist. Um diese nachteiligen Eigenschaften zu vermeiden, wurde die in Abb. 82 gezeigte Form einer für alle Futterarten geeigneten Raufe entwickelt.

Die Raufe ist oben als Vorratsschacht mit festen Wänden ausgebildet, nur im unteren Teil besitzt sie ein Raufengitter. Da die Tiere den Futtervorrat nicht durchwühlen können, ist es möglich, größere, für mehrere Tage ausreichende Futterrationen vorzulegen. Das aus dem Vorratsschacht herausgezogene Futter bleibt auf einer Krippe liegen und wird dadurch vor dem Herabfallen und Zertretenwerden bewahrt. Um zur Krippe und zur Raufe zu gelangen, müssen sich die Tiere in ein Freßgitter einfädeln.

Raufen können stationär, als Raufenwagen oder als Raufenladewagen eingesetzt werden.

Stationäre Raufen werden in erster Linie für Heu und Silage eingesetzt. Sie werden auf den Boden gestellt und sind leicht selbst zu bauen. Wahlweise können sie zur einseitigen oder zur zweiseitigen Nutzung angelegt werden.

Raufenwagen (Abb. 36, s. Seite 76) sind dann empfehlenswert, wenn größere Entfernungen zwischen Futterlager und Freßplatz zu überbrücken sind. Sie werden am Futterlager gefüllt und mit dem Schlepper zum Freßplatz, meist also im Laufhof, gezogen. Raufenwagen können auch im Selbstbau erstellt werden und sind meist als Einachser gebaut. Beim Einsatz im offenen Laufhof muß eine Überdachung für den Futtervorrat vorgesehen werden, die für das Befüllen leicht zu öffnen ist.

Raufenladewagen sind umgebaute serienmäßige Ladewagen. Sie werden in der Regel für Grünfutter bei Sommerstallfütterung verwendet. Die Gestaltung muß sich nach den verwendeten Ausgangsmodellen richten, die Plattformhöhe ist dabei von ausschlaggebender Bedeutung.

Tieflader eignen sich wegen ihrer niedrigen Plattform besonders gut für einen Umbau. Der Krippenboden kann als Verbreiterung der vorhandenen Plattform seitlich angebaut werden, auf ihm wird das Freßgitter angebracht. Alle Anbauten sind fest mit dem Wagen verbunden. An einem kleinen Tieflader lassen sich 14 Freßplätze, an einem Großraumladewagen 20 Freßplätze anbringen. Damit sind 28 bzw. 40 Tiere zu versorgen.

Bei Normalladewagen mit hoher Plattform können Schwierigkeiten beim Umbau auftreten. Die Höhe der Plattform sollte 0,95 m nicht überschreiten, da der Freßbereich der Tiere sonst zu stark eingeengt wird. Als Futterkrippe kann die serienmäßige aufklappbare Bordwand dienen. An den oberen Rand der Bordwand wird ein bewegliches Freßgitter angelenkt, welches beim Schließen der Bordwand nach oben klappt.

Das Freßgitter ist Voraussetzung für die Vorratsfütterung am Silo oder an Raufen im Laufstall und sogar für die Einzeltierfütterung im Laufstall. Seine Aufgabe besteht darin, die Freßplätze abzuteilen, Futterverluste durch Verstreuen zu verhindern und die fressenden Tiere davor zu schützen, daß sie von anderen Tieren abgedrängt werden.

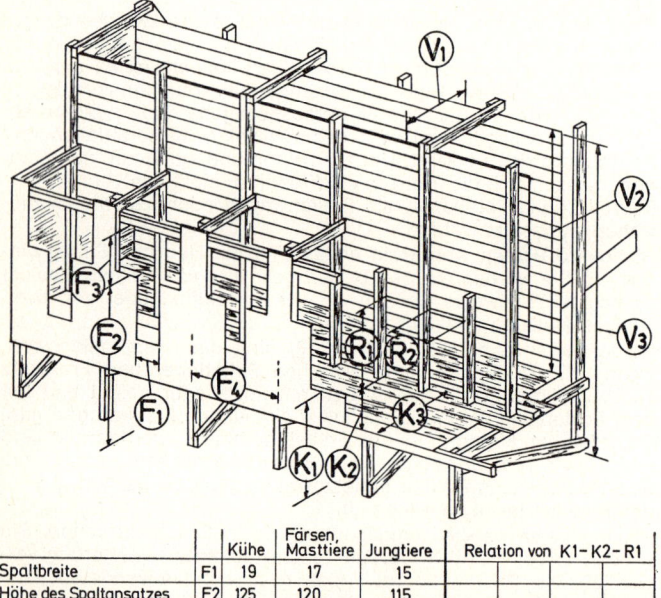

		Kühe	Färsen, Masttiere	Jungtiere	Relation von K1-K2-R1			
Spaltbreite	F1	19	17	15				
Höhe des Spaltansatzes	F2	125	120	115				
Kopfraumhöhe	F3	35	35	25				
Freßplatzbreite	F4	70-75	60-65	50				
Höhe der Krippenkante	K1	40-100	40-90	30-80	40-60	60-80	80-90	90-100
Höhe des Krippenrandes	K2	10-40	10-40	10-30	40	20	15	10
Krippenbreite	K3	50	45	45				
Vorratsschacht Breite	V1		50					
Höhe des Vorratsschachtes	V2	je nach Futtervorrat						
Höhe des Raufengitters	R1	40 - 90			40	50	70	90
Abstand der Gitterstäbe	R2	~ 28						
Gesamthöhe der Raufe	V3	je nach Beschickungsgerät						

Abb. 82: Raufe zur Vorratsfütterung im Laufstall; Spaltfreßgitter.

Freßbereich 185

Allgemein üblich sind die sogenannten Spaltfreßgitter oder auch Palisadenfreßgitter (Abb. 83).
Spaltfreßgitter (Kammfreßgitter) werden aus Holz oder aus Metallrohren hergestellt. Der Abstand zwischen zwei Gitterspalten entspricht einer Freßplatzbreite (Abmessungen s. Seite 176). Der Spalt ist gerade so bemessen, daß die Tiere zwar ihren Hals einfädeln können, aber nicht mit dem Kopf durch den Spalt passen; sie sol-

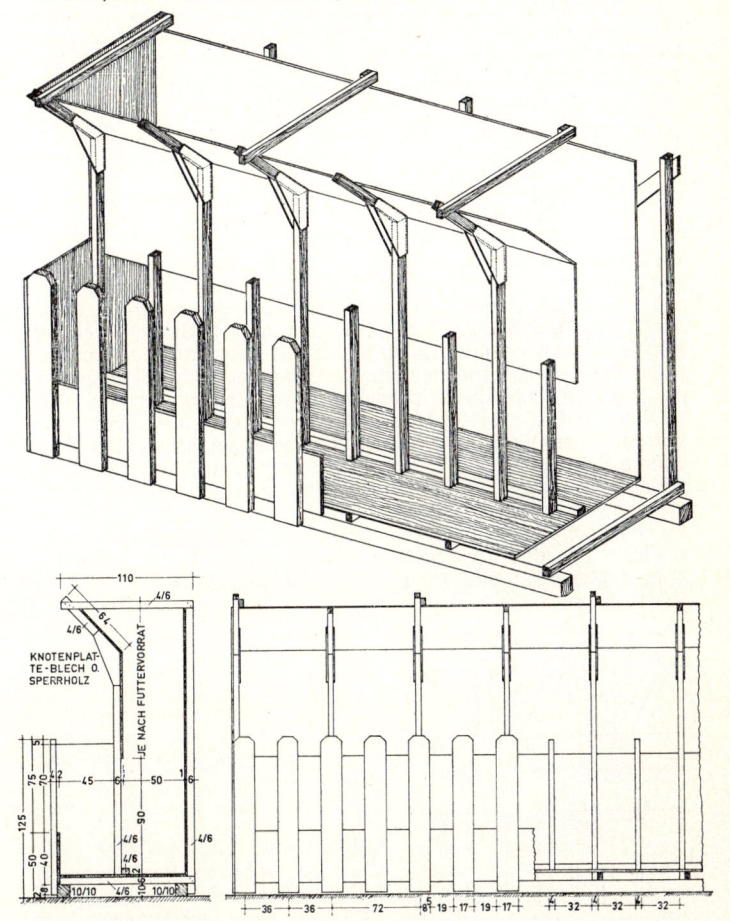

Abb. 83: Vorratsraufe mit materialsparendem Palisaden-Freßgitter.

len jedesmal den Kopf anheben, wenn sie an einen Freßplatz kommen oder diesen wieder verlassen wollen. Das bewirkt, daß die noch lose im Maul hängenden Futterreste mit großer Sicherheit innerhalb des Freßplatzes zurückbleiben.

Das Palisadenfreßgitter entspricht im Prinzip dem Spaltfreßgitter aus Holz, jedoch beträgt der Abstand zwischen zwei Spalten nur eine halbe Freßplatzbreite. Dadurch wird eine beträchtliche Materialeinsparung erzielt, auch wird bei Selbstanfertigung der Zeitaufwand für die Bearbeitung der Abtrennungen geringer. Ähnlich wie das Palisadenfreßgitter ist das Diagonalfreßgitter gebaut, das durch schräg von unten nach oben verlaufende Freßspalten das „Einfädeln" erzwingt.

Fangeinrichtungen

Fangeinrichtungen werden gebraucht, wenn in Laufställen an Einzelfreßplätzen rationiert gefüttert werden soll und vor allem, wenn auch Kraftfutter vorgelegt werden muß. Die Tiere müssen identifiziert werden, damit eine Leistungsfütterung durchgeführt werden kann. Auch müssen die Tiere bis zum vollständigen Verzehr der zugeteilten Ration an ihrem Platz fixiert werden, um sicherzustellen, daß jedes Tier nicht mehr, aber auch nicht weniger als die ihm zustehende Ration erhält. Als Fangeinrichtungen sind außer den bereits beschriebenen Selbstfanganbindevorrichtungen, den übrigen Anbindevorrichtungen sowie den Sperrboxen verschließbare Freßgitter und Selbstfangfreßgitter in Gebrauch.

Verschließbare Freßgitter werden entweder als Scherenfreßgitter oder als Freßgitter mit Schwenkbügeln gebaut. Diese Konstruktionen sind aus Anbindeställen mit Mittellangstand bekannt. Beide müssen von Hand verschlossen werden (Abb. 84). Dabei treten die für alle manuell bedienten Anbindevorrichtungen typischen Schwierigkeiten auf, daß nämlich beim Einfangen von Tiergruppen alle Tiere zugleich auf ihren Plätzen zu finden sein müssen.

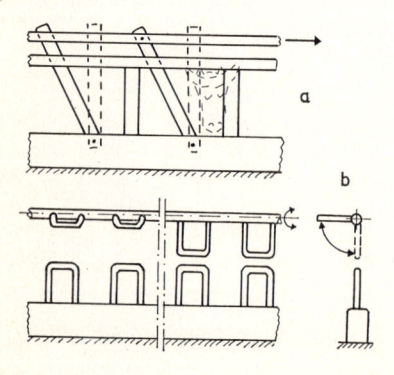

Abb. 84: Fangfreßgitter,
a = Schwenkfreßgitter,
b = Freßgitter mit Schwenkbügeln.

Freßbereich 187

Die Einführung von Selbstfangfreßgittern schaffte Abhilfe. Auf den ersten Blick gleichen diese Einrichtungen normalen Schwenkbügelgittern. Die Verschlußbügel sind jedoch nicht starr auf einer gemeinsamen Welle befestigt, sondern entweder sind sie auf Hülsen drehbar gelagert oder der Bügel ist selbst mit einem Gelenk ausgestattet, so daß er beim Drehen der Betätigungswelle angehoben wird (Abb. 85). Dieses Anheben wird bei der zuerst genannten Version durch Mitnehmer erreicht, die fest auf der Betä-

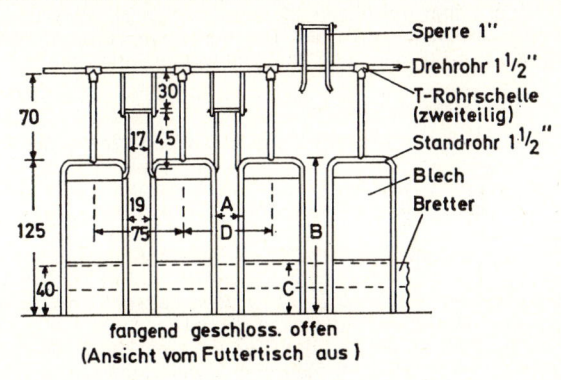

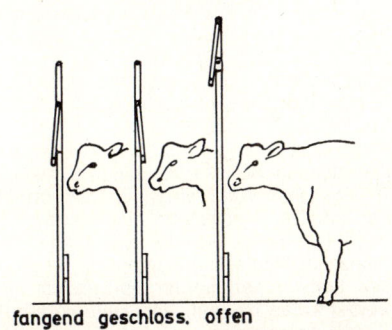

fangend geschloss. offen
(Ansicht vom Futtertisch aus)

fangend geschloss. offen

Bezeichnung		Kühe	Färsen, Mastt.	Jungtiere
Spaltbreite	A	19	17	15
Freßgitterhöhe	B	125	120	115
Krippenrand	C	40	40	30
Freßgitterbreite	D	75	65	50

Abb. 85: Selbstfanggitter für die Einzeltiertütterung im Laufstall.

tigungswelle sitzen und beim Drehen die Bügel mitnehmen. Durch das Drehen der Betätigungswelle können die Verschlußbügel in drei Positionen gebracht werden:
Anschlag am Freßgitter auf der dem Tier zugewandten Seite des Freßplatzes: der Freßplatz ist verschlossen.
Anschlag auf der dem Futtervorrat zugewandten Seite des Freßgitters: der Freßplatz ist dem Tier zugänglich, es kann ihn jedoch nicht mehr verlassen (Fangstellung).
Der Bügel hängt frei (Gelenkbauart) bzw. ist er nach oben geschwenkt (Hülsenbauart): das Tier hat freien Zutritt zum Freßplatz und kann diesen auch jederzeit wieder verlassen.

Tränkeeinrichtungen für Rinder

Tränkeeinrichtungen sind erforderlich, um den Tieren die ungehinderte Aufnahme der notwendigen Wassermenge (50 l/GV u. Tag und mehr) zu gestatten. Für diesen Zweck werden heute fast ausschließlich Selbsttränken eingesetzt, an denen sich die Tiere selbst bedienen können.
Tränken werden als sogenannte Tränkebecken am Standplatz — je 2 Tiere ein Becken — oder im Laufhof — bis zu 40 Tiere ein Tränkebecken — angebracht. Sie werden entweder als Zungentränken oder als Schwimmertränken gebaut.
 Bei Zungentränken betätigt das Tier, angeregt durch einen Wasserrest in der Tränkeschale, über eine Metallzunge direkt das Zulaufventil, so daß Wasser in das Becken nachströmt. Diese Zunge schafft in der Tränkeschale einen Totraum, in dem sich Futterreste ansammeln können. Moderne Konstruktionen haben daher relativ kleine Tränkeschalen, wobei die Zunge die ganze Breite des Raumes ausfüllt, der für ihre Bewegung erforderlich ist. Diese Becken sind leicht sauberzuhalten (Abb. 86 b).
Schwimmertränken (Abb. 86 a) enthalten dauernd einen bestimmten Wasservorrat, dessen Höhe durch einen Schwimmer gesteuert wird. Nimmt ein Tier Wasser auf, sinkt zunächst der Wasserspiegel im Tränkebecken ab. Der gleichzeitig absinkende Schwimmer öffnet das Zulaufventil solange, bis der Sollspiegel wieder erreicht ist. Da die Tränkeschale meist nur durch eine relativ kleine Zuflußöffnung mit der Schwimmerkammer verbunden ist und in der Tränkeschale selbst keine beweglichen Teile vorhanden sind, sind diese Becken leicht zu reinigen. Bei kalkreichem Wasser können sich allerdings Ablagerungen bilden.
Sonderformen von Tränkebecken sind Doppeltränken, die sich im Prinzip nicht von den einfachen Becken unterscheiden, sowie frostsichere Tränken, die entweder beheizt oder mit einem Ablauf für den Wasserrest versehen sind. Im Weidebetrieb werden besondere Selbsttränken eingesetzt, die mit einer vom Tier betätigten Pumpe ausgestattet sind.
Die Anpassung der Zulaufventile an die unterschiedlichen Wasserdrucke erfolgt meist durch auswechselbare Düseneinsätze, so daß

Freßbereich 189

sie für alle gängigen Wasserversorgungen passen, angefangen vom öffentlichen Wassernetz bis zum Wasserfaß auf der Weide. Wird den Tränken ein Vorratsbehälter vorgeschaltet, so können dem Trinkwasser auch Medikamente zugemischt werden.

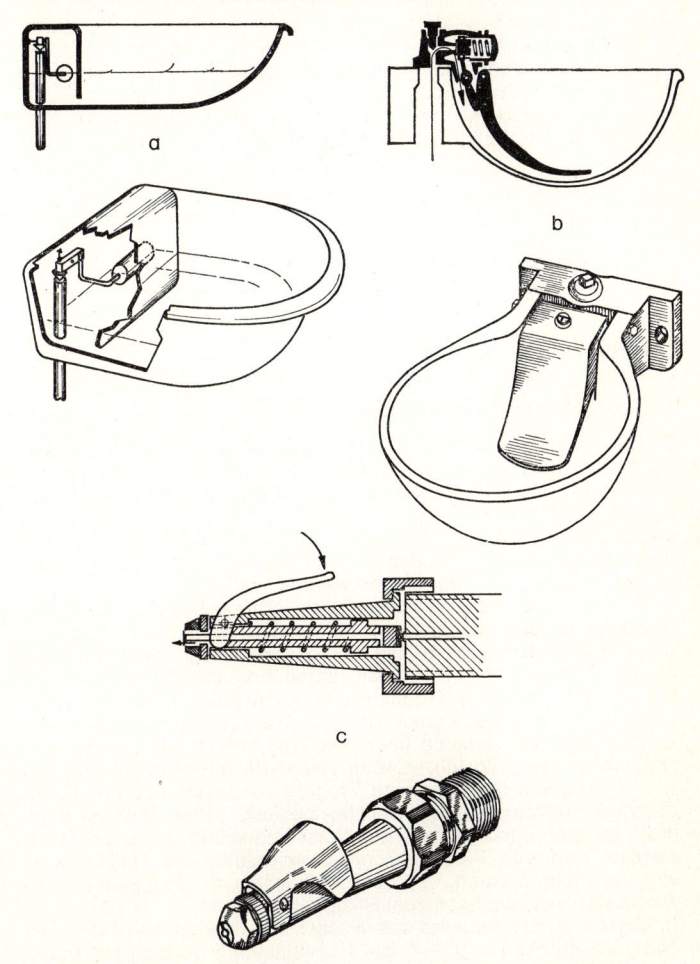

Abb. 86: Tränken; a = Schwimmertränke, b = Zungentränke, c = Zapfentränke.

Tab. 49. Anschaffungspreise von Stalleinrichtungen

Anbindevorrichtungen (je Stand)	DM
Halsrahmen	160 bis 200
Grabnerkette	90 bis 120
Horizontalanbindung mit Nackenriegel	120 bis 150
Krippenboxen	120 bis 150
Sperrboxen	220 bis 270
Selbstfangfreßgitter, 35—45 cm breit	ca. 60
60—75 cm breit	ca. 85
Selbsttränken	
Zungentränke	40 bis 80
Schwimmertränke	50 bis 70
Tränkzapfen (Schweine)	30 bis 40

Schwein

Tränkeeinrichtungen für Schweine

Den Schweinen ist sauberes Tränkwasser zur beliebigen Aufnahme zur Verfügung zu stellen, und die Tränkeeinrichtung ist so zu gestalten, daß die Liegeflächen nicht naß und Wasserverluste vermieden werden.
Das Wasser kann
  von Hand zugeteilt werden
  über Selbsttränken angeboten werden
  teils durch Futteranfeuchtung und teils durch Selbsttränken oder von Hand gegeben werden.
Die Handzuteilung erfolgt bei der Trogfütterung meist mit dem Schlauch. Diese Arbeit ist relativ zeitraubend. vor allem, wenn das Wasser auf die ganze Trogfläche verteilt werden muß. Das Wasserrieselrohr hat den Vorteil, daß das Wasser durch die Riesellöcher im Rohr gleichmäßig über den Trog verteilt wird; damit entfällt ein weiteres Verrühren. Das Wasserrieselrohr ist oft die untere Stange von feststehenden Trogabsperrungen. Mit einem Absperrhahn werden mehrere Buchten bedient. Sollen einzelne, z. B. nicht belegte Buchten, von der Wasserzuteilung ausgeschlossen werden, darf das Rieselrohr nicht gleichzeitig die Hauptleitung sein, sondern müssen von der durchgehenden Hauptleitung absperrbare Abzweigungen zum Rieselrohr gehen.
In kleinen Beständen wird das Wasser den Ferkeln oft in Gefäßen oder Stülptränken zugeteilt. Die Handzuteilung ist auch bei der Intensivhaltung tragender Sauen in Kasten- oder Anbindeständen üblich, da man sonst für jedes Tier eine eigene Selbsttränke vor-

sehen müßte. In Gruppenbuchten sind Selbsttränken zweckmäßig, da ein Becken für die ganze Gruppe ausreicht. Das gleiche gilt für Mastbuchten. Auch für den Abferkelstall ist eine Selbsttränke zu empfehlen, da die laktierende Sau bis zu 20 l Wasser täglich aufnimmt und die ständige Bereitstellung des Wassers daher besonders wichtig ist (bei Mastschweinen rechnet man mit 3 l Wasser pro kg Trockenfutter).

Tab. 50. Vor- und Nachteile der Selbsttränkebauarten für Schweine

Bauarten	Vorteile	Nachteile
Schwimmertränken	Für alle Altersklassen verwendbar. Wasserverschwendung sehr gering, da der Zufluß nicht vom Schwein, sondern vom Schwimmer geregelt wird	Verschmutzen der Schale und erschwerte Reinigung. Teurer als Zapfentränke.
Zungentränken	Wasser im allgemeinen sauberer als bei Schwimmertränken, da Frischwasser erst nach Betätigen der Zunge zuläuft. Reinigung der Schale leichter als bei Schwimmertränken	Kleine Ferkel können die Zunge nicht betätigen. Gefahr der Wasserverschwendung größer als bei Schwimmertränken, da bei Berührung der Zunge ständig Wasser nachläuft. Querschnitt der Düsen muß dem Wasserdruck genau angepaßt werden. Teurer als Zapfentränke.
Zapfentränke	Hygienisch einwandfreieste Wasserversorgung. Reinigung entfällt. Preisgünstigste Selbsttränke.	Nicht für kleine Ferkel geeignet. Größere Gefahr der Wasserverschwendung als bei Schalentränken. Für Schweine mit Spieltrieb ungünstig. Zur Abhilfe wird die Tränke so hoch angebracht, daß die Schweine mit den Vorderbeinen auf einen Sockel treten müssen.

Die Selbsttränken werden unterschieden in
Schwimmertränken
Zungentränken
Zapfentränken.
Bei den Schwimmer- und Zungentränken wird das Wasser in einer Schale gesammelt und aus dieser vom Schwein aufgenommen (s. Seite 189), bei Zapfentränken entnimmt das Schwein das Wasser unmittelbar dem Zapfen, indem es den Zapfen ins Maul steckt und damit das Ventil öffnet (Abb. 86c).
Aus Tabelle 50 ergeben sich folgende Konsequenzen:
Zungentränken können für Ferkel wie Schwimmertränken eingesetzt werden, indem man eine Nebenschale anbringt, die zuerst vollläuft, wenn die Sau die Zunge bedient.
Die Verschmutzung der Schalen läßt sich reduzieren, indem man die Selbsttränke in Schwanzwurzelhöhe der größten Schweine anbringt.
Die Reinigung des Tränkebeckens bei Schwimmertränken kann durch herausnehmbare Schalen und durch flachgewölbte Schalen ohne kantige Flächen erleichtert werden.
Die Wasserverschwendung und die Verschmutzung der Tränken wird verhindert durch erhöhte Anbringung und einen Auftritt für die Vorderbeine.
Die Wasserverschwendung bei Zapfentränken wird durch darunter angebrachte Schalen begrenzt.
Das Naßwerden der Liegefläche und der Bucht sind zu vermeiden, indem man die Tränke über dem Kotgang oder über dem Trog anbringt und den Wasserablauf unter der Tränke.

Schaf

Raufen, Futterbehälter, Tränken

Für Schafe werden je nach Art des Futters und der Futtervorlage Raufen, Krippen oder Tröge eingesetzt. An den konventionellen Fütterungseinrichtungen sind die Raufen über festen Krippen angeordnet und haben ein oder zwei Futterseiten. Die skandinavischen Raufen sind eine Kombination von Raufe und Krippe (Abb. 87).
Bei Raufen an Krippen müssen die Sprossenabstände oder Maschenweiten auf die Faserlänge des Futters und beim Verfüttern von Stroh zusätzlich auf die Kopfmaße der Tiere abgestimmt werden (s. Tab. 51). Zudem sind im oberen Bereich der Raufen Schutzplanken anzubringen, die das sogenannte „Einfüttern" der Wolle an Kopf und Nacken verhindern sollen. In den skandinavischen Raufen kann das Futter in beliebiger Form gegeben werden. Langgut ist zweckmäßigerweise durch Baustahlgewebe zu beschweren, um Futterverluste zu vermeiden. Die Krippen dürfen

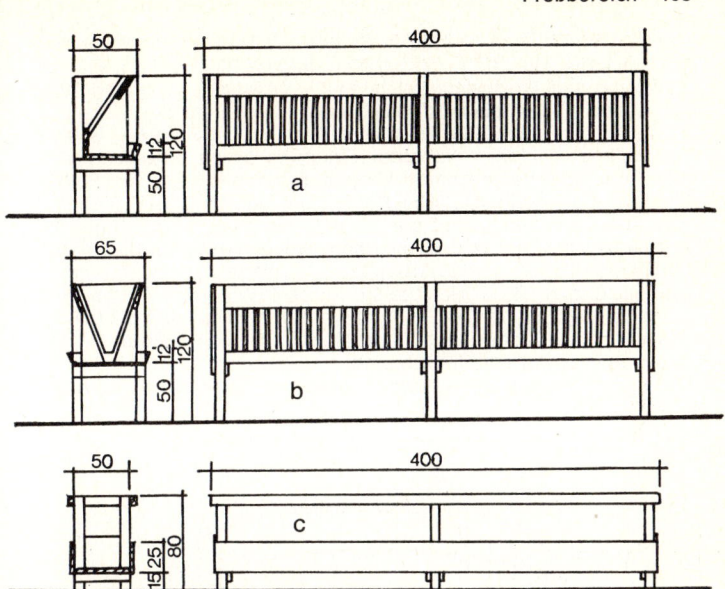

Abb. 87: Raufen zur Schaffütterung; a = Halbraufe, b = Doppelraufe, c = Skandinavische Raufe.

keine Löcher oder Schlitze aufweisen, damit körniges oder mehliges Futter nicht durchrieselt.

Tab. 51. Sprossenabstände bei Raufen

Futterart	Lichte Sprossenabstände cm
Häckselheu	4
gehäckselte Silage	4 bis 6
Ballenheu, Langheu, ungehäckselte Silage	6 bis 10
Stroh [a]	15 bis 16

[a] Bei Strohfütterung wird der Sprossenabstand oft so groß gewählt, daß die Schafe den Kopf durchstecken können, um an die wertvollen Futterteile heranzukommen.

194 Haltung

Raufen und Krippen werden in Ställen mit Durchfahrt fest und in Ställen ohne Durchfahrt versetzbar aufgestellt und je nach Beschickung und Gruppenunterteilung durchlaufend, in kurzen Bändern oder einzeln stehend angeordnet. Die Länge der Einzelelemente beträgt etwa 3,50 bis 4,00 m. Die Gesamtlänge der Raufen und Krippen ist bei rationierter Fütterung so zu bemessen, daß alle Tiere gleichzeitig fressen können. Für den Einsatz von Futterbändern sind skandinavische Raufen gut geeignet. Bei ungünstigen Stallabmessungen ist der Einsatz von Rundraufen (Abb. 88) vorteilhaft; das gilt vor allem dann, wenn eine Vorratsfütterung durchgeführt wird, so daß Freßplatzlänge eingespart werden kann, weil nicht alle Tiere gleichzeitig fressen. Will man Futter über mehrere Tage bevorraten, muß man daran denken, daß die Schafe (vor allem bei Silage) gegenüber älterem und von anderen Tieren beatmetem Futter empfindlich sind.

Für die Kraftfutter-Vorratsfütterung werden im allgemeinen Auto-

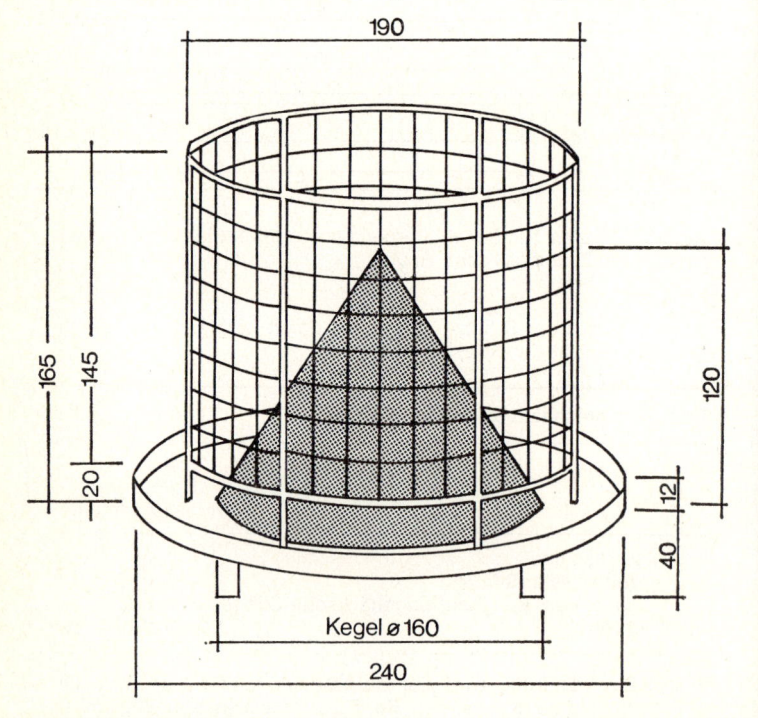

Abb. 88: Rundraufe.

maten verwendet, bei denen der Futtervorrat ständig in die Krippen nachrutscht. Sollen nur die Jungtiere Kraftfuttergaben erhalten, sind die Automaten bei gemeinsamer Haltung von Müttern und Lämmern gegen die älteren Tiere durch Lämmerschlupfe abzugrenzen oder sind die Freßöffnungen so auszubilden, daß die Alttiere nicht an das Futter herankommen (Abb. 89).

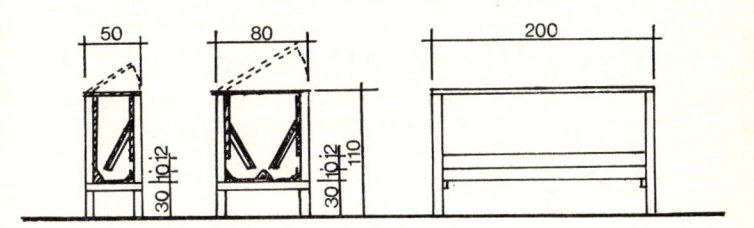

Abb. 89: Kraftfutterautomaten.

Zusätzliche Mineralstoffe werden meistens in gesondert angebrachten kleinen Behältern gegeben.
Bei früh abgesetzten Lämmern wird die Flüssigfütterung je nach Aufstallung einzeln oder in Gruppen durchgeführt. Für die Einzelfütterung werden zumeist spezielle Tränkgefäße mit einer Saugvorrichtung eingesetzt, für die Gruppenfütterung werden größere Behälter mit mehreren Saugern aufgestellt (Lämmerbar).
Mit Ringleitungen, an denen entsprechende Saugvorrichtungen angeordnet sind, können sowohl die Einzel- als auch die Gruppenfütterung vorgenommen werden. Die Installation solcher Anlagen führt jedoch zu höheren Baukosten.
Werden Fütterungseinrichtungen im Freien aufgestellt, ist das Futter vor Witterungseinwirkungen zu schützen.
An Futterbändern können die Schafe von zwei Seiten fressen. Durch Schließen der beidseitig angebrachten Freßgitter kann man die Tiere während des Beschickens vom Futterband ausschließen. Es kann auch wahlweise nur eine Seite geschlossen werden, wenn z. B. eine Gruppe Kraftfutter vorweg bekommen soll.
Neben dem Futter muß den Tieren auch Tränkwasser zur Verfügung stehen. Je nach Futterzusammensetzung ist mit einem Wasserverbrauch von 1,5 bis 3,0 l je Tier und Tag zu rechnen. Die Tiere können über Tröge oder Bottiche sowie über Selbsttränken mit dem notwendigen Wasser versorgt werden. Dabei reicht eine Tränke für etwa 50 bis 60 Schafe aus.

Geflügel

Dieser Funktionsbereich ist schon auf Seite 156 dargestellt worden.

Literatur

Anleitung zur Einrichtung einer Koppelanlage für Schafe. Grub
BEHRENS, H., DOEHNER, H., SCHELLJE, R., und WASSMUTH, R.:
Lehrbuch der Schafzucht. Parey, Berlin, 2. Aufl. 1969
BLANKEN, G.: Arbeitsverfahren in der Schafhaltung. KTBL-Flugschrift Nr. 20. Frankfurt/M. 1970
BLANKEN, G.: Tierkennzeichnung. KTBL-Arbeitsblatt für Landtechnik, Nr. 0123, 1973
COENEN, J., und SCHLOLAUT, W.: Koppelschafhaltung. AID-Broschüre Nr. 262. Bad Godesberg 1969
EGLOFF, K., und HEIN, J.: Mutterkuhhaltung – Koppelschafhaltung. Informationen für die Landwirtschaftsberatung in Baden-Württemberg, Nr. 30. Donaueschingen 1969
HILLENDAHL, W.: Versetzbare Laufhofkrippe. KTBL-Musterblatt F. 3. 24. Frankfurt/M. 1969
JUNGEHÜLSING, H., und HÜFFMEIER, H.: Formen der Grünlandnutzung. AID-Broschüre Nr. 309. Bad Godesberg 1969
Laufstall-Futterplätze. ALB-Musterblatt F.3. 3. Frankfurt/M. 1964
Material- und Kostenaufstellungen zur Stalleinrichtung. Arbeitsgemeinschaft „Hilf Dir selbst in Haus und Hof", Darmstadt-Kranichstein 1970
MUNZ, A.: Leistungs- und Aufwandsdaten in der Koppelschafhaltung. Der Tierzüchter, *21* (20), 592, 1969
ORDOLFF, D.: Selbsttränken zur Wasserversorgung. KTBL-Arbeitsblatt für Landtechnik V – AG 321, lfd. Nr. 105. Frankfurt/M. 1969
Produktionsverfahren Koppelschafhaltung. Ansprüche an Züchtung, Produktionstechnik und Wirtschaftlichkeit. Arbeiten der DLG, Band 122. DLG-Verlag, Frankfurt/M. 1969
Produktionsverfahren in der Schweinemast. KTBL-Flugschrift Nr. 21. Frankfurt/M. 1970
RICHTER, W., WERNER, E., und BAEHR, H.: Grundwerte der Diagnostik, Fütterung und Haltung. Jena 1969
RIEGER, D.: Betriebswirtschaftliche Entwicklungstendenzen der westdeutschen Schafhaltung seit der letzten Jahrhundertwende. Dissertation. Berlin 1968
SCHÖN, H.: Raufen und Raufenwagen zur Vorratsfütterung in Laufställen. KTBL-Musterblatt-Entwurf R 2. 45. Frankfurt/M. 1967
–: Voraussetzungen und Möglichkeiten einer Mechanisierung der Vorratsfütterung in Rinder-Laufställen. KTBL-Berichte über Landtechnik Nr. 133. Wolfratshausen 1970
VERSBACH, M.: Technik und Verfahren der Einzeltierfütterung im Rindviehlaufstall. KTBL-Berichte über Landtechnik Nr. 139. Wolfratshausen 1970
– und SCHÖN, H.: Einrichtungen zur Einzeltierfütterung in Rinderlaufställen. KTBL-Arbeitsblatt Bauwesen Nr. 1021, Darmstadt 1975
ZEEB, K.: Futterkrippe für Kühe, Bullen und Rinder im Kurzstand. KTBL-Musterblatt-Entwurf R. 1. 60. Frankfurt/M. 1971

Hygiene

Hygiene (Gesundheitspflege) ist ein unverzichtbarer Bestandteil der modernen Tierproduktion. Sie dient der Leistungsausschöpfung und -erhaltung. Ihre Bedeutung steigt mit zunehmender Größe der Tierbestände.
Die Hygiene wird hier nur soweit behandelt, wie Wechselbeziehungen zur Landtechnik, d. h. den Gebäuden, Maschinen und Geräten, bestehen. Grundsätzlich kann man drei Bereiche unterscheiden:
organisatorische Prophylaxe (Prophylaxe = Vorbeugen, Vorsorge)
mechanische Prophylaxe
chemische Prophylaxe.
Die Therapie (Therapie = Behandlung) gehört, entgegen einer oft geübten Praxis in die Hand des Tierarztes.

Organisatorische Prophylaxe

Ein geschlossenes System ohne Zukauf von Tieren ist wenig gefährdet, das offene System mit unkontrolliertem Zukauf enthält dagegen große Risiken. Wenn eine außerbetriebliche Tierbeschaffung notwendig ist, wendet man sich am besten an überwachte Erzeugerringe. Fest vertragliche Bindungen mit wenigen Partnern sind diesen gleichwertig. Eine wirkungsvolle organisatorische Maßnahme ist auch die Rein-raus-Methode, die allerdings Einfluß auf den Raumbedarf hat.

Mechanische Prophylaxe

Die vorbeugenden Maßnahmen beginnen bereits bei der Auswahl des Haltungsverfahrens und dessen technischer Ausstattung.
Klares Raum- und Funktionsprogramm
zweckmäßiges Baumaterial
zweckmäßige Stalltechnik
gute Übersicht
Ordnung als Bestandteil des Unfallschutzes für Tiere.
Bei der Festlegung des Raum- und Funktionsprogrammes sind neben den arbeitswirtschaftlichen Erfordernissen auch die hygienischen Gesichtspunkte entscheidend. Nach dem derzeitigen Erkenntnisstand sollen folgende Stallgrößeneinheiten aus Tab. 52 nicht überschritten werden.
Größere Bestände sind dann jeweils als ein Vielfaches dieser Einheiten zu führen. Zugekaufte Neuzugänge sind unbedingt in Quarantäneställen abzutrennen.
Die im Stallbereich verwendeten Materialien müssen ungiftig und desinfektionsfreundlich sein. Poröse Stoffe, zu denen auch Holz gehört, sind aus dieser Sicht weniger günstig zu beurteilen. Bodenbeläge müssen rutschsicher sein. Zweckmäßige Stalleinrichtungen helfen Verletzungen vermeiden (z. B. durch tiergerechte Maße und

Tab. 52. Maximale Tierzahl je Stalleinheit (Richtwerte)

Tierart	Tierzahl
Milchvieh	200
Kälber	100
Jung- und Masttiere	500
Schafe	500
Zuchtschweine	30 (Buchten)
Mastschweine	400 (Mastplätze)
Legehennen	20 000
Mastgeflügel	20 000

Formen, abgerundete Kanten, gute Verarbeitung). Einzelne Konstruktionen sind aus hygienischer Sicht unterschiedlich zu beurteilen (z. B. verschiedene Selbsttränkenbauarten).

Jede Stallhygiene setzt Übersicht voraus, also eine klare Gliederung der Gebäude und der Bestände sowie eine unverwechselbare Kennzeichnung (s. Seite 199) und ausreichende Beleuchtung (s. Seite 209).

Zur mechanischen Prophylaxe ist auch die Ordnung zu zählen. Herumliegende Gabeln z. B. können zur Quelle von Verletzungen werden.

Das Sauberhalten der Tiere durch zweckmäßige Gestaltung der Stand- und Liegeplätze sowie deren Reinhaltung ist ebenfalls der mechanischen Vorbeugung zuzurechnen. Es findet durch das Putzen und gegebenenfalls Waschen des Tieres seine Ergänzung. Hinzuzurechnen sind auch die nicht täglichen Pflegearbeiten am Tier (z. B. Klauen schneiden) und im Stall (z. B. Desinfektion, Fenster putzen). Schattenspender und Scheuerpfähle gehören zu Ausläufen und Weiden.

Chemische Prophylaxe

Die mechanischen Maßnahmen werden durch chemische unterstützt. In vielen Bereichen kann auf die Anwendung chemischer Mittel im Stall überhaupt nicht verzichtet werden. Dabei kommt es immer darauf an, die Wirkstoffe optimal zu plazieren.

Auf dem Gebiet der Hygiene sind die wesentlichsten technischen Hilfsmittel für den Landwirt:

Tierkennzeichnung (als Voraussetzung einer gezielten Behandlung)
Desinfektionsbad
Desinfektionsmatten
Hochdruckreiniger.

Die Hochdruckreiniger sind vielseitig verwendbar: zur Reinigung von Ställen, Stalleinrichtungen (Maschinen und Geräte allgemein) und zur vorbeugenden Desinfektion von Tieren und belegten Ställen. Folgende technische Voraussetzung sollten gegeben sein:
 Hoher Betriebsdruck an der Austrittsstelle (in bar) bei wenig Wasserdurchlauf (in l/min)
 die Möglichkeit, chemische Mittel dosiert zuzuführen und den Druck für das direkte Absprühen von Tieren reduzieren zu können.

Die Geräte werden als Kalt- und Heißwassergeräte angeboten. Als Energiequelle kommen elektrischer Strom (hoher Anschlußwert) und Öl in Betracht.

Das Angebot an solchen Geräten ist vielfältig. Die Austrittsdrücke der größeren Geräte liegen bei 40 bis 75 atü und auch darüber, der Wasserdurchlauf bei 15–10 l/min. Die Preise betragen 2500,– bis 5000,– DM. Die Geräte der höheren Preisklasse haben Heißwasserbereitung. Neben dem Elektroantrieb (im Mittel 1,5 kW) gibt es auch Zapfwellenaufsteckpumpen.

Tierkennzeichnung

Die Tiere werden gekennzeichnet
 zum Eigentumsnachweis
 zur Zuchtkontrolle
 zur individuellen Betreuung der einzelnen Tiere.

Eigentumsnachweis

Es sind folgende Forderungen zu stellen:
 Dauerhaftigkeit
 Ausschaltung von Verwechslungen
 Erkennbarkeit auf weite Entfernung, z. B. für Weidevieh.
Als Lösungen bieten sich an:
 Tätowierung (dauerhaft, aber nicht von weitem erkennbar)
 Brand
 Fotografie (keine Kennzeichnung, sondern Registrierung, vor allem bei mehrfarbigen Tieren sicherer Eigentumsnachweis).

Zuchtkontrolle

Es sind folgende Forderungen zu stellen:
 Dauerhaftigkeit
 Ausschaltung von Verwechslungen
Als Lösungen bieten sich an:
 für Rindvieh hauptsächlich Ohrmarken und die Beschreibung der äußeren Merkmale

Tab. 53. Kennzeichnung von Tieren

	Bezeichnung	Tiergattung	Bereich	Material	Eigentum	Zucht	Betreuung	erkennbar	haltbar	veränderbar	Häute-schäden	Bemerkungen
Markierung auf der Haut	Tätowierung Zange	Rind, Schwein, Schaf, Kaninchen, Hund	Ohr	Farbe	++	++	+	+	++	nein	nein	auf pigmentierten Stellen nur bei rot, weiß oder grün erkennbar
	Tätowierung Schlag	Rind, Schwein	Vorder- u. Hinterhand, Hals, Euter	Farbe	+	–	+	+	–	nein	gering	Eutertätowierung umstritten
	Heißbrand	Rind, Pferd, Schlachtschw.	Hals, Vorder-, Hinterh., Rücken, Huf, Horn	–	++	nur beim Pferd	+	+	++	nein	ja	Horn- und Hufbrand verwächst, scheren notwendig
	Gefrierbrand	Rind	Vorder- u. Hinterhand	–	++	–	++	++	++	nein	ja	in Laufställen bei großen Herden
	Ätzbrand	Rind, Schwein	Hals, Vorder-, Hinterhand, Rücken	–	++	–	+	+	++	nein	ja	wenig gebräuchlich
	Kerbung und Lochung	Rind, Schwein, Schaf, Kaninchen	Ohr	–	+	–	+	+	+	ja	nein	in Weidebetrieben gebräuchlich, nach Kerbschlüssel schwer lesbar
Kennzeichenträger	Zuchtohrmarken	Rind, Schwein, Schaf	Ohr	Metall, z.T. Kunststoff	++	++	+	+	++	nein	nein	wegen der Gefahr des Ausreißens Ergänzung oft durch Tätowierung
	Schnellerkenn.-Ohrmarken	Rind, Schwein, Schaf	Ohr	Kunststoff	+	–	++	++	+	z. Teil	nein	Farbige große Kunststoffohrmarken gute Betreuungshilfe
	Schlachtvieh-ohrmarken	Rind, Schwein, Schaf	Ohr	buntbedr. Blech	+	–	+	+	–	nein	nein	auch kurzfristige Eigentumskennzeichnung
	Flügelmarken	Geflügel	Flügel	Kunststoff	+	++	++	++	++	nein	–	für Zuchtbetriebe und Laufställe
	Beinringe	Geflügel	Ständer	Kunststoff	+	+	+	+	+	ja	–	für Laufställe

Bezeichnung	Tiergattung	Bereich	Material	Eigentum	Zucht	Betreuung	erkennbar	haltbar	veränderbar	Häuteschäden	Bemerkungen
Halsband	Rind, selten Schwein	Hals	Kunststoff	+	−	++	++	+	ja	nein	brauchbarste aber teuerste Markierung
Halskette	Rind	Hals	Kunststoff, Metall	+	−	++	++	+	ja	nein	brauchbare und teure Markierung
(Fesselband)	Kuh	vorw. Vorderbein	Kunststoff	−	−	++	++	+	ja	nein	für Melkstände geeignet
Schwanznummernband	Kuh	Schwanz	Gewebestoff	−	−	+	+	−	ja	nein	für Melkstände brauchbar aber nicht haltbar
direkte Farbkennzeichn.	Rind, vor allem Schaf, Schwein	Rücken, Kopf, Vorder-Hinterhand	Farbe	−	−	++	++	+	ja	nein	billige, gute Betreuungshilfe
elektronische Kennzeichng.	Kuh	Sender unter der Haut oder angehängt	elektr. Sender	−	−	++	−		nein	nein	nur für große Bestände und Versuche von Bedeutung, Weiterentwicklung wünschenswert
Fotografie	Pferd, Rind	Kopf, beide Seiten	Bild	++	++	−	++	++	nein	nein	keine Kennzeichnung, nur Registrierung f. verschiedenfarbige Tiere

Kennzeichenträger

− nicht geeignet, + geeignet, ++ gut geeignet

für Pferde Brand, Foto und Beschreibung der äußeren Merkmale
für Schweine Tätowierung und Einkerbungen
für Schafe und Kaninchen Tätowierung und Ohrmarken
für Geflügel Flügelmarken und Beinringe
für Hunde Tätowierung.

Kennzeichnung für die tägliche Betreuung

Es sind folgende Forderungen zu stellen:
gute Lesbarkeit
Möglichkeit der Kennzeichenänderung (z. B. bei Leistungsgruppen)
Als Lösungen bieten sich an:
Farbstifte oder Spray zur kurzfristigen Kennzeichnung
Bänder oder größere Ohrmarken in verschiedenen Farben zur schnellen Unterscheidung
kleine Ohrmarken bei Schlachttieren
Farbstempel bei geschlachteten Tieren
Einkerbungen bei Rindvieh und Schweinen (keine Änderung möglich)
Brand (keine Änderung möglich).
Die Tab. 53 zeigt die wichtigsten Merkmale der verschiedenen Kennzeichnungsmöglichkeiten, unterschieden nach Markierungen auf der Haut und Kennzeichenträgern.

Stallklima

Klima im Freien (Außenklima)

Klima kann allgemein als „Witterungsverhältnisse eines Ortes (Gebietes)" definiert werden, wie sie sich aus Luftdruck, Temperatur, Luftfeuchtigkeit, Bewölkung, Niederschlägen und Wind für einen längeren Zeitraum ergeben. Man kennt in den einzelnen Zonen der Erde unterschiedliche Klimatypen. Pflanzliche Lebewesen haben sich diesen Klimaten angepaßt. Tierische Lebewesen und der Mensch können sich z. B. durch Ortsveränderung von den Witterungsverhältnissen unabhängig machen (Unterschlupf, Winterschlaf, Vogelzug u. ä.). Unter den Gesichtspunkten der Tierhaltung ist die Temperatur der Außenluft ein Charakteristikum der außenklimatischen Verhältnisse.
Außenluft im Winter (s. Wintertemperatur-Zonenkarte, Abb. 90). Die Wintertemperaturwerte beruhen auf der mittleren Anzahl von Eistagen, die mit Häufigkeit und Dauer von Kaltluftperioden sehr eng zusammenhängen. Zur Standardisierung wurden jeweils zwei Temperaturwerte zusammengefaßt, wobei der tiefere Wert (−10, −12, −14 und −16) die Temperaturzone kennzeichnet und zugleich

Stallklima 203

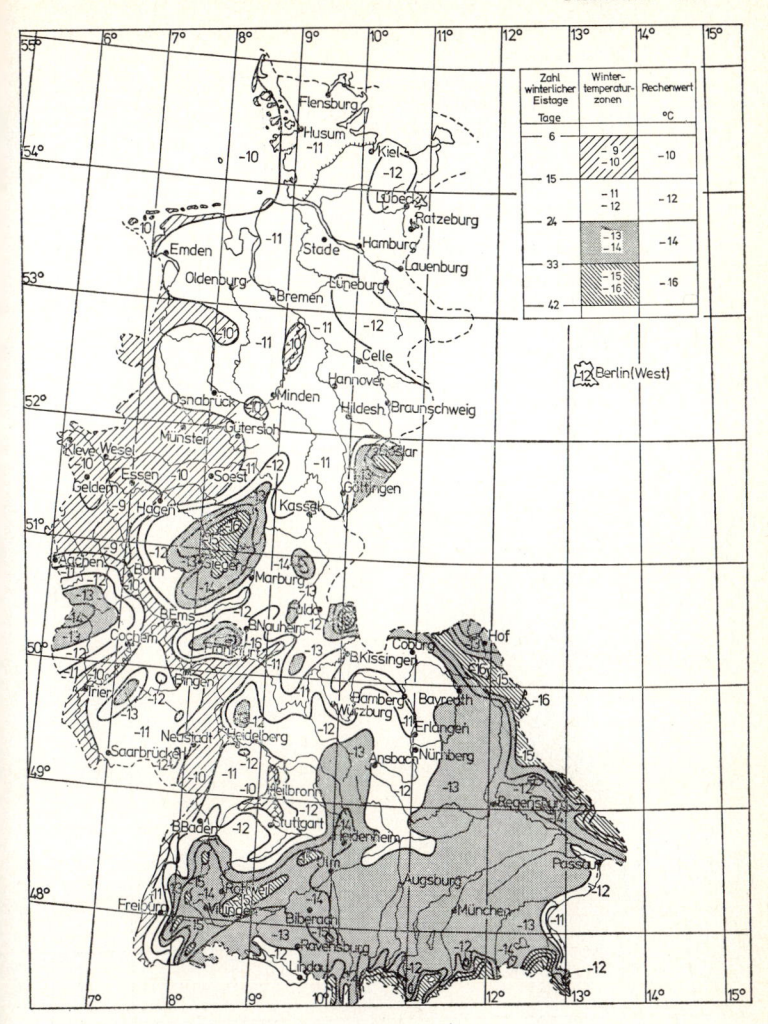

Abb. 90: Wintertemperatur-Zonenkarte.

204 Haltung

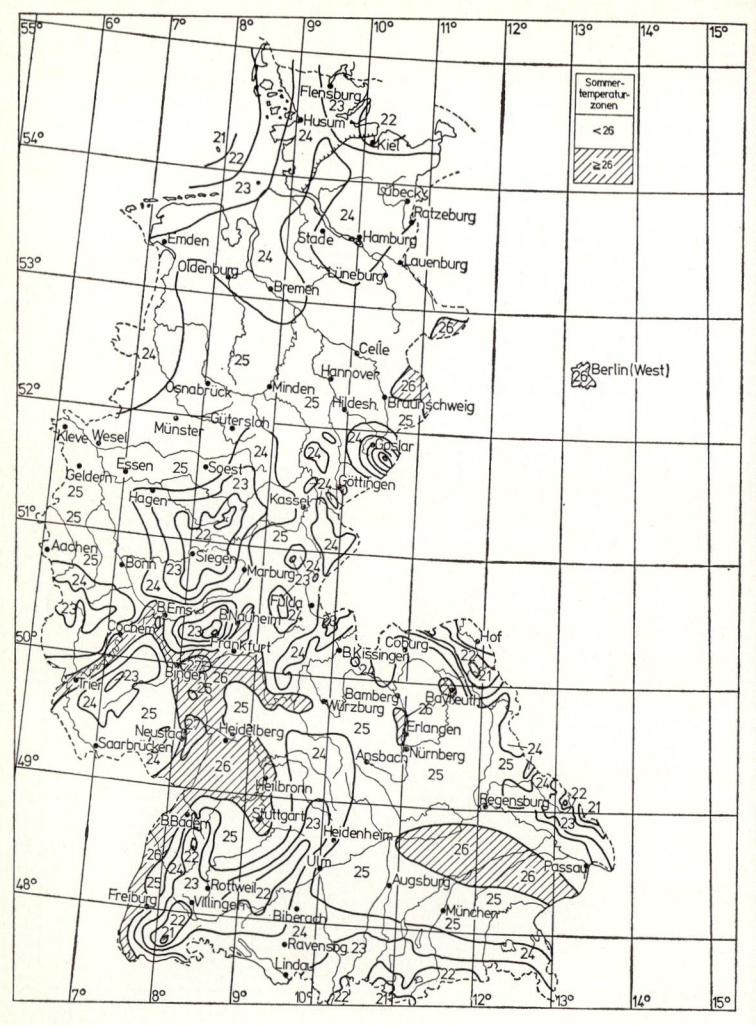

Abb. 91: Sommertemperatur-Zonenkarte.

(in °C) als Rechenwert für den betreffenden Standort bei der Bemessung der Luftraten und des baulichen Wärmeschutzes im Winter gilt. Dabei sind für die relative Feuchte der Außenluft im Winter als Rechenwert 100% anzusetzen.
Außenluft im Sommer (siehe Sommertemperatur-Zonenkarte Abb. 91). Die Sommertemperaturwerte sind arithmetische Mittel aus der mittleren Jahreshöchsttemperatur und der langjährigen Mitteltemperatur des Juli, aufgerundet auf ganze Celsiusgrade. Zur Bemessung der Mindestluftraten im Sommer dient in Abhängigkeit vom Standort die Sommertemperaturzone $< 26°C$ oder $\geq 26°C$.

Bedeutung des Stallklimas

Das Klima wirkt sich aus auf Wachstum, Gesundheit, Lebenserwartung und Fruchtbarkeit. Die Grenzwerte dürfen nicht dauernd unter- bzw. überschritten werden, ein Optimum ist erwünscht.
Das landwirtschaftliche Nutztier ist bei den modernen Haltungsverfahren weitgehend fixiert und dabei kaum in der Lage, aktiv auf klimatische Einflüsse zu reagieren. Eine Ausnahme bilden die physiologischen Reaktionen: Fell- und Federkleidentwicklung, Produktion von Fleisch, Fett, Milch und Eier, Regulierung der Futteraufnahme. Hierbei handelt es sich überwiegend um Merkmale, die mit dem Haltungsziel identisch sind. Damit wird gleichzeitig deutlich, daß über die Veränderung der Klimafaktoren Einfluß auf die Leistung genommen werden kann.
Das Klima eines geschlossenen Raumes, also auch im Stall, ist heute steuerbar. Die Voraussetzungen sind im Stall vielfach schwieriger als beispielsweise in einer Wohnung, wo die Abgabe von Wärme, Feuchtigkeit und Gasen praktisch außer acht gelassen werden kann wegen des geringen Mengenanfalles und wegen der Möglichkeit, sich selbst helfen zu können (Lüftung). Bei der konzentrierten Tierhaltung werden diese Fragen zum Problem.

Anforderungen an das Stallklima

Temperatur und Feuchte der Stalluft

Auf die Leistungsfähigkeit der Tiere haben vor allem Temperatur und Feuchte der Stalluft Einfluß. Die in Tab. 54 genannten Optimalbereiche geben speziell die Umgebungstemperaturen im Tierbereich an und folglich auch ein in den ersten Lebenstagen ggf. erforderliches Kleinklima. Die Rechenwerte im Winter beziehen sich ausschließlich auf den Durchschnittswert der Raumlufttemperatur. In der Regel sollen deshalb die Optimalbereiche eingehalten und bei der Planung die angegebenen Rechenwerte zugrunde gelegt werden.

Tab. 54. Temperatur und Feuchte der Stalluft

	Optimalbereich für die Tiere			Rechenwert im Winter	
	Lufttemperatur °C	relative Luftfeuchte %		Lufttemperatur °C	relative Luftfeuchte %
Rindviehställe	0 bis 20	60 bis 80	Milchkühe, Zuchtkälber, Zuchtbullen, Jungviehaufzucht und Abkalbung	10	80
	20 bis 12[a]	60 bis 80	Jungviehmast, Mastbullen	16	80
	20 bis 16[a]	60 bis 80	Mastkälber	18	70
Schweineställe	5 bis 15	60 bis 80	Jungsauen, leere und niedertragende Sauen, Eber,	12	80
	12 bis 16	60 bis 80	Sauen mit Ferkeln (Temperatur im Ferkelnest in den ersten 6 Wochen von 30°C bis 20°C abnehmend)	18	70
	18 bis 15[b]	60 bis 80	Mastschweine	16	80
	22 bis 18[b]	60 bis 80	Absatzferkel und Vormast bis 30 kg	20	60
Geflügelställe	32 bis 18[b]	60 bis 70	Hühnerküken mit Zonenheizung, Temperatur in der Kükenzone je Lebenswoche um 3 Grad abnehmend	26	60
	15 bis 20	60 bis 80	Jung- und Legehennen	18	70

	Optimalbereich für die Tiere			Rechenwert im Winter	
	Lufttemperatur °C	relative Luftfeuchte %		Lufttemperatur °C	relative Luftfeuchte %
Geflügelställe	36 bis 18[a]	60 bis 70	Putenküken mit Zonenheizung, Temperatur in der Kükenzone je Lebenswoche um 3 Grad abnehmend	22	60
	18 bis 10[a]	60 bis 80	Mastputen ab 7. Woche	16	80
	30 bis 10[a]	60 bis 80	Enten	20	60
Pferdeställe	10 bis 15	60 bis 80	Arbeitspferde	12	80
	15 bis 17	60 bis 80	Reit- und Rennpferde	16	80
Schafställe	6 bis 14	60 bis 80	Zuchtschafe	10	80
	16 bis 14[a]	60 bis 80	Mastschafe	16	80

[a] Lufttemperatur mit zunehmendem Alter der Tiere allmählich vom höheren auf den niederen Wert abnehmend.
[b] Die hier angegebenen Temperaturen gelten für eingestreute Schweineställe. Sie sollten, mit Ausnahme des Ferkelnestes, bei einstreuloser Haltung um 3 bis 5°C höher liegen.

Luftbewegung im Stall

Die Luftgeschwindigkeit soll in Nähe der Tierkörper im Winter möglichst nicht größer als 0,2 m/s sein, um Zugerscheinungen zu vermeiden. Überschreitet jedoch im Sommer die Stallufttemperatur den Höchstwert des betreffenden Optimalbereichs, so wird eine Erhöhung der Luftgeschwindigkeit auf bis zu 0,6 m/s zweckmäßig, um einen Wärmestau am Tierkörper zu vermeiden.

Gaskonzentrationen in der Stalluft

Ein weiterer Maßstab für die Qualität der Stalluft ist der möglichst geringe Gehalt an unerwünschten Gasen. Alle Verbindungen zwischen Ställen und außenliegenden Flüssigmist- und Jauchegruben müssen daher mit einem Geruchsverschluß ausgestattet sein.
Folgende Konzentrationen sollen nicht überschritten werden:
Kohlendioxid (CO_2) 3,5 l/m³,
Ammoniak (NH_3) 0,05 l/m³,
Schwefelwasserstoff (H_2S) 0,01 l/m³.

Die Mindestluftraten zum Abführen des überschüssigen Wasserdampfes im Winter ($V \times Ab$) – Abluftraten (vgl. Tab. 56-59) – reichen normalerweise aus, damit die vorgenannten Gaskonzentrationswerte nicht überschritten werden, sofern der Luftwechsel ohne längere Unterbrechung eingehalten wird und keine Abgase von Heizgeräten an die Stalluft abgegeben werden. Besonders umfangreiche Sicherheitsmaßnahmen sind beim Aufrühren von Flüssigmist zu treffen; zur Vermeidung von Gasvergiftungen von Mensch und Tier sind die Unfallverhütungsvorschriften und die Richtlinien des Bundesverbandes der landwirtschaftlichen Berufsgenossenschaften zu beachten.

Beleuchtung

Sowohl der Tierbereich als auch die Hauptarbeitsplätze müssen ausreichend beleuchtet sein. Der Lichtbedarf kann nur zeitweise durch Tageslicht gedeckt werden. Helligkeit, Lichtfarbe und Beleuchtungszeit sind den Haltungs- und Arbeitsbedingungen anzupassen. Eine ausreichende künstliche Beleuchtung ist immer vorzusehen. Bei der Anordnung der Leuchten ist darauf zu achten, daß sie die Luftführung im Stall nicht beeinträchtigen.
Mit Rücksicht auf den Wärmehaushalt der Ställe sollen die Fensterflächen (Rohbau-Richtmaß) folgende Richtwerte nicht überschreiten:
Bei Mastställen 1/20,
bei Zuchtställen 1/15 der Stallgrundfläche.

Stallklimaverhältnisse

Im Winter ist der bestimmende Faktor die Luftfeuchte. Um diese zu senken, benötigt man trockene Luft, im allgemeinen Frischluft. Es kommt darauf an, die Wärmebilanz so auszugleichen, d. h. die Zuluftmengen so einzustellen, daß die Feuchtigkeit gerade noch abgeführt wird, ohne daß eine Unterkühlung der Stalluft eintritt. Dies gelingt im allgemeinen nur durch eine hohe Wärmedämmung, um den Wärmeverlust so gering wie möglich zu halten. Wird das Gleichgewicht auch dann noch nicht erreicht, ist eine Zusatzheizung notwendig. Heizung und Wärmedämmung, wie auch Heizung

Tab. 55. Beleuchtungsbedarf

Raumart	Hauptbeleuchtungszone (HBZ)	Beleuchtungsstärke in der HBZ (Lux)	Abstand der Leuchtenmitte in m in der HBZ bei Verwendung von					
			Glühlampen			Niederdruckleuchtstofflampen		
			40 W	60 W	100 W	20 W	40 W	65 W
Rindviehställe								
Tränkkälberstall	Futtergang	60	—	—	2,0	2,0	5,0	—
Milchvieh-Anbindestall	Melkgang	120	—	—	—	—	2,5	4,0
	Futtergang a)	30	—	2,0	4,0	4,0	10,0	—
	Mistgang	60	—	—	2,0	2,0	5,0	—
Milchvieh-Laufstall	Futtergang	30	—	2,0	4,0	4,0	10,0	—
Abkalbe- und Krankenstall	Melkgang	120	—	—	—	—	2,5	4,0
	Futtergang	30	—	2,0	4,0	4,0	10,0	—
Mastvieh-, Zuchtbullen-Anbindestall	Mistgang	60	—	—	2,0	2,0	5,0	—
	Futtergang a)	30	—	2,0	4,0	4,0	10,0	—
Mastvieh-, Zuchtbullen-Laufstall	Futtergang	60	—	—	2,0	2,0	5,0	—
Schweineställe								
Eber- und Sauenstall	Futtergang	60	—	—	2,0	2,0	5,0	—
Abferkelstall	Ferkelbereich	60	je 2 Abferkelbuchten 1 NL-Lampe 40 W b) oder je 1 Abferkelbucht 1 GL-Lampe 100 W b)					
Maststall	Futtergang	60	—	—	2,0	2,0	5,0	—
Geflügelställe								
Hühner- und Puten-Bodenhaltung	Gesamte Bodenfläche	15	je 25 m² Bodenfläche 1 NL-Lampe 40 W b) oder je 12 m² Bodenfläche 1 GL-Lampe 60 W b)					
Hühner-, Batteriehaltung und Käfighaltung	Arbeits-, Kontrollgang	15	3,0	4,0	—	—	—	—
Entenstall	Futtergang	15	3,0	4,0	—	—	—	—
Pferdeställe	Arbeitsgang	60	—	—	2,0	2,0	5,0	—
Schafställe	Futtergang	60	—	—	2,0	2,0	5,0	—
Kaninchenställe		60	—	—	2,0	2,0	5,0	—
Nebenräume								
Futteraufbereitung		60	—	—	2,0	2,0	5,0	—
Warteraum für Milchkühe		30	—	2,0	4,0	4,0	10,0	—
Melkstand	Melkgang	240	—	—	—	—	1,25	2,0
Milchraum	Arbeitszone	120	—	—	—	—	2,5	4,0

a) Lampen über dem Futtergang können bei einreihiger Aufstallung mit geringer Stalltiefe und bei zweireihiger Aufstallung mit einem gemeinsamen Futtergang entfallen.
b) NL = Niederdruckleuchtstofflampen; GL = Glühlampen.

Tab. 56. Rindviehställe, Luftraten und Wärmewerte

Tiergewicht	$t_a = -10°C$				$t_a = -12°C$			
	V_{xAb}	V_{xZu}	Q_L	Q_R	V_{xAb}	V_{xZu}	Q_L	Q_R
kg/Tier	m³/h·Tier	m³/h·Tier	kcal/h·Tier	kcal/h·Tier	m³/h·Tier	m³/h·Tier	kcal/h·Tier	kcal/h·Tier

Stall für Milchkühe, Zuchtkälber, Zuchtbullen, Jungviehaufzucht und

60	15	14	137	18	14	13	139	16
100	21	19	188	37	19	18	192	33
150	27	25	248	62	26	24	254	56
200	34	31	305	85	32	29	311	79
300	45	42	408	127	42	39	416	119
400	55	51	497	163	51	47	507	153
500	63	58	571	194	59	54	583	182
600	70	65	632	218	65	60	644	206
800	78	73	710	250	74	68	724	236

Stall für Jungvieh und Mastbullen

200	21	19	262	128	20	18	268	122
300	28	25	351	184	27	24	358	177
400	34	31	427	233	32	29	436	224
500	39	35	491	274	37	33	501	264
600	43	39	543	307	41	37	554	296
800	48	44	610	350	46	42	622	338

Stall für Mastkälber (mit 50% erhöhtem Wasserdampfanfall)

60	14	13	185	−30	14	12	188	−33
100	19	17	255	−30	19	17	259	−34
150	26	23	336	−26	25	22	342	−32

t_a = Temperatur außen; t_i = Temperatur innen

---

und Luftdurchsatz, sind austauschbar und ökonomisch bestimmbar.

Im Sommer liegen die Probleme umgekehrt. Zum Abführen von übermäßiger Luftfeuchte und von Gasen reicht die verhältnismäßig sehr große Luftmenge immer aus, die benötigt wird, um die von den Tieren abgegebene Wärme aus dem Stall herauszubringen. Trotzdem bleibt die Temperatur der Stalluft zumindest geringfügig höher als die der Außenluft. Der sehr starke Luftwechsel ver-

Bedeutung des Stallklimas 211

Tiergewicht	$t_a = -14°C$				$t_a = -16°C$			
	V_{xAb}	V_{xZu}	Q_L	Q_R	V_{xAb}	V_{xZu}	Q_L	Q_R
kg/Tier	m³/h·Tier	m³/h·Tier	kcal/h·Tier	kcal/h·Tier	m³/h·Tier	m³/h·Tier	kcal/h·Tier	kcal/h·Tier
Abkalbung	bei $t_i = 10°C$ und $\varphi_i = 80\%$							
60	13	12	143	12	13	12	146	9
100	19	17	197	28	18	16	201	24
150	25	23	260	50	24	21	266	44
200	30	28	320	70	29	26	327	63
300	40	37	427	108	39	35	437	98
400	49	45	520	140	47	43	532	128
500	56	52	598	167	54	49	612	153
600	62	57	662	188	60	54	676	174
800	70	64	743	217	67	61	760	200
bei $t_i = 16°C$ und $\varphi_i = 80\%$								
200	19	17	273	117	19	17	279	111
300	26	23	365	170	25	22	373	162
400	31	28	445	215	30	27	455	205
500	36	32	511	254	35	31	523	242
600	40	35	565	285	39	35	578	272
800	45	40	635	325	44	39	650	310
bei $t_i = 18°C$ und $\varphi_i = 70\%$								
60	13	12	191	–36	13	11	195	–40
100	18	16	264	–39	18	15	269	–44
150	24	21	348	–38	23	20	355	–45

Abluftraten V_{xAb}, Zuluftraten V_{xZu}, Lüftungswärme Q_L und Restwärme Q_R je Tier

ursacht auch im Bereich der Tiere höhere Luftgeschwindigkeiten, die erheblich über dem angestrebten Winterwert von maximal 0,2 m/sec hinausgehen und einem Wärmestau am Tierkörper entgegenwirken. Eine weitere Temperaturminderung, die jedoch noch wenig praktiziert und zum Teil noch Theorie ist, wird ermöglicht durch die Ausnutzung der Verdunstungskälte von Wasser an der Luftansaugseite, auf der Dachhaut, im Stall oder auch der elektrischen Kühlung.

Tab. 57. Schweineställe, Luftraten und Wärmewerte

Tiergewicht	$t_a = -10°C$				$t_a = -12°C$			
	V_{xAb}	V_{xZu}	Q_L	Q_R	V_{xAb}	V_{xZu}	Q_L	Q_R
$\frac{kg}{Tier}$	$\frac{m^3}{h \cdot Tier}$	$\frac{m^3}{h \cdot Tier}$	$\frac{kcal}{h \cdot Tier}$	$\frac{kcal}{h \cdot Tier}$	$\frac{m^3}{h \cdot Tier}$	$\frac{m^3}{h \cdot Tier}$	$\frac{kcal}{h \cdot Tier}$	$\frac{kcal}{h \cdot Tier}$

Stall für Jungsauen, Eber, leere und niedertragende Sauen

100	13	12	138	32	13	12	141	29
150	18	17	189	43	18	16	192	40
200	23	21	237	57	22	20	242	52
300	33	30	337	83	31	28	344	76

Stall für Sauen mit Ferkeln

10	4,2	3,8	48	−8	4,0	3,7	49	−9
20	5,0	4,6	58	0	4,8	4,4	59	−1
30	5,9	5,3	67	8	5,6	5,1	69	6
60	8,4	7,6	96	24	8,0	7,3	98	22
100	11	10	131	39	11	10	134	36
150	16	14	179	53	15	14	183	49
200	20	18	225	69	19	17	230	64
300	28	25	319	101	27	24	327	93

Stall für Mastschweine

10	3,6	3,3	46	−6	3,5	3,1	47	−7
20	4,3	3,9	55	3	4,2	3,7	56	2
30	5,0	4,6	64	11	4,8	4,4	65	10
60	7,2	6,5	92	28	6,9	6,2	93	27
100	9,8	8,9	125	45	9,5	8,5	128	42
150	13	12	171	61	13	12	174	58

Stall für Absatzferkel und Vormast bis 30 kg

10	3,8	3,4	51	−11	3,7	3,2	52	−12
20	4,6	4,1	61	−3	4,4	3,9	62	−4
30	5,4	4,8	72	3	5,2	4,5	73	2

t_a = Temperatur außen; t_i = Temperatur innen

	$t_a = -14°C$				$t_a = -16°C$			
Tiergewicht	V_{xAb}	V_{xZu}	Q_L	Q_R	V_{xAb}	V_{xZu}	Q_L	Q_R
$\dfrac{kg}{Tier}$	$\dfrac{m^3}{h \cdot Tier}$	$\dfrac{m^3}{h \cdot Tier}$	$\dfrac{kcal}{h \cdot Tier}$	$\dfrac{kcal}{h \cdot Tier}$	$\dfrac{m^3}{h \cdot Tier}$	$\dfrac{m^3}{h \cdot Tier}$	$\dfrac{kcal}{h \cdot Tier}$	$\dfrac{kcal}{h \cdot Tier}$
bei $t_i = 12°C$ und $\varphi_i = 80\%$								
100	12	11	144	26	12	11	148	22
150	17	15	197	35	16	15	202	30
200	21	19	248	46	20	18	254	40
300	30	27	352	68	29	26	360	60
bei $t_i = 14°C$ und $\varphi_i = 80\%$								
10	3,9	3,5	50	–10	3,8	3,3	51	–11
20	4,7	4,2	60	–2	4,5	4,0	61	–3
30	5,4	4,9	70	5	5,3	4,7	72	3
60	7,7	7,0	100	20	7,5	6,7	102	18
100	11	10	137	33	10	9,1	140	30
150	14	13	187	45	14	12	191	41
200	18	16	235	59	18	16	240	54
300	26	23	334	86	25	22	341	79
bei $t_i = 16°C$ und $\varphi_i = 80\%$								
10	3,4	3,0	48	–8	3,3	2,9	49	–9
20	4,0	3,6	57	1	3,9	3,5	58	0
30	4,7	4,2	67	8	4,6	4,1	68	7
60	6,7	6,0	95	25	6,5	5,8	98	22
100	9,2	8,2	130	40	8,9	8,0	133	37
150	13	11	178	54	12	11	182	50
bei $t_i = 20°C$ und $\varphi_i = 60\%$								
10	3,6	3,1	53	–13	3,5	3,0	54	–14
20	4,3	3,8	63	–5	4,2	3,6	64	–6
30	5,0	4,4	74	1	4,8	4,2	75	0

Abluftraten V_{xAb}, Zuluftraten V_{xZu}, Lüftungswärme Q_L und Restwärme Q_R je Tier

Tab. 58. Hühnerställe, Luftraten und Wärmewerte

	$t_a = -10°C$				$t_a = -12°C$			
Tiergewicht	V_{xAb}	V_{xZu}	Q_L	Q_R	V_{xAb}	V_{xZu}	Q_L	Q_R
$\dfrac{kg}{Tier}$	$\dfrac{m^3}{h \cdot Tier}$	$\dfrac{m^3}{h \cdot Tier}$	$\dfrac{kcal}{h \cdot Tier}$	$\dfrac{kcal}{h \cdot Tier}$	$\dfrac{m^3}{h \cdot Tier}$	$\dfrac{m^3}{h \cdot Tier}$	$\dfrac{kcal}{h \cdot Tier}$	$\dfrac{kcal}{h \cdot Tier}$
Stall für Junghennen und Legehennen								
0,520	0,29	0,26	3,8	0,3	0,28	0,25	3,9	0,2
0,700	0,35	0,32	4,6	0,5	0,34	0,30	4,7	0,4
1,130	0,49	0,44	6,4	0,6	0,47	0,42	6,5	0,5
1,630	0,60	0,54	7,8	1,1	0,57	0,51	8,0	0,9
2,200	0,67	0,60	8,8	1,4	0,64	0,57	8,9	1,3
Stall für Hühnerküken mit Zonenheizung (Temperatur in der Kükenzone								
0,055	0,042	0,037	0,74	−0,14	0,041	0,036	0,75	−0,15
0,165	0,084	0,074	1,48	0,22	0,082	0,071	1,50	0,20
0,310	0,135	0,128	2,37	0,43	0,131	0,114	2,40	0,40

t_a = Temperatur außen; t_i = Temperatur innen

Mindestluftraten

Für den Winter werden die Luftraten normalerweise nach dem Wasserdampfmaßstab berechnet. Die Zuluftraten je Tier (V_{xZu}) werden ermittelt, indem der Wasserdampfanfall (der bei jüngeren Tieren vergleichsweise größer ist als bei älteren) durch die Differenz aus dem Wasserdampfgehalt der Stalluft und der Außenluft dividiert wird. Es wird also festgestellt, welche Zuluftmenge erforderlich ist, um den im Stall produzierten Wasserdampf aufzunehmen.
Weil die Temperatur der Stalluft im Winter höher ist als die der Außenluft, verringert sich im Stall die Dichte der eingebrachten Zuluft, so daß eine entsprechend größere Ablufttrate (V_{xAb}) ausgebracht wird.
Bei diesem Luftwechsel wird dem Stall zugleich die sogenannte Lüftungswärme (Q_L) entzogen. Die Differenz der mit den jeweiligen Wärmeinhalten multiplizierten Abluft- und Zuluftmengen ergibt die beanspruchte Lüftungswärmemenge.
Die sogenannte Restwärme (Q_R) ist die Differenz aus dem Wärmeanfall und der verbrauchten Lüftungswärme je Tier. Die Restwärme wird negativ, wenn der Lüftungswärmebedarf größer ist, als die Wärmeabgabe der Tiere.

Tiergewicht	V_{xAb}	V_{xZu}	Q_L	Q_R	V_{xAb}	V_{xZu}	Q_L	Q_R
	$t_a = -14°C$				$t_a = -16°C$			
$\dfrac{kg}{Tier}$	$\dfrac{m^3}{h \cdot Tier}$	$\dfrac{m^3}{h \cdot Tier}$	$\dfrac{kcal}{h \cdot Tier}$	$\dfrac{kcal}{h \cdot Tier}$	$\dfrac{m^3}{h \cdot Tier}$	$\dfrac{m^3}{h \cdot Tier}$	$\dfrac{kcal}{h \cdot Tier}$	$\dfrac{kcal}{h \cdot Tier}$
bei $t_i = 18°C$ und $\varphi_i = 70\%$								
0,520	0,27	0,24	4,0	0,1	0,27	0,23	4,1	0,0
0,700	0,33	0,29	4,8	0,3	0,32	0,28	4,9	0,2
1,130	0,45	0,40	6,6	0,4	0,44	0,39	6,8	0,2
1,630	0,56	0,49	8,1	0,8	0,54	0,48	8,3	0,6
2,200	0,63	0,55	9,1	1,1	0,61	0,54	9,3	0,9
je Lebenswoche um 3 grd abnehmend) bei $t_i = 26°C$ und $\varphi_i = 60\%$								
0,055	0,040	0,034	0,76	–0,16	0,039	0,033	0,11	–0,17
0,165	0,080	0,069	1,52	0,18	0,079	0,067	1,55	0,15
0,310	0,128	0,110	2,44	0,36	0,126	0,107	2,47	0,33

Abluftraten V_{xAb}, Zuluftraten V_{xZu}, Lüftungswärme Q_L und Restwärme Q_R je Tier

Die Abluftraten (V_{xAb}), die Zuluftraten (V_{xZu}) in m³/h, die Lüftungswärme (Q_L) und die Restwärme (Q_R) in kcal/h (ab 1978 eine kcal = 1,16 Wh) je Tier (Tab. 56–59) beziehen sich auf die Rechenwerte für Temperatur und relative Feuchte der Stalluft gemäß Tab. 54 und auf die Wintertemperaturzonen –10, –12, –14 und –16° C bei 100% relativer Feuchte der Außenluft.
Für den Sommer werden die Mindestluftraten nach dem Wärmemaßstab bemessen. Die Temperatur der Stalluft soll im Sommer nicht wesentlich höher als die der Außenluft sein. Bei der Ermittlung der Sommerluftraten je Tier (V_i) dividiert man den Wärmeanfall je Tier durch die gewünschte Temperaturdifferenz zwischen Stall- und Außenluft, die zuvor mit 0,8 (als Nährungswert für die Differenz beider Wärmeinhalte) multipliziert wurde.

Wärmeschutz der raumumschließenden Bauteile

Der *Wärmeverlust durch die raumumschließenden Bauteile* (ΣQ_B) errechnet sich aus den Wärmeverlusten der einzelnen Bauteile (z. B. Q_B der Fenster, der Türen, der Wände und der Decke) in Abhängigkeit von der Größe der betreffenden Fläche (F in m²), deren k-Zahl (k in kcal/m² · h · grd – ab 1978 W/m² ·K) und dem Unter-

Tab. 59. Mindestluftraten im Sommer V_i je Tier in m³/h

Rindviehställe

Tiergewicht in kg/Tier		60	100	150	200	300	400	500	600	800
Sommertemperaturzone $\geqq 26°$ C a)	$t_i - t_a = 3$ grd	65	94	129	163	223	275	319	354	400
Sommertemperaturzone $\geqq 26°$ C a)	$t_i - t_a = 4$ grd	48	70	97	122	167	206	239	266	300

Schweineställe

Tiergewicht in kg/Tier		10	20	30	60	100	150	200	300	
Sommertemperaturzone $\geqq 26°$ C a)	$t_i - t_a = 2$ grd	25	36	47	75	106	145	184	263	
Sommertemperaturzone $< 26°$ C a)	$t_i - t_a = 3$ grd	17	24	31	50	71	97	123	175	

Hühnerställe

Tiergewicht in kg/Tier		0,055	0,165	0,310	0,520	0,700	1,130	1,630	2,200	
Sommertemperaturzone $< 26°$ C a)	$t_i - t_a = 1$ grd	0,75	2,12	3,50	5,12	6,37	8,75	11,12	12,75	
Sommertemperaturzone $< 26°$ C a)	$t_i - t_a = 2$ grd	0,37	1,06	1,75	2,56	3,18	4,37	5,56	6,37	

a) siehe Sommertemperaturzonenkarte (Abb. 91).

Tab. 60. Wärmedurchgangszahlen (k-Zahlen)

Fenster

	Holz- oder Kunststoffrahmen	Stahl- oder Betonrahmen
Einfachfenster einfach verglast		5,0
Einfachfenster, doppelt verglast, 6 mm Scheibenabstand		2,8
Einfachfenster, doppelt verglast, 12 mm Scheibenabstand		3,1
Verbundfenster		3,0
Doppelfenster		2,8

Türen, Wände und Decken einschließlich Dämmstoff

Baustoff	Dicke (ohne Dämmstoff) mm	Dicke der Wärmedämmschicht aus Faserstoff in mm									
		0	10	20	30	40	50	60	70	80	90	100

Türen und Wände aus Holz und Eternit

Baustoff	mm	0	10	20	30	40	50	60	70	80	90	100
Holz	20	2,78	1,64	1,16	0,90	0,74	0,62	0,54	0,47	0,42	0,38	0,35
Holz	40	1,92	1,30	0,98	0,79	0,66	0,56	0,50	0,44	0,40	0,36	0,33
Holz	60	1,45	1,06	0,84	0,69	0,59	0,52	0,46	0,41	0,37	0,34	0,31
Eternit	10—20	4,17	2,04	1,35	1,01	0,81	0,67	0,57	0,50	0,45	0,40	0,36

Wände aus Mauerwerk

Die Wärmedämmschicht ist auf der Innenseite durch eine Vorsatzwand zu schützen, die bei der Rechnung nicht berücksichtigt zu werden braucht.

	mm	0	10	20	30	40	50	60	70	80	90	100
Kalksand-Hohlblocksteine, Bims-Voll- und Hohlblocksteine Raumgewicht 1000 kg/m³	115	2,00	1,33	1,00	0,80	0,67	0,57	0,50	0,44	0,40	0,36	0,33
	175	1,54	1,11	0,87	0,71	0,61	0,53	0,47	0,42	0,38	0,34	0,32
	240	1,23	0,94	0,76	0,64	0,55	0,49	0,43	0,39	0,36	0,33	0,30
	365	0,80	0,73	0,62	0,53	0,47	0,42	0,38	0,34	0,32	0,29	0,28

Tab. 60. Wärmedurchgangszahlen (k-Zahlen) Fortsetzung

Baustoff	Dicke (ohne Dämmstoff) mm	Dicke der Wärmedämmschicht aus Faserstoff in mm										
		0	10	20	30	40	50	60	70	80	90	100
Vollziegel, Lochziegel, Vormauer-Lochziegel Raumgewicht 1400 kg/m³	115 175 240 365	2,33 1,82 1,49 1,11	1,47 1,25 1,09 0,79	1,08 0,95 0,85 0,71	0,85 0,77 0,70 0,60	0,70 0,65 0,60 0,52	0,60 0,56 0,52 0,46	0,52 0,49 0,46 0,42	0,46 0,43 0,41 0,37	0,41 0,39 0,37 0,34	0,37 0,36 0,34 0,32	0,34 0,33 0,32 0,29
Vollziegel, Vormauerziegel, Hochlochziegel Raumgewicht 1800 kg/m³	115 240 365	2,63 1,79 1,35	1,59 1,23 1,01	1,14 0,94 0,81	0,88 0,76 0,67	0,72 0,64 0,57	0,61 0,55 0,50	0,53 0,49 0,45	0,47 0,43 0,40	0,42 0,39 0,36	0,38 0,36 0,33	0,35 0,33 0,31
Kalksand-Vollsteine Kalksand-Hartsteine Raumgewicht 1800 kg/m³	115 175 240 365	2,86 2,38 2,04 1,56	1,67 1,49 1,35 1,12	1,17 1,09 1,01 0,88	0,91 0,85 0,81 0,72	0,74 0,70 0,67 0,61	0,63 0,60 0,57 0,53	0,54 0,52 0,50 0,46	0,48 0,46 0,45 0,41	0,43 0,41 0,40 0,38	0,38 0,37 0,36 0,34	0,35 0,34 0,33 0,32
Natursteine	300 500	3,23 2,63	1,78 1,59	1,23 1,14	0,94 0,88	0,76 0,72	0,64 0,61	0,55 0,53	0,49 0,47	0,43 0,42	0,39 0,38	0,36 0,35
Leichtdächer und Decken												
Leichtdächer (Dach = Decke)		4,80	2,17	1,41	1,04	0,83	0,68	0,58	0,51	0,45	0,41	0,37
Massivdecke, Holzbalkendecke o. ä.		1,70	1,19	0,92	0,75	0,63	0,54	0,48	0,43	0,39	0,35	0,32

schied zwischen Innen- und Außenlufttemperatur (Δt in grd) nach der Formel:

$$Q_B = F \cdot k \cdot \Delta t \text{ (in kcal/h)}$$

Die Wärmedurchgangszahl, kurz *k-Zahl* genannt, gibt in kcal/m² · h · grd die Anzahl der Wärmeeinheiten (kcal) an, die in einer Stunde (h) durch eine 1 m² große Fläche eines Bauteils hindurchgehen, wenn der Unterschied zwischen den Lufttemperaturen (grd) auf beiden Seiten 1 Grad beträgt.

Berechnung der Stallklimadaten

Die Wärmedämmung (raumumschließende Bauteile) und die Luftraten (Lüfter) lassen sich nach DIN 18910 berechnen. Auch technisch läßt sich dieser Bereich beherrschen. Lediglich die Luftführung bereitet hierbei gewisse Schwierigkeiten. Als kennzeichnende Stallklimadaten werden bei Neuplanungen und Altbausanierungen berechnet:
  der Luftwechsel (Lüfter)
  die Wärmedämmung (Bauteile)
  die Zusatzwärme (Heizung).

Als *Beispiel eines Rechenschemas* wird die Berechnung eines Mastkälberstalles (Abb. 92) beschrieben. Der Rechengang zeigt folgenden Ablauf:

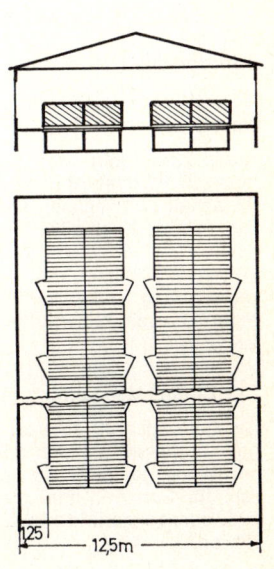

Abb. 92: Laufboxenstall für Mastkälber.

1. Erfassen der produktionsspezifischen Charakteristik
   der Stallart und der Gebäudeabmessungen
   der standortbedingten Außenklimawerte
   der geforderten Stallklimawerte
   der geplanten bzw. vorhandenen Bauausführung
   der minimalen und der maximalen Stallbelegung.
2. Berechnen der erforderlichen Luftraten (zum Abführen überschüssigen Wasserdampfes im Winter und übermäßiger Wärme im Sommer)
   der Restwärme im Winter
   der Wärmeverlust durch die Bauteile.
3. Aufstellen der Wärmebilanz für den Winter
   falls erforderlich und wirtschaftlich sinnvoll:
   Verbesserung des baulichen Wärmeschutzes bzw. Bemessung einer ggf. benötigten Heizleistung).

Wärmebilanz im Winter

	ΣQ_B	8 644 kcal/h
	ΣQ_R —	10 620 kcal/h
$\Sigma Q_B - \Sigma Q_R$		19 264 kcal/h
$+ 20\%$		3 853 kcal/h
$(\Sigma Q_B - \Sigma Q_R) + 20\%$		23 117 kcal/h
erforderliche Heizleistung	Q_H —	23 000 kcal/h

Bemerkungen

Allein zum Ausbringen des überschüssigen Wasserdampfes ergibt sich ein Wärmebedarf von mehr als 10 000 kcal/h bei einem etwa 4,5fachen Luftwechsel, so daß eine Heizleistung unvermeidbar ist. Die Wärmedurchlaßwiderstände sind recht hoch ausgelegt und dürften im wirtschaftlich optimalen Bereich liegen. Ein Zuschlag von etwa 20% zum ermittelten Wärmebedarf dürfte dem Risiko des recht hohen Tierwertes angemessen sein, um auch gegen Kälteeinbrüche mit Außenlufttemperaturen unter $-10°C$ abgesichert zu sein.

Der Einfluß der Lüftung auf das Stallklima

Die Lüftung muß eine zu jeder Zeit ausreichende Lufterneuerung gewährleisten, um den ständig im Stall anfallenden Wasserdampf sowie die gasförmigen und festen Luftverunreinigungen abzuführen. Im Sommer muß sie außerdem Wärme aus dem Stall und evtl. durch verstärkte Luftbewegung auch von den Tierkörpern abführen.

Bedeutung des Stallklimas

Beschreibungsbogen zur Ermittlung des Lüftungsbedarfs und zum Aufstellen der Wärmebilanz

1. **Betrieb:** im Raum Kempen / Ndrh.
2. **Produktionsverfahren:** Kälbermast
3. **Haltungsform und -zyklus:** 10er Gruppen in Ganzspaltenboden-Laufboxen, 90 Tiere werden jeweils zusammen aufgestallt u. ausgebracht
4. **Stallart:** vierreihiger Laufboxenstall
5. **Stallraumbreite:** 12,50 m -länge: 37,50 m -höhe: 2,75 m (Rastermaße) -grundfläche: 468,75 m² -volumen: 1289 m³
6. **Anzahl und Art der Tierplätze:** 360
Lauf- und Liegefläche sowie Freßplatz in der Box
7. **Wintertemperaturzone:** −10 °C
 Rechenwerte für Temperatur und Feuchte der Luft:
 Stalluft: +18 °C 70 %RF
 Außenluft: −10 °C 100 %RF
 ....: **Dachraum:** −10 °C (belüftet)
 ....: **Futterraum:** ± 0 °C
 ....: in angrenzenden Räumen
8. **ggf. Erläuterungen bezüglich Kleinklima im Winter:** entfällt
9. **Sommertemperaturzone:** < 26 °C **Rechenwert** $t_i - t_a = 4$ grd
10. **Zeichnerische Unterlagen:** Vorentwurf (Grundriß u. Schnitt) siehe auch Abb. 92 (S. 219)
11. **Detaillierte Baubeschreibung:** soweit erforderlich

12. **siehe ggf. Angaben des Auftraggebers zur Bauausführung der raumumschließenden Bauteile:** entfällt (s. Ziffer 10 und 11)
13. **Sonderwünsche des Auftraggebers:**

14. **Honorar nach GOA/GOI oder** entfällt

15. Ort und Datum:

    Unterschrift des Auftraggebers:

    Unterschrift des Auftragnehmers:

    Anschrift des Auftragnehmers:

Tab. 61. Luftwechselraten am Beispiel eines Kälbermastbetriebes

Luftwechsel zum Abführen von überschüssigem Wasserdampf
(bei $t_i = +18°C$, $\varphi_i = 70\%$; $t_a = -10°C$, $\varphi_a = 100\%$)

Tierart und Nutzung	kg Gewichts- gruppe	je Einzeltier m³/h		kcal/h		Anzahl der Tiere	je Gewichtsgruppe m³/h		kcal/h	
		V_{xAb}	V_{xZu}	Q_L	Q_R		V_{xAb}	V_{xZu}	Q_L	Q_R
Mastkälber	60	14	13	185	−30	90	1260	1170	16 650	−2700
"	80	16	15	218	−30	90	1440	1350	19 620	−2700
"	100	19	17	255	−30	90	1710	1530	22 950	−2700
"	120	22	19	294	−28	90	1980	1710	26 460	−2500
Bei minimaler Stallbelegung im Winter Σ							6340	5760	85 680	−10 620
Mastkälber	80					90	1440	1350	19 620	−2700
"	100					90	1710	1530	22 950	−2700
"	120					90	1980	1710	26 460	−2500
"	150	26	23	336	−26	90	2300	2070	30 240	−2340
Bei maximaler Stallbelegung im Winter Σ							7470	6660	99 270	−10 260

Luftwechsel zum Abführen von übermäßiger Wärme
(bei $t_a < 26°C$ für $t_i - t_a = 4$ grd; bei $t_a \geq 26°C$ für $t_i - t_a = 3$ grd)

Mastkälber	80					90	5310			
"	100					90	6300			
"	120					90	7290			
"	150					90	8730			
Bei maximaler Stallbelegung im Sommer Σ							27 630		m³/h	

Q_L = Wärmeverlust durch Lüftung
Q_R = Restwärme

Tab. 62. Wärmeverlustrechnung am Beispiel eines Kälbermastbetriebes

Gesamtwärmeverlust durch die Bauteile (Q_B)

	Flächenberechnung							Wärmeverlust-Berechnung				
1	2	3	4	5	6	7	8	9	10	11	12	13
Bauteil	Länge oder Breite	Breite oder Höhe	Fläche	Anzahl	Gesamtfläche	Abzug		in Rechnung gestellte Fläche F	Wärmedurchgangszahl k	Wärmedurchgang $F \cdot k$	Temperaturunterschied Δt	zuschlagfreier Wärmeverlust $Q_{B\,vorh} = F \cdot k \cdot \Delta t$
	m	m	m²	Stück	m²	m²		m²	$\dfrac{\text{kcal}}{\text{m}^2\,\text{h grd}}$	$\dfrac{\text{kcal}}{\text{h grd}}$	grd	$\dfrac{\text{kcal}}{\text{h}}$
Ie	37,50	12,50						468,75	0,31	145,32	28	
AW (VT)	41,25	2,50						103,12	0,38	39,19	28	
AW (FT)	40,00	2,50						100,00	0,87	87,00	28	
AT	6,25	2,80						17,50	0,77	13,48	28	
ASo	81,25	0,25						20,31	0,59	11,98	28	
										296,97	28	8315
IW (VT)	10,00	2,50						25,00	0,38	9,50	18	
IT	2,50	2,80						7,00	0,77	5,39	18	
ISo	10,00	0,25						2,50	1,35	3,38	18	
										18,27	18	329

$$\Sigma\,Q_B = 8644$$

Während die Gebäudehülle dazu dient, den Stallraum gegen ungünstige außenklimatische Einflüsse zu schützen, bedient man sich der Lüftung, um auf die Gestaltung des Raumklimas einzuwirken. Die Lüftungsanlage muß dem jeweiligen Wärme-, Feuchtigkeits- und Schadgasaufkommen im Stall und dem wechselnden Außenklima angepaßt werden und exakt steuerbar sein (d. h. die Luftmenge, die ausgetauscht wird, genau dosierbar), um die gewünschten Klimaverhältnisse im Stall zu erzielen. Bisher werden aus Kostengründen nur dann zusätzliche Heizungs-, Kühlungs- und Befeuchtungseinrichtungen eingesetzt, wenn sich über den Austausch von

Stalluft gegen Außenluft allein die benötigte Temperatur und Feuchte des Stallklimas nicht erreichen läßt.

Bis auf geringe Ausnahmen, z. B. bei der Heizung der Ferkelliegeplätze oder der Melkstände, dient die Luft in der Regel als Transportmedium für Gase, Wärme und Wasserdampf (Wasserdampf ist auch ein Gas!). Daher läßt sich das Stallklima nur dann erfolgreich steuern, wenn das Transportmittel „Luft" im gesamten Stallraum bewegt und ausgetauscht werden kann. Das erfordert einerseits eine geeignete Luftführung im Stall sowie eine Inneneinrichtung, bei der keine toten Winkel auftreten und andererseits muß die Luft mit ausreichender Strömungsenergie in den Stall geleitet und dort gezielt verteilt werden können. Die Windrichtung und -stärke müssen dabei ebenso wie die Temperaturunterschiede zwischen Stalluft und Außenluft durch eine entsprechende Druckleistung der Ventilatoren ausgeglichen werden. Daraus erklärt sich, warum bei freier Lüftung durch Fenster und bei Schwerkraft-Lüftung nur unter begrenzten Witterungsbedingungen ein ausreichender Luftwechsel erzielt wird. Für normale Ansprüche an das Stallklima ist also die Zwangslüftung (mit Ventilatoren), die bei Bedarf durch Heizung und ggf. Beleuchtungseinrichtungen ergänzt wird, unumgänglich.

Lüftungssysteme und ihre Wirkung

Unterdrucklüftung

Bei Unterdrucklüftung wird die Abluft an einer oder mehreren Stellen durch Lüfter abgesaugt. Dies hat den Vorzug, daß die Ausblasrichtung der Lüfter bestimmt und dadurch Geruchsbelästigungen mit Abluft weitgehend vermieden werden können. Die Zuluft kann durch alle verfügbaren Öffnungen in den Stall eintreten (im Sommer also auch durch offene Fenster). Allerdings ist die vorgesehene Luftführung nur gewährleistet, wenn alle nicht zur Lüftung bestimmten Öffnungen verschlossen sind. Nur so wird auch die Gefahr von Zugluft vermieden. Unterdrucklüftungen eignen sich besonders dort, wo direkte Verbindungen zwischen Stallraum und anderen geruchs- oder feuchtigkeitsgefährdeten Räumen bestehen oder wo die Abluft einer besonderen Behandlung (Geruchsminderung) unterzogen werden soll.

Überdrucklüftung

Ställe mit Überdrucklüftung sind dadurch gekennzeichnet, daß die Lüfter Frischluft in den Stall drücken und durch ein genau bemessenes System von Zuluftöffnungen verteilen. Die Luftverhältnisse müssen dabei so angelegt sein, daß die Zuluft erst nach einer gewissen Vermischung mit der Stalluft an die Tiere herankommt, um vor allem im Winter Zuglufterscheinungen zu vermeiden. Dieser

Effekt wird z. B. mit düsenartigen Einlässen erreicht, die bewirken, daß die Zuluft eine gewisse Strecke an der Deckenfläche entlanggleitet (Coanda-Effekt) und sich erst nach Verringern ihrer Geschwindigkeit ablöst und nach unten fällt.
Die Abluft wird durch alle verfügbaren Öffnungen aus dem Stall gedrückt, so daß sie weniger gezielt ausgebracht werden kann als bei der Unterdrucklüftung. Das kann sich als Geruchsbelästigung auswirken. Andererseits werden auch keine Gase aus Treibmistkanälen oder der Güllegrube in den Stall eingesaugt, wie es bei der Unterdrucklüftung geschieht, wenn dort kein syphonartiger Geruchsverschluß vorhanden ist.
Die Überdrucklüftung ist vielseitiger als die Unterdrucklüftung. So ist es z. B. möglich, der angesaugten Frischluft einen Anteil Stalluft beizumischen, um bei besonders niedrigen Außentemperaturen teilweise „mit Umluft zu fahren". Darüber hinaus kann man hinter die Einströmöffnung einen Wärmetauscher schalten, um die Zuluft zu erwärmen oder die Zuluft aus einem beheizten Raum anzusaugen. Auch andere Behandlungen der Zuluft, wie z. B. das Befeuchten, sind mit Überdrucklüftung leicht durchführbar.

Gleichdrucklüftung

Die Gleichdrucklüftung wird für besonders schwierige Verhältnisse eingesetzt, also z. B. in Stallgebäuden mit sehr großen Abmessungen oder wenn gezielte Zuluft- und Abluftführungen notwendig sind. Vielfach wird in Ställen mit Gleichdrucklüftung die Abluft unter dem Spaltenboden oder dem Güllekanal abgesaugt. Die Wirksamkeit einer solchen Anordnung wird allerdings dadurch beschränkt, daß die Luft im Ansaugbereich der Lüfter nur eine langsame und ungerichtete Bewegung aufweist, so daß der Übertritt von Luft aus dem Entmistungsbereich in den übrigen Stallraum kaum vermieden werden kann. Im ganzen gesehen ist mit dieser Anordnung dennoch eine gezieltere Regelung erreichbar. Technisch erfordert die Gleichdrucklüftung etwa den doppelten Aufwand einer Unter- oder Überdrucklüftung, da sowohl die Zuluft als auch die Abluft unmittelbar durch Lüfter gefördert werden.

Technische Einrichtungen für die Lüftung von Ställen

Gebläse

Die für Ställe verwendeten Gebläse sind entweder Axialgebläse oder Radialgebläse, wie sie auch in anderen landwirtschaftlichen Bereichen eingesetzt werden (s. Taschenhandbuch Landtechnik 1, Seite 288 und 289).
Der Anteil der Axialgebläse überwiegt, da nur in seltenen Fällen (wie z. B. im Melkstand) geringe Luftmengen mit hohem Druck zu fördern sind. Dagegen findet man gelegentlich eine besondere

Bauart der Radialgebläse, die über den ganzen Umfang des Lüfterrades sternförmig ausbläst. Diese Gebläse werden bei Überdruck- oder Gleichdrucklüftung unmittelbar an der Decke des Stallraumes angebracht, so daß auch hier die Zuluft erst eine gewisse Strecke unter der Decke gleitet, bevor sie in den Bereich der Tiere gelangt.

Steuerelemente

Die Drehzahl ist zwar mit den Mitteln der Elektronik ohne Schwierigkeiten zu variieren, jedoch sinkt der Wirkungsgrad der Gebläse mit abnehmender Drehzahl. Wenn mit Thyristoren gearbeitet wird, sind außerdem Vorkehrungen gegen Funkstörungen erforderlich.
Die Luftmenge wird entweder in Abhängigkeit von der Stalltemperatur oder vorzugsweise von der Luftfeuchtigkeit gesteuert. Daher sind Meßgeräte erforderlich, die beim Über- oder Unterschreiten der eingestellten Grenzwerte die Lüfter steuern. Diese feuchtigkeits- oder temperaturgesteuerten Schalter werden als Hygrostaten bzw. Thermostaten bezeichnet. Sie werden mit Schaltkontakten oder mit elektronischen Schaltern ausgerüstet. Falls die „Istwerte" am Steuergerät selbst nicht angezeigt werden, sollten zur Kontrolle entsprechende Anzeigegeräte im Stall angebracht werden.
Ist ein Stall mit mehreren Lüftern ausgestattet, empfiehlt es sich, diese in Gruppen, die jeweils unabhängig gesteuert werden können, zusammenzuschalten.

Lüftungskanäle

Stallüftungen sollen so angelegt werden, daß nur geringe Druckverluste auftreten. Daher sind Luftführungskanäle nur dort anzulegen, wo sie unbedingt erforderlich sind. In Ställen ohne Kanäle und andere Hindernisse, wie z. B. Jalousien, ist im allgemeinen nur ein Widerstand von etwa 3 bis 5 mm Wassersäule zu überwinden. Dagegen weist ein Kanal mit einem Durchmesser von 15 cm einen Druckverlust von 1 mm WS

bei einer Luftgeschwindigkeit von 3 m/sec nach 10 m Länge,
bei einer Luftgeschwindigkeit von 5 m/sec nach 4 m Länge,
bei einer Luftgeschwindigkeit von 10 m/sec nach 1,25 m Länge

auf. Außer von der Luftgeschwindigkeit und von der Kanallänge hängt der Luftwiderstand in einem Kanalsystem auch von der Gesamtoberfläche, von der Kanalform, vom Kanalmaterial und von der Anzahl und Ausführung der vorkommenden Umlenkungen ab.
Insgesamt ist es zweckmäßig, die Kanallänge so gering wie möglich zu halten und den Kanaldurchmesser der Luftmenge so anzupassen, daß ein Kompromiß zwischen Materialaufwand und Widerstand gefunden wird.

Als Richtwerte für die Luftgeschwindigkeit gelten bei Zu- und Abluftkanälen 3 bis 5 m/sec und bei anderen Luftführungskanälen 5 m/sec, nur bei Kanälen mit großem Querschnitt sollten Werte bis 10 m/sec zugelassen werden.

Kenngrößen von Lüftungsanlagen

Für die Bemessung von Lüftungsanlagen sind die durch den Stallraum und den vorgesehenen Tierbesatz gegebenen Daten über Temperatur, Luftfeuchtigkeit und Luftraten zu ermitteln (s. Beispiel Seiten 219–223). Diese Werte müssen bei der Bemessung der Lüftungsanlage berücksichtigt werden.

Dazu muß man zunächst die technischen Daten der Lüfter ermitteln, also die Anschlußwerte, den Energiebedarf, die Abmessungen, die Geräuschentwicklung und die Luftleistung bei verschiedenen statischen Drücken (Kennlinien). Diesen Angaben sind die Widerstände gegenüberzustellen, die die Luft auf ihrem Weg durch den Stall zu überwinden hat.

Der Gesamtdruckverlust in der Lüftungsanlage setzt sich zusammen aus dem Produkt des Druckgefälles in den Luftführungskanälen und der Kanallänge. Dazu kommt die Summe aller Einzelwiderstände in den Luftführungskanälen und die Summe aller Druckverluste in Geräten, Jalousien usw. Angegeben wird dieser Wert in mm WS.

Dem Gesamtdruckverlust in der Lüftungsanlage entspricht der statische Druck, den der Lüfter zur Überwindung aller Widerstände aufbringen muß. Um außerdem die Einflüsse von Gegenwind oder anderen periodisch auftretenden Widerständen überwinden zu können, sollte der erreichbare statische Druck eines Lüfters möglichst 3–5 mm WS höher sein.

Bei der praktischen Ausführung von Lüftungsanlagen mit mehreren Lüftern wird die Auswahl der Lüfter so getroffen, daß sie in Gruppen geschaltet werden können, die nötigenfalls bei ungünstigem Raumzuschnitt und geringen Luftraten alternierend arbeiten. Um eine gleichbleibende Luftströmung zu erzeugen, ist ein dreifacher Luftdurchsatz in der Stunde nötig. Wenn die zulässige Frischluftmenge dafür zu klein ist, kann dieser Wert durch vollständige oder teilweise Umstellung des Lüftungssystems auf „Umluft" erreicht werden. Die übrigen Lüfter werden zugeschaltet, wenn höhere Luftleistungen erforderlich werden.

Heizung von Ställen

Voraussetzungen

Ställe werden im allgemeinen so geplant, daß eine Zusatzheizung nicht erforderlich ist. Voraussetzung dafür ist, daß die Stallräume nur so groß wie unbedingt nötig, mit möglichst geringen Abküh-

Tab. 63. Mängelbehebung an Lüftungsanlagen

		Luft zu kalt, Wände und Decke zu naß, Tiere husten und frieren (meistens im Winter)	Luft zu warm und feucht, Sauerstoffmangel, Tiere unruhig (meistens im Frühjahr)	Luft zu heiß und zu schwül, Schweine verunreinigen Liegefläche, keine Freßlust, evtl. Erkältungserscheinungen (meistens im Sommer)	Luft zu stickig und feucht, Tiere sind unruhig und husten (meistens im Herbst)
Unterdruck-System	Thermostat und Drehzahlregler	entsprechend Tab. 64 verändern		entsprechend Tab. 64 verändern	
	Zuluftquerschnitte	bis max. 30% der vollen Öffnung verengen; sonst fällt kalte Außenluft direkt auf die Tiere	50 bis 70% des vollen Wertes	voll öffnen; an heißen Tagen zusätzliche Zuluftöffnungen (möglichst an Schattenseiten) gegenüber dem Ventilator schaffen, nachts aber wieder schließen. Bei sehr hohen Außentemperaturen evtl. Leitungswasser über Düsen in den Zuluftstrom versprühen	50 bis 70% des vollen Wertes. Frischluft muß gleichmäßig einströmen
	Abluft	Sommerluftklappe am Abluftschacht geschlossen halten. Ventilatoren reinigen	Sommerluftklappe am Abluftschacht evtl. etwas öffnen. Stall dicht halten, um Falschluft zu vermeiden	Sommerluftklappe am Abluftschacht öffnen. Ventilator reinigen	Sommerluftklappe am Abluftschacht schließen
	Sonstiges	Stall abdichten und geschlossen halten, evtl. zusätzl. Wärmedämmung an Fenstern, Außentüren, Luken und Decken. Wärme halten und nutzen		nur vorgesehene Zuluftöffnungen, keine Türen oder Luken öffnen. Keine Behinderung der Luftzirkulation durch Trennwände im Tierbereich; Durchgang verschaffen	Stall abdichten. Zu- und Ablufteinrichtungen überprüfen und ggf. reparieren

		Luft zu kalt, Wände und Decke zu naß, Tiere husten und frieren (meistens im Winter)	Luft zu warm und feucht, Sauerstoffmangel, Tiere unruhig, (meistens im Frühjahr)	Luft zu heiß und zu schwül, Schweine verunreinigen Liegefläche, keine Freßlust, evtl. Erkältungserscheinungen (meistens im Sommer)	Luft zu stickig und feucht, Tiere sind unruhig und husten (meistens im Herbst)
Überdruck-System	Thermostat und Drehzahlregler	entsprechend Tab. 64 verändern		entsprechend Tab. 64 verändern	
	Zuluftöffnungen	Rückluftklappe verstellen; mehr, aber nie zuviel Rückluft fahren, da sonst Umluft. Auch bei größter Kälte mind. 25% Frischluft. Düsenplatten regelmäßig reinigen	Frischluftanteil durch Mischluftklappe vergrößern. Düsenplatten und Kanal innen reinigen	Rückluftklappen im Mischluftkanal ganz auf Außenluft stellen. Düsenplatten sauberhalten, notfalls jede Platte um 5 bis 6 cm seitlich verschieben. Leitungswasser vor Ansaugteil versprühen	mit Rückluftklappe im Mischkanal etwas, doch nicht zuviel Umluft einstellen
	Abluftöffnungen	vor Windstau schützen	vor Windstau schützen	frei halten; evtl. zusätzl. Öffnungen schaffen. Luft nicht oben abführen, da sonst Gaskonzentration im Tierbereich	vor allem bei Sturm vor Windstau schützen
	Sonstiges	Luft aus Zuluftöffnungen mit gutem Geruch (niedrige Drehzahl) mit mehr Frischluft bei hoher Drehzahl). Stall abdichten und geschlossen halten. Evtl. zusätzl. Wärmedämmung an Fenstern, Außentüren usw. Wärme halten und nutzen		Frischluft nicht oder nicht allein von SW-Seite. Keine Behinderung der Luftzirkulation durch Trennwände im Tierbereich, Durchgang verschaffen	Stall abdichten. Zu- und Ablufteinrichtungen überprüfen, ggf. reparieren. Ventilatoren reinigen

Tab. 64. Einzelwerte für Thermostate, Drehzahlregler und Zuluftquerschnitte

Nur wenn der Optimalbereich (Spalte 1) nicht zu halten ist und ein unbefriedigender Zustand der Luft im Stall (Kennzeichen nach Tab. 63) auftreten, Thermostat, Drehzahlregler und Zuluftquerschnitt wie angegeben ändern.

Anzustrebender Optimalbereich		unter 0° C	0–10° C	Außentemperatur 10–18° C	18–25° C	über 25° C
		Einstellung des Thermostaten [a]				
15–20° C	Abferkelstall	15–17° C	17–18° C	18–19° C	20° C	20–22° C
20–22° C	Vormaststall	17–18° C	18–19° C	19–20° C	21–22° C	22° C
15–20° C	Endmaststall	13–14° C	15–17° C	17–19° C	19–20° C	20° C
10–15° C	Milchvieh	10–12° C	12–13° C	14–16° C	16–18° C	18° C
12–18° C	Mastrinder	10–12° C	12–15° C	15–18° C	18–19° C	19–20° C
16–20° C	Mastkälber	14–16° C	16–17° C	17–19° C	19–20° C	20–22° C
13–18° C	Hühner	10–12° C	12–14° C	14–17° C	17–18° C	18–20° C
		Einstellung des Drehzahlreglers [a]				
	Stufe	1	2–3	3	4–5	5
		Veränderung des Zuluftquerschnitts				
in % der vollen Kapazität		30–45	45–65	68	70–100	100

[a] Bei Automatiken: Min. Thermostat 1–2° unter dem angegebenen Wert, Max. Thermostat 1–2° über dem angegebenen Wert einstellen und nie die niedrigste oder höchste Drehzahl vorwählen (regelt selbst).

lungsflächen, bester Wärmedämmung und einem Schutz vor Durchfeuchtung der raumumschließenden Bauteile angelegt werden. Außerdem muß der Viehbesatz ausreichen und die Lüftung durch eine richtig bemessene und regelbare Lüftungsanlage besorgt werden. In Ställen mit Heizanlage werden die Lüfter durch Hygrostaten gesteuert und die Heizung unabhängig davon nach Thermostaten. Um bei Ausfall der Heizung eine Unterkühlung des Stalles zu verhindern, wird den Lüftern noch ein Sicherheitsthermostat vorgeschaltet werden.

Die Beheizung des Stalles ist am wirksamsten, wenn die Heizkörper in dem Strömungsbereich der Zuluft angebracht werden.

Neben der Heizung des ganzen Stallraumes gibt es auch Fälle, in denen die Beheizung auf einen eng begrenzten Bereich beschränkt bleibt. Dies gilt z. B. für Zuchtschweineställe, die mit besonderen Heizmöglichkeiten für den Ferkelbereich ausgestattet sein müssen, weil sich die Temperaturansprüche von Sauen und Ferkeln erheblich unterscheiden. Da die Optimaltemperaturen bei strohloser Aufstallung allgemein höher liegen als bei eingestreuten Ställen, kommt der Stallheizung mit steigendem Anteil einstreuloser Verfahren zunehmende Bedeutung zu.

Technische Einrichtungen für die Beheizung von Ställen

Für die Beheizung von Ställen oder von einzelnen Stallbereichen stehen folgende technische Einrichtungen zur Verfügung:

Warmluftheizungen mit elektrischer Warmwasser- oder Ölbeheizung

Infrarotheizungen mit Gasbrennern oder Glühlampen

Bodenheizungen mit Warmwasserheizung oder Heizkabeln (Widerstandsheizung).

Die Warmluftheizungen eignen sich in erster Linie dafür, einen ganzen Raum zu erwärmen, also für Ställe und für Nebenräume, wie Melkstände.

Die größte Verbreitung hat die ölgefeuerte Heizung. Neben festinstallierten Anlagen sind auch mobile Lufterhitzer anzutreffen, die nur bei Bedarf für die Stallbeheizung eingesetzt werden und auch für andere Zwecke verwendbar sind. Die Rauchgase sind abzuführen, da sie außer erheblichen Mengen Wasserdampf auch CO_2 aus der Verbrennung des Heizmaterials enthalten. Kleine Anlagen können auch ohne Rauchgasabführung eingesetzt werden, wenn nachweislich der Kohlendioxidgehalt der Stalluft 3,5 l/m^3 nicht übersteigt (DIN 18910). Heizeinrichtungen, die für die Getreidetrocknung ausgelegt sind, sind für Ställe meist ungeeignet, da sie in der Regel eine viel zu hohe Heizleistung aufweisen.

Bei den ölbeheizten Aggregaten sind die geringen Installationskosten sowie die guten Regelungsmöglichkeiten von Vorteil. Da mit Verbrennung gearbeitet wird, sind allerdings bestimmte Auflagen für die Feuersicherheit zu erfüllen. Außerdem müssen Maß-

nahmen getroffen werden, die ein Eindringen von Heizöl in den Boden verhindern.
Warmwasserheizungen werden im allgemeinen an die Wohnhausheizung angeschlossen. Als Wärmetauscher kommen sogar alte Wasserkühler von Verbrennungsmotoren in Betracht. Größere Heizleistungen können dabei nur erbracht werden, wenn die Heizanlage in der fraglichen Zeit nicht bereits vom Wohnhaus voll ausgelastet ist. Da sich die Heizperioden in Stall und Wohnhaus aber weitgehend decken, kann es zu Engpässen kommen.
Vorteilhaft an der Warmwasserheizung ist die einfache Bedienung und der geringe Bauaufwand im Stall, nachteilig die Notwendigkeit, Warmwasserleitungen zu verlegen. Diese müssen gut isoliert sein und verursachen nicht unbeträchtliche Kosten. Schließlich begrenzt das Umlaufsystem auch die Entfernungen, über die Heizleitungen verlegt werden können.
Elektrische Heizungen können sehr vielseitig eingesetzt werden. Es ist möglich, sowohl den ganzen Raum (z. B. durch Warmluft) als auch bestimmte Teilbereiche (z. B. durch Strahlung, Wärmeleitung) elektrisch zu beheizen.
Als Warmluftheizungen oder Konvektionsheizungen werden Register von Heizwiderständen verwendet, die an geeigneter Stelle im Luftstrom angeordnet sind oder, wie im Melkstand, so angebracht werden, daß die durch Konvektion aufgeheizte Luft den gewünschten Bereich erreichen kann.
Heizstrahler dienen in erster Linie dazu, eng begrenzte Bereiche aufzuheizen. Fast immer handelt es sich dabei um die Plätze für die wärmebedürftigen Jungtiere, Ferkel oder Küken. Gerade bei Ferkelnestern werden in den ersten Lebenstagen Temperaturen von etwa 30 Grad in Ställen gebraucht, deren Makroklima Temperaturen um $16°C$ aufweisen soll.
Eine andere Möglichkeit, solche Plätze zu erwärmen, bietet die Bodenheizung. Die Wärmeübertragung erfolgt durch Wärmeleitung. Als Heizelemente dienen Widerstandskabel. Während Heizstrahler kaum Installationen erfordern, müssen die Heizkabel in den Fußboden eingebaut werden. Teilweise verwendet man bewegliche Heizmatten.
In allen Fällen, wo nur eng begrenzte Bereiche geheizt werden, besteht die Gefahr, daß Zugluft auftritt, wenn die erwärmte Luft nach oben abströmt und am Boden kalte Luft nachfließt. Daher muß entweder am Boden eine dichte Abgrenzung angelegt oder durch eine Abdeckung die Warmluft zurückgehalten werden.
Die Bodenheizung kann sich nachteilig auf den Gasgehalt der Stalluft auswirken, weil sie den Harn auf der Liegefläche rasch verdampfen läßt.

Einsatzbereiche der verschiedenen Heizungen

Ein wesentlicher Faktor für die Entscheidung über das Heizverfahren sind die Energiekosten. Da diese regional und in Abhängigkeit von den Bezugsbedingungen schwanken, ist es nicht sinnvoll, sie direkt anzugeben. Es sollen jedoch Hinweise auf die erzielbaren Heizleistungen je Einheit gegeben werden.

Heizöl	10 250 kcal/kg
Propan	11 050 kcal/kg
Butan	10 900 kcal/kg
elektrischer Strom	860 kcal/kWh

Für die Wirtschaftlichkeit einer Heizanlage sind neben den Energiekosten auch die Anlagekosten von Bedeutung, sowie die erforderliche Wärmemenge und ihre zeitliche Verteilung auf das Jahr. Bei regelmäßigem Wärmebedarf spielen die Energiekosten eine größere Rolle als bei nur kurzfristig erforderlicher Heizung; hier wird man in erster Linie auf preiswerte Geräte achten.

Befeuchtung der Stalluft

Unter normalen Bedingungen braucht die Stalluft nicht befeuchtet zu werden, da die aufgestallten Tiere genügend Feuchtigkeit ausscheiden. Bei schwach belegten Ställen, die geheizt werden müssen, wie z. B. in Mastprüfungsanstalten, kann es jedoch erforderlich werden, für eine Erhöhung des Wassergehaltes der Stalluft zu sorgen. Hier gibt es besondere Geräte. Die preisgünstigste Lösung besteht darin, an Stelle von frisch zugeführter Luft nur die im Stall befindliche Luft umzuwälzen und zu heizen. Dadurch wird vermieden, daß mit der aus dem Stall entweichenden Abluft größere Mengen an Wasserdampf entfernt werden. Die Luftfeuchtigkeit kann auf diese Weise auch ohne besondere technische Hilfsmittel in dem gewünschten Bereich gehalten werden.

Entmisten

Allgemeines

Das Entmisten darf heute nicht mehr getrennt von der Dungbeseitigung gesehen werden. Der Mist fällt in der Rindvieh- und Schweinehaltung als Kot und Harn, in der Geflügelhaltung als Kot an. Er kann mit Einstreu vermischt zu Festmist verarbeitet, aber auch einstreulos oder mit geringen Einstreumengen als Flüssigmist behandelt und ausgebracht werden.
Eine gerechte Bewertung des Mistes ist außerordentlich schwierig. Er ist je nach den betrieblichen Verhältnissen ein billiger, begehrter, boden- und ertragsverbessernder Humusdünger oder ein lästiges Abfallprodukt. Der Mist wird solange als wertvoller Dünger angesehen, wie der damit zu erzielende Ertragszuwachs die Kosten für die Lagerung und die Verteilung auf den landwirtschaftlichen Nutzflächen übersteigt und er daher günstiger als Handelsdünger einzusetzen ist; er wird zum Abfallprodukt, wenn der Ertrags-

zuwachs hinter den Kosten zurückbleibt. Letzteres ist am häufigsten bei den konzentrierten Schweine- oder Geflügelhaltungen gegeben, wo die anfallenden Düngermengen auf den landwirtschaftlichen Nutzflächen nicht mehr optimal verwertet werden können. Der organische Dünger gewinnt mit steigenden Handelsdüngerpreisen zunehmend an Bedeutung, weil damit auch sein Düngerwert steigt und größere Transportentfernungen wirtschaftlich werden.

Die Technik des Entmistens

Das Entmisten besteht aus drei Arbeitsabschnitten
Sammeln, Entfernen
Stapeln, Lagern
Transportieren, Verteilen.
Diese Arbeiten können sich überschneiden, z. B. beim Tiefstall oder beim Ganzspaltenboden, wo der Mist direkt unter den Tieren gelagert wird, so daß das Sammeln entfällt; sie können auch kurzgeschlossen werden, indem z. B. auf Stapeln und Lagern verzichtet und der Mist vom Stall aus gleich auf den Transportwagen geladen und aufs Feld gebracht wird.
Weiterhin ist zu unterscheiden:
Festmist
Flüssigmist.
Bei Festmist wird der Kot mit Einstreu vermischt. Das Gemisch wird meistens auf eine Dungstätte gefördert und dort zwischengelagert. Der Harn wird getrennt vom Kot in eine Jauchengrube geleitet. Eine Ausnahme bildet der Tiefstallmist, bei dem durch stärkere Einstreu auch der Harn gebunden wird.
Bei Flüssigmist werden Kot und Harn nicht getrennt, sondern als Gemisch in Kanälen gesammelt und üblicherweise in Gruben oder oberirdischen Behältern außerhalb des Stalles abgeleitet, zum Teil wird auch in Gruben unter den Tieren im Stall gelagert. Zur Verbesserung der Fließ- und Pumpfähigkeit kann Wasser zugesetzt werden. Leistungsfähige moderne Pumpen und Ausbringgeräte verarbeiten aber auch reines Kot-Harn-Gemisch ohne Störung, gegebenenfalls sogar unter Zusatz von geringen Einstreumengen und Futterresten.
Das Entmisten von Festmist erfolgt mit Handgeräten, mit handgeführten oder mit vollmechanisch arbeitenden Entmistungsanlagen, die auch vollautomatisch nach Zeitschaltuhr betrieben werden können. Bei Flüssigmist geschieht das Entmisten meistens hydraulisch, wobei die Fließfähigkeit des Flüssigmistes weitestgehend ausgenutzt wird, um mechanische Hilfsmittel einzusparen. Auch hier gibt es Überschneidungen, indem z. B. Kot und Harn wie Festmist mechanisch aus dem Stall gefördert und erst außerhalb in Gruben gesammelt und als Flüssigmist hydraulisch weiterbearbeitet werden.

Die Technik des Entmistens 235

Sammeln und Entfernen

Der Mist wird gesammelt, um das nachfolgende Entmisten zu erleichtern. Dieser Arbeitsgang kommt vor allem für Anbinde- und Sperrboxenställen in der Rindviehhaltung und bei fest fixierten Tieren, z. B. im Abferkelstall, in Frage. Er besteht hauptsächlich darin, daß der Dung von der Liegefläche auf den Mistgang befördert wird. Mit dem Sammeln einher geht die Trennung der durch Kot und Harn verschmutzten Einstreu von den trockenen Einstreuteilen (mit dem Ziel an Einstreu zu sparen und das Kot-Einstreuverhältnis zu optimieren) und das Herrichten der Liegefläche einschließlich dem Einstreuen. Diese Arbeiten sind nicht zu mechanisieren. Sie lassen sich einschränken durch das Reduzieren der Einstreumenge, bzw. den Verzicht auf Einstreu oder durch Maßnahmen, welche die Tiere veranlassen, ihre Exkremente direkt auf dem Mistgang abzusetzen, z. B.

im Anbindestall: durch richtiges Anpassen der Standlänge an die Tiergröße oder durch den Einsatz von Kuhtrainern, die die Tiere zwingen, beim Absetzen der Exkremente an die Kotstufe zurückzutreten

beim Boxenlaufstall: durch richtiges Bemessen der Liegeboxen, durch Anbringen von Nackenriegeln oder von Nackenhörnern

bei der Mistgangbucht im Mastschweinestall: durch richtige Abstimmung von Liegeplatz, Kotplatz und Besatz, durch Anbringen der Selbsttränke über dem Kotplatz, durch einwandfreie Stallklimatisierung und durch richtige Ausbildung des Bodens.

Beim Ganzspaltenboden entfällt das Sammeln, weil der Dung direkt in die Grube unter der Liegefläche fällt oder durchgetreten wird. Voraussetzung hierfür ist eine ausreichende Buchtenbelegung.

Entmistungsverfahren

Mechanische Entmistungsverfahren

Für das mechanische Entmisten bieten sich verschiedene Möglichkeiten an, die in Tabelle 65 zusammengefaßt sind.

Bei der Auswahl und Beurteilung der verschiedenen Entmistungsverfahren sind folgende Kriterien zu beachten:

Der *Vorteil stationär eingebauter Entmistungsgeräte* liegt in der einfachen Führung der Geräte, da die Kotgangbreite durch seitliche Stufen genau abgegrenzt ist

in der Möglichkeit, das Entmisten vollautomatisch durchführen zu können.

Voraussetzung für einen sinnvollen Einsatz der stationären Entmistungsgeräte ist, daß die Beschmutzung der Liegefläche und die Handarbeit für Reinigen und Sammeln auf ein Minimum beschränkt werden.

Tab. 65. Übersicht über die mechanischen Entmistungsverfahren

Mechanisierungsstufe		Geräteform	
		mit Einstreu a)	ohne Einstreu
Handgerät	von Hand	Gabel, Schubkarre seitlich offen	Schaufel, Schieber, Schubkarre wannenförmig
seil- oder kettengezogenes Gerät, Antrieb Elektromotor	handgeführt, vollmechanisch (Knopfdruck), vollautomatisch (Schaltuhr)	gabelförmiger Mistschieber	schaufelförmiger Mitschieber, Faltschieber, Klappschieber
Schubstangen b)	vollmechanisch (Knopfdruck) oder vollautomatisch (Schaltuhr)	Pendelschieber an Gelenken befestigt	Pendelschieber, etwas Einstreu erwünscht
Kettenentmistung	vollmechanisch (Knopfdruck) oder vollautomatisch (Schaltuhr)	an umlaufender Kette befestigte Schieber	Schieber an Kette, etwas Einstreu erwünscht
mobile Entmistungsgeräte	vollmechanische Entmistung, eine Person muß den Schlepper oder das selbstfahrende Gerät bedienen	Front- oder Heckladergabel oder -Schieber, für Stall auch Greiferzange am Hecklader	Front- oder Heckladerschaufel oder -Schieber mit geschlossener Rückwand und Seitenbegrenzung vor- und rückwärts arbeitend

a) Übergänge zwischen Einstreu und ohne Einstreu sind möglich, je nach Häcksellänge und Einstreumenge können auch gabel- oder schaufelartige Geräte als Zwischenformen eingesetzt werden. Die jeweiligen Extreme sind einerseits eine hohe Einstreumenge und Langstroh (= gabelförmige Geräte mit weitem Zwischenabstand) und anderseits ein fließfähiges Kot-Harn-Gemisch (= schaufelförmige Geräte, die hinten und seitlich geschlossen sind oder sich an die beidseitigen Kotstufen lückenlos anlegen, Beispiel: Faltschieber).

b) Jedes Abwinkeln erfordert einen Winkelantrieb oder einen zweiten Antrieb. Bei modernen Schubstangenanlagen sind auch Bogenführungen möglich.

Kotplatzanordnung	Kotplatzausbildung	Zuordnung Kotgang—Dungstätte	Bemerkungen
beliebig, kürzester Arbeitsweg erwünscht	beliebig bei Mistgabeln, planeben bei Verwendung von Schiebern und Schubkarren	beliebig bei Mistgabel und Schaufel, bei Schubkarre in Verlängerung der Mistachse erwünscht	bei Schubkarre tiefer liegende Dungstätte erwünscht, Rampenauffahrt erschwert die Arbeit
möglichst gerade; bei Verwendung von Umlenkrollen Abwinkelungen möglich	planeben, Begrenzung beidseitig durch Stufe	Dungstätte in Verlängerung des Kotganges, Kotgänge sollten parallel laufen c)	bei handgeführten Geräten und Faltschiebern Dungstätte unter Mistgangniveau erwünscht, vollmechanische Mistschieber können über Rampen hochgeführt werden
möglichts gerade Mistachsen	planeben, Begrenzung beiderseits durch Stufen	in Verlängerung des Kotganges	tiefliegende Dungstätte erwünscht oder zusätzlicher Hochförderer notwendig
2 parallel laufende Mistachsen geben bei dem Kettenumlauf beste Ausnutzung	planeben, Begrenzung beiderseits durch Stufen	am günstigsten unter dem Kettenumlauf außerhalb des Stalles	Kettenentmistung kann hochgeführt werden, Dungabwurf beliebig durch Öffnen des Bodens unter der Kettenentmistung
beliebig, bei nicht geraden Achsen entsprechende Rangierflächen notwendig	planeben bei Frontladern und Schiebern, bei tiefliegenden Kotgängen Anpassung von Arbeits- und Kotgangbreite notwendig, bei Heckladern mit Greifer Boden beliebig, Schwenkbereich beachten	bei Schiebegeräten in Verlängerung des Kotganges, bei Front- u. Heckladern beliebig	bei Schiebegeräten Dungstätte unter Kotgangniveau erwünscht, bei Front- und Hecklädern Hochstapeln möglich, bei Heckschiebern zur Vorwärtsfahrt überfahrbare Dunggrube notwendig

c) Ein handgeführter Seilzugschieber kann mehrere parallel laufende Kotgänge entmisten, wenn in Verlängerung der Kotgänge Umlenkrollen angebracht sind. Bei vollmechanischen Seilzugschiebern wird für jeden Kotgang ein Dungschieber benötigt, wobei ein Antriebsmotor für mehrere Geräte ausreicht.

238 Entmisten

Die *Nachteile stationär eingebauter Entmistungsgeräte* sind:
Bindung an bestimmte Mistachsen und hohe Kosten bei Umbauten gder Erweiterungsbauten.
Zusätzliche Kosten bei Vergrößerung der Bestände. Bei Schubstangen- und Kettenentmistung sind diese Kosten größer als bei Seilzugentmistung, weil bei letzterer nur ein längeres Seil, bei Schubstangen- und Kettenentmistung aber auch zusätzlich Schieber benötigt werden.

Mobile Entmistungsgeräte haben folgende *Vorteile:*
Größere Planungsfreiheit bei der Anordnung der Mistachsen und Dungstätte

mit **einem** Antrieb und **einem** Gerät können beliebig viel Ställe entmistet und auch die Arbeit des Dungstapelns und Dungladens mit übernommen werden

vielseitige Verwendung auch für andere Arbeiten, z. B. als Frontlader, Hecklader, Gabelstapler

keine Geräteverteuerung mit zunehmender Laufflächen- und Mistachsenlänge.

Die *Nachteile der mobilen Entmistungsgeräte* sind:
Keine Vollautomatisierung möglich, beim Entmisten wird ständig eine Person beansprucht

es werden breite Mistachsen und große Durchgänge für die Antriebsfahrzeuge gebraucht, dadurch wird die Stallklimatisierung beeinträchtigt, dies führt zu einer Beschränkung auf bestimmte Stallformen oder Zwischenabtrennungen und zu einer Erhöhung der Baukosten

Beunruhigung der Tiere durch Motorengeräusch, Verschlechterung der Stalluft durch Auspuffgase, ausgenommen batteriegetriebene Geräte

ständiges Blockieren eines Schleppers während der Entmistung. Häufiger Kaltstart.

Stationäre Entmistungsgeräte

Handgeführte Seilzugschieber können mit mechanischer oder elektrischer Schaltung über das Zugseil gesteuert werden. Der Antrieb erfolgt durch einen Elektromotor, wobei das Zugseil im Arbeitshub aufgespult wird. Umlenkrollen an der Dungstätte erlauben das Entmisten mehrer parallel laufender Mistgänge mit einem Gerät, Umlenkrollen im Mistgang auch das Entmisten abgewinkelter Gänge. Die handgeführten Seilzugschieber müssen nach dem Entmisten in die Ausgangsstellungen zurückgezogen werden. Obwohl hierfür herunterklappbare Räder zur Verfügung stehen, ist dies für schwache Personen eine schwere Arbeit. Das Verfahren eignet sich besonders für tiefliegende Dungstätten, da Rampen mit Schiebern schwer begehbar sind. Nachteilig ist, daß beim Einsatz von handgeführten Geräten die Buchtenabtrennungen über dem Mistgang während dem Entmisten durch schwenkbare Türen zu öffnen sind

Die Technik des Entmistens 239

und die Tiere sich auf dem Liegeplatz aufhalten müssen, was z. B. bei der Dänischen Aufstallung möglich ist. Außerdem sind Türen und Klappen am Ausgang zur Dungstätte erforderlich, die der Bedienungsperson angepaßt sein müssen. Bei mittleren Einstreumengen kann der Mist von 8 bis 10 Kühen oder Schweinen in einem Arbeitsgang herausgeschoben werden.
Vollmechanisch arbeitende Seilzugschieber führen sich selbst und werden durch Druckknopfschaltung oder durch vollautomatische Zeitschaltung in Betrieb gesetzt. Sie sind gekennzeichnet durch endlose Seile oder Ketten, d. h. mit Umschalten der Laufrichtung kann vom Arbeitshub in den Leerhub umgewechselt werden. Sie arbeiten ein- oder mehrreihig. Für jeden Mistgang wird ein eigener

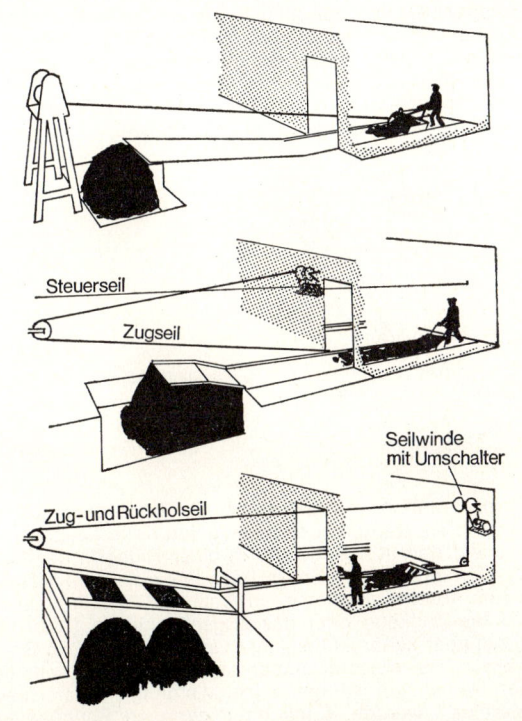

Abb. 93: Seilzugentmistung; a = Schleppschaufel mit mechanischer oder elektrischer Schaltung über Zugseil, b = Mistschieber mit Schaltung durch Handseil, c = Mistschlitten mit Druckknopfschaltung oder Schaltung über Rückholseil.

240 Entmisten

Schieber benötigt. Bei einreihig arbeitenden Geräten wird das Seil unter der Stalldecke entlanggeführt. Der Dung kann auch abschnittweise aus dem Stall gefördert werden. Dabei wird er beim Rückwärtslaufen des Mistschiebers zusammengeschoben. Ist dieser gefüllt, wird der Widerstand so groß, daß eine federnd aufgehängte Umlenkrolle den Schaltkontakt für das Umwenden vom Leer- in den Arbeitshub auslöst. Bei vollmechanisch arbeitenden Seilzugschiebern können auch Hebelvorrichtungen am Motor das Umschalten vom Leer- in den Arbeitshub auslösen. Bei zweireihiger Arbeitsweise wird wechselseitig gearbeitet; dabei kann sich das endlose Seil beidseitig auf einer Trommel aufspulen, wodurch mit dem Wechsel der Drehrichtung gleichzeitig bei der einen Reihe der Arbeits- und bei der anderen der Leerhub ausgelöst werden. Kettengezogene Geräte werden über gezahnte Umkehrrollen angetrieben, so daß ebenfalls je zwei Entmistungsgeräte gegenläufig arbeiten können. Sind die Entmistungsgeräte seitlich geschlossen, können sie außerhalb des Stalles über einen Auffahrrahmen bis über die Dungstätte geführt werden. Durch Einschieben von Holzbohlen wird der Ablageplatz festgelegt (Abb. 94).

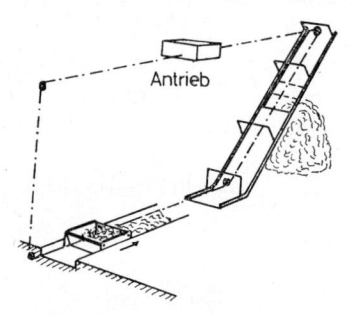

Abb. 94:
Seilzugentmistung, verstellbare Abgabehöhe durch Einschubbretter.

Faltschieber arbeiten vollmechanisch auf Knopfdruck oder nach der Schaltuhr. Sie werden überwiegend von Ketten gezogen. Diese laufen frei auf dem Kotgang oder in einer Rinne in der Kotgangmitte. An der mittleren Führung befinden sich zwei Räumflügel, die sich zum Arbeitshub ausbreiten, beim Rücklauf im Leerhub dagegen an die Zugkette oder das Zugseil anlegen (Abb. 95). Mit dem Faltschieber können Mistgänge von 0,90 bis 3,20 m Breite geräumt werden. Bei entsprechender Ausbildung der Gleitkufen am Ende der Räumflügel können auch Mistgänge unterschiedlicher Breite gereinigt werden. Dank ihrer geringen Bauhöhe können Buchtentrennwände unterfahren werden. Faltschieber sind ebenfalls günstig unter Spaltenböden einzusetzen (Abb. 96). Aufgrund der geringen Arbeitsgeschwindigkeit von 2,80 bis 3,00 m/min ist die Gefahr relativ gering, daß Tiere verletzt werden. Faltschieber

Die Technik des Entmistens 241

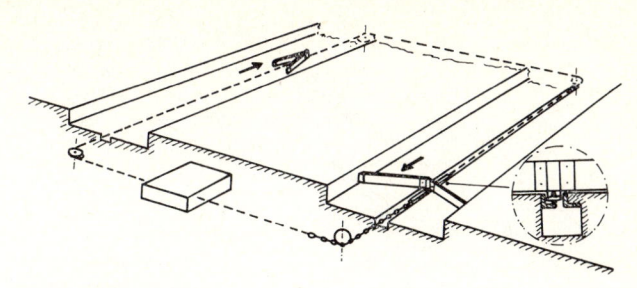

Abb. 95: Faltschieber.

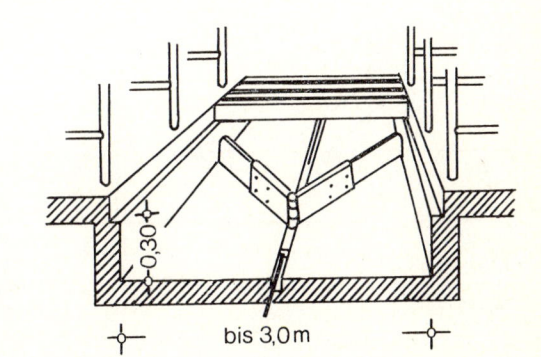

Abb. 96:
Faltschieber
unter Spaltenboden.

bis 3,0 m

brauchen eine seitliche Führung bis zur Mistablage. Sie eignen sich vor allem für tiefliegende Gruben. Ist ein Querkanal in der Stallmitte vorhanden, können Kotgänge bis zu 90 m Länge mit einem „Wendefaltschieber" entmistet werden (Abb. 97). Der Faltschieber hat den Nachteil, daß er nach dem Leerhub einen mehr oder weniger langen Öffnungsweg zur vollen Entfaltung benötigt (Abb. 98). Die Endstellung muß daher entsprechend weit hinter dem von den Tieren benutzten Kotgang liegen, es sei denn, der Faltschieber ist so konstruiert, daß er sich in der Endstellung selbsttätig öffnet. Selbsttätig öffnende Faltschieber sind jedoch als Wendefaltschieber nicht einsetzbar. Faltschieber sollten zumindest zweireihig laufen, damit die Zugkette oder das Zugseil nicht leer zurückgeführt werden muß. Sie können mit nur einem Antrieb auch drei- und vierreihig eingesetzt werden (Abb. 99). Faltschieberanlagen von zwei Ställen, die im rechten Winkel zueinander angeordnet sind, können kombiniert werden, so daß eine gemeinsame

242 Entmisten

Abb. 97:
Wende-Faltschieber.

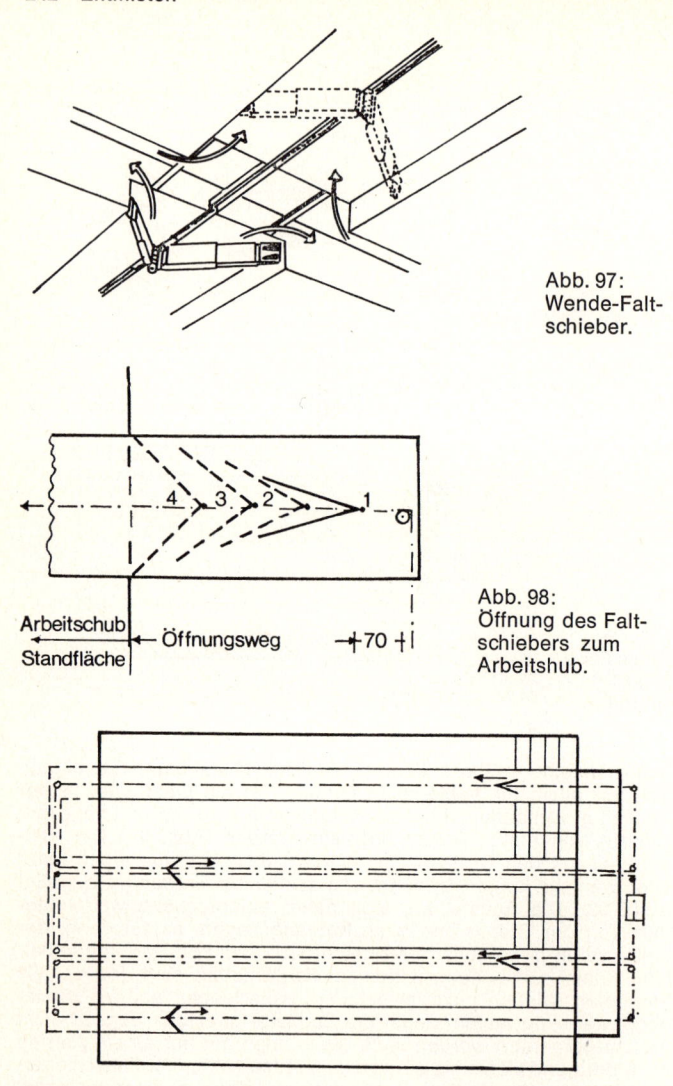

Arbeitschub
Standfläche — Öffnungsweg —+70+

Abb. 98:
Öffnung des Faltschiebers zum Arbeitshub.

Abb. 99: Faltschieberanlage. Mit einem Antrieb können durch Verbinden bis zu 3 Kettenstränge angetrieben werden.

Die Technik des Entmistens 243

Mistabgabe in die Vorgrube möglich wird (Abb. 100). Es ist auch möglich, Mistgänge unterschiedlicher Länge mit dem Faltschieber zu entmisten. Beim längeren Mistgang wird ein zweiter Faltschieber eingesetzt, der bei einem kurzen Kettenkreis mit einer Zugstange verbunden wird, bei einem erweiterten Kettenkreis normal an die Ketten angeschlossen werden kann (Abb. 101). Bei Faltschiebern sind verschiedene Neuentwicklungen festzustellen. Zunächst wurden die wenig haltbaren Zugseile durch stabilere Zugketten ersetzt. Störungen traten aber auch dann noch infolge der ständigen Längung der Ketten auf, was besonders bei unterflur-laufenden Geräten sehr unangenehm war. Diese Störungen werden durch den Einsatz von Stangen anstelle der Ketten weitgehend behoben. Dabei ist der Faltschieber so konstruiert, daß er bei stetiger Pendelbewegung der Stange mit Hilfe der auf dieser befindlichen Nocken den Dung abschnittsweise aus dem Stall befördert. Am jeweiligen Ende des Kotganges wird der Faltschieber durch einen Anschlag vom Vorwärts- in den Rücklauf und umgekehrt umgestellt.

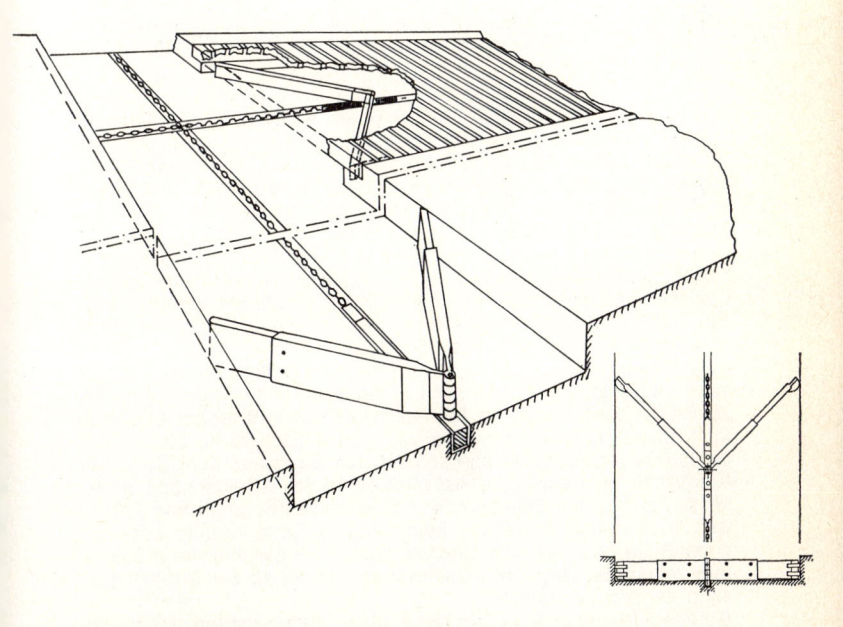

Abb. 100: Zusammenarbeitende sich kreuzende Faltschieberanlage.

244 Entmisten

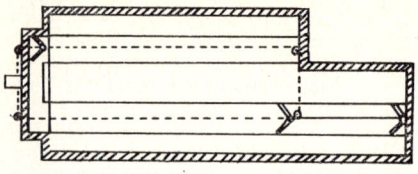

Kurzer Kettenkreis mit Zugstange

Erweiterter Kettenkreis

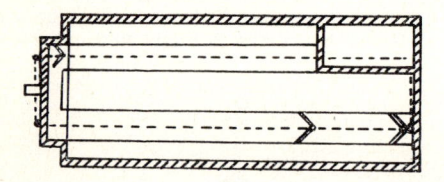

Abb. 101:
Faltschieberanlage
in Ställen unterschiedlicher Länge.

Bei zweireihig arbeitenden Faltschiebern wird nur die Umlenkung in stabilen Ketten ausgeführt, da auf so kurzen Strecken die Längung der Kette keine Rolle spielt. Um auch die Umlenkung einzusparen, gibt es hydraulisch angetriebene Faltschieber. Die Druckschläuche müssen zu jedem Kotgraben geführt werden.
Anstelle der selbsttätig öffnenden Faltschieber werden auch Geräte mit mehreren kurzen Flügelpaaren eingesetzt (Abb. 102). Diese haben den Vorteil, daß sich der Dung nicht in der Mitte zusammenschiebt, sondern auf die ganze Kotgrabenbreite verteilt.
Ein Faltschieber ist auf dem Markt, der über Funk steuerbar ist und über einen Sender in Handgröße bedient wird.
Klappschieber (Abb. 103) werden ebenfalls vollmechanisch eingesetzt und sind durch eine nach unten pendelnde Klappe gekennzeichnet. Diese klappt im Rückwärtslauf auf und gleitet über den Mist, im Vorwärtslauf neigt sie sich leicht nach vorne bis zur Bodenberührung herunter und schiebt den Dung aus dem Stall. Der Klappschieber räumt den Mist mit Beginn des Arbeitshubes in voller Breite aus, ist aber an eine festliegende Kotgangbreite gebunden. Klappschieber werden beidseitig, in Schiebermitte oder auf einer Seite gezogen. Sie werden auch ohne geschlossene Seitenteile angeboten. Der Antriebsmotor soll immer an der Dungstättenseite angeordnet sein.
Schubstangenentmistungsanlagen (Abb. 104) arbeiten vollmechanisch. Die Entmistung erfolgt mit Pendelschiebern, die an einer

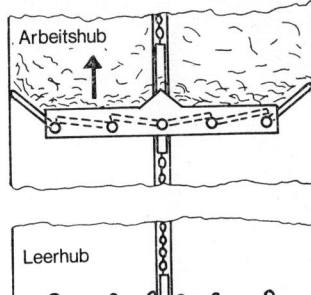

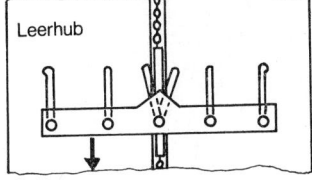

Abb. 102: Faltschieber mit unterteilten Flügeln.

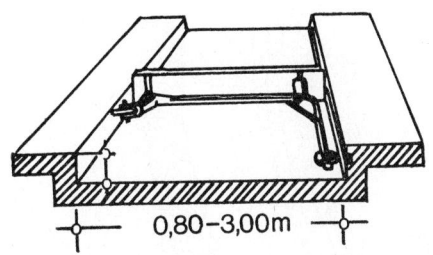

Abb. 103: Klappschieber.

seitlich im Kotgang angeordneten Schubstange gelenkig befestigt sind. Die Schubstange läuft abwechselnd etwa 2 m vor- und rückwärts (bei Unterfluranlagen 3,20–6,0 m). Dabei klappen die Schieber beim Arbeitshub auf und legen sich beim Leerhub in der Rückwärtsbewegung wieder an. Dadurch wird der Dung abschnittsweise aus dem Stall befördert. Bei breiten Kotgängen werden oft zweiseitig arbeitende Schubstangen eingesetzt. Der Antrieb erfolgt meistens über eine Rundlaufkette, wobei sich die Motorwelle ständig in der gleichen Richtung dreht. Das Umschalten der Schubstange in die andere Richtung erfolgt über eine Schaltkulisse oder einen Exzenter mit Pleuelstange. Hydraulische Antriebe, die oft in Großanlagen verwendet werden, sind ebenso funktionssicher. Schubstangen können durch Einbau einer Bogenbahn beliebig zwischen 0° und 90° abgewinkelt werden. Schubstangen sind in Ställen mit und ohne Einstreu verwendbar, arbeiten aber am saubersten mit etwas Einstreu. Schubstangen können den Dung nur in tiefer liegende Gruben abschieben. Bei Festmist ist eine Stape-

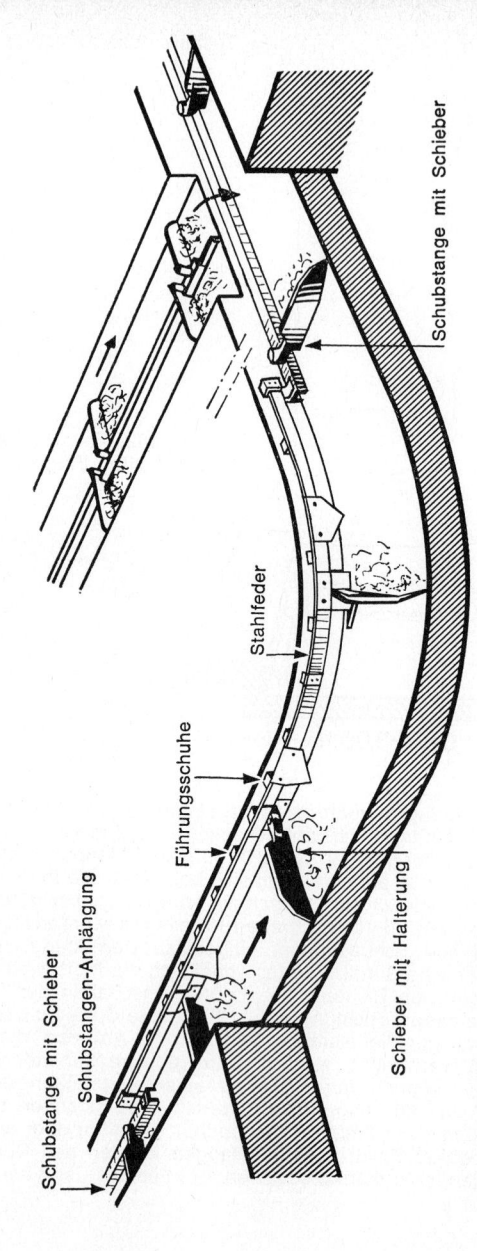

Abb. 104: Schubstangenentmistung.

Die Technik des Entmistens 247

lung durch einen Greifer, einen Frontlader oder durch Einsatz von Hochförderern möglich. Diese können mit und ohne Fördertrog eingesetzt werden (Abb. 105). Sie sind höhenverstellbar und oft bis 180° schwenkbar, benötigen dann aber einen eigenen Antrieb. Ist der Höhenförderer an die Schubstange angeschlossen, kann er nicht geschwenkt werden.

Da bei Schubstangeneinsatz für jeden Kotgang ein Antrieb benötigt wird, sind Schubstangen vor allem für einreihige Ställe geeignet. Ihr Haupteinsatzbereich sind die schmalen Kotrinnen des Anbindestalles, oft auch die Weiterbeförderung des Mistes aus Querkanälen in die Lagergrube, wenn z. B. in mehreren parallel lau-

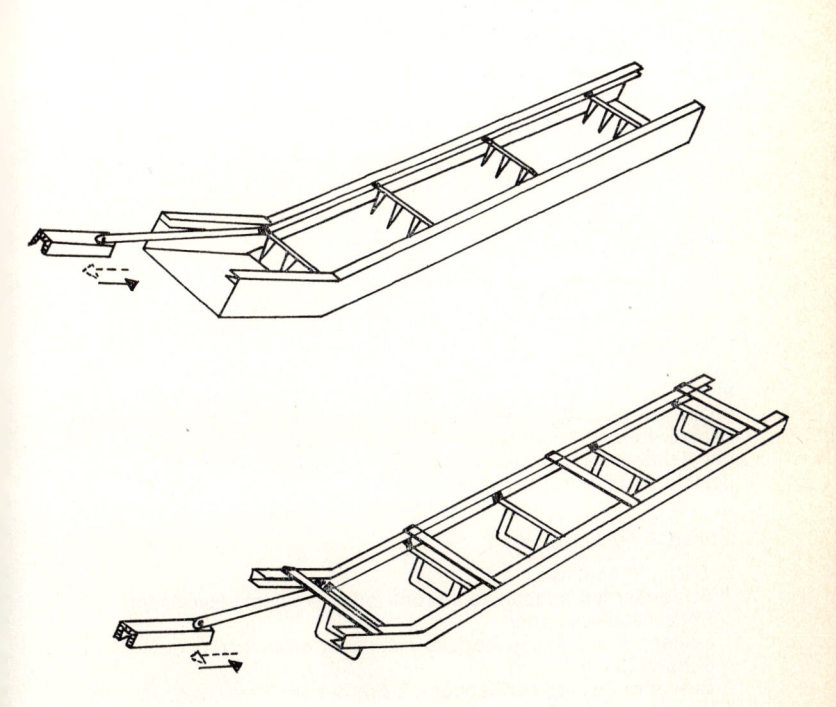

Abb. 105: Hochförderer zur Schubstangenentmistung, mit und ohne Fördertrog.

248 Entmisten

fenden Mistgängen Umkehrfaltschieber eingesetzt sind. Der Querkanal kann auch durch mehrere Ställe laufen.
Die Kettenentmistung (Abb. 106) arbeitet ebenfalls vollautomatisch und unterscheidet sich dadurch von der Schubstangenentmistung, daß die Schieber in bestimmten Abständen fest mit einer umlaufenden Kette verbunden sind und sich immer in der Arbeitsrichtung bewegen. Dadurch gibt es keinen Leerweg und die Entmistungsdauer ist kürzer. Über der Dungstätte läuft die Kette in einem Führungsrahmen, der in einen zweiten Mistgang endet, so daß dieser mit dem Kettenrücklauf entmistet wird. Über der Dung-

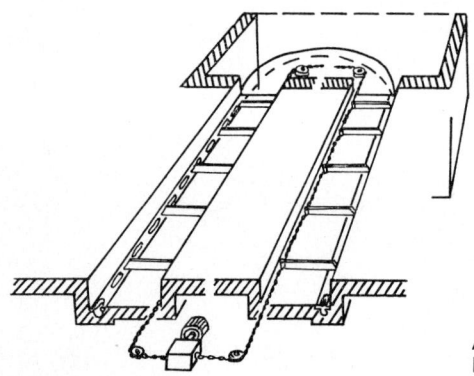

Abb. 106:
Kettenentmistung.

stätte kann der Mist an beliebigen Stellen unter der Kettenführung abgeworfen werden. Die Kettenentmistung kann um Kurven und Winkel von 180° geführt werden. Die Mitnehmer können wie bei der Schubstange einseitig und bei breiten Mistgängen auch doppelseitig angebracht werden.

Mobile Entmistungsgeräte

In Betracht kommen
 Schlepper mit angebautem Front- oder Dreipunkt-Hecklader
 Spezialstallschlepper
 Schlepper mit Anbau-Heckschwenklader oder Anhänge-Schwenklader
 Ein- oder Zweiachsschlepper mit Front- oder Heckschieber.

Nähere Einzelheiten über den technischen Aufbau der Lader sowie den Einsatz für allgemeine Ladearbeiten sind in Band 1: Feldwirtschaft enthalten, die Verwendung auf dem Futtersektor ist in vorliegendem Band auf Seite 64 beschrieben. Lader bieten den

Vorteil, vielseitig einsetzbar zu sein für Entmisten, Miststapeln, Mistladen und sonstige Ladearbeiten.

Frontlader und *Dreipunkt-Hecklader* arbeiten im Prinzip gleichartig. Der Dreipunkt-Hecklader ist preiswerter, die Leistung jedoch geringer und die Arbeit durch das Rückwärtsfahren erschwert. Dafür ist er wendiger und durch die Triebachsbelastung auch rutschsicherer. Der Frontlader sollte nur mit Gegengewicht eingesetzt werden. Zwei Arbeitsverfahren sind entsprechend der Gebäudegegebenheiten möglich:

Im nicht durchfahrbaren Kotgang wird der Dung in Vorwärtsfahrt gesammelt und rückwärts hinaustransportiert. Das Werkzeug muß annähernd die ganze Kotgangbreite – unter Wahrung eines Sicherheitsabstandes zur seitlichen Begrenzung des Kotganges – bearbeiten. Da der Mist auf der angehobenen Gabel hinaustransportiert wird, muß eine Gabel mit enger Zinkenstellung, bei wenig Einstreu oder einstreulosem Kot gegebenenfalls eine Schaufel verwendet werden.

Im durchfahrbaren Kotgang wird der Dung durch den Stall hindurch zur Dungstätte, die in Verlängerung der Mistachse liegt, geschoben. Bei Langstroh kann eine normale Dunggabel verwendet werden. Liegt die Dungstätte nicht in Verlängerung der Mistachse, wird eine Gabel mit enger Zinkenstellung bzw. eine Schaufel notwendig.

Bauliche Voraussetzungen müssen nur für die befahrbaren Mist- (und evtl. Futter-) gänge geschaffen werden (Abb. 107). Zu berücksichtigen sind Spurbreite, Reifenbreite, Seitenmähwerk (allgemein rechts) sowie Umsturzbügel oder Kabine (bei Neuschleppern gesetzlich vorgeschrieben). Man sollte auch berücksichtigen, daß Neuschlepper oft eine Nummer größer gekauft werden und diese ebenso in die Gänge passen müssen.

Es können folgende Optimalabmessungen angegeben werden (nicht für spezielle Stallschlepper):

h =	Kotgangbreite (= Spurweite + 1 Reifenbreite + 10 cm Sicherheitsabstand)	1,90 m
k =	Kotstufenhöhe	0,15 m
g =	seitliche Freiheit (für Mähwerk)	0,15 m
i =	Türbreite	2,20 m
l =	Türhöhe	2,80 m

Solange noch ein kleinerer Schlepper im Betrieb vorhanden ist, können Balken vorläufig die Kotgangbreite verringern. Bei einer Schlepperspurweite 1,25 m und 8 Zoll Reifen kann die Kotgangbreite auf 1,56 m reduziert werden.

Die Jaucherinne sollte nach Möglichkeit verdeckt sein, jedoch so, daß die Abdeckplatten nicht vom Frontladerwerkzeug erfaßt werden. Der Abstand von der Kotstufe zur Jaucherinne sollte etwa 60 bis 80 cm betragen. Ein Gefälle von 3% auf der Standseite ist ausreichend. Eine offene Jaucherinne ist nicht zu empfehlen.

Der Kotgang wird im Querschnitt so ausgebildet, daß nur ein klei-

250 Entmisten

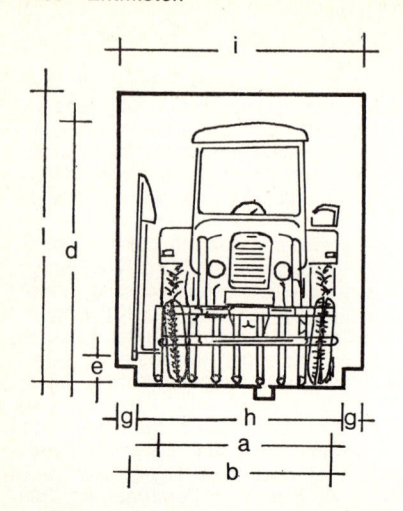

Abb. 107: Notwendiger Freiraum zur Frontladerentmistung.

ner freier Durchgang unter dem Frontladerwerkzeug bleibt. Je geringer die Einstreumenge ist, um so besser muß das zur Entmistung benutzte Gerät dem Kotgangprofil angepaßt werden.
Wird der Mist in Rückwärtsfahrt herausgebracht, ist am Kotgangende ein unterfahrbares und herausnehmbares Prallbrett vorzusehen, damit man auch den letzten Rest Mist ohne Handarbeit auf die Schaufel oder Gabel bekommt (Abb. 108). Es ist zweckmäßig, die Türen auf beiden Seiten breiter zu halten als den Kotgang, da strohiger Dung seitlich überhängt und von zu engen Türen leicht abgestreift wird. Bei angebautem Mähwerk soll der Dung nach Möglichkeit so ausgeschoben werden, daß das Mähwerk auf der den Tieren abgewandten Schlepperseite verbleibt.
Ein erhöhter Laufgang hinter dem Kotgang ist nicht nötig. Die den Rindern abgewandte Seite des Kotganges bleibt so trocken und sauber, daß dort ohne Bedenken Eimer oder andere Geräte abgestellt werden können.
Wenn der Dung zur Miststätte geschoben werden soll, müssen die Wege eine feste und glatte Oberfläche aufweisen.

Arbeitswirtschaft

Die Frontladerentmistung beim Kurzstand erfordert, wenn nur geringe Einstreumengen (ca. 1–1,5 kg/GV und Tag) verwendet werden, wenig Arbeitszeit. Es genügt in der Regel, wenn der Mist täglich einmal ausgebracht wird.
Dreipunkt-Hecklader sind vorzugsweise für Kleinbestände geeignet.

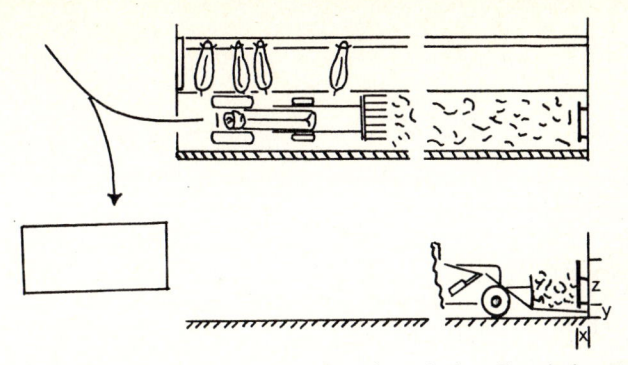

Abb. 108: Dung sammeln in Vorwärtsfahrt mit dem Frontlader und gefüllt rückwärts den Stall verlassen.

Tab. 66. Arbeitszeitbedarf (AK min/Tier und Tag):

Bestandsgröße (Tiere):	10	20	40	80
Zeitbedarf für Entmisten	0,8	0,6	0,5	0,5
Einstreuen	0,3	0,3	0,3	0,2
insgesamt:	1,1	0,9	0,8	0,7

Spezialstallschlepper (s. Seite 65) entsprechen in Arbeitsweise und Arbeitszeitbedarf weitgehend dem Schlepper mit Frontlader.
Heckschwenklader (Abb. 109) sind im Grunde stationäre Lader. Sie sind nur dort rationell einzusetzen, wo ein Zweitschlepper für den Transportwagen vorhanden ist. Ihre Einsatzbereiche sind:
  Das Entmisten von Tiefställen.
  Das Miststapeln und Mistladen an Dungstätten.
Näheres hierzu s. Band 1: Feldwirtschaft.
Anbaumistschieber sind immer geeignet, wenn auf das Stapeln verzichtet werden kann. Sie werden vor allem an Einachsschleppern und Spezial-Hoffahrzeugen eingesetzt. Sie bestehen aus einem glatten Schiebeschild, der genau der Breite des Kotgrabens angepaßt sein muß. Sollen breite Laufflächen entmistet werden, sind die Schiebeschilde mit Seitenblechen auszurüsten, damit der Mist nicht seitlich ausbricht.
An Zweiachsschleppern können ebenfalls Heckschieber eingesetzt werden und zwar sowohl für Vorwärts- als auch für Rückwärtsarbeit (Abb. 110). Normalerweise sind die Seitenbleche in

252 Entmisten

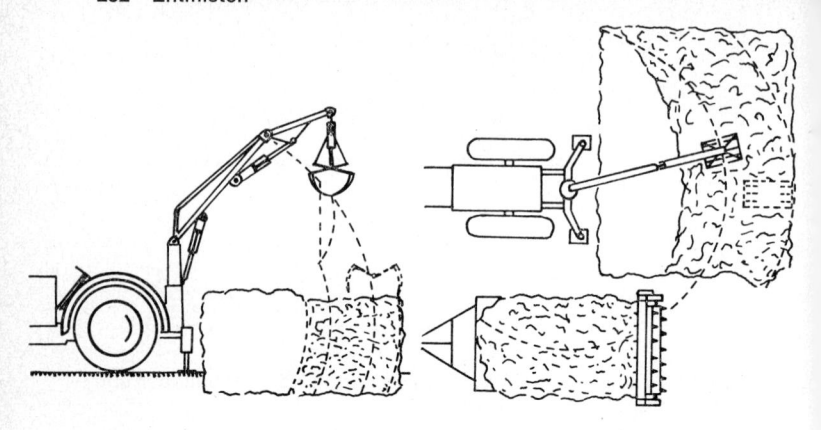

Abb. 109: Arbeitsschema eines Heckschwenkladers.

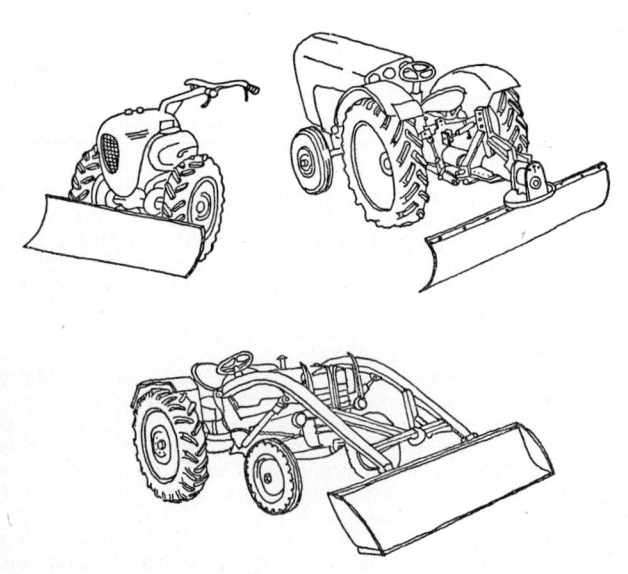

Abb. 110: Anbaumistschieber.

Vorwärtsrichtung angebracht, wobei der Schieber als gezogenes Gerät arbeitet. Das hat den Vorteil, daß der Schieber bei nur einseitig zugänglichen Mistgängen und Laufflächen schon unmittelbar am Ende des Mistganges voll eingesetzt werden kann, da der Schlepper rückwärts in diesen Gang hineinfährt. Ist die Dunggrube nicht überfahrbar, muß der Mist vor der Grube abgesetzt und mit dem Heckschieber in Rückwärtsfahrt in die Grube geschoben werden. In diesem Fall ist es zweckmäßig, auch an der Außenseite des Schiebers kurze Begrenzungsbleche anzubringen. Da die Schieber nur eine geringe Tiefe haben, sind die damit ausgerüsteten Fahrzeuge sehr beweglich.

Tab. 67. Einsatz und Mechanisierungsstufen bei mechanischen Entmistungsgeräten

		Oberflurarbeit	Unterflurarbeit	mit Begleit-Personen	ohne Begleit-Personen	auf Knopfdruck einschaltbar	nach Zeitschaltuhr einstellbar
Stationär eingebaute Geräte	handgeführt	+	—	+	—	—	—
	vollmechanisch arbeitend	+	+	—	+	+	+
mobile Geräte		+	—	+	—	—	—

+ = möglich/nötig
— = nicht möglich

Flüssige Entmistungsverfahren (hydraulische Verfahren)

Die flüssige Entmistung hat gegenüber den mechanischen folgende Vorteile:
   Keine Mechanik, da Ausnutzung der natürlichen Fließfähigkeit des Mistes.
   Weniger Arbeitsbedarf. Er kann z. B. beim Ganzspaltenboden auf Null gesenkt werden.

Keine Einstreu und damit keine Kosten für die Strohlagerung und -verteilung.

Gemeinsame Bearbeitung von Kot und Harn und daher kein Aufwand für getrennte Behandlung.

Diesen Vorteilen stehen folgende Nachteile gegenüber:
Höhere Ansprüche an das Stallklima infolge fehlender Einstreu.

Mögliche Einbußen bei der tierischen Leistung als Folge der strohlosen Haltung, z. B. im Schweinemaststall mit Ganzspaltenboden oder im Abferkelstall, mögliche Gefährdung der Tiere durch schädliche Gase aus dem Flüssigmist.

Durch richtige Handhabung sind die beiden letzten Nachteile vermeidbar:
Höhere bauliche Aufwendung für Flüssigmistkanäle, Dungkeller unter den Ganzspaltenböden und Lagerbehälter für den Flüssigmist.

Größere Umweltprobleme durch Geruchsbelästigung aus dem Stall, Gefährdung des Grundwassers bei unsachgemäßer Lagerung oder Ausbringung.

Um die im Stall auftretenden Nachteile des Flüssigmistes zu umgehen, besteht die Tendenz, Kot und Harn mechanisch aus dem Stall zu entfernen und erst außerhalb des Stalles im Flüssigmistverfahren weiter zu verarbeiten. Das mechanische Entmisten läßt auch geringe Einstreumengen bis $1/2$ kg Stroh pro GV und Tag zu. Die Weiterverarbeitung als Flüssigmist außerhalb des Stalles wird dadurch nicht nennenswert beeinflußt, da es entsprechend leistungsfähige Pumpen gibt. Ein weiterer Vorteil der mechanischen Kotentfernung gegenüber der hydraulischen besteht darin, daß der Grubenraum durch den höher gelegenen Einlauf in die Grube besser genutzt werden kann.

Die *Stauverfahren* (Abb. 111) sind dadurch gekennzeichnet, daß der Flüssigmistkanal am Auslauf zur Grube durch einen Stauschieber abgesperrt ist. Der Flüssigmist wird mehrere Tage im Kanal gesammelt und erst dann durch Hochziehen des Stauschiebers in die Außengrube abgelassen. Um ein störungsfreies Ablaufen zu gewährleisten, werden pro GV und Tag etwa 10–15 l Wasser zugesetzt. Der Kanal wird entsprechend den neueren Erkenntnissen im rechteckigen Profil erstellt, wobei die Kanalsohle eben oder mit einem leichten Gefälle zum Abfluß (Stauschieber) angelegt wird. Die Kanaltiefe beträgt je nach Kanallänge 0,60–1,00 m.

Beim *Treibmistverfahren* (Abb. 111) fließt der Flüssigmist kontinuierlich über eine im Kanalauslauf eingebaute, etwa 10—15 cm hohe Stufe oder auch Nase in die Grube ab. Es wird außer vor der Inbetriebnahme kein Wasser zugegeben. Die Kanalsohle wird ohne oder mit geringem Gefälle zum Kanalausgang erstellt, so daß der Kanal im Stau- und im Treibmistverfahren genutzt werden kann.

Das Kanalprofil ist rechteckig. Die Kanaltiefe hängt ab von der Kanallänge und dem Flüssigmistgefälle (bei einstreulosem Flüssigmist etwa 1,5%), sie beträgt bis zu einer Kanallänge von 10 m etwa

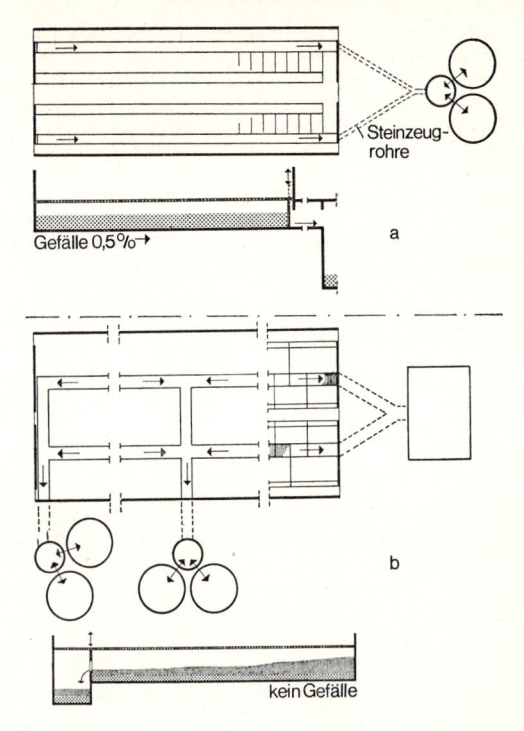

Abb. 111: Stau- und Treibmist-Verfahren.

(Bildbeschriftungen: Steinzeugrohre; Gefälle 0,5 %; kein Gefälle)

0,60 m. Bei längeren Kanälen wird der Kanal für jeden zusätzlichen Meter um etwa 1,5 cm vertieft, bei trockensubstanzreichem, d. h. mit Einstreu vermischtem Kot bis zu 3 cm. Vor dem Belegen des Stalles wird der Kanal soweit mit Wasser gefüllt, daß die Kanalsohle damit bedeckt ist.

Querkanäle müssen mindestens 20 cm tiefer als die Treibmistkanäle sein, damit der ausfließende Dung auseinanderbricht, bevor er seine Laufrichtung ändert.

Beim *Umspülverfahren* wird Flüssigkeit aus dem Lagerbehälter über Rohrleitungen in die Kanäle unter den Spaltenböden gepumpt und der dort befindliche Flüssigmist in den Lagerbehälter zurückgespült. Wegen der auftretenden Geruchsbelästigung hatte dieses Verfahren bisher keine große Bedeutung. Es wird deshalb nur bei Querkanälen außerhalb des Stalles angewendet oder als zusätzliche Sicherheit eingebaut, wenn die Verhältnisse für Stau- oder Treibmistkanäle schwierig sind. Durch Umspülen mit belüftetem

Flüssigmist aus der Außengrube wird dieses Verfahren wieder interessant und ist in den Niederlanden stark verbreitet. Durch eine etwa 15 cm hohe Staunase wird erreicht, daß durch die Umspülung ständig belüfteter Flüssigmist im Kanal steht, der sofort die durch den Spaltenboden hinzukommenden Kot- und Harnmengen aufnimmt und eine Geruchsentwicklung weitgehend verhindert wird.

Von *Speicherverfahren* spricht man, wenn normalerweise unter Vollspaltenböden, vereinzelt aber auch unter Teilspaltenböden, der Flüssigmist gelagert wird. Das Entleeren erfolgt direkt aus dem Stall oder durch außenliegende Absaugschächte.

Stapeln und Lagern

Im allgemeinen wird der Mist in der Nähe des Stalles für mehrere Monate zwischengelagert. Festmist lagert auf einer Betonplatte, unter der sich meistens eine Grube für die Aufnahme der Jauche befindet, und kann nahezu beliebig hoch gestapelt werden. Flüssigmist wird in einer Grube gesammelt.

Wird der Mist als Nährstoff und zur Humusverbesserung eingesetzt, ist er so zu stapeln und zu lagern, daß die organischen Substanzen und Nährstoffe weitgehend erhalten bleiben. Das geschieht bei

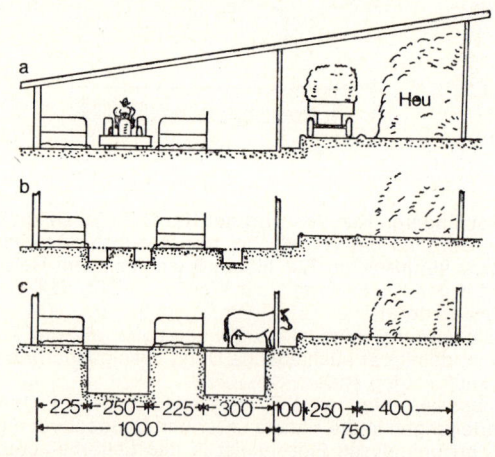

Abb. 112: Schnitt durch Liegeboxenstall mit verschiedenen Entmistungen des Laufgangs und des Freßplatzes;
a = Betonierte Laufflächen mit Frontladerentmistung, b = Teil-Spaltenboden über Kanälen, c = Ganz-Spaltenboden, Dunglagerung unter den Rosten.

Festmist durch dichte Lagerung (also hohe Stapelung) und gleichmäßige Verteilung auf der Dungplatte und bei Flüssigmist durch ungestörte Lagerung mit möglichst wenig Rühr- und Umpumpvorgängen.
Wird der Mist als Abfallprodukt angesehen, ist durch lockere Lagerung des Festmistes und eine Belüftung des Flüssigmistes ein gewisser Substanzabbau erzielbar.
Bei bester Stallmistpflege kann mit Trockensubstanz- und Stickstoffverlusten von 20%, bei schlechter Pflege mit Trockensubstanzverlusten von 50% und Stickstoffverlusten bis zu 60% gerechnet werden.

Dungstätte für Festmist

Die Lage der Dungstätte zum Stall richtet sich nach dem Entmistungs- und Dungstapelverfahren. Die günstigste Lage ist im allgemeinen die direkte Verlängerung der Mistachse. Eine Richtungsänderung beim Misttransport ist innerhalb und außerhalb des Stalles nicht mit allen Entmistungsgeräten durchführbar.
Die Größe der Dungplatte hängt von der Tierzahl, der Tierart, der Einstreumenge, der Stapelhöhe und der Lagerzeit ab.
Bei sechsmonatiger Lagerzeit, einer Stapelhöhe von 2,50 m, einer Einstreumenge von 2–4 kg/GV und Tag ergeben sich folgende Flächen:
   3,0 m²/GV Rind
   0,6 m² je Schwein
   0,3 m² je Schaf.
Die Dungplatte soll ein allseitiges Gefälle von etwa 6% zu einer oder mehreren Sickersaftrinnen (0,15 m breit) aufweisen, die mit 2% Gefälle in die Sickersaft- oder Jauchegrube führen. Eine auch teilweise Umfassung der Dungstätte oder ein Randwulst schützen gegen ungeregelten Sickersaftabfluß, können aber bei Frontladerarbeit behindern. Die offenen Seiten sind mit einer Rinne zu versehen.
Die Jauchegrube muß für eine dreimonatige Lagerung etwa 1,5 m³ je GV groß sein.
Das gleichmäßige Verteilen des Mistes auf der ganzen Dungplatte sowie das exakte Stapeln ist nur mit dem Frontlader oder Greifer möglich, nicht dagegen mit stationären Entmistungsgeräten. Die Front- und Dreipunkt-Hecklader lassen als mobile Geräte auch freie Wahl für die Lage der Dungstätte. Das Dungstapeln kann mit dem gleichen Gerät an verschiedenen Dungstätten durchgeführt werden.
Der Frontlader kann mit der Abschiebegabel bis zu 3,50 m hoch stapeln, der Dreipunkt-Hecklader nur bis etwa 1,30 m.
Speziell zum Dungstapeln und späteren Dungladen werden auch Heckschwenklader und verschiedene Greiferanlagen eingesetzt, z. B. fahrbarer oder stationärer Drehkran und Portalkran. (Näheres hierüber s. Band 1: Feldwirtschaft.)

258 Entmisten

Ein neues Verfahren des Misttransportes ist der sogenannte Maulwurfförderer zwischen den klassischen Festmist- und Flüssigmistverfahren und besorgt das Fördern zum Dungstapel und zugleich das Stapeln. Der Mist wird von mechanischen Entmistungsgeräten in eine kleine trichterförmige Grube gefördert und hydraulisch über eine Rohrleitung mit 200 mm Durchmesser unterirdisch bis auf die Dungstätte gedrückt. Vom Rohrende aus verteilt sich der Mist kegelförmig und fällt nach allen Seiten gleichmäßig ab, so daß sich eine kreisförmige Dungplatte empfiehlt. Die einkolbige Förderpumpe (200 mm ⌀) fördert pro Minute etwa 18–30 l Dung. Sie kann mehrmals am Tag gemeinsam mit der mechanischen Entmistung vollautomatisch eingeschaltet werden und reicht z. B. für über 300 Mastschweine aus. Je nach Kotkonsistens wird der Kegel flacher oder höher.

Die Vorteile sind:
 Vollautomatisches Fördern und Stapeln des Mistes
 Fördern von Mist mit und ohne Einstreu
 Frostsichere Dungförderung
 Kombination mit jedem Oberflur-, Unterflur-, Festmist- oder Flüssigmistsystem möglich. Änderung des Entmistungssystems ohne Einfluß auf den Maulwurfförderer
 Unabhängigkeit von der Lage der Dungstätte.

Nachteilig ist, daß der Maulwurfförderer nur einen Einwurftrichter hat. Bei mehrreihigen Ställen ist daher immer eine Querförderung notwendig. Die Anschaffungskosten sind relativ hoch.

Flüssigmistlager

Die Größe der Lagerbehälter wird bestimmt durch
 die anfallende Kot-Harn-Menge
 die Menge des Wasserzusatzes
 die erforderliche Lagerzeit.

Bei Rindvieh muß mit einem Kot-Harn-Anfall von etwa 50 l pro GV und Tag oder 1,5 m^3 pro Monat gerechnet werden, bei Mastschweinen mit etwa 1 bis 1,2 m^3 je GV und Monat oder rund 1 m^3 pro Schwein und Mastperiode. Bei Flüssiglagerung von Geflügelkot (50% Wasserzusatz notwendig), fallen von 1000 Hennen pro Monat etwa 8 m^3 Mist an. Der Zusatz von Wasser erleichtert das Rühren und Pumpen, erhöht aber den Grubenraumbedarf.

Es gibt im wesentlichen drei Möglichkeiten der Flüssigmistlagerung:
 Lagerung im Stall unter Spaltenböden
 Unterflur-Lagerung außerhalb des Stalles in Einzel- oder Mehrkammerbehältern
 Lagerung in oberirdischen Behältern mit Vorgrube.

Bei der *Lagerung im Stall* werden zwar die Kosten für die Außengruben und die häufig schwierige Einleitung des Flüssigmistes ge-

spart, jedoch ergeben sich durch die Direktentnahme aus dem Stall Nachteile. Diese sind:
  Es müssen Balken aus dem Spaltenboden zum Rühren und Pumpen herausgenommen werden, es sei denn, der Flüssigmist wird durch Rohröffnungen oder Schächte von außen entnommen.
  Während des Rührens und der Entnahme ist eine stärkere Gaskonzentration im Stall unvermeidbar, so daß Fenster und Türen geöffnet, die Ventilatoren eingeschaltet oder die Tiere umgestallt werden müssen.
  Große Gruben müssen unterteilt werden und sind oft nur unter Schwierigkeiten restlos zu entleeren.

Die *Unterflur-Lagerung außerhalb des Stalles* erfolgt normalerweise in geschlossenen Einzel- oder Mehrkammerbehältern mit überfahrbarer Decke. Sie ist vor allem bei engen Hofverhältnissen zweckmäßig. Mit leistungsfähigen, schleppergetriebenen Pumpen können Behälter bis zu 300 m³ aufgerührt werden, fehlen diese, ist eine Unterteilung in Kammern zu etwa 100 m³ ratsam. Der Kapitalaufwand ist wegen der Erdarbeiten (2,5 m Tiefe) und der überfahrbaren Decke sehr hoch und liegt bei 100 DM/m³. Bei tiefliegenden Zulaufkanälen bleiben oft erhebliche Grubenräume nicht nutzbar. Die Entnahme erfordert einen hohen Zeitaufwand, da der gesamte Behälterinhalt auf einmal homogenisiert werden muß, die Gruben aber oft nicht auf einmal entleert werden können. Um die Entnahme zu erleichtern, wird ein etwa 50 cm tiefer Pumpenschacht mit einem Durchmesser von etwa 1 m vorgesehen (Abb. 113).

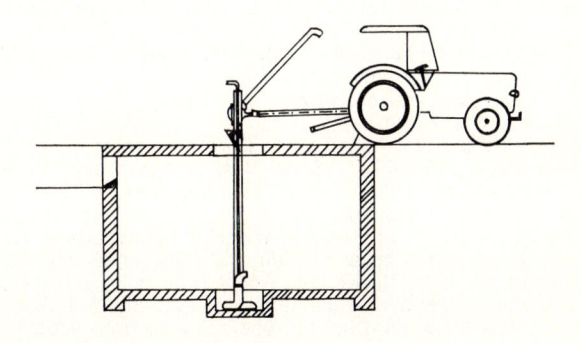

Abb. 113: Flüssigmistgrube (Einkammersystem).

Die *Lagerung in oberirdischen Behältern* in Verbindung mit einer Vorgrube (Abb. 114) ist am stärksten verbreitet und bietet folgende Vorteile:

260 Entmisten

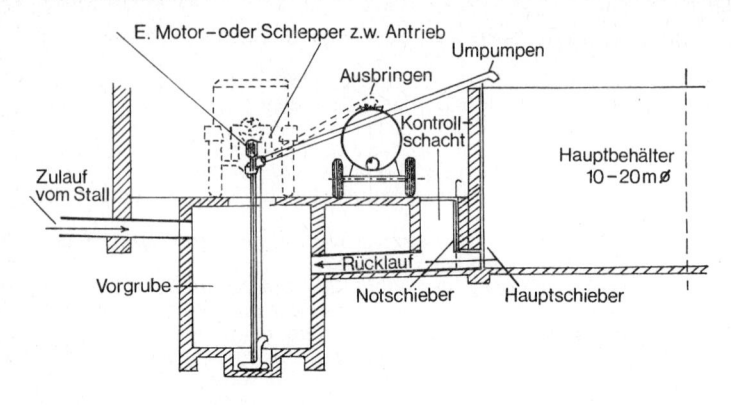

Abb. 114: Hochbehälter für Flüssigmist mit Rücklauf zur Vorgrube.

Der aus dem Stall kommende Flüssigmist wird über die Vorgrube mittels einer dort eingebauten Pumpe, die auch mit einem Schneidwerk ausgerüstet werden kann, in den Hauptbehälter gepumpt.
Bei tiefliegendem Zulaufkanal bleibt der nicht nutzbare Grubenraum gering im Vergleich zum unterirdischen Hauptbehälter.
Oberirdische Behälter sind meistens offen und billiger als unterirdische Kammerbehälter.
Die Entleerung und auch Homogenisierung erfolgt über die Vorgrube durch einen selbsttätigen Rücklauf aus dem Hauptbehälter. Beides läßt sich einfacher durchführen als bei unterirdischen Hauptbehältern.
Moderne Hochbehälter haben einen Durchmesser von 7 bis 20 m und eine Höhe von 3 bis 5 m. Um Verstopfungen beim Rücklauf vom Hauptbehälter in die Vorgrube zu vermeiden, soll der Durchmesser der Rücklaufleitungen für Behälter bis 250 m³ nicht unter 250 mm betragen. Für größere Behälter sind Leitungen mit 300 bis 400 mm Durchmesser zu empfehlen. Die Rücklaufleitung muß sicher absperrbar sein. Neben dem Hauptschieber ist ein Notschieber vorzusehen, damit ein Überlaufen der Vorgrube mit Sicherheit verhindert werden kann. Die Vorgrube sollte so groß gebaut werden, daß sie den Flüssigmist von 2 bis 4 Wochen aufnehmen kann.

Ausbringen von Stallmist

Das Ausbringen von Festmist ist in Band 1: Feldwirtschaft behandelt.

Ausbringen von Flüssigmist

Der Flüssigmist kann verregnet oder mit Tankwagen ausgebracht werden. Das Verregnen setzt eine starke Verdünnung des Flüssigmistes, also einen hohen Wasserzusatz und damit erheblich größere Lagergruben voraus. Es ist nur bei arrondierten Betrieben wirtschaftlich. Das Verlegen der Leitungen ist eine sehr unangenehme und schmutzige Arbeit. Die Verteilung ist oft ungleichmäßig und die Geruchsbelästigung intensiver und anhaltender als bei Tankwagenausbringung. Das Verregnen verliert daher gegenüber dieser immer mehr an Bedeutung. Die Ausbringung mit Tankwagen ist nicht an die Arrondierung des Betriebes gebunden. Die Zusammensetzung des Mistes soll vom ersten bis zum letzten Tankwagen gleichmäßig sein, und der Mist muß in der gewünschten Dosierung gleichmäßig auf der Nutzfläche verteilt werden können.

Maschinen zum Mischen und Pumpen

Das Mischen und Homogenisieren von Flüssigmist geschieht
  mechanisch mit stationären Rührwerken
  pneumatisch mit Kompressoren
  hydraulisch mit Rührpumpen.
Bei Neuanlagen werden fast nur noch Pumpen verwendet. Pumpen können zusätzlich mit Schneidwerken ausgerüstet und zum Füllen der Tankwagen verwendet werden.
Man unterscheidet drei Pumpenbauarten (Abb. 115).
Druckpumpen (auch Tauchpumpen genannt) werden normalerweise stationär in Vorgruben eingesetzt. Sie stehen im Flüssigmist und sind daher nicht frostgefährdet. Sie lassen sich mit Schneidwerken ausrüsten und sind durch direkten Einzug des Flüssigmistes kaum störanfällig. Das Rühren geschieht durch einen Flüssigkeitsstrahl, der in verschiedenen Grubenhöhen ausgestoßen wird oder durch Umpumpen von der Vorgrube in die Hauptgrube mit Rücklauf. Druckpumpen können bei unterirdischen Behältern mit Hilfe eines Galgens von der Vorgrube in den Hauptbehälter geschwenkt werden. Der Antrieb erfolgt vorwiegend über einen Elektromotor. Für trockensubstanzreichen Flüssigmist kann die Leistung der Pumpe erheblich gesteigert werden, wenn sie über die Schlepperzapfwelle angetrieben wird. Dafür wird ein Zweitschlepper gebraucht, da der Hauptschlepper für die Ausbringung mit dem Tankwagen zur Verfügung stehen muß.
Saugdruckpumpen arbeiten außerhalb der Grube. Nur die Ansaugleitung reicht in den Flüssigmist hinein. Sie werden vorwiegend als Kreiselpumpen ausgeführt. Mit einem Zweiwegehahn kann der Flüssigmist zum Rühren in die Grube zurück oder zum Tank geleitet werden. Saugdruckpumpen sind beweglicher und empfehlen sich, wenn mehrere Gruben vorhanden sind. Zum Teil werden als Saugdruckpumpen auch *Exzenterschneckenpumpen* eingesetzt. Sie

262 Entmisten

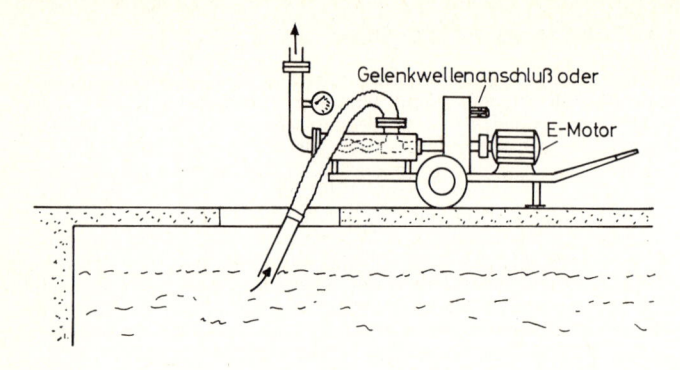

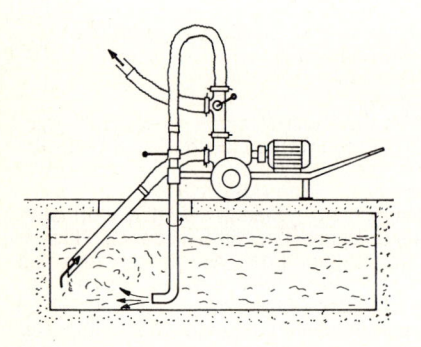

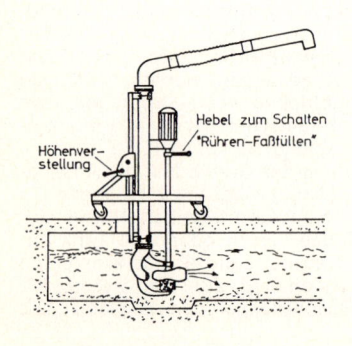

Abb. 115:
Flüssigmistpumpen;
a = Kreiselpumpe als Saugdruckpumpe,
b = Kreiselpumpe als Tauchpumpe,
c = Exzenterschneckenpumpe.

können sogar im Tankwagen eingebaut sein. Sie erreichen besonders hohe Drücke und haben daher eine hohe Rührleistung. Einige Pumpen dieser Bauart laufen schwer an und sind wegen der oft zu geringen Anschlußwerte besser für den Zapfwellenantrieb geeignet. Die Exzenterschneckenpumpe darf nicht trocken laufen. Alle Saugdruckpumpen sind frostgefährdet.

Bauarten der Tankwagen

Beim Tankwagen wird im Gegensatz zum Jauchewagen der Flüssigmist dem Verteiler unter Druck zugeführt. Dieser bleibt bis zur Entleerung nahezu konstant und gewährleistet eine gleichmäßige Verteilung.
Man unterscheidet (Abb. 116)
    Kompressortankwagen
    Pumpentankwagen
    Schleudertankwagen.
Der *Kompressortankwagen* hat einen druckfesten Tank und einen Luftkompressor, durch den der Tank beim Füllen in Unterdruck und beim Entleeren in Überdruck gesetzt wird. Die Druckluft dient auch zum Durchrühren der Grube; die Rührwirkung ist aber auf Gruben unter 40 cbm begrenzt und reicht oft nicht aus, wenn Einstreu- und Futterreste im Flüssigmist enthalten sind. Tankwagen mit einem „Druck $\times$ Inhalt"-Produkt über 2000 sind überwachungspflichtig; in der Praxis sind das Tanks über 4000 l Inhalt, da ein Mindestdruck von ca. 0,5 bar benötigt wird.
Die Verteilung des Flüssigmistes erfolgt beim Kompressortankwagen immer über ein verstellbares Prallblech. Da zum Rühren und Tankfüllen eine Schlauchleitung angeschlossen wird, ist es vorteilhaft, wenn der Verteiler hochklappbar oder ein gesonderter Schlauchanschluß vorhanden ist.
Der *Pumpentankwagen* kommt ohne Überdruck aus. Er ist mit einer Pumpe (meistens einer Exzenterschneckenpumpe) ausgerüstets, mit der der Grubeninhalt durchgerührt sowie der Tank gefüllt und entleert wird. Aufgrund des hohen Pumpendruckes können Gruben bis über 100 m³ homogenisiert werden. Der scharfe Flüssigmiststrahl eignet sich besonders zum Zerstören von Schwimmdecken. Der Tankinhalt kann sogar noch während des Transportes durch Umpumpen gemischt werden. Das Durchrühren der Gruben ist bei diesem System immer erst nach Rückkehr des Tankwagens möglich. Beim Schlauchan- und -abkuppeln können die Bedienungsperson und die Grubenumgebung beschmutzt werden.
Beim Pumpentankwagen kann anstelle des Prallbleches eine seitliche Bogendüse eingesetzt werden, mit der bei nicht befahrbarem Feld vom festen Weg aus bis zu 50 m feldeinwärts Flüssigmist ausgesprüht werden kann. Die Qualität der Verteilung läßt dabei sehr zu wünschen übrig, so daß dieses Verfahren nur in Ausnahmefäl-

264 Entmisten

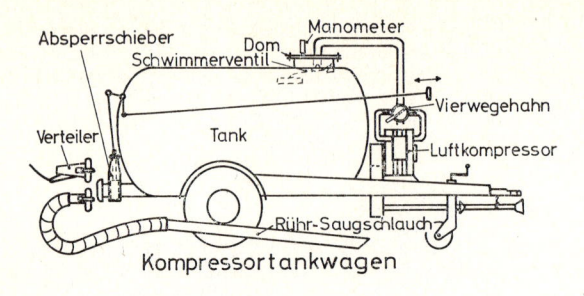

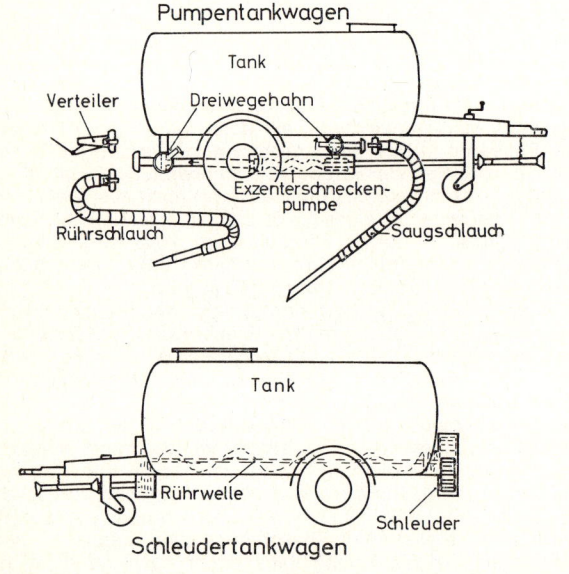

Abb. 116: Bauarten von Tankwagen.

len (z. B. wenn die Gruben gefüllt und die Flächen nicht befahrbar sind) empfohlen werden kann.
Pumpen- und Kompressortankwagen werden dort eingesetzt, wo aus mehreren Gruben entnommen werden muß. Gegebenenfalls bietet sich der Lohneinsatz an.
Der *Schleudertankwagen* besitzt im druckfreien Tank eine Rührwelle, welche den Tankinhalt während des Transportes durch-

Ausbringen von Flüssigmist 265

mischt und beim Entleeren für eine annähernd konstante Flüssigmistzufuhr auf den Verteiler sorgt. Dadurch wird auch bei nachlassendem Eigendruck des Tankinhaltes der Flüssigmist etwa gleichgut wie bei den anderen Tankwagenbauarten verteilt. Der Tankwagen ist auf Fremdbefüllung angewiesen und nur zum Ausbringen verwendbar. Das Homogenisieren des Flüssigmistes und das Füllen des Tankwagens geschieht mit getrennten Rührvorrichtungen und Pumpen. Schleudertankwagen sind dort zu empfehlen, wo fest eingebaute Pumpen und Rührvorrichtungen vorhanden sind. In diesen Fällen kann auch gerührt werden, solange der Tankwagen unterwegs ist.

Für die Verteilung auf dem Feld gibt es folgende Möglichkeiten (Abb. 117):

    senkrecht rotierende Schleuder (Verteilen nur nach einer Seite)
    Schleuderflügel, sie drücken den Flüssigmist über ein kurzes Rohrstück auf ein Prallblech
    waagerecht drehende Schleuderscheibe.

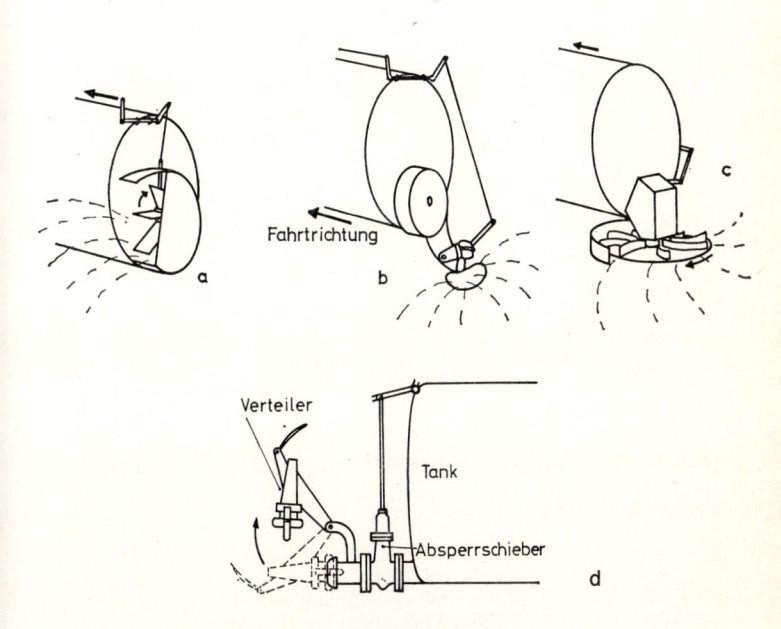

Abb. 117: Verteiler an Flüssigmist-Tankwagen;
a = Vertikalschleuder, b = Schleuder mit Prallblech, c = Horizontalschleuder, d = Schwenkdüse mit Prallteller.

Bei Düngergaben von 10 bis 20 m³/ha genügt im allgemeinen eine nutzbare Arbeitsbreite von 8 m. Bei stärkeren Gaben (40 bis 60 m³/ha) reicht eine Arbeitsbreite von 4 m aus. Größere Arbeitsbreiten verschlechtern wegen des Windeinflusses die Verteilung und bewirken fast keine Reduzierung der Schlepperspuren, weil die Fahrstrecke pro Tank zu kurz ist.
Die Ausbringmenge ergibt sich aus der Arbeitsbreite, der Tankgröße und der Länge der abgedüngten Fläche. Wird z. B. mit einem 4-m³-Tankwagen ein 250 m langes Feldstück 4 m breit abgedüngt, beträgt die Ausbringmenge 40 m³/ha nach der Formel:

$$\text{Ausbringmenge (m}^3\text{/ha)} = \frac{\text{Tankinhalt (m}^3\text{)} \cdot 10\,000}{\text{Arbeitsbreite (m)} \cdot \text{Entleerungslänge (m)}}$$

Eine gleichmäßige Verteilung der Gülle setzt voraus:
 gleichmäßige Zapfwellendrehzahl (sie bestimmt den Druck auf den Verteiler und beeinflußt die Arbeitsbreite),
 gleichmäßige Fahrgeschwindigkeit,
 richtiger Abstand zur vorhergehenden Fahrspur, wobei sich die abgedüngten Streifen etwas überlappen müssen.
Feldneigung sowie Windstärke und -richtung beeinflussen ebenfalls die Verteilqualität. Der Flüssigmist kann daher im allgemeinen nicht so gleichmäßig verteilt werden wie der Mineraldünger.
Die Verteilung des Flüssigmistes über Bodeninjektoren (Abb. 118) gewinnt zunehmend an Bedeutung. Sie hat folgende Vorteile:
 keine Geruchsbelästigung
 gleichmäßige Verteilung
 geringere Nährstoffverluste
 fast kein oberirdisches Abschwemmen des Flüssigmistes bei Regen
 Reihendüngung auch bei stehenden Kulturen möglich.
Die Nachteile sind:
 nicht anwendbar bei Grünland und gefrorenem Boden
 höherer Zugkraftbedarf (20–30 PS)
 zusätzliche Kosten für die Zusatzeinrichtung (etwa DM 3500,– bei mechanischer, DM 4500,– bei hydraulischer Aushebung).

Dungbehandlung und -beseitigung und Umweltschutz

Problemstellung

Die Vergrößerung der Viehbestände und die zunehmende Konzentration auf immer weniger Betriebe, insbesondere bei der flächenunabhängigen Schweine- und Geflügelhaltung, zwingen zur Einführung umweltfreundlicher Verfahren. Es wird gefordert:
 keine Geruchsbelästigungen
 Krankheitserreger dürfen durch den Dung nicht verbreitet werden
 kein Verschmutzen der Gewässer und des Grundwassers.

Dungbehandlung und Umweltschutz 267

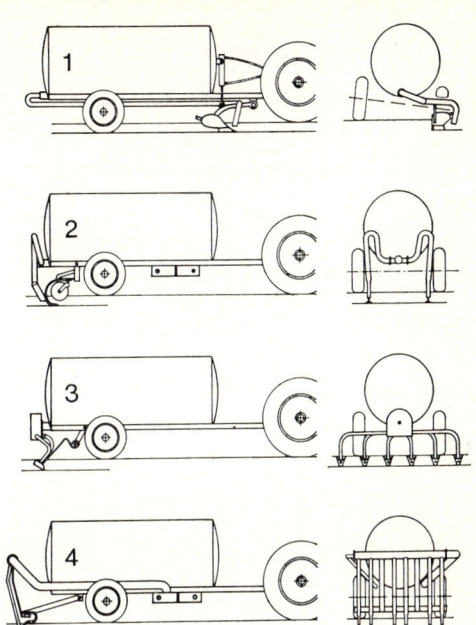

Abb. 118: Tankwagen mit Bodeninjektoren.

Möglichkeiten der Dungbeseitigung

Die Verwertung des Dungs geschieht durch Abdüngen landwirtschaftlicher Nutzflächen, Aufbereiten zu verkaufsfähigem Dünger oder sonstige Nutzung.
Eine Beseitigung ohne Nutzung (Vernichtung) ist möglich durch biologischen Abbau, Trennverfahren (Teilbeseitigung), Deponie, Zusatz von Chemikalien und Verbrennen.

Dungverwertung auf landwirtschaftlichen Nutzflächen

Die Verwertung als Dünger ist nach wie vor als gebräuchlichstes und wirtschaftlichstes Verfahren anzusehen, solange ein harmonisches Verhältnis zwischen Viehbestand und abzudüngender Fläche besteht und das Optimum der Boden- und Pflanzenverträglichkeit nicht überschritten wird.
Für die Berechnung des Düngewertes von Flüssigmist können unterstellt werden eine 30%ige Verwertung des N und eine 100%ige

Tab. 68. Durchschnittlicher Flüssigmistanfall und Nährstoffmenge

Tierart	kg/GV Tag	Monat	TM-Gehalt %	N kg/m³	P_2O_5 kg/m³	K_2O kg/m³	CaO kg/m³	MgO kg/m³
Rind	45 (40–50)	1350	12 (9–15)	5 (4–6)	2 (1,5–2,5)	7 (5–9)	3 (2,5–4)	1
Schwein	46 (42–50)	1400	8 (6–9)	6	4	6	4	1
je 1000 Hennen (Batteriehaltung)	180	5400	15 (10–24)	16	15	8	23	1,7

Klammerwerte = häufigste Schwankungsbereite ohne Extremwerte

Dungbehandlung und Umweltschutz

Verwertung der übrigen Nährstoffe durch die Pflanzen sowie folgende Nährstoffwerte
1,05 DM je kg N
1,20 DM je kg P_2O_5
0,44 DM je kg K_2O
Dies führt unter Anrechnung von weiteren 20% N-Lagerverlusten zu folgenden Bewertungen je m³ Flüssigmist:

   7,60 DM Rinderflüssigmist = 120 DM/GV und Jahr
   9,70 DM Schweineflüssigmist = 160 DM/GV und Jahr
  28,10 DM Hühnerflüssigmist = 180 DM/100 Hennen u. Jahr

Die N-Wirkung kann durch Ausbringung zum optimalen Zeitpunkt erheblich verbessert werden. Nach VETTER gilt:

  Kurz vor Vegetationsbeginn = 100
  Frühjahr = 66
  Herbst = 33
  Winter = 15

Die Aufnahmefähigkeit des Bodens für Flüssigmist ist begrenzt. Nach VETTER könnten langfristig folgende Höchstgaben an Flüssigmist in Betracht kommen:

Für Mähgrünland und Acker unter günstigsten Verhältnissen:
  80 m³ Rinderflüssigmist mit 7,5% Trockenmasse
  45 m³ Schweineflüssigmist mit 7,5% Trockenmasse
  25 m³ Hühnerflüssigmist mit 15,0% Trockenmasse
  60 dt Hühnertrockenkot.

Für Weiden
  22 m³ Rinder- oder Schweineflüssigmist mit 7,5% Trockenmasse.

Der höchstmögliche Viehbesatz je ha Ackerland beträgt demnach
    2 – 4 GV Rind
  10 – 15 Mastschweinestallplätze
  23 – 35 gemästete Schweine pro Jahr
    5 – 6 Zuchtsauen mit Nachzucht
  200 – 300 Legehennen
  650 – 1000 Masthähnchenplätze
  3700 – 5500 gemästete Hähnchen pro Jahr.

Bei Festmist oder Trockenkoterzeugung kann die Flächenbelastung erhöht werden.

Während einer 10–20jährigen Anreicherungs- und Übergangsphase kann eine doppelt so hohe Flüssigmistmenge ohne Schädigung der Bodenfruchtbarkeit ausgebracht werden. Dennoch ist die Viehhaltung durch den zugeordneten Boden begrenzt. Für 1000 bis 1500 Mastschweineplätze oder 20 000–30 000 Legehennen werden bereits 100 ha Acker oder Mähgrünland benötigt.

Die Aufnahmefähigkeit des Bodens ist um so höher,
  je tiefer und tätiger die Ackerkrumme und je trockener der Boden ist
  je größer der Anteil gülleaufnahmefähiger Früchte, insbesondere Hackfrüchte und Futterpflanzen, ist

Entmisten

je länger die Vegetationszeit ist (Zwischenfruchtanbau, Immergrün-Verfahren)
je häufiger der Dung in kleinen Mengen ausgebracht wird
je reifer der Dung ist (Frischmist und frischer Flüssigmist sind ungünstiger als abgelagerter Festmist und biologisch vorbehandelter Flüssigmist)
je nährstoffärmer der Mist ist (Rindvieh- und Schweinemist werden in größeren Mengen vertragen als Geflügelmist)
je gleichmäßiger der Dung auf der Nutzfläche verteilt wird.

Aufbereitung zu verkaufsfähigem Dünger oder sonstige Nutzung

Sie ist im allgemeinen nur dann sinnvoll, wenn ein gesicherter Absatz gewährleistet ist.
Die *Kottrocknung* reduziert das Gesamtgewicht auf unter 20% und erleichtert den Transport. Das Trocknen von Geflügelkot ist früher wirtschaftlich als das Trocknen von Rindvieh- und Schweinekot, weil der Trockensubstanzgehalt beim Geflügelkot etwa das Doppelte und der Düngerwert etwa das Fünffache vom Rindvieh- und Schweinedung ausmachen. Die Kosten für den Trockenkot liegen ohne die Kosten für Geruchsbeseitigungsmaßnahmen z. B. bei 8000 Hennen bei etwa 22,– DM/dt, bei 20 000 Hennen bei etwa 18,– DM/dt, bei 40 000 Hennen etwa 16,– DM/dt. Schwierigkeiten bereitet die Geruchsbelästigung durch den bei der Kottrocknung freiwerdenden Wasserdampf.

Tab. 69. Vergleich zwischen wirtschaftseigenem Dünger und Handelsdünger

Beurteilungs-kriterien	Wirtschaftseigener Dünger	Handelsdünger
1. Kosten		
Kosten der zugeführten Pflanzennährstoffe	Keine, da Abfallprodukt aus der Viehhaltung.	Nährstoffe müssen nach ortsüblichen Handelsdüngerpreisen gekauft werden.
Lagerkosten	hoch, Dunglager notwendig, da nicht jederzeit ausgebracht werden kann.	gering bis keine, Direktausbringung ohne Hof-Zwischenlager möglich.
Transportkosten	hoch: nur 15–50 kg Nährstoffe je t Transportgut	gering: 200–800 kg Nährstoffe je t Transportgut

Beurteilungskriterien	Wirtschaftseigener Dünger	Handelsdünger
2. Düngerwirkung		
Bodenverbesserung, Bakterientätigkeit	gut, solange nicht überdüngt wird	nur durch besseres Wurzelwachstum und Bodenbeschattung wirksam
Genaue Dosierung der dem Pflanzenbedarf angepaßten Nährstoffmengen	schlecht möglich, weil Nährstoffzusammensetzung je nach Tierart und Tankfüllung schwankt, die N-Ausnutzung je nach Ausbringungszeitpunkt zwischen 30 und 90% liegt, die Düngermenge durch Viehbestand und vorhandene Nutzfläche vorgegeben ist. Keine genaue Dosierung beim Tankwagen möglich.	gut möglich, weil Nährstoffgehalt konstant ist, die N-Ausnutzung durch Vorrats-, Start- und Kopfdüngung optimal gehalten werden und die Düngermenge stets auf den Pflanzenbedarf abgestimmt werden kann. Genaue Dosierung mit Düngerstreuer relativ gut.
Qualität der Düngerverteillung auf den Nutzflächen	schlecht, Nährstoffzusammensetzung nicht konstant, Verteilqualität stark beeinflußbar (Wind, Überlappung, Verteiler, Zapfwellendrehzahl, Fahrgeschwindigkeit). Folgen: Lagergetreide, ungleichmäßige Reife, Qualitätsminderung, Minderertrag, Ernteschwierigkeiten.	gut, Nährstoffzusammensetzung konstant, genaue Verteilung mit Handelsdüngerstreuer möglich. Vorteil: Höchstgrenze der Nährstoffzuführung, voll ausschöpfbar, Höchsterträge ohne arbeitswirtschaftliche Nachteile möglich.
3. Umweltgefährdung		
Geruchsbelästigung	ja, nach Tierart, Behandlung und Art der Ausbringung unterschiedlich	keine
Übertragung von Krankheitserregern	möglich	keine
Gefährdung von Grundwasser und Oberflächenwasser	möglich, bei Überdüngung, schlechter Verteilung, Ausbringung am Hang, auf gefrorenem Boden oder Schnee	nur bei unsachgemäßer Anwendung möglich

Die *Humusbereitung* ist nur bei gesichertem Absatz wirtschaftlich, weil die Zusatzstoffe, wie z. B. Torf, den dt Humusdünger mit relativ hohen Kosten belasten. Da die Anlagekosten im Vergleich zur Kottrocknung niedrig sind, kann die Humusbereitung auch bei kleineren Tierbeständen wirtschaftlich sein. Die Kosten liegen bei 2000 Hennen bei etwa 20,– DM/dt, bei 5000 Hennen bei etwa 18,– DM/dt, bei 8000 Hennen bei etwa 16,–/dt. Sie fallen ab 8000 Hennen kaum noch weiter ab. Die Geruchsbelästigung ist gering.

Die Anlage zur *Aufbereitung mit Branntkalk* besteht aus einem Mischer und verschiedenen Fördergeräten. Der Kalk bindet das Wasser, dabei gehen aber auch erhebliche Stickstoffmengen verloren. Je nach Wassergehalt des Mistes wird dieser in einem Verhältnis von 2:1, 5:1 (bei Schweineflüssigmist) oder 10:1 (bei Hühnerkot) mit Branntkalk gemischt. Es gibt erst wenige Anlagen. Die Kosten betragen bei einer Anlage für 4000 Mastschweine einschließlich Kalk ca. 32,– DM/m^3 Flüssigmist. Die Geruchsbelästigung ist gering. Durch eine Kombination mit Trockenkotbatterien können die Kosten weiter gesenkt werden, da der Wassergehalt dann vermindert wird. Die Aggressivität des Kotes führt zu einem starken Maschinenverschleiß.

Andere Nutzungsmöglichkeiten wie
> Verfüttern (Kot zählt in der Bundesrepublik Deutschland nicht zu den gesetzlich zugelassenen Futtermitteln)
> Eiweißgewinnung über Fliegenlarven im Kot oder Bakterien
> Verarbeitung zu Baustoffen
> Energiegewinnung u. a.

können zur Zeit als nicht praxisreif und nicht wirtschaftlich angesprochen werden.

Dungbeseitigung ohne Nutzung

Der Dung muß beseitigt werden, wenn er weder auf landwirtschaftlichen Nutzflächen verwertet noch wirtschaftlich zu einem verkaufsfähigen Dünger aufbereitet werden kann.

Der *biologische Abbau* erscheint zur Zeit am aussichtsreichsten. Es wird vor allem eine Reduzierung der Menge angestrebt, damit die Rückstände zumindest auf den landwirtschaftlichen Nutzflächen verwertet werden können. Zur Zeit gibt es noch kein wirtschaftliches Verfahren, das im Dung enthaltene Wasser bis zur Vorfluterreife zu klären.

Zwei aerobe Abbaumethoden werden zur Zeit angewendet:
> Die Belüftung des Flüssigmistes im Hochbehälter (Abb. 119) durch ein Spezial-Lufteintraggerät. Die hierbei entstehende Selbsterhitzung kann zur Abtötung pathogener Erreger führen. Die Geruchsbelästigung wird stark reduziert und die Wasserverdunstung gefördert.
> Die Belüftung des Flüssigmistes im Oxydationsgraben (Abb. 120)

Dungbehandlung und Umweltschutz 273

mit einer Käfigwalze, neuerdings auch mit einem wirksameren Propeller. Der Oxydationsgraben im Stall unter Spaltenboden scheint sich besser zu bewähren als der Graben außerhalb des Stalles, insbesondere da er gleichzeitig zur Geruchsbeseitigung im Stall beiträgt.

In der Erprobung sind außerdem verschiedene *Trennverfahren,* die die Flüssigbestandteile vorfluterreif klären und die festen Teile weiter abbauen oder auf $1/5$ bis $1/10$ des Gewichts reduzieren sollen,

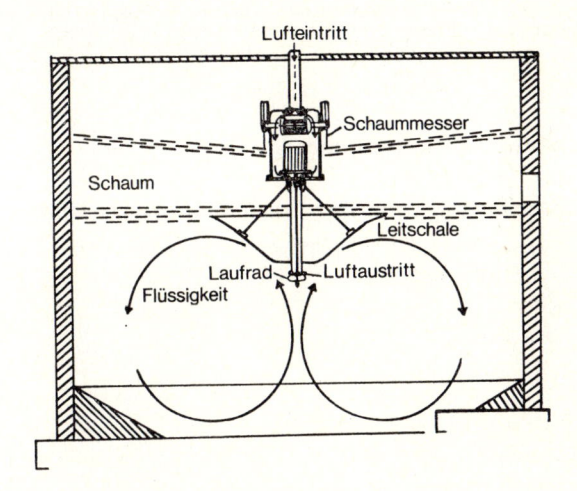

Abb. 119: Belüftung im Hochbehälter mit Luftinjektor.

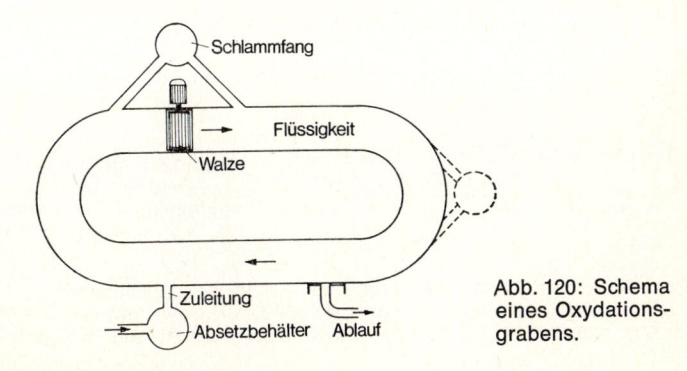

Abb. 120: Schema eines Oxydationsgrabens.

damit sie zu geringeren Kosten auf die landwirtschaftlichen Nutzflächen transportiert werden können.

Die *Deponie* scheidet aus Gründen der Umweltgefährdung im allgemeinen aus. Das gilt sowohl für die Deponie auf Ödlandflächen als auch für die Lagerung in Lagunen.

Eine *Dungbeseitigung durch Zusatz von Chemikalien* scheint zur Zeit weder umweltgerecht noch wirtschaftlich möglich zu sein.

Die *Verbrennung der tierischen Exkremente* könnte sowohl im Hinblick auf die Hygiene (Vernichtung aller Krankheitserreger, Eier, Larven) als auch auf die Nacharbeiten (geringste Rückstände) eine der problemlosesten Formen der Kotbeseitigung sein. Dieses Verfahren scheidet jedoch zur Zeit aus, weil die Energiekosten zu hoch sind.

Ökonomische Beurteilung

Arbeitszeitbedarf verschiedener Entmistungsverfahren

Der Arbeitsaufwand für die gängigen Entmistungsverfahren ist aus Abb. 121 zu entnehmen.

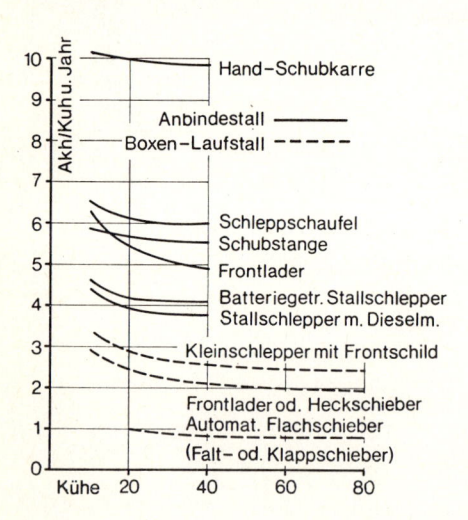

Abb. 121: Arbeitsaufwand für das Entmisten.

Das Einstreuen bleibt Handarbeit und sinkt bei zunehmendem Viehbestand daher kaum nennenswert ab. Es erfordert etwa 1 Akh je Kuh und Jahr bei 210 Arbeitstagen oder rund 0,3 Akmin/Kuh und Tag. Es ist daher verständlich, daß man bei zunehmendem Viehbestand strohlos arbeiten oder mit geringsten Einstreumengen auskommen möchte, zumal die Strohbergung zusätzliche Arbeit erfordert. Schließlich kommen noch 1,1–3,1 min/Kuh und Tag oder 4,5–12,5 Stunden/Kuh und Jahr bei 210 Arbeitstagen für das Entmisten hinzu.

Bei der Kotrostaufstallung kann der Arbeitsaufwand auf unter 1 Minute/Kuh und Tag oder 3 bis 4 Stunden/Kuh und Jahr bei 210 Arbeitstagen gesenkt werden. Auch hierbei verringert sich mit zunehmendem Viehbestand der Arbeitsaufwand nicht nennenswert, da die verbleibenden Arbeiten Handarbeit sind. Erst bei Beständen von über 20 Kühen und dem Übergang zum Boxenlaufstall oder ähnlichen Haltungsverfahren sind weitere Einsparungen zu erzielen.

Die Höhe des Arbeitsaufwandes beim Entmisten schwankt stark und ist vor allem davon abhängig, wie weit es gelingt, das Verschmutzen der Liegefläche zu verhindern. Der Kurzstand, die richtige Abstimmung der Standlänge auf die Viehgröße, Kotroste mit ausreichendem Kotdurchgang und die optimale Belegung des Spaltenbodens sind wichtige Voraussetzungen für eine Verringerung der Entmistungsarbeiten.

Tab. 70. Arbeitszeitbedarf für das Entmisten von Kurzständen in Rindviehanbindeställen in AKmin/Kuh und Tag

Anzahl der Kühe	10	20	40	80
von Hand einschließlich Dungstapeln	3,2	3,1	–	–
mit seilwindengezogenem Mistschieber	1,3	1,2	1,2	1,2
mit Schubstange und Kettenförderer	–	1,1	1,1	1,1
mit Frontlader einschließlich Dungstapeln	–	1,1	–	–
Kotroststall mit Schwemmentmistung	–	0,8	0,8	0,7

Tab. 71. Arbeitszeitbedarf für das Entmisten in Boxenlaufställen in AKmin/Kuh und Tag

Anzahl der Kühe	20	40	80
Reinigen des befestigten Freßplatzes mit			
Handkratzer, Schaufel oder Schubkarre	0,8	0,8	–
mit Schlepper, Frontlader oder Schiebeschild	0,3	0,25	0,2
Reinigen des befestigten Auslaufes mit			
Handkratzer, Schaufel oder Schubkarre	0,4	0,4	–
mit Schlepper, Frontlader oder Schiebeschild	0,12	0,1	0,1
Einstreuen, 5 kg Einstreu je Woche auf einmal	0,13	0,12	0,12

Tab. 72. Arbeitszeitbedarf für das Entmisten der Mastschweine in AKmin/10 Tiere und Tag

Anzahl Schweine	20	50	100	300	500
Hand-Schubkarre	2,8	2,4	2,4	—	—
handgeführter Seilzugschieber	1,4	1,4	1,2	1,2	1,2
vollmechanische Entmistung	1,0	1,0	1,0	1,0	1,0
Teilspaltenboden	0,05	0,05	0,05	0,05	0,05
Einstreuen über kürzeste Entfernung	0,7	0,5	0,4	0,4	0,4
Ganzspaltenboden	0	0	0	0	0

Quelle: KTBL-Taschenbuch

Die größten Zeiteinsparungen ergeben sich aus der richtigen Wahl des Entmistungsverfahrens, weniger aus der Ausweitung der Bestände. Der Teilspaltenboden hat gegenüber den Oberflurentmistungsverfahren den Vorteil, daß weniger Kot vom Mistplatz auf die Liegefläche verschleppt wird. Etwa der gleiche Arbeitsaufwand wie beim Teilspaltenboden ist anzusetzen, wenn unterflur entmistet wird. Dieses Verfahren läßt auch geringe Einstreu zu, was allerdings den Arbeitsaufwand entsprechend erhöht.

Die arbeitssparenden Entmistungsverfahren haben im Maststall insofern besondere Bedeutung, weil sie ähnliche Zeiteinsparungen bewirken wie der Übergang von der Handfütterung zur Futterverteilanlage oder zur Fütterung an Automaten.

Bei der Sauenhaltung kann der Arbeitsaufwand für das Entmisten auch durch Übergang zu einer hohen Mechanisierungsstufe nicht wesentlich gesenkt werden, da immer ein großer Teil reine Handarbeit verbleibt, z. B. das Säubern der Liegeflächen im Abferkelstall. Auch macht die Mechanisierung Schwierigkeiten, weil die Zuchtsauen meistens in mehreren Stalleinheiten untergebracht werden.

Durch den Einsatz des handgeführten Seilzugschiebers können etwa weitere 50% der Arbeitszeit eingespart werden. Eine noch höhere Mechanisierungsstufe ist wenig sinnvoll.

Tab. 73. Arbeitsaufwand für das Entmisten bei Zuchtsauen in AKmin/Sau und Tag

Sauenzahl	5	10	20	50	100
Entmisten von Hand mit Schubkarre (3 kg Frischmist)	0,50	0,41	0,30	0,27	0,26
Einstreuen (0,5 kg)	0,11	0,08	0,07	0,05	0,04

Kapitalbedarf und Kosten der Entmistung und Mistlagerung

Tab. 74. Kapitalbedarf für Entmistungsgeräte

	Anschaffungspreis einschließlich MWSt. in DM
Schubkarre, Schlepperlader, Stallschlepper (s. Seite 65)	
Heckschiebeschild	700,– bis 800,–
seilgezogene Schleppschaufel	2 500,– bis 3 000,–
Schubstange mit Hochförderer (15–60 m)	4 500,– bis 15 000,–
Flachschieber	3 000,– bis 6 000,–
Flachschieber mit Hochförderer	6 000,– bis 9 700,–
Kleinschlepper mit Räumschild	7 000,– bis 9 000,–
Dungstätte 90 m²	2 000,–
Jauchepumpe	800,–
Flüssigmistpumpe, 10 kW (1 kW = 1,36 PS), 1,5 – 2 m³/min	3 500,–
Flüssigmistpumpe, 20 kW, 3–4 m³/min	4 500,–

Für die Gebäude kann eine Lebensdauer von 25 Jahren, für die Geräte eine solche von 10 Jahren angenommen werden.
Der niedrige Arbeitsaufwand und die niedrigen Kosten für das Entmisten rechtfertigen schon ab 30 Kühen den Boxenlaufstall, zumal er weitere Zeiteinsparungen beim Melken bietet.
Für die Strohbergung rechnet man mit Kosten von 23 DM/GV (Ladewagen) bis zu 41 DM (Sammelpresse). Für Lagern, Zwischentransport und Einstreuen des Strohes sowie das Entmisten, Stapeln, Aufladen und Ausbringen des Mistes sind rund 90 DM je GV und Jahr anzusetzen, so daß für die Festmistkette Gesamt-Verfahrenskosten von etwa 115 bis 135 DM je GV und Jahr entstehen.

Arbeitsbedarf und Kosten für die Flüssigmistausbringung

Die Kosten der Festmistausbringung sind in Band 1: Feldwirtschaft behandelt.
Man rechnet mit einem durchschnittlichen Flüssigmistanfall von 20 m³ GV und Jahr mit einem jährlichen Arbeitszeitbedarf für das Ausbringen (Rüstzeit, Rühren, Tankfüllen, Transport mit m³ Tankwagen und Entleeren) von 195 Minuten/GV oder 9,8 min/m³

Tab. 75. Kapitalbedarf verschiedener Flüssigmistverfahren bei der Rinderhaltung in DM

Verfahren	Stauverfahren (ohne Kanalbaukosten im Stall)	Fließverfahren (ohne Kanalbaukosten im Stall)	Boxenlaufstall (mit befestigtem Lauf- und Freßplatz)
Anzahl der Kühe	30	30	60
Lagerzeit (Tage)	120/180	120/180	120/180
Lagermenge (m³)	180/270	180/270	360/540
Gitterrost	3 000	3 000	—
Oberflurentmistung	—	—	6 000
Vorgrube (100 DM/m³)	—	2 500	3 000
Hochbehälter	—	8 000/10 000	11 500/20 000
bei (DM/m³)	—	50/40	35/40
Kanal und Schieber	—	800	800/1 600
Unterflurbehälter (100 DM/m³) Mehrkammer	18 000/27 500	—	—
Pumptankwagen (4 m³)	9 000	—	—
Flüssigmistpumpe	—	3 500/4 500	5 000
Schleudertankwagen (4,5 m³)	—	5 000	6 500

oder 0,54 AKmin/Kuh und Tag. Diese Werte sind für alle drei Tankwagenbauarten nahezu gleich. Rund 50% der Arbeit entfällt auf das reine Ausfahren. Bei Vermischung mit Futterresten und Einstreu sind oft Wasserzugaben von 50 l und mehr je GV und Tag zur Erhaltung der Pumpfähigkeit notwendig. Dies erhöht bei ganzjähriger Stallhaltung den Arbeitszeitbedarf für das Ausbringen um

Tab. 76. Kapitalbedarf verschiedener Entmistungsverfahren für Schweine (800 Mastplätze in 4-Reihen; 2 Futter-, 4 Mistgänge) in DM

Verfahren	Treibmist (ohne Stroh)	Faltschieber (0,1 kg/Stroh)	Schubstange (0,2 kg/Stroh)
Spaltenboden und Kanal 4 x 38 m x 1,2 m à 250 DM/lfdm	38 000	38 000	—
60 m Querkanal (100 DM/lfdm)	—	6 000	—
Vorgrube, 50 m^3 (100 DM/m^3)	5 000	5 000	—
Hochbehälter, 90 Tage (50 DM/m^3)	25 000	30 000	—
Schieber, Rücklauf und dergleichen	4 000	—	—
Strohlagerraum (30 DM/m^3)	—	10 000	20 000
Kotgang mit verdeckter Jaucherinne (75 DM/lfdm)	—	—	11 400
Jauchegrube, 300 m^3 (150 DM/m^3)	—	—	45 000
Dungplatte, 110 m^2, U. über Jauchegrube (35 DM/m^2)	—	—	3 850
Faltschieber mit Querförderer	—	18 000	—
Schubstange mit Steilförderer	—	—	32 000
Kreiselpumpe (15 PS)	4 500	4 500	1 000
Schleudertankwagen (4 m^3)	6 500	6 500	(Jauchefaß)
Frontlader II/ Stalldungstreuer	—	—	7 500
Zusammen	83 000	118 000	121 000

Tab. 77. Bewertung von Entmistungsverfahren in der Rindviehhaltung

		Anbindestall		Laufstall			Liegeboxenstall			Ganz-Mistgänge spaltenbd.			Mistlagerung			
		mit Einstreu	ohne Einstreu Kotraste	mit Volleinstreu	mit Festboden-Lauffläche	mit Festboden-Lauffläche	mit Freßplatz außerh. d. Stall.	mit Festboden-Lauffläche	mit Spaltenboden-Lauffläche	ein	zwei	mehr als zwei	Miststapel	Mistlader	Grube unter Kotgang-Niveau
stationäre Entmistung	Seilzug, handgeführt	++								++	+++a	+a	++		++	+++
	Seilzug, zwangsgeführt	+++								++	+++	+++	++		++	+++
	Faltschieber	++	b			b				+	+				+	+
	Klappschieber	++	b			b				++	++		+		++	++
	Schubstange				+					++	++	+	+		++	++
	Kettenentmistung	++	++++		++	++				++	++		++		++	++
mobile Entmistung	Frontladergabel	++		++++	+++	+++	+++	+++		+++	+++	+++	+++	+	+++	+++
	Dreipkt.-Heckladergabel															
	Heckschwenkl. (Zange)					d	d						c			
	fahrb. Drehkran (Zange)					d	d						++	+	++	++++
	Frontladerschieber										+	+	+	+		
	Dreipunkt-Heckschieber									++	++					
	Einachsschlepper mit Schieber															
	Stallschlepper	++	++		++	++	e	++ e		+++	+++	+++	+		++	+++
hydraul. Entmistung	Stauschwemmverfahren								++	++	++	++				
	Treibmistverfahren	f	+						+	+++	+++	+++				
	Umspülverfahren	f	+						+	+++	+++	+				
	Speicherverfahren (Dungkeller im Stall)								+	+	+	+				

++ günstig
| — | ungünstig
| nicht möglich
| + möglich

a Parallel laufende Mistgänge und Umlenkrollen erforderlich
b bei Unterflurentmistung
c Hochförderer erforderlich
d möglich für Entmisten des Liegeplatzes
e besonders bei beengten Stallverhältnissen geeignet
f bei geringen Einstreumengen möglich

Ökonomische Beurteilung 281

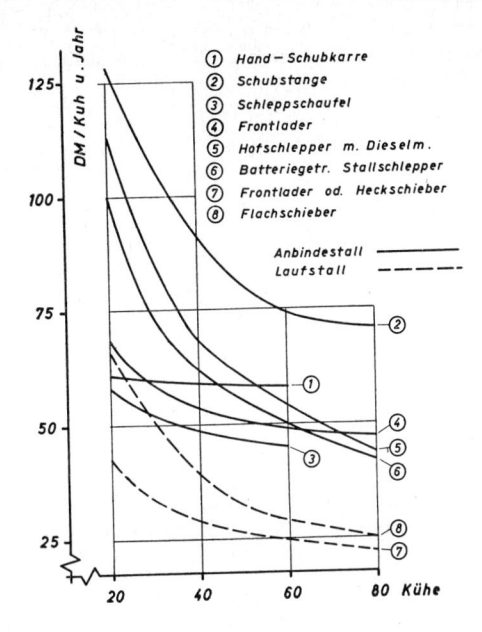

Abb. 122: Kosten der Entmistung.

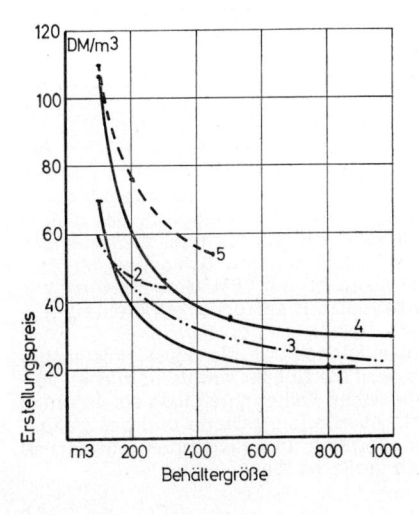

① Hand—Schubkarre
② Schubstange
③ Schleppschaufel
④ Frontlader
⑤ Hofschlepper m. Dieselm.
⑥ Batteriegetr. Stallschlepper
⑦ Frontlader od. Heckschieber
⑧ Flachschieber

Anbindestall ———
Laufstall - - - - -

Abb. 123: Preise der Flüssigmist-Lagerbehälter ohne Fundamentkosten.
1 = Holzbehälter,
2 = Formsteine,
3 = Stahl emailliert,
4 = Stahl, glasbeschichtet,
5 = Kunststoff.

Tab. 78. Arbeitsaufwand und Kosten für die Flüssigmistausbringung (50 m³/ha, 1000 m³/Jahr)

Tankwagengröße (m³)	3			6			10 a			Verregnung
Feldentfernung (km)	2	4	8	2	4	8	2	4	8	1000 ha Einsatzfläche
Arbeitszeit (min/m³)	11,2	23,8	40,6	6,4	12,4	20,4	6,3	8,8	10,0	6,1
Kosten (DM/m³)	4,5	6,3	9,9	3,1	4,5	7,3	2,2	3,4	5,8	1,9

a) 40 cbm/ha

Tab. 79. Durchschnittspreise für Tankwagen in DM

Inhalt (m³)	Schleudertankwagen	Pumptankwagen und Kompressortankwagen
2,5	4 000 – 5 000	6 000 – 7 000
3	4 600 – 5 500	6 500 – 7 500
4	6 300 – 7 000	8 500 – 9 000
6	9 300 – 11 200	11 500 – 13 500
8	12 300 – 14 000 (Holz – Stahl)	15 000 – 16 000

rund 75% gegenüber dem einstreulosen Flüssigmist mit nur 10 l Wasserzusatz je GV und Tag. Eine Reduzierung des Arbeitsbedarfes ist nur noch durch den Einsatz größerer Tankwagen sowie durch die Erhöhung der Fahrgeschwindigkeit möglich. Das gleiche gilt bei der Massentierhaltung für den Ausgleich der zunehmenden Feldentfernungen. Beides erfordert stärkere Schlepper. Im Ausland wird für den Geflügeltrockenkot (nur 35% Gewichtsanteil von Naßkot) bereits der Lkw eingesetzt. Die Trockenkotbereitung rentiert z. Z. nur bei Geflügelkot.

Allgemeingültige Kostensätze können für die Flüssigmistausbringung nicht genannt werden, weil sie zu sehr von den örtlichen Verhältnissen abhängen. Im speziellen Fall ermittelt man sie aufgrund der Anschaffungspreise, der Abschreibungswerte und des Zeitbedarfs. Mit steigender Feldentfernung und steigenden Flüssigmistmengen pro Jahr werden die größeren Wagen rentabler.

Tab. 80. Rühreinrichtungen, technische Daten

Rührein-richtungen	Antrieb, Leistung (kW)	Rührleistung (Schicht) (m³)	effektiver Rührbereich	Rühr-wirkung (% TS)	Zerkleinerungs-effekt	Besonderheiten	Eignung für	Bauart	AKh pro 100 m³ Dung	Bedienung	Preis (DM)
Mechanisch											
eingebautes Holzrührwerk	1,1–2,2	–	7,0 m	6,6	keiner	täglich laufen lassen	Schwimm- und (Sink-)Schicht	stationär	0	ohne Überwachung	2000,– 2500,–
Mixer	7,35	10–18	6 m³	10	gut	bis 100 m³ Grubengröße	Schwimmschicht	mobil	0,8–1,4	zeitweise 1 AK	1800,– 2400,–
Schlepperschraube	ab 30	21–32	16 m³	15	gering	weniger geeignet	Schwimm- und (Sink-)Schicht	mobil	0,2–0,4	zeitweise 1 AK	2000,– 2700,–
Hydraulisch											
Saugpumpen	20–30	5,5–9	2–5 m	8–12	gering	Störanfälligkeit	Schwimm- und Sinkschicht	stationär u. mobil	1,85–2,4	ständig 1 AK	2800,– 3500,–
Tauchpumpen (E-Motor)	13–22	15–38	3–7 m	–12 (–15)	sehr gut	gut geeignet	Schwimm- und Sinkschicht	stationär u. mobil	0,1–0,3	zeitweise 1 AK	5500,– 3500,–
Schlepper-Tauchpumpe	ab 25	45	8 m (ca. 50 m³)	–15	sehr gut	sehr gut geeignet	Schwimm- und Sinkschicht	stationär u. mobil	0,15–0,3	zeitweise 1 AK	4500,– 5500,–
Pneumatisch											
Kompressortankwagen	4–5	4,85	1–2,2 (5,7)	10 (12)	keiner	bis maximal 50 m³ Grubenraum	Schwimm- und (Sink-)Schicht	mobil	1,25–4,7	ständig 1 AK	s. Tab. 79
Stationäres Luftrührwerk	4–7,5	11,5	gesamte Behälteroberfläche	10 (12)	keiner	mindestens 4 m³/min Luft	Schwimmschicht	stationär	0	ohne Überwachung	4500,– pro 100 m³

Tab. 81. Fördereinrichtungen, technische Daten

Förder-einrichtung	Antrieb (kW)	Dreh-zahl (U/min)	Einlauf ⌀ (mm)	Zerklei-nerung	Förder-leistung (l/min)	Konsi-stenz	maximale Gruben-tiefe (m)	Druck (bar)	Bauart	Störan-fälligkeit (langes Stroh)	Preis (DM)
Kolben-pumpe	3,7–26	250–750	100	keine	500–1000	sehr dünn-flüssig	6,0	15–25	mobil und stationär	mittel	3200,– bis 4200,–
Kreisel-pumpe	7–35	1400–1750	80–100	gering	300–1000	dünn-flüssig (dick-flüssig bei Mem-bran)	2,5–3,2	4–13	Aufbau stationär	hoch	2800,– bis 3200,–
Exzenter-schnecken-pumpe	7,5–25	600–1000	100–120	keine	500–1500	dick-flüssig	8	6–13	Aufbau	mittel	3000,– bis 3600,–
E-Tauch-schneid-pumpe	13–22	1150–2800	150–250	sehr gut	1000–4000	dick-flüssig (dick-breiig)	5,0	0–1,2	stationär und mobil	gering	3500,– bis 5500,–
Schlepper-Tauch-schneid-pumpe	ab 25	1300–1500	250	sehr gut	4500–7000	(dick-breiig)	4,0	1,2–2,2	mobil	sehr gering	4500,– bis 5500,–
Kompres-sortank-wagen	4–5	1000–1700	95–150	keine	700–2000	nach Stroh-anfall sehr dünn-flüssig	6–8	0,5–2,5	Aufbau-Kom-pressor	sehr hoch	6500,– bis 10 000,–

Ökonomische Beurteilung 285

Landw. Verwertung
Lagune ohne Folie
Flächenkompostierung
Elektr. Behandlung
Erdfaulbecken + Belebung
Landw. Verwertung + Geruchsbeseitigung
Druckbelüftung
Kreiselbelüftung
Faulturm
Oxydationsgraben
Trocknung
Lagune mit Folie
Oxydationsgraben + Nachbehandlung
Transport ins Meer
Kreiselbelüftung + Nachbehandlung
Kompost (Torf, Schaumstoff)
Verbrennung
Kalk-Kompost
Öffentliche Kläranlage

0 5 10 15 20   30   40
Gewinn | Kosten   DM/m³

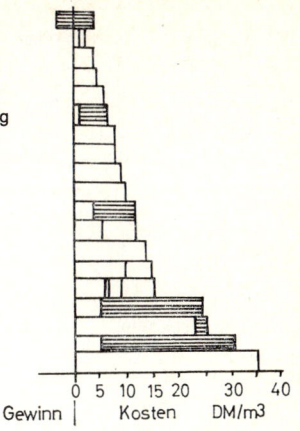

Abb. 124: Gesamtkosten pro m³ Gülle abzüglich Mineraldüngerwert.

Elektrische Behandlung
Landw. Verwertung
Flächenkompostierung
Umwälzbelüftung
Kreiselbelüftung
Erdfaulbecken
Kompost
Druckbelüftung
Landw. Verwertung + Geruchsbeseitigung
Oxydationsgraben
Trocknung (ohne Geruchsbeseitigung)
Lagune (ohne Folie)
Verbrennung
Faulturm
Vollbiologische Belebung
Lagune mit Folie

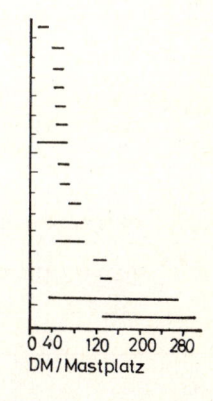

0 40   120 200 280
DM/Mastplatz

Abb. 125: Investitionskapital für die Stalldungbeseitigung in DM je Mastplatz Schwein ohne Restmengentransport.

Tab. 82. Vergleich verschiedener Verfahren der Flüssigmistbehandlung

Verfahren	Anlage- und Betriebskosten DM/m³ Gülle (a)	Investitionskapital DM/Mastplatz (b)	Düngergegenwert bei Verarbeitung von 1 m³ Gülle (DM/m³)	Anlage- und Betriebskosten minus Düngerwert (DM/m³ Gülle) (Spalte 1 bis Spalte 4)	Restmengen/ m³ Gülle
Landw. Verwertung					
Landw. Verwertung (g)	4,–	48,–	ca. 7,20	– 3,20	0
Bodeninjektor	0,80 (c)	0,60	+ – Nährstoffe	?	0
Umwälzbelüftung gegen Geruch	ca. 2,40 (c)	16,–	+ Humus	?	ca. 96 %
Brache					
Flächenkompostierung	4,– (d)	48,–	—	4,– (d)	0
Trocknung					
Trocknung	ca. 12,–	98,–	8,–	ca. 4,–	ca. 80 kg
Trocknung	ca. 10,30 (c)	33,50	(8,–)	(2,30) (c, d)	ca. 80 kg
Trocknung	ca. 10,80 (c, e)	30,–	(8,–)	(2,80) (c, d)	(ca. 80 kg) zusätzlich Staubschlamm
Trocknung mit Geruchsbeseitigung	?	6,–	./.	?	
Verbrennung					
Verbrennung	25,80	125,–	2,20 (?)	23,60	ca. 17,5 kg
Kompost					
Torfkompost	10–15 (?)	?	15,– (?)	0–5,– (?) Gewinn	(ca. 1000 kg)
Schaumstoffkompost	?	10 (?)	20,– (?)	?	(1 m³)
Kalk-Kunststoff-Kompost	21,–/25,– (c)	ca. 5 (?)	38,– Garantie	13,–/17,– Gewinn	300 kg
Kalk-Kompost	ca. 31,20	70,–	ca. 26, 20	5,–	1250 kg
Faulanlagen					
Anaerobe Lagune (ohne Folie)	1,10–2,30 (?)	46–100	?	1,10–2,30 (?)	0,5 (?)
Anaerobe Lagune (mit Folie)	5,50–12,– (?)	133–290	?	5,50–12,– (?)	0,5 (?)
Faulturm (+ Belebung)	ca. 9,10	137,60	?	ca. 9,10	0,12

```
—    schlecht                  ./.  entfällt
— —  sehr schlecht             ?    unbekannt
 +   verbessert                (?)  ungesichert
+ +  gut                       ( )  angenommene, nicht errechnete Werte
```

Ökonomische Beurteilung 287

Flächen-bedarf/ Mastplatz (m²)	Bestands-größe als Bezug für die Kosten Schweine	Hygiene	Geruch	Frost-sicher-heit	Bemerkungen
550	800	— —	— —	+ +	
550	800	—	+	—	nur auf Ackerland
550 –					Geruch bei Lagerung und
25% (?)	600	+ +	+ +	+ +	Ausbringung beseitigt
ca. 8	1 300	— —	— —	?	Genehmigung?
0,1	10 000	+ +	— —	+ +	seit 1968 für 3000 Mast-
(0,1)	10 000	+ +	— —	+ +	schweine
(0,1)	10 000	+ +	— —	+ +	
					ohne Betonbehälter, ohne Waschwasserklärung, Chlor-
?	10 000	+	+ +	+ +	zusatz
gering	10 000	+ +	u. U. + +	+ +	nur in großen Anlagen
erheblich	./.	+	+	— —	Absatz??
erheblich	10 000	+	+	— —	Absatz??
?	3 400	+	+	?	Abnahmegarantie, Leasing
1	4 000	+ +	+ +	+ +	Absatz??
2,5–5	./.	—	—	—	in der BRD kaum durchführ-bar; Kosten bei günstiger natürlicher Lage wesentlich geringer
2,5–5	./.	—	—	—	in der BRD kaum durchführbar
?	10 000	+	+	+	energieautark, Planung entsprechend Stadtabwasser

(a) ohne Schlammabfuhr
(b) ohne Landkosten, ohne Erschließung
(c) ohne Arbeit
(d) 600 DM/ha entgangener Nutzen
(e) ohne Strom
(f) mit Schlammabfuhr ohne Düngergegenwert
(g) bei 1 km Feldentfernung, 6 m³ Schleudertankwagen, Kreiselpumpe, 90 Tage Lagerzeit

Tab. 82. Vergleich verschiedener Verfahren der Flüssigmistbehandlung (Fortsetzung)

Verfahren	Anlage- und Betriebskosten DM/m³ Gülle (a)	Investitionskapital DM/Mastplatz (b)	Düngergegenwert bei Verarbeitung von 1 m³ Gülle (DM/m³)	Anlage- und Betriebskosten minus Düngerwert (DM/m³ Gülle) (Spalte 1 bis Spalte 4)	Restmengen/ m³ Gülle
Oxydationsanlagen					
Oxydationsgraben	ca. 10,–	81,–	gering	ca. 10,–	0,5
Kreiselbelüftung	ca. 8,10	54,–	gering	ca. 8,10	0,5
Druckbelüftung	ca. 8,10	60,–	gering	ca. 8,10	0,5 (?)
Tropfkörper	?	hoch	gering	?	?
Tauchwickel	?	hoch	gering	?	?
Umwälzbelüftung	?	50 (?)	7,2:2=3,60 (?)	?	?
Kombinationen					
Kreiselbelüfter + Teiche	ca. 5,– (c)	ca. 35,–	gering	ca. 5,– (c)	0,04 m³
Kreiselbelüfter + Nachklärbecken	ca. 6,60 (c)	ca. 60,–	gering	ca. 6,60 (c)	ca. 0,2 m³
Kreiselbelüfter + Nachklärbecken	15,50	172,–	gering	15,50	ca. 0,4 m³
Kreiselbelüfter + Nachklärbecken	ca .9,–	ca. 89,–	gering	ca. 9,–	(0,5 m³)
Oxydationsgräben + Nacheindicker + Trockenbeete	14,10	ca. 153,–	gering	14,10	(0,04 m³)
Erdfaulbecken + Belebungsanlage	5,90	56,–	gering	5,90	(0,5 m³)
sonstige Verfahren					
Elektrische Behandlung + Belebung	4,60 (?)	ca. 22,– (?)	?	4,60 (?)	0,25 m³
Chlorzusatz	?	25,– (?)	–	—	?
Verfrachtung ins Meer	ca. 10–15	gering	0	ca. 10–15	0
Öffentliche Kläranlage	36 (?)	Zuleitung	0	36 (?)	0
Verfütterung	?	Wasch- oder Trocknungsanlage	Soja	(0) (?)	0

— schlecht
— — sehr schlecht
+ verbessert
+ + gut

./. entfällt
? unbekannt
(?) ungesichert
( ) angenommene, nicht errechnete Werte

Ökonomische Beurteilung

Flächenbedarf/Mastplatz (m²)	Bestandsgröße als Bezug für die Kosten Schweine	Hygiene	Geruch	Frostsicherheit	Bemerkungen
ca. 2	180	+	+ +	—	langjährige Erfahrung im Ausland und in dito der Abwassertechnik
ca. 0,3	200	+	+ +	—	
ca. 0,3	ca. 500	+	+ +	+	langjährige Erfahrung in der Abwassertechnik
gering	./.	+	?	—	bisher keine Versuche mit Kunststoff
gering	./.	+	?	—	Versuchsstadium
0,1 (?)	1 000	+ +	?	+ +	Versuchsstadium
ca. 1	20 000	+	+	—	Planung entsprechend Stadtabwasser
ca. 0,8	4000/6000	+	+	—	Planung entsprechend Stadtabwasser
?	1 000 (?)	+	+	—	Planung entsprechend Stadtabwasser
?	10 000	+	+	—	Planung entsprechend Stadtabwasser
1	10 000	+	+	—	Planung entsprechend Stadtabwasser
3	10 000	+	—	—	Planung entsprechend Stadtabwasser
gering	10 000	+	—	+	Versuchsstadium
gering	10 000	+	?	+	bisher nur Kleinversuche
gering	10 000	— —	+	?	nur theoretische Möglichkeit
keiner	./.	+	+ +	+ +	Ausnahmefälle
gering	./.	?	— —	+ +	in der BRD noch verboten

(a) ohne Schlammabfuhr
(b) ohne Landkosten, ohne Erschließung
(c) ohne Arbeit
(d) 600 DM/ha entgangener Nutzen
(e) ohne Strom
(f) mit Schlammabfuhr ohne Düngergegenwert
(g) bei 1 km Feldentfernung, 6 m³ Schleudertankwagen, Kreiselpumpe, 90 Tage Lagerzeit

Literatur

BLANKEN, G., HAMMER, W., RÜPRICH, W., und TIETJEN, C.: Flüssigmistverfahren in der Rindvieh- und Schweinehaltung. KTBL-Flugschrift Nr. 15. Frankfurt/M. 1966
– : Maschinen zum Mischen, Schneiden und Pumpen von Flüssigmist; Bauarten, Typentabelle. KTBL-Arbeitsblatt für Landtechnik, Nr. 63 und 0128. Frankfurt/M. 1966
– : Tankwagen zum Ausbringen von Flüssigmist; Bauarten, Typentabelle. KtBL-Arbeitsblatt für Landtechnik, Nr. 55 und 0127. Frankfurt/M. 1966
– : Problematik der Kotverwertung in Massentierhaltungen. Landtechnik 25 (21), 642–644, 1970
–, STRAUCH, D., und TIETJEN, C.: Abfälle aus Massentierhaltungen. Müll und Abfall, (4), 37–47, 1972 (Sonderdruck als Informationsschrift der Zentralstelle für Abfallbeseitigung)
– und SAGEMANN, W.: Käfiganlagen und Kotbeseitigung bei der Legehennenhaltung. KTBL-Schrift 150. Frankfurt/M. 1972
EICHHORN, H., BOXBERGER, J., und SEUFERT, H.: Flüssigmist. Bundesverband d. Deutschen Zementindustrie e. V., Düsseldorf 1970
GRIMM, K.: Entmistung und Lagerung von Flüssigmist. Landtechnik 25 (21), 645–649, 1970
– : Entwicklungsrichtung bei der Technik der Entmistung. Landtechnische Forschung 17 (2), 51–54, 1970
–, LANGENEGGER, G., und MAIER, L.: Großbehälter für Silage- und Flüssigmistanlagen. Bauen auf dem Lande 22, (1), 6, 1971
HANSEN, E.: Die Ausbringung von Flüssigmist. Landtechnik 25, (21), 652–657, 1970
HOYER, H., und RIEMANN, U.: Verfahren zum Ausbringen von Flüssigmist. Lohnunternehmen 25, (6), 225–229, 1972
RIEMANN, U., und TRAULSEN, H.: Beseitigung von Schweineflüssigmist. KTBL-Flugschrift Nr. 24. Frankfurt/M. 1972
SCHIRZ, St., und Mitarbeiter: Geruchsbelästigung durch Nutztierhaltung. KTBL-Bauschrift 13. Frankfurt/M 1971
SCHULZ, H., KRINNER, L., und WISSMÜLLER, K.: Entmisten und Lagern von Festmist. Landtechnik, 25, (21), 657–665, 1970
SEIFERT, H.: Der Faltschieber und seine Einsatzmöglichkeiten. KTBL-Manuskriptdruck Nr. 24. Frankfurt/M. 1970.
TRAULSEN, H.: Verfahren zur Beseitigung tierischer Exkremente. KTBL-Berichte über Landtechnik Nr. 147. Frankfurt/M. 1971
VETTER, H.: Wieviel Gülle darf man düngen? Landwirtschaftsblatt Weser-Ems, (46–48), 1970
– und Mitarbeiter: Mist und Gülle. DLG-Verlag, Frankfurt/M. 1973
Zubehörbauten, Anlagen und Geräte für die mechanische Entmistung. KTBL-Musterblatt F. 1.53. Frankfurt/M. 1969.
KTBL-Taschenbuch für Arbeits- und Betriebswirtschaft, 7. Aufl., Hiltrup 1974

Tierische Produkte

Milch

Die Milch enthält lebenswichtige Nahrungsstoffe in besonders günstiger Kombination und für den Stoffwechsel besonders vorteilhafter Form. Sie entspricht den Anforderungen der Ernährungswissenschaft in idealer Weise. Sie dient der menschlichen Ernährung durch eine Vielzahl aus ihr hergestellter Produkte. Ihren vollen Wert behält sie jedoch nur, wenn sie den Verbraucher in einwandfreiem Zustand erreicht. Die grundlegende Voraussetzung dafür ist, daß bereits der Erzeuger für die Gewinnung einer hochwertigen Milch sorgt und alles tut, um die Qualität der frisch gemolkenen Milch bis zur Übergabe an den Verarbeitungsbetrieb zu erhalten.

Die Gewinnung der Milch

Die Gewinnung der Milch auf dem landwirtschaftlichen Betrieb ist eine der schwierigsten Arbeiten im Bereich der ganzen Landwirtschaft. Die Technik muß unmittelbar auf das Tier einwirken, und zwar so, daß die Leistungsfähigkeit und die Gesundheit des Organismus nicht beeinträchtigt, sondern möglichst lange erhalten werden. Konstruktion und Einsatz der Melkmaschinen erfordern daher Grundkenntnisse der Anatomie und Physiologie der Tiere als Voraussetzung für den technischen Milchentzug.

Anatomische und physiologische Voraussetzungen für das Melken mit Melkmaschinen

Die Milchdrüse des Rindes besteht aus einem großen Drüsenkörper, der aus je zwei Vorder- und Hintervierteln mit je einer Zitze zusammengesetzt ist. Jedes Viertel stellt ein in sich geschlossenes System dar.
In der Milchdrüse lassen sich unterscheiden:
der milchbildende Teil (Drüsenparenchym)
der milchabführende Teil (Milchgänge, Zisterne, Strichkanal)
Bindegewebe, Blut und Lymphgefäße sowie Nerven, die den
Drüsenkörper durchziehen und umhüllen.
Der Aufbau und die Form der Milchdrüse wirken sich auf die Arbeit der Melkmaschine mehr aus als auf die des Handmelkers, der sich dem einzelnen Tier anpassen kann. Für die Melkmaschine eignen sich nur normale Euter- und Zitzenformen: Ein weit nach vorn und hinten reichendes, gut entwickeltes, fest angesetztes und gleichmäßig geviertelstes Euter mit senkrecht gestellten Zitzen. Ungünstig sind zu lange, zu kurze, zu dünne, schiefe oder milchbrüchige Zitzen sowie unförmig dicke und an der Basis übergroße Zitzen. Teller-, trichter- oder taschenförmige Zitzenkuppen

292 Tierische Produkte

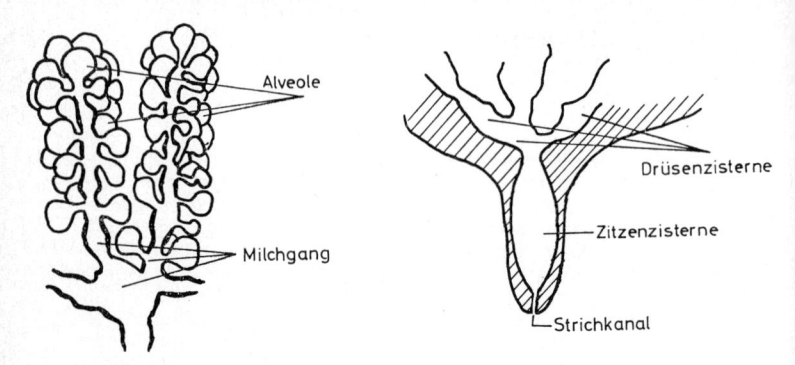

Abb. 126: Schematische Darstellung des inneren Aufbaues der Milchdrüse.

begünstigen das Eindringen von Keimen ebenso wie eine Leichtmelkigkeit, die durch lockere Schließmuskeln verursacht wird. Aber auch Schwermelkigkeit ist für den Einsatz der Melkmaschine nicht erwünscht.
Die Entwicklung und Tätigkeit der Milchdrüse ist eng mit dem Fortpflanzungsgeschehen des Rindes verknüpft. Während der Trächtigkeit wird durch Hormonsteuerung der milchbildende Bereich des Drüsenkomplexes auf- und ausgebaut; diese Phase hält normalerweise bis zur fünften Laktation an. Kurz vor dem Abkalben wird durch vermehrte Ausschüttung des Hormones Prolaktin die eigentliche Milchbildung angeregt. Zum Zeitpunkt des Kalbens ist die Milchdrüse mit der Kolostralmilch gefüllt, die für die Ernährung des Kalbes in den ersten Stunden und als sofort wirksamer Schutz vor Infektionen dient.
Die Laktation wird durch regelmäßige Entleerung der Milchdrüse aufrechterhalten. Der durch das Melken ausgelöste Saugreiz ist dabei nur für das „Einschießen" der Milch von Bedeutung, welches die Milch aus den oberen Partien der Milchdrüse abfließen läßt.
Die Milch wird kontinuierlich gebildet und zunächst in den Alveolen (Bläschen) des milchbildenden Teiles sowie in kleinen Milchgängen und dann in großen Milchgängen und in der Zisterne gespeichert (Abb. 126). Während die in den großen Milchgängen und in der Zisterne enthaltene Milch durch die Arbeit der Melkmaschine gewonnen werden kann, bedarf es für die Gewinnung der in den Alveolen und kleinen Milchgängen gespeicherten Milch des sogenannten Ejektionsreflexes. Dieser Reflex wird durch das Stoßen und Saugen des Kalbes oder durch die Massage des Euters beim Anrüsten durch den Melker ausgelöst. Die Reize werden an

das Zentralnervensystem weitergeleitet und bewirken, daß das Milchentleerungshormon Oxytocin durch die Hirnanhangdrüse ausgeschüttet wird. Dies gelangt über die Blutbahn in die Milchdrüse und bewirkt das Einschießen der Milch. Zwischen der Reizaufnahme und dem Einschießen vergehen im Durchschnitt etwa 60 Sekunden. Es gibt jedoch erhebliche individuelle Schwankungen. Die Wirkung des Oxytocins hält etwa sieben bis zehn Minuten an, d. h. der Milchdruck, der sich durch das Einschießen deutlich erhöht, geht dann wieder auf den atmosphärischen Druck zurück.
Die Kühe müssen daher unmittelbar nach dem Einschießen der Milch gemolken werden, weil Milchmenge, Fettgehalt und Milchflußgeschwindigkeit mit zunehmendem Abstand zwischen Anrüsten und Milchentzug abnehmen.
Das Einschießen der Milch wird unter Umständen auch durch Vorgänge oder Geräusche, die regelmäßig mit dem Melken verbunden sind, veranlaßt, auf jeden Fall aber durch diese unterstützt. Dieser Effekt kann einerseits die Melkarbeit erleichtern, andererseits kann er aber dazu führen, daß ohne Verschulden des Melkers die Oxytocinwirkung bis zum Ansetzen des Melkzeuges wieder abgeklungen ist.
Störungen vor oder während des Melkens können die Oxytocinwirkung verhindern oder aufheben, was sich im Nichtherablassen oder Aufziehen der Milch äußert. Solche Ereignisse müssen also nach Möglichkeit vermieden werden.

Technik der Melkanlagen

Die heute gebräuchlichen Melkanlagen sind bei allen konstruktiven Verschiedenheiten aus folgenden Baugruppen zusammengesetzt:
1. Eigentliches Melkzeug und dessen Steuerung (Pulsator)
2. Vakuumsystem mit Pumpe, Leitungen, Überwachungs- und Regelorganen
3. Milchableitendes System
4. Geräte zur Überwachung des Melkvorganges.

Melkzeug

Das Melkzeug ist der Teil der Melkmaschine, der unmittelbar mit dem Tier in Kontakt kommt und verdient daher besondere Beachtung. Es besteht aus vier Zitzenbechern, die über je vier kurze Pulsschläuche und Milchschläuche mit dem Luftverteiler- und Milchsammelstück verbunden sind (Abb. 127).
Der Zitzenbecher setzt sich aus einer festen Hülse und dem Zitzengummi zusammen, der ein- oder mehrteilig sein kann. Der Zitzengummi unterteilt den Zitzenbecher in zwei Räume: den Innenraum (innerhalb des Zitzengummis), der die Zitze aufnimmt, und den Pulsraum zwischen Zitzengummi und Hülse. Im Innenraum wird

294 Tierische Produkte

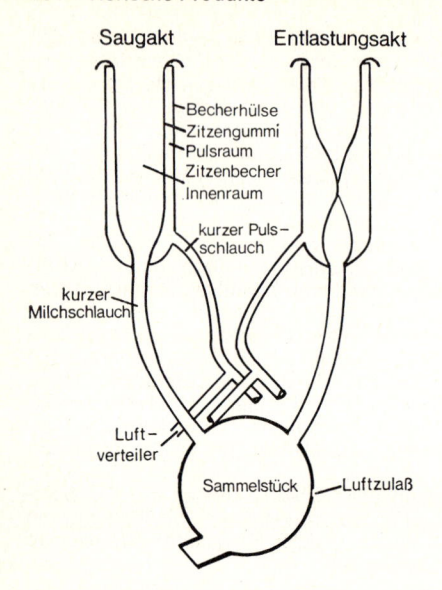

Saugakt — **Entlastungsakt**

- Becherhülse
- Zitzengummi
- Pulsraum
- Zitzenbecher
- Innenraum
- kurzer Pulsschlauch
- kurzer Milchschlauch
- Luftverteiler
- Sammelstück
- Luftzulaß

Abb. 127: Bau und Funktion des Melkzeuges.

ein Unterdruck von etwa 0,50 kp/cm² (Betriebsvakuum) hergestellt, im Pulsraum wechselt der Druck zwischen dem atmosphärischen Druck und dem Betriebsvakuum. Steht der Pulsraum unter Vakuum, so ist der Zitzengummi geöffnet und wird der Zitze Milch entzogen (Saugtakt). Steht der Pulsraum unter atmosphärischem Druck, wird der Zitzengummi zusammengepreßt, wodurch der Strichkanal verschlossen wird und der Milchfluß aufhört. Gleichzeitig wird die Zitze entlastet (Ruhetakt). Saug- und Ruhetakt zusammen bilden einen Pulszyklus. Das Verhältnis zwischen Saug- und Ruhetakt wird als Pulsverhältnis bezeichnet. Dessen Werte liegen zwischen 50:50 und 75:25.

Die Steuerung der Pulstakte erfolgt durch einen pneumatisch oder elektrisch angetriebenen Pulsator, der durch den langen Pulsschlauch mit dem Luftverteiler des Sammelstückes verbunden ist. Von einem Takt werden entweder abwechselnd je zwei Zitzenbecher (Wechseltakt, alternierende Pulsierung) oder gleichzeitig alle vier Zitzenbecher erfaßt (Gleichtakt, simultane Pulsierung).

Die Anzahl der Pulszyklen je Zeiteinheit bezeichnet man als Pulsfrequenz; sie wird in Doppeltakten/Minute (DT/min) angegeben. Die von der Melkmaschinenindustrie genannten Werte liegen im Bereich von 40 bis 60 DT/min. Sind die Saugtakte an den beiden Euterhälften bei alternierender Pulsation ungleichmäßig ausgebildet, wird das als Saugtaktdifferenz oder Hinken bezeichnet. Sie sollte möglichst gering sein (Abb. 128).

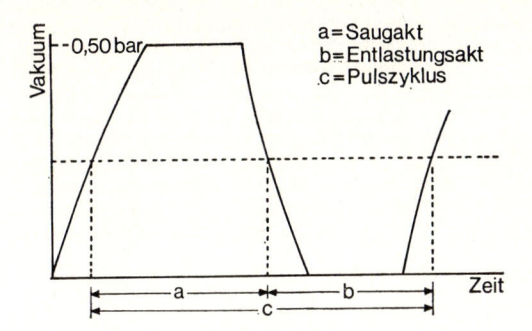

Abb. 128: Pulsogramm mit Hilfslinien zur Bestimmung des Pulsverhältnisses bei halber Vakuumhöhe.

Vakuumsystem

Der zum Melken benötigte Unterdruck wird von einer Vakuumpumpe erzeugt. In neuen Anlagen findet man Drehschieberpumpen (Abb. 129), in älteren Anlagen auch Kolbenpumpen. Die Schmierung erfolgt entweder als Umlaufschmierung oder durch einen Tropföler in den Ansaugstrom der Pumpe. Als Antrieb dient bei stationären Anlagen ein Elektromotor, bei Weidemelkanlagen ein Verbrennungsmotor oder die Schlepperzapfwelle.

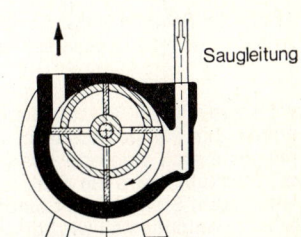

Abb. 129: Unterdruckpumpe.

Auf der Ansaugseite ist ein Vakuumtank vor die Pumpe geschaltet, der folgende Aufgaben erfüllt:

Schutz der Pumpe vor Flüssigkeiten (Milch, Spülflüssigkeiten), Aufnahme des Spülwassers bei der Reinigung der Vakuumleitungen,
Dämpfung von Vakuumschwankungen, die durch den Ansaugrhythmus der Pumpe verursacht werden.
Ein Regelventil begrenzt die Höhe des Betriebsvakuums, also des zum Melken benötigten Unterdruckes. Steigt das Vakuum über den eingestellten Wert, so wird die Druckdifferenz gegenüber dem äußeren Luftdruck größer als die Schließkraft. Daraufhin kann Luft in das Vakuumsystem einströmen, bis das Gleichgewicht zwischen Druckdifferenz und Schließkraft des Ventils wieder hergestellt ist. Gebräuchlich sind feder- und gewichtsbelastete Ventile. Letztere können nicht verstellt werden und regeln genauer (Abb. 130). Sie werden daher bevorzugt eingebaut. Zur Kontrolle des Betriebs-

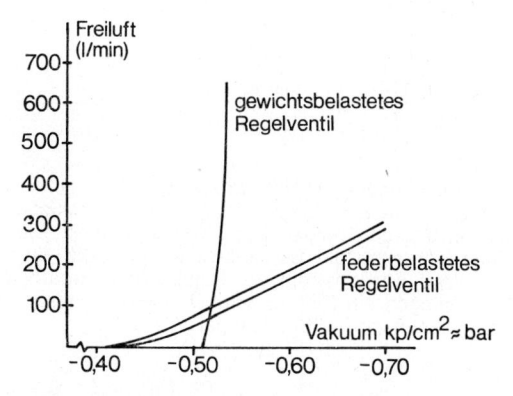

Abb. 130: Schematische Darstellung der Ventilcharakteristik eines Feder- bzw. gewichtsbelasteten Regelventils.

vakuums dienen Vakuummeter. Diese sind nicht nur unmittelbar neben der Pumpe, sondern auch am Melkstand anzubringen, damit man auch während des Melkens eine Kontrolle hat. Das Betriebsvakuum wird im Stall bzw. im Melkstand in Leitungen aus verzinktem Stahlrohr mit einem Durchmesser von meist 1 Zoll verteilt. Im Anbindestall wird die Vakuumleitung allgemein etwa 1,80 m über der Standfläche verlegt. Richtungsänderungen und Anschlüsse sollen strömungsgünstig angelegt und die Leitung mit einem Gefälle von etwa 1% zur Pumpe oder zur Entwässerungseinrichtung versehen werden. In mehrreihigen Ställen empfiehlt sich aus strömungstechnischen Gründen eine Ringleitung.

Zur Sicherheit für Tier und Mensch muß bei elektrisch angetriebenen Vakuumpumpen zwischen dem Vakuumaggregat und der Vakuumleitung nach den Vorschriften des VDE eine Isoliermuffe von mindestens 1000 mm bei waagrechtem und mindestens 200 mm bei senkrechtem Einbau vorgesehen werden.

Der Anschluß der Melkeinheiten an das Betriebsvakuum erfolgt an Vakuumhähnen, auf die die Vakuumschläuche aufgesteckt werden. Die Hähne sind so gebaut, daß das Ausfließen von Kondens- und Reinigungswasser in den Vakuumschlauch vermieden wird. Automatische Hähne öffnen sich selbsttätig beim Anschließen des Schlauches. In Anbindeställen wird je ein Anschluß zwischen zwei Standplätzen angeordnet, in Melkständen ist für jede Melkeinheit ein Anschluß vorhanden.

Zur Entwässerung des Vakuumsystems werden an dessen tiefster Stelle entweder ein gerader, handbetätigter Abflußhahn oder automatische Tropfventile vorgesehen. Eine handbetätigte Entwässerung muß zwischen den Melkzeiten vorgenommen werden. Um jeden Übertritt von Flüssigkeit aus dem Vakuumsystem in die Milch zu verhindern, dürfen Entwässerungshähne nicht als Vakuumanschluß für Melkeinheiten verwendet werden.

Milchableitendes System

Die aus den Eutervierteln gewonnene Milch wird in dem Milchsammelstück zusammengeführt und über einen langen Milchschlauch abgeleitet. Bei Eimermelkanlagen (Abb. 131) führt dieser bis in den Melkeimer, der nach dem Melken einer oder mehrerer

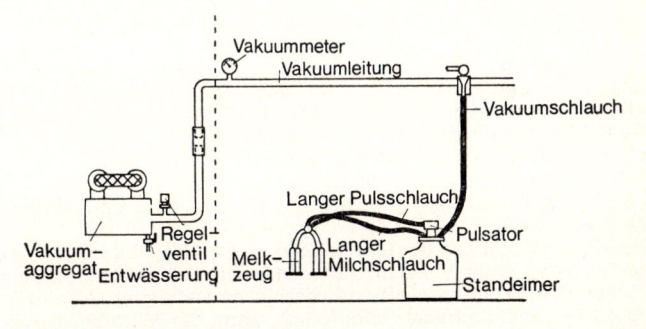

Abb. 131: Schemaskizze einer Eimermelkanlage.

Kühe in den Milchlagerbehälter umgeleert wird. Der Melker muß also wiederholt den gefüllten Eimer in den Milchraum und den leeren Eimer in den Stall bringen.

298 Tierische Produkte

Rohrmelkanlagen (Abb. 132) sind mit Milchleitungen ausgestattet, die die über den langen Milchschlauch abgeleitete Milch aufnehmen und in den Lagerbehälter leiten. Der Milchtransport vom Melkzeug in die Leitung und in den Lagerbehälter wird durch

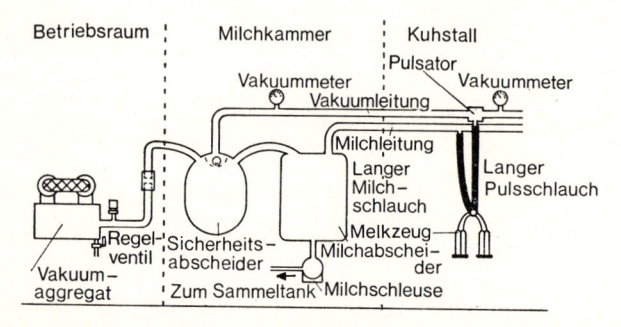

Abb. 132: Schemaskizze einer Rohrmelkanlage.

Luft bewirkt, die durch eine Bohrung im Milchsammelstück in das unter Betriebsvakuum stehende Milchleitungssystem einströmt. Dabei entstehen unter Umständen Turbulenzen in der Milch, die deren Struktur schädigen können, oder es kommt zu Vakuumschwankungen unterhalb der Zitzen, wenn die Milchleitung in herkömmlicher Weise neben der Vakuumleitung, also etwa 1,80 m über dem Stand liegt. In Melkständen ist die Höhendifferenz zwischen Melkzeug und Leitung meist geringer, da die Standfläche des Melkers um ca. 75 cm vertieft ist und deshalb auch die Leitungen niedriger angebracht sind. Seit einiger Zeit werden die Milchleitungen auch am oder sogar im Boden (unterflur) verlegt (Abb. 133). Hierdurch läßt sich ein sehr konstantes Vakuum erzielen, außerdem wird die Milch geschont, wenn keine zusätzlichen Leitungssteigungen vorkommen.
Die Milchleitungen werden aus Acrylglas, Glas oder Chromnickelstahl hergestellt.
Die Milch gelangt aus der Milchleitung in den Milchabscheider, der sie an einen unter Vakuum stehenden Sammelbehälter, an eine Kannenbatterie oder an eine Milchschleuse weitergibt (Abb. 134). Milchschleusen sind dann erforderlich, wenn der Milchlagerbehälter nicht in das Unterdrucksystem der Melkanlage einbezogen ist. Als Milchschleuse kann eine Milchpumpe dienen, die gegen das Vakuum der Melkanlage fördern kann. Sie wird durch Tauchelektroden, Schwimmer oder durch das Gewicht der Milch im Milchabscheider, der als Vorlaufbehälter dient, gesteuert. Ein Rückschlagventil verhindert, daß bei stehender Pumpe Luft in das Va-

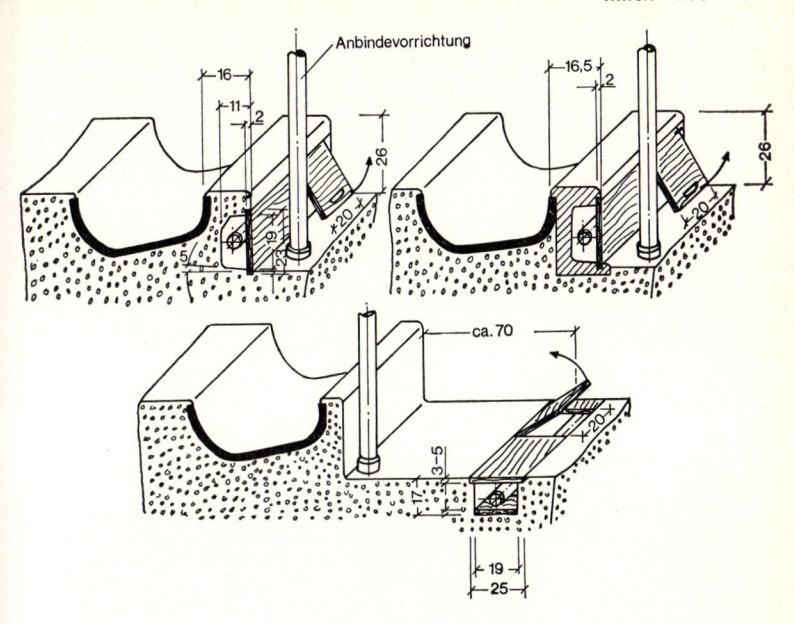

Abb. 133: Unterflur-Milchleitung im Anbindestall.

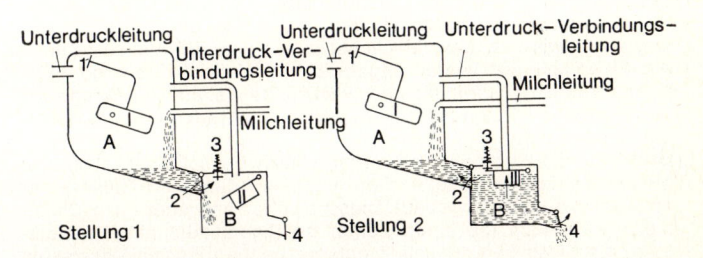

Abb. 134: 2-Kammer-Milchschleuse.

kuumsystem eintritt (Abb. 135). Milchpumpen werden vor allen Dingen in Verbindung mit tiefgelegten Milchleitungen verwendet. Sie bringen hier zusätzlichen Nutzen, weil sie gestatten, daß der Milchauslauf in den Lagerbehälter in beliebiger Höhe angebracht werden kann.

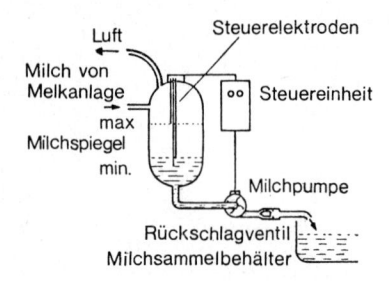

Abb. 135:
Schemaskizze einer Milchausschleusung durch Milchpumpe.

In Anlagen mit hochliegender Milchleitung verwendet man Milchschleusen mit zwei Kammern. Die erste Kammer steht ständig unter Vakuum, sie ist meist mit dem Milchabscheider identisch. Der Abfluß aus dieser Kammer in die zweite wird mit einem Rückschlagventil gegen einströmende Luft gesichert, denn in der zweiten Kammer herrscht abwechselnd Unterdruck und atmosphärischer Druck. Dieser Druckwechsel wird entweder über einen Schwimmer in dieser Kammer oder einen Pulsator gesteuert.
Wenn beide Kammern unter Vakuum stehen, kann die Milch von der ersten in die zweite fließen. Wird die zweite Kammer durch den Schwimmer oder den Pulsator unter atmosphärischen Druck gesetzt, öffnet sich der Abfluß aus der zweiten Kammer, der ebenfalls mit einem Rückschlagventil ausgestattet ist, und die Milch gelangt in den Lagerbehälter. Gleichzeitig wird der Abfluß aus dem Milchabscheider durch das Rückschlagventil verschlossen.
Um zu verhindern, daß Milch oder Reinigungs- und Desinfektionslösungen aus dem Milchabscheider in das Vakuumsystem übertreten, wird zwischen dem Milchabscheider und der Vakuumpumpe ein Sicherheitsabscheider angebracht, der die eintretende Flüssigkeit zunächst aufnimmt und, wenn eine gefährliche Menge erreicht wird, die Zuleitung zur Vakuumpumpe durch einen Schwimmer unterbricht.
Damit der Melker den Melkvorgang auch beim Einsatz mehrerer Melkzeuge leichter überwachen kann, werden Milchflußanzeiger an jedes Melkzeug angebaut. Diese arbeiten entweder mit Schwimmern (Abb. 136), die einen Zeiger betätigen, oder mit Schaugläsern, die einen dem Milchfluß entsprechenden Flüssigkeitsspiegel zeigen. Nur diese Geräte sichern eine exakte Kontrolle des Milchflusses; sie zeigen auch den richtigen Zeitpunkt für den Beginn des Nachmelkens oder das Einsetzen des Blindmelkens an. Schaugläser an den Zitzenbechern bzw. transparente Milchschläuche gestatten nur eine annähernde Kontrolle des Milchflusses. Die neuesten Entwicklungen arbeiten mit Leuchtsignalen, die das Ende des Milchflusses anzeigen. Sie werden von elektronischen Meßanord-

nungen gesteuert, die auch zur automatischen Abschaltung des Melkvorganges verwendet werden können.
Die Melkmaschine enthält zahlreiche Gummiteile. Diese müssen entsprechend ihrer Funktion aus verschiedenen speziellen Gummisorten hergestellt sein. So wird z. B. für Rohrteile oder Rück-

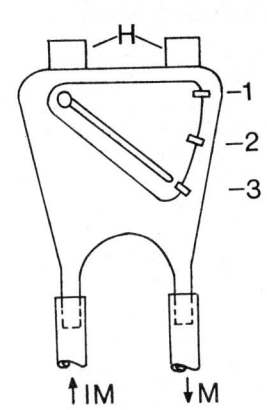

Abb. 136: Milchflußanzeige mit Schwimmer.
lM = langer Milchschlauch,
M = Milchbehälter,
1 = voller Milchfluß, 2 = nachlassender Milchfluß,
3 = kein Milchfluß

schlagventile an Milchschleusen ein möglichst harter Gummi benötigt, die Zitzengummis sowie die kurzen Milch- und Pulsschläuche stellen dagegen hohe Anforderungen an die Elastizität des Materials. Die langen Milchschläuche werden dagegen relativ wenig beansprucht, ebenso die langen Pulsschläuche und Vakuumschläuche. Dennoch unterliegen alle Gummiteile der Melkmaschine der Alterung, die durch chemische Einwirkungen, in erster Linie durch das Milchfett, sowie durch mechanische Beanspruchungen hervorgerufen wird. Daher sind alle Teile, deren Oberfläche rissig ist und deren Elastizität nachgelassen hat, regelmäßig auszuwechseln. Dies gilt besonders für die Zitzengummis. Trotz aller Fortschritte in der Materialentwicklung muß nach wie vor dazu geraten werden, die Zitzengummis zweimal jährlich zu erneuern, damit die Eutergesundheit nicht durch rauhe Oberflächen und ungenügende Elastizität (d. h. nicht ausreichende Entlastung) gefährdet wird.
Milchfilter sind in allen Melkanlagen gesetzlich vorgeschrieben. Bei Eimermelkanlagen wird die Filterscheibe aus Watte oder Vliesstoff zwischen Prallscheiben in den Einschütttrichter eingelegt, bei Rohrmelkanlagen befindet sich die Filtereinrichtung meist im Vakuumsystem. Mit diesen Filtern können zwar grobe Verunreinigungen, wie Kot-, Einstreu oder Futterreste aus der Milch entfernt werden, es ist jedoch auf diesem Wege nicht möglich, die Keimzahl und die Zellzahl zu senken.

Geräte zur Überwachung des Melkvorganges

Beim Einsatz mehrerer Melkzeuge wird es für den Melker zunehmend schwieriger, den Melkvorgang am einzelnen Tier zu überwachen. Schaugläser am Zitzenbecher oder am Milchsammelstück reichen dazu nicht aus, vielmehr sind besonders für diesen Zweck geschaffene Anzeigevorrichtungen erforderlich. Bei Rohrmelkanlagen wird die Ermittlung der Gemelkmenge je Kuh zusätzlich erschwert, da die Milch unmittelbar in den Lagerbehälter abgeleitet wird. Wenn man bei Rohrmelkanlagen eine Milchkontrolle durchführen will, wird man im allgemeinen den Melkeimer einsetzen, was die Tiere und das Melkpersonal erheblich belastet.

Diese Schwierigkeit wird durch verschiedene Geräte (Abb. 137) ausgeräumt, die nach folgenden Prinzipien arbeiten:

Sammlung des gesamten Gemelkes in einem Glasbehälter mit Meßskala (Anzeige des Milchflusses und Messen der ermolkenen Milchmenge)

Abfluß der Milch über einen Meßraum mit kalibrierter Bohrung (Anzeige des Milchflusses und des Milchniveaus in der Meßkammer über Zeiger)

Abspaltung einer bekannten Teilmenge vom Milchstrom (Erfassung der Milchmenge, nur bedingte Anzeige des Milchflusses)

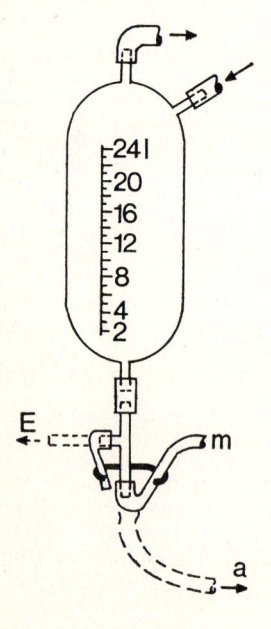

Abb. 137: Recorder. E = Probeentnahme, a = Stellung Milchablauf, m = Stellung Melken.

Abfluß der Milch über eine Kippwaage (Anzeige der Milchmenge, Anzeige des Milchflusses durch die Kippbewegungen).

Diese Geräte sind einerseits nach ihrer Funktion, also Anzeige von Milchmenge und Fortgang des Melkprozesses, und andererseits danach zu beurteilen, ob sie die Vakuumapplikation beeinträchtigen und welchen Aufwand ihre Reinigung verursacht.

Glasbehälter mit Meßskala geben die genaue Milchmenge entweder als Volumen oder als Gewicht an und ermöglichen eine Probenahme zur Fettbestimmung. Zu diesem Zweck sollten sie einen Lufteinlaß aufweisen, der eine Durchmischung ihres Inhaltes gestattet. Die Ableitung der Milch in den Lagerbehälter erfordert zusätzliche Handgriffe. Die Reinigung und Desinfektion wird im Zuge der üblichen Umlaufreinigung vorgenommen, je nach Konstruktion empfiehlt es sich, die Dichtungen gelegentlich von Hand zu reinigen. Das Einsetzen und Versiegen des Milchflusses kann an Hand des eintretenden Milchstrahles beobachtet werden.

Wenn Melkanlagen mit diesen auch als Recorder bezeichneten Einrichtungen ausgestattet sind, bereitet die getrennte Gewinnung der Kolostralmilch keine Schwierigkeiten. Wegen ihrer Abmessungen und ihres Gewichtes eignen sie sich jedoch nur für den Einsatz in Melkständen. Die Vakuumkonstanz wird durch sie besonders bei hochliegenden Milchleitungen eher verbessert.

In anderen Geräten fließt die Milch über einen Meßraum mit kalibrierter Abflußbohrung (Staukammer) ab; sie können mit Vorrichgen kombiniert werden, die die Milchmenge durch Abspalten einer bestimmten Teilmenge messen. Diese Anordnungen gestatten sowohl die Überwachung des Milchflusses als auch die Ermittlung der Gemelkmenge. In einzelnen Fällen haben diese Geräte, einzeln oder kombiniert, einen nachteiligen Einfluß auf die Vakuumkonstanz. Auch die Reinigung erfordert häufig Mehraufwand, da die bei der Umlaufspühlung durchströmenden Reinigungs- und Desinfektionslösungen nicht alle Winkel der Meßanordnungen gleichmäßig erreichen. Der Vorteil dieser Anlagen gegenüber den Meßbehältern liegt in dem geringeren Gewicht und dem geringeren Raumbedarf. Man braucht sie daher nicht fest einzubauen, sondern kann sie von einem Melkplatz zum anderen transportieren, so daß sie auch für den Einsatz in Anbindeställen geeignet sind. Bestimmte Geräte (z. B. das Milkoskope) sind für die Durchführung der Milchleistungsprüfung zugelassen. Andere Geräte (z. B. Alfa-Laval Signal) dienen als Basis für die Steuerung von Melkanlagen über den Milchfluß.

Wenn die durchfließende Milchmenge mit einer Kippwaage gemessen und über einen Zeiger registriert wird, kann man mit der gleichen Anlage auch elektrische Impulse geben, welche die Steuerung von Kraftfutterdosiergeräten übernehmen. Diese Möglichkeit wird bisher nur selten ausgenützt, wahrscheinlich auch deshalb, weil die unmittelbare Steuerung der Kraftfuttervorlage an Hand der ermolkenen Milchmenge nicht zu empfehlen ist, da jede

Schwankung der Milchmenge direkt auf die Kraftfuttermenge einwirken würde. Es ist besser, einen gleitenden Mittelwert aus den Ergebnissen mehrerer Melkzeiten zu bilden, was sich allerdings nur mit größerem technischen Aufwand verwirklichen läßt. Im übrigen beeinträchtigen die Geräte mit Kippwaagen die Vakuumkonstanz und messen nur bei relativ langsamem Milchfluß mit ausreichender Genauigkeit. Die Reinigung erfordert einen erhöhten Arbeitsaufwand.

Bauliche Einordnung der Melkanlage

Im Anbindestall ist die Melkanlage einfach anzubringen. Die Vakuum- und gegebenenfalls auch die Milchleitungen sind Bestandteile der Aufstallungstechnik. Einzelne Bauteile der Anbindevorrichtung übernehmen auch die Funktion der Vakuumleitung. Kritische Stellen entstehen dort, wo die Milchleitung Futtergänge oder Zufahrten überbrücken muß, weil eine in Normalhöhe fest verlegte Milchleitung die Durchfahrtshöhe unzulässig verringern würde. Gelegentlich werden Schwenkbogen in den Verlauf der Milchleitung eingeplant, die hochgeklappt werden können, um den Weg freizugeben. Eine andere Möglichkeit besteht darin, daß die Milchleitung an den problematischen Stellen unter dem Niveau des Stallbodens geführt wird. Dabei muß die Zugänglichkeit der Leitung erhalten bleiben (Kanal mit abnehmbarem Deckel). Die tiefliegende Milchleitung, die in erster Linie die Vakuumverhältnisse verbessern soll, löst auch diese Schwierigkeiten.

Das größere Problem ist der Einbau einer Melkanlage im Laufstall. Hier läßt sich die Anlage eines besonderen Melkstandes nicht umgehen. Folgende Bauarten (Abb. 138) bieten sich dafür an:

Reihenmelkstand, im Stall in der Regel mit 2 Plätzen nebeneinander, Weidemelkstände auch größer
Tandemmelkstand, gerade oder in U-Form, meist mit drei Plätzen
Längsmelkstand, meist doppelreihig mit 2 Plätzen je Seite, die von den Tieren gemeinsam betreten und verlassen werden (Gruppenmelkstand)
Fischgrätenmelkstand, in der Regel zweireihig mit 2 x 3 bis 2 x 6 Plätzen, gelegentlich noch größer (bis 2 x 12), ebenfalls ein Gruppenmelkstand
Melkkarussell (Melkplätze auf langsam rotierender Plattform) mit 6 bis 40 Plätzen)

Bei der Planung ist darauf zu achten, daß die Tiere auf kurzen, geraden Wegen hinein- und wieder herauskommen, und daß ein geeigneter Vorwarteplatz für die ungemolkenen Tiere vorhanden ist, den die gemolkenen Tiere nicht erreichen können.

Der Melker muß den Melkstand rasch verlassen können, um soweit notwendig die Tiere herbeizuholen oder wegzutreiben. Daher ist mindestens eine Treppe nötig, weil der Arbeitsplatz, damit die

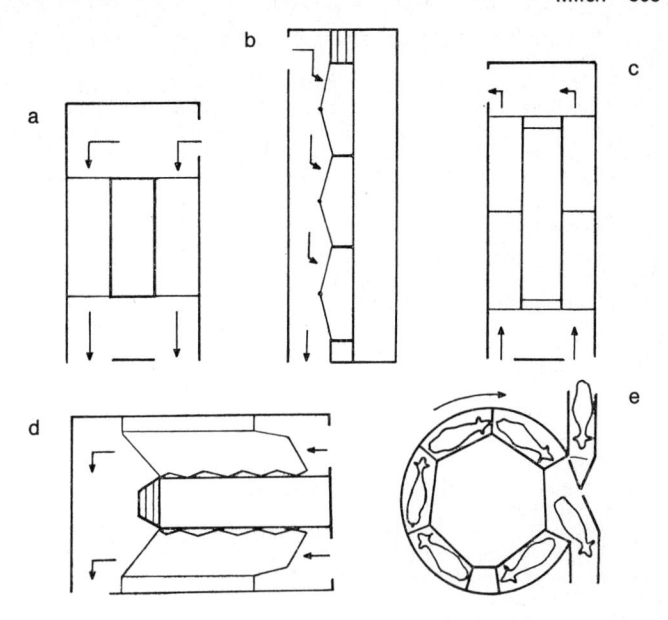

Abb. 138: Melkstände; a = Reihenmelkstand (2 x 1), b = Tandemmelkstand (1 x 3), c = Längsmelkstand (2 x 2), d = Fischgrätenmelkstand (2 x 4), e = Karussellmelkstand.

Euter in günstiger Arbeitsposition sind, ca. 75 cm tiefer liegt als der Standplatz der Kühe.

In Fischgrätenmelkständen, bei denen das Kraftfutter mechanisch verabreicht werden muß, wird das Futter in der Regel deckenlastig gelagert, in anderen Melkständen sollte ein ausreichender Futtervorrat in Reichweite des Melkers sein.

Um die Vorteile von kurzen Leitungen und kompakten Installationen voll nützen zu können, wird der Melkstand Wand an Wand mit den übrigen für die Milchgewinnung gebrauchten Räumen (Maschinenraum, Milchlagerraum) angelegt.

Eine ausreichend große Zwangslüftung wird gebraucht, um die Luftfeuchtigkeit besonders zwischen den Melkzeiten unter Kontrolle zu halten, da die Anlagen mit erheblichen Wassermengen gereinigt werden. Der Arbeitsraum des Melkers (Melkflur) sollte heizbar sein, auch zwischen den Melkzeiten ist dafür zu sorgen, daß eine Temperatur von +5° C nicht unterschritten wird. Wasserdichte

Leuchtstoffröhren in ausreichender Anzahl sorgen für ein gut beleuchtetes Arbeitsfeld.
Der Bodenbelag muß leicht zu reinigen sein, das Reinigungswasser soll, soweit es nicht durch die Kotkanäle wegläuft, von einem Bodenabfluß im Arbeitsflur des Melkstandes aufgenommen werden. Dieser soll, wie alle Abflüsse im Bereich der Milchgewinnung und Milchlagerung einen Geruchsverschluß besitzen.

Arbeitsorganisation beim Melken

Der ordnungsgemäße Ablauf der Melkarbeiten hängt nicht nur von der technischen Beherrschung der Handgriffe ab, sondern auch von einer guten Arbeitsorganisation, die die Melkeigenschaften der Herde und den Arbeitszeitbedarf für die vorkommenden Arbeitsgänge und die Anzahl der zu bedienenden Melkzeuge berücksichtigt sowie eine sinnvolle Reihenfolge der verschiedenen Arbeitsgänge festlegt. Die ständig wiederkehrenden Arbeiten beim Melken *(Routinearbeiten)* sind:
　Euter reinigen und Anrüsten
　Melkzeug ansetzen
　Nachmelken (bei arbeitendem Melkzeug)
　Melkzeug abnehmen
　Melkeinheit auf neuen Arbeitsplatz umsetzen (Stallmelkanlagen)
　Melkeimer entleeren (Eimermelkanlagen)
　Kraftfuttervorlage (in den meisten Melkständen)
　Kühe einlassen (im Melkstand)
　Kühe austreiben (im Melkstand)
　Euterkontrolle (Kontrollgriffe nach Abnahme des Melkzeuges zur Kontrolle der Euterentleerung, kein Nachmelken von Hand)
Das Anrüsten, das Nachmelken und die Euterkontrolle werden von den Melkeigenschaften der Kühe bestimmt, die übrigen Arbeitsgänge vom Stallsystem und der technischen Ausstattung des Melkbereiches.
Die höheren Zahlen beziehen sich vor allem auf Anbindeställe, wo die Arbeitsposition ungünstiger ist als in Melkständen.
Für die Arbeitsgänge in Stallmelkanlagen, wie Umsetzen des Melkgeschirrs auf einen neuen Arbeitsplatz oder Entleeren der Melkeimer, lassen sich Angaben über den Arbeitszeitbedarf nur mit Vorbehalt machen, weil zu diesen Arbeiten ein erheblicher Weganteil zählt. Als Richtwert für das Abnehmen der Melkeinheit von der Vakuumleitung kann ca. 0,05 min/Kuh und Melkzeit und für das Anschließen 0,06 min/Kuh und Melkzeit gelten.
Die zusätzliche Wegezeit liegt in der Größenordnung von ca. 0,1 min/5 m. Für das Entleeren des Melkeimers werden je nach dessen Fassungsvermögen und der Durchflußmenge des Einschütttrichters 0,15 bis 0,50 min benötigt, dazu kommt der Zeitbedarf für den Weg von Stall in den Milchraum und zurück.
Außer diesen eigentlichen Melkarbeiten rechnen zum Arbeitszeitbedarf für das Melken noch eine ganze Reihe von Arbeiten vor und

Tab. 83. Richtwerte für den Arbeitszeitbedarf beim Melken

Arbeitsgang	Arbeitszeit und Melkzeit
Routinearbeiten	(AKmin/Kuh)
Euter reinigen und Anrüsten	0,43 – 1,00
Melkzeug abnehmen	0,12 – 0,20
Melkzeug ansetzen	0,23 – 0,40
Nachmelken	0,65 – 1,00
Euterkontrolle	0,23 – 0,50
Einlassen der Kühe (Melkstand)	0,19 – 0,33
Austreiben der Kühe (Melkstand)	0,13 – 0,15
Kraftfuttergabe (Melkstand)	0,03 – 0,14
Nebenarbeiten	
Eimermelkanlage	ca. 15,00 AKmin/Herde und Melkzeit
Rohrmelkanlage	ca. 27,00 „
Melkstandanlage (bis 2 x 6 FGM)	ca. 35,00 „
Großmelkstand (Melkkarussell)	ca. 100,00 „

nach dem Melken, den sogenannten *Nebenarbeiten*. Hierzu gehören das Bereitstellen der Melkeinheiten, das Vorbereiten der Milchlagerbehälter sowie die Reinigung und Desinfektion der Melkanlage und der Milchlagerbehälter. In Melkständen kommen noch das Vorbereiten der Warteräume für die Tiere sowie die Reinigung von Melkstand und Warteräumen hinzu. Diese Arbeiten sind unabhängig von der Herdengröße. Daher läßt sich der Arbeitszeitbedarf je Tier in Herden, die die vorhandene Anlage vollständig ausnützen, sehr niedrig halten. Hierin liegt ein wesentlicher Teil des Rationalisierungseffektes bei zunehmenden Bestandsgrößen. Entsprechend den unterschiedlichen technischen Ausrüstungen kann auch der Arbeitszeitbedarf sehr unterschiedlich sein. So werden z. B. in Rohrmelkanlagen mit programmgesteuerter Reinigung und Desinfektion etwa 1 AKmin je Arbeitsgang eingespart. In Melkständen mit Reinigung und Desinfektion der Melkzeuge im Melkstand und programmgesteuerter Reinigung und Desinfektion der Melkanlage können es bis zu 7 AKmin je Arbeitsgang sein.

Arbeitszeitbedarf in Anbindeställen

Das einfachste Verfahren (1 Melkzeug/AK in Eimermelkanlagen) kann nur in Ausnahmefällen bei sehr kleinen Beständen empfohlen werden, da es dabei zwangsläufig zu Wartezeiten für den Mel-

Tab. 84. Arbeitszeitbedarf für Melkarbeiten im Anbindestall in AKmin/Kuh und Tag

	Eimermelkanlage 1 Melkzeug/AK		Eimermelkanlage 2 Melkzeuge/AK		Rohrmelkanlage 2 Melkzeuge/AK		Rohrmelkanlage 2 Melkzeuge/AK	
	Tiere je Arbeitsgang		Tiere je Arbeitsgang		Tiere je Arbeitsgang		Tiere je Arbeitsgang	
	10	20	10	20	10	20	10	20
Milchgewinnung [a], [b]								
Eimermelkanlage, 1 Melkzeug/AK	14,8	14,0	—	—	—	—	—	—
Eimermelkanlage, 2 Melkzeuge/AK	—	—	9,75	8,5	9,75	8,5	—	—
Rohrmelkanlage, 2 Melkzeuge/AK, Kannenbatterie	—	—	—	—	—	—	12,5	10,0
Milchpflege (Kühlen von Kannen) im Wasserbad, 3mal von Hand umrühren	0,32	0,29	0,32	0,29	—	—	—	—
im Wasserbad, Umrühren mechanisch	—	—	—	—	0,17	0,14	0,17	—
mit Kühlringen u. Eiswasser ohne Umrühren	—	—	—	—	—	—	—	0,19
Hauptreinigung der Melkanlage, anteilig	0,29	0,15	0,43	0,21	0,43	0,21	0,85	0,57

	Rohrmelkanlage 2 Melkzeuge/AK						Rohrmelkanlage 3 Melkzeuge/AK		
	Tiere je Arbeitsgang			Tiere je Arbeitsgang			Tiere je Arbeitsgang		
	20	40	80	20	40	80	20	40	80
Rohrmelkanlage, 2 Melkzeuge/AK, Tank	8,5	7,3	7,3	8,5	—	—	—	—	—
Rohrmelkanlage, 3 Melkzeuge/AK, Tank	—	—	—	—	4,9	4,4	—	4,9	4,4
Milchpflege (Kühlen von Großbehältern), Hofbehälter, Tauchkühler	0,50	—	—	—	—	—	—	—	—
Kühlwanne, Kühltank	—	0,15	0,10	0,20	0,15	0,10	—	0,15	0,10
Hauptreinigung der Melkanlage, anteilig	0,57	0,32	0,20	0,57	0,36	0,21	—	0,36	0,21

a) Melkdauer 6,0 min/Kuh
b) Durchschnittliche Anzahl der trockenstehenden Kühe = $^1/_6$ des Kuhbestandes

ker kommt. Größere Arbeitsleistungen bringt bei Eimermelkanlagen der Einsatz von 2 Melkzeugen/AK, da die unterstellte Melkdauer von 6 min voll ausgenützt wird. Der Einsatz einer Rohrmelkanlage mit zwei Melkzeugen wirkt sich arbeitserleichternd aus, wegen der umfangreicheren Rüstarbeiten führt er jedoch zu einem erhöhten Arbeitszeitbedarf, bzw. vermag diesen nicht zu senken. Letzteres wird erst bei Rohrmelkanlagen, in denen drei Melkzeuge arbeiten, möglich. Die unterstellte Melkdauer von 6 min reicht jedoch in diesen Fällen nicht oder nur in Ausnahmefällen aus, so daß es gehäuft zu Blindmelkzeiten kommt. Daher sollten drei Melkzeuge nur bei Herden mit längerer Melkdauer und dort eingesetzt werden, wo die Kühe entsprechend ihrer Melkdauer aufgestallt sind.

Arbeitszeitbedarf in Melkständen

Bei der Auswahl eines Melkstandes ist zu berücksichtigen, daß der Melkzeugbesatz und damit in den meisten Fällen auch die Melkstandbauart durch die individuelle Melkdauer der Herde genau vorgeschrieben sind. Wenn zu viele Melkzeuge eingesetzt werden, reicht die Melkdauer der Kühe nicht aus, um alle erforderlichen Arbeiten durchzuführen. Solche verfahrensbedingten Blindmelkzeiten können die Eutergesundheit gefährden. Bei einer zu geringen Melkzeugzahl wird die Arbeitsleistung des Melkers durch verfahrensbedingte Wartezeiten verringert.
Da das Laktationsstadium und das Lebensalter der Tiere eine individuelle und vom Herdendurchschnitt abweichende Melkdauer bedingen können, stellt die Anpassung des Melkstandes an die durchschnittliche Melkdauer der Herde immer einen Kompromiß dar. Aus melkphysiologischen Gründen und um den Melker zu entlasten, sind daher geringe Wartezeiten vorzuziehen. Wie Tab. 85 zeigt, ist der Einfluß einer unterschiedlichen Melkzeugbesetzung innerhalb einer Bauart, z. B. den Fischgrätenmelkständen, gering, wenn der Melkstand gut an die Melkeigenschaften der Herde angepaßt ist.
Melkkarusselle sind bislang nur wenig verbreitet, in jüngster Zeit werden jedoch vermehrt kleinere Melkkarusselle mit sechs Buchten eingerichtet. Tab. 86 zeigt, daß die Arbeitsleistung je Arbeitskraft sich kaum von der in Fischgrätenmelkständen unterscheidet. Die Melkdauer der Kühe bestimmt die Umlaufzeit der Anlage und zusammen mit der Buchtenzahl die Taktzeit – das ist die Zeitspanne, die eine Arbeitskraft für die Verrichtung eines Arbeitsablaufes zur Verfügung hat. In größeren Melkständen ist diese Taktzeit so kurz, daß die Melkarbeiten auf mehrere Personen verteilt werden müssen. Die Melkleistung der Gesamtanlage setzt sich in Melkkarussellen und in anderen Melkständen mit mehreren Arbeitskräften zusammen aus dem Produkt der stündlichen Melkleistung je Arbeitskraft mit der Anzahl der Arbeitskräfte.

Tab. 85. Arbeitszeitbedarf in Melkständen in Abhängigkeit von Melkdauer, Melkstandbauart und Melkzeugbesatz, in AKmin/Tier und Tag

	Tiere je Arbeitsgang				
	20	40	80	100	120
Melkdauer 4 Minuten					
2 x 1 Reihenmelkstand 2 Melkzeuge/AK	7,5	6,0	5,3	5,1	5,0
1 x 3 Tandemmelkstand 3 Melkzeuge/AK	**6,0**	**4,5**	**3,8**	**3,6**	**3,5**
2 x 2 Längsreihenmelkstand 2 Melkzeuge/AK	6,6	5,1	4,3	4,2	4,1
2 x 3 Fischgrätenmelkstand 3 Melkzeuge/AK	**5,4**	**3,9**	**3,1**	**3,0**	**2,9**
Melkdauer 6 Minuten					
2 x 1 Reihenmelkstand 2 Melkzeuge/AK	9,2	7,7	6,9	6,8	6,7
1 x 3 Tandemmelkstand 3 Melkzeuge/AK	7,1	5,6	4,9	4,7	4,6
2 x 2 Längsreihenmelkstand 4 Melkzeuge/AK	**5,8**	**4,3**	**3,5**	**3,3**	**3,2**
2 x 3 Fischgrätenmelkstand 3 Melkzeuge/AK	6,5	5,0	4,3	4,1	4,0
2 x 4 Fischgrätenmelkstand 4 Melkzeuge/AK	**5,7**	**4,1**	**3,4**	**3,2**	**3,1**
Melkdauer 8 Minuten					
2 x 1 Reihenmelkstand 2 Melkzeuge/AK	10,9	9,4	8,6	8,4	3,3
1 x 3 Tandemmelkstand 3 Melkzeuge/AK	8,3	6,7	6,0	5,8	5,7
2 x 2 Längsreihenmelkstand 4 Melkzeuge/AK	6,5	5,0	4,2	4,1	4,0
2 x 3 Fischgrätenmelkstand 3 Melkzeuge/AK	7,7	6,1	5,4	5,2	5,1
2 x 4 Fischgrätenmelkstand 4 Melkzeuge/AK	6,5	5,0	4,2	4,0	4,0
2 x 5 Fischgrätenmelkstand 5 Melkzeuge/AK	**5,8**	**4,3**	**3,5**	**3,4**	**3,3**

312 Tierische Produkte

Tab. 86. Arbeitszeitbedarf in Abhängigkeit von Melkstandbauart, Melkdauer und Herdengröße in Melkkarussellen in AKmin/Tier und Tag

Herdengröße	Melkdauer 6 min	8 min	10 min	12 min
Melkkarussell 6 Buchten				
40	4,76	4,19	4,19	4,76
80	4,05	3,48	3,48	4,05
120	3,81	3,24	3,24	3,81
180	3,65	3,08	3,08	3,65
250	3,56	2,99	2,99	3,56
Melkkarussell 16 Buchten				
80	5,47	5,67	6,63	6,13
120	4,76	4,96	5,92	5,42
250	4,02	4,22	5,18	4,68
500	3,67	3,87	4,84	4,34
750	3,56	3,76	4,72	4,23
Melkkarussell 40 Buchten				
250		4,38	4,42	4,53
500		4,04	4,07	4,19
1500		3,81	3,85	3,96
3000		3,76	3,79	3,91

Wie beim Anbindestall ist bei der Errechnung des Arbeitszeitbedarfes in verschiedenen Melkstandtypen unterstellt, daß ein Sechstel der Kühe trocken steht.

Weidemelken

In den Grünlandgebieten Norddeutschlands wird während der Weideperiode in der Regel auf der Weide gemolken, in Süddeutschland ist das Weidemelken dagegen seltener anzutreffen. Während alle für das Melken im Stall notwendigen Anlagen und Einrichtungen fest installiert werden können, ist beim Melken auf der Weide fast immer ein Versetzen der Melkanlage notwendig. Nur dort, wo die Weideflächen sehr eng zusammenliegen, kann auf eine versetzbare Melkanlage verzichtet werden. Manchmal lohnt es sich dann, auf der Weide eine zweite stationäre Melkanlage zu installieren. Diese unterscheidet sich nicht von der im Stall gebräuchlichen Anlage; einzelne Teile, wie Melkzeuge, Pulsatoren und Teile der Milchkühlanlage (z. B. Hofbehälter), können in beiden Anlagen gemeinsam verwendet werden. Eine stationäre

Weidemelkanlage erfordert jedoch erhebliche Baukosten, so daß derartige Einrichtungen nur selten anzutreffen sind.
Weit häufiger sind mobile Weidemelkanlagen. Sie bestehen aus einer normalen Melkanlage und dem Weidemelkstand, der meist auf einem Fahrgestell montiert ist. Er trägt einerseits die Melkanlage und hält andererseits die Tiere während des Melkens fest.
Im einfachsten Falle werden die Kühe mit Ketten am Melkstand fixiert, die von Hand angebunden und gelöst werden. Arbeitssparender sind Ketten mit Selbstfangeinrichtungen, z. B. Fangkugeln. Verbreitet sind auch Melkstände mit Freßgittern (Abb. 139), die vorzugsweise selbstfangend ausgelegt sind. In den genannten Einrichtungen werden die Kühe wie im Anbindestall gemolken. Der Melker fängt eine größere Anzahl Kühe gleichzeitig ein, oft sogar die ganze Herde. Dies erspart bei nicht zu großen Herden besondere Warteräume für die noch nicht gemolkenen Tiere und erleichtert die Vorlage von Kraftfutter, welches allen eingefangenen Tieren in einem Arbeitsgang verabreicht werden kann.
Daneben gibt es aber auch Einrichtungen, die den im Stall üblichen Melkständen gleichen. Sie sind meist als Durchtreibe- oder Reihenmelkstände gebaut. Die Melkbuchten sind so angeordnet, daß die Tiere nebeneinander stehen, allerdings können meist nur zwei oder drei Tiere gleichzeitig festgehalten werden. Derartige Weidemelkstände erfordern daher die Einrichtung von Warteräumen. Die Tiere müssen häufig ausgetauscht und das Kraftfutter mehrfach vorgelegt werden. Der Melker hat in der Regel keinen vertieften Arbeitsplatz, wie er in stationären Melkständen üblich ist. Dieser wäre mit einem erheblichen Aufwand verbunden, der nur selten berechtigt sein dürfte. Die Kühe müßten auf erhöhte Plattformen steigen, die zusammen einen Tandem-, Reihen- oder Längsmelkstand und sogar einen zweireihigen Fischgrätenmelkstand bilden können. Die Einzelteile der Melkstandanlage müssen auf einem oder mehreren Fahrgestellen sitzen. Bei größeren Anlagen ergibt das meist ein längeren Zug, der oft nur unter Schwierigkeiten zu bewegen ist.
Das Melken auf der Weide findet in der Regel unter improvisierten Bedingungen statt, da die Kosten so gering wie möglich gehalten werden sollen, zumal eine Stallmelkanlage vorhanden ist. In den meisten Fällen wird beim Weidemelken von vornherein mit einem höheren Arbeitsbedarf als beim Stallmelken gerechnet. Allerdings sollten bestimmte Grundvoraussetzungen auch hier erfüllt sein, um für Tiere und Menschen erträgliche Verhältnisse zu gewährleisten.
Der Standort der Melkanlage ist so zu wählen, daß eine möglichst große Weideflache von einem Platz aus versorgt werden kann. Es empfiehlt sich, die Melkplätze zu befestigen. Bei feuchtem Wetter kann es sonst zu Zerstörungen der Grasnarbe und Verschlammungen mit ihren unangenehmen Folgen kommen. Außerdem sol-

len ausreichende Tränkmöglichkeiten vorhanden sein. Die Melkanlage selbst hat in ihren Kennwerten hinsichtlich Pumpenleistung und Vakuumkonstanz den gleichen Forderungen zu entsprechen wie die Stallmelkanlage. Diese Werte sind besonders dann ständig zu überprüfen, wenn das Vakuum behelfsmäßig mit dem Unterdruck im Ansaugbereich des Schleppermotors erzeugt wird. Als Antrieb für die Vakuumpumpe dienen vor allem die Schlepperzapfwelle oder kleine Verbrennungsmotoren. Ein elektrischer Antrieb ist nur möglich, wenn Verbindung zum öffentlichen Stromnetz besteht.

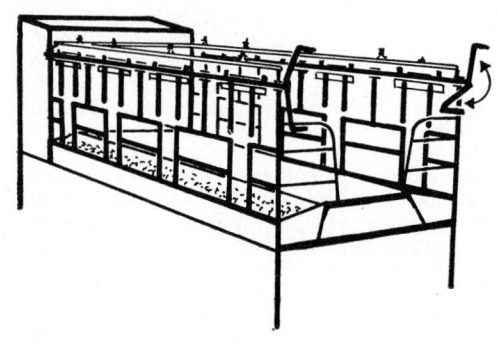

Abb. 139: Mobiler Futtertisch mit Selbstfangfreßgitter als Weidemelkstand.

Die Milch kann bei mobilen Weidemelkanlagen in der Regel nicht unmittelbar nach dem Melken gekühlt werden. Daher muß dafür gesorgt werden, daß so zeitig wie möglich auf dem Hofe gekühlt wird. Die vorhandene Kühlanlage muß so leistungsfähig sein, daß die Milch innerhalb der geforderten drei Stunden nach dem Melken auf die vorgeschriebene Temperatur von $+4°C$ herabgekühlt werden kann. Eiswasseranlagen, die einen ausreichenden Eisvorrat und eine leistungsfähige Umwälzpumpe besitzen, sind hierzu noch am ehesten in der Lage. Am Beispiel der Kühlung werden die Grenzen des Verfahrens Weidemelken bei größeren Beständen deutlich. Die Zeitspanne bis zum Erreichen des Hofes ist bei größeren Beständen länger als bei kleineren, so daß sich die für die Kühlung verfügbare Zeit immer mehr verringert. Da die Milchmenge aber gleichzeitig zunimmt, ergeben sich immer ungünstigere Verhältnisse, die schließlich den Sinn des Weidemelkens in Frage stellen. Außerdem werden bei größeren Beständen aus arbeitswirtschaftlichen Gründen auch auf der Weide aufwendigere Anlagen nötig. Die weitere Entwicklung des Weidemelkens in der Zukunft ist daher unsicher.

Milch 315

Milchlagerung

Es ist Aufgabe des Milcherzeugers, die Qualität der durch sorgfältiges Melken mit einer einwandfreien Melkanlage gewonnenen Milch bis zur Übergabe an den milchverarbeitenden Betrieb in möglichst vollem Umfange zu erhalten.

Lagerbehälter

Kannen sind bis zu 40 l Inhalt in Gebrauch. In der Regel werden jedoch größere Behälter bevorzugt. Die Kühlung (Abb. 140) kann durch Einstellen in Wasserbecken, durch Aufsetzkühler oder durch Kühlringe erfolgen. Das Reinigen geschieht manuell auf dem Hofe oder mechanisch in der Molkerei.

Hofbehälter werden in kleineren Ausführungen (bis ca. 120 l) kannenförmig und mit größerem Inhalt (bis 400 l) als stehende Zylin-

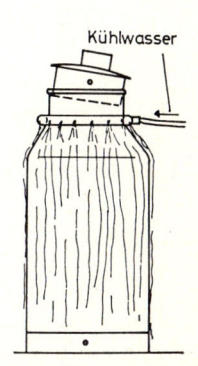

Abb. 140: Kannenkühlung; a = mit Wasserberieslung, b = mit Kühlung durch Eiswasser über Doppelmantel.

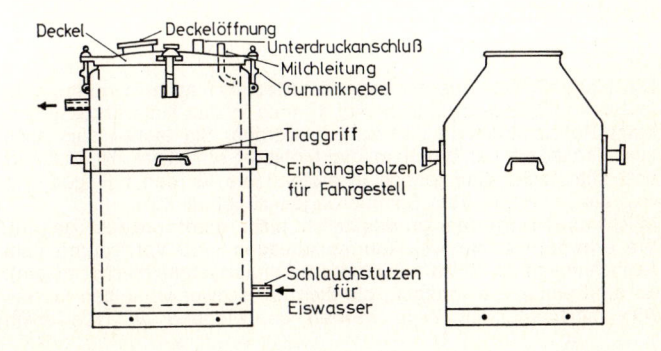

der gebaut. Die kleinen Behälter werden vorwiegend aus Aluminium hergestellt, die größeren aus rostfreiem Stahl. Hofbehälter können nicht von Hand getragen, sondern müssen auf geeignete Fahrgestelle für Hand- oder Schlepperzug gesetzt werden. Die Kühlung erfolgt durch Tauchkühler oder durch Eiswassermantelkühlung. Die Reinigung geschieht von Hand, sie ist bei größeren Behältern umständlich.

Milchtanks (Abb. 141) werden als liegende Zylinder gefertigt. Ihre Abmessungen reichen von ca. 200 l bis zu mehreren tausend Litern Inhalt. Sie werden vorwiegend aus Aluminium, aber auch aus rostfreiem Stahl hergestellt. Transportiert werden sie auf Kufen, auf Rollen oder auf einem luftbereiften Fahrgestell. Zur Kühlung werden entweder Tauchkühler verwendet oder sie sind mit einem Eiswassermantel bzw. Verdampferrohren ausgestattet. Die Reinigung erfolgt entweder mit umständlicher Handarbeit oder mit geeigneten mechanischen Einrichtungen.

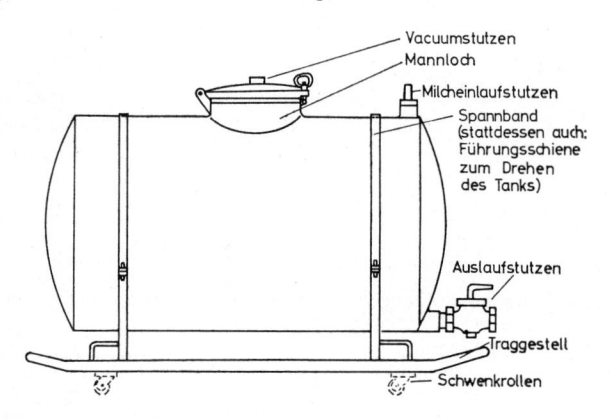

Abb. 141: Milchtank.

Die bisher beschriebenen Lagerbehälter sind auch in unterdruckfester Ausführung erhältlich und können in das Unterdrucksystem einer Rohrmelkanlage einbezogen werden. Sie lassen sich auch zum Transport der Milch in die Molkerei einsetzen, Hofbehälter und Milchtanks sind jedoch in erster Linie für den Fall gedacht, daß die Milch mit dem Sammelwagen abgeholt wird.

Milchwannen werden grundsätzlich nicht unterdruckfest gebaut. Sie erfordern daher bei Rohrmelkanlagen eine Vorrichtung zum Ausschleusen der Milch aus dem Unterdrucksystem (Milchschleuse). Es sind stationäre Anlagen, die sich nur schwer versetzen lassen. Alle milchbenetzten Teile werden überwiegend aus rostfreiem

Stahl hergestellt, bei kleineren Ausführungen wird auch Aluminium verwendet. Sie können zwischen 300 l und über 5000 l Milch fassen. Die Kühlung erfolgt durch Eiswassermantel, durch Besprühen des Milchbehälters mit Eiswasser oder durch eingebaute Verdampferrohre. Tauchkühler kommen nur für die kleinsten Typen in Frage. Die Reinigung wird vorwiegend von Hand durchgeführt, sie ist jedoch mechanisierbar.

Das Messen der Milchmenge

Der Milcherzeuger kann zumeist anhand der Höhe des Milchspiegels in den teilweise gefüllten Behältern oder anhand der Anzahl der gefüllten Kannen oder Hofbehältern die ungefähre Menge der abzuliefernden Milch feststellen. Milchwannen und Milchtanks sind zu diesem Zweck häufig mit Peilstäben ausgerüstet, die es gestatten, die Milchmenge entweder direkt oder anhand von Tabellen zu ermitteln. Die großen Oberflächen der Milchwannen bewirken, daß der Milchpegel sehr langsam ansteigt, so daß selbst bei sorgfältigster Eichung die Milchmenge nicht genau festgestellt werden kann. Sofern dies gebraucht wird, ist bei großen Milchmengen ein Drehkolbenzähler oder ein anderes Meßgerät, das das Volumen der bei der Entleerung des Milchbehälters durchlaufenden Milchmenge erfaßt, notwendig.

Milchkühlanlagen

Anforderungen an Milchkühlanlagen

Die frisch ermolkene Milch muß sofort gekühlt werden, um zu verhindern, daß sie durch die rasche Vermehrung der darin enthaltenen Keime verdirbt. Die DIN 8968 (Prüfung von Behälterkühlanlagen für Milch) bestimmt daher, daß diese Anlagen die Milch innerhalb von 3 Stunden auf $+4$ Grad C kühlen müssen. Diese Forderung gilt für den Fall, daß die Molkerei die anfallende Milch einmal täglich abholt. Bei kürzeren Abholintervallen sind die Anforderungen weniger streng, so werden z. B. bei Ablieferung innerhalb von vier Stunden $15°C$ als ausreichend angesehen. Wenn es ausnahmsweise zu Verlängerungen der Lagerzeiten kommen kann, werden die Anforderungen verschärft, und zwar so, daß innerhalb einer Stunde nach dem Melken die Milch auf eine Temperatur von $+5°C$ gekühlt werden und innerhalb einer weiteren Stunde eine Lagertemperatur zwischen $+2$ und $+4°C$ erreicht sein muß (Bek. d. BMGes. v. 12. 7. 1966: Stapelung von Milch in Erzeugerbetrieben). Diese Forderungen können mit einfachen kaltwasserbetriebenen Anlagen nicht erfüllt werden, da sie in der kurzen Zeit nur Temperaturen von wenigstens $3°C$ über der Kühlwassertemperatur bewirken. Sie werden daher nicht ausführlich beschrieben.

Kennzeichnung von Milchkühlanlagen

Aus wirtschaftlichen Gründen ist es erforderlich, die für den jeweiligen Fall passenden Kühlanlagen zu suchen. Dies wird durch Kennwerte erleichtert, welche die Eigenschaften der Kühlanlagen kennzeichnen (in Anlehnung an den Normentwurf DIN 8968).

Die *Kälteleistung* gibt an, welche Wärmemenge in einem bestimmten Zeitraum von der Kältemaschine abgeführt werden kann. Ihre Maßeinheit ist kcal/h. Zur Ermittlung der Kälteleistung werden bestimmte Temperaturen für Verdampfung und Verflüssigung festgelegt, um vergleichbare Werte zu erhalten. Das Beurteilen einer Milchkühlanlage anhand der Kälteleistung ist im konkreten Fall nur in Verbindung mit anderen Merkmalen der Anlage möglich. Es ist daher bei der Auswahl einer Kühlanlage sinnvoller, die nachfolgend aufgeführten Kriterien zu berücksichtigen.

Die *Ausgangstemperatur* ist die Temperatur, mit der die Milch in die Kühlanlage gelangt.

Die *Kühlhaltetemperatur* gibt an, bei welcher Temperatur die Milch nach beendeter Kühlung gelagert wird.

Der *Nutzinhalt* gibt an, welche Milchmenge bei ordnungsgemäßem Betrieb der Anlage ohne Überlaufen aufgenommen werden kann. Er muß nach der maximal anfallenden Milchmenge ausgelegt werden.

Die *Anzahl der Gemelke,* aus denen sich der Nutzinhalt eines Behälters zusammensetzt, bestimmt die Dimensionierung der Kältemaschine.

Die *Kühlzeit* kennzeichnet die Zeitspanne, in der ein Gemelk von der Ausgangs- auf die Kühltemperatur gebracht wird.

Der *Energieverbrauch* gibt den Stromverbrauch in kWh je 100 l gekühlter Milch an.

Die *Art der Kälteerzeugung* gibt Auskunft über die Anwendung von natürlicher (Kaltwasser) oder künstlicher Kälte; im zweiten Falle muß noch über das Kühlsystem (direkte Kühlung mit direkter Übertragung der Wärme auf eine vom Kühlmittel gekühlte Fläche oder indirekte Kühlung unter Verwendung eines Kälteträgers = Eiswasser) entschieden werden.

Schließlich ist festzustellen, ob eine *Kannen-* oder *Behälterkühlanlage* benötigt wird.

Kühlsysteme

Direkte Kühlung

Bei der direkten Kühlung (Abb. 142) befinden sich Verdampferrohre an der Außenwand des Milchbehälters (Milchwanne oder Milchtank) oder der Verdampfer taucht als Hohlzylinder oder Rohrschleife in die Milch (Tauchkühler). Die Kälteleistung hängt direkt von der Leistung der Kältemaschine ab. Für große, schnell zu kühlende Milchmengen werden große Kälteaggregate gebraucht. Wenn die Kühlfläche ungenügend mit Milch bedeckt ist, kann die Milch anfrieren. Daher werden die Verdampferrohre im allgemeinen am Boden des Behälters angebracht. Die Kühlung darf erst eingeschaltet werden, wenn die Kühlfläche ausreichend bedeckt und das Rührwerk funktionsfähig ist. Dies sollte bei maximal 10% des Nutzinhaltes der Fall sein.

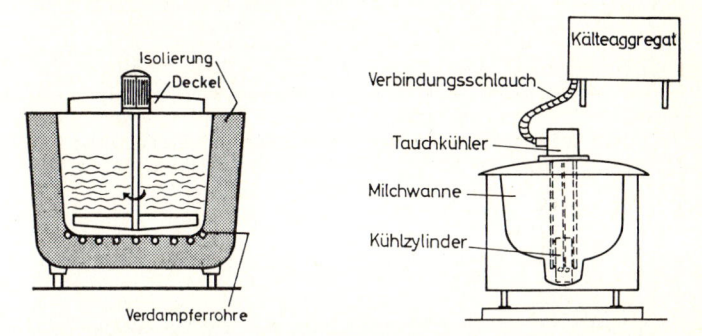

Abb. 142: Wärmeabführung aus der Milch durch direkte Kühlung; a = Milchwanne mit Verdampferrohren an der Außenwand des Milchbehälters, b = Tauchkühler.

Indirekte Kühlung

Bei der indirekten oder Eiswasser-Kühlung (Abb. 143) bereitet die Kältemaschine einen Eisvorrat in einem Wasserbad. Die Milch wird durch Eintauchen des Mischbehälters in das Eiswasser, durch Berieseln der Außenflächen des Milchbehälters oder durch einen Eiswassermantel, der sich zwischen den Wänden eines doppelwandigen Behälters befindet, gekühlt. Die Kühlgeschwindigkeit hängt bei diesem Verfahren von der Intensität der Umspülung oder des Berieselns und von der Abtaugeschwindigkeit des Eisvorrates ab. Dieser muß so bemessen sein, daß auch nach Beendigung des Kühlvorganges noch Eis vorhanden ist. Zwischen den Melkzeiten wird der Eisvorrat erneuert. Dabei steht mehr Zeit zur Verfügung als bei den direkt kühlenden Anlagen, die die gesamte Kälteleistung innerhalb von 2,5 Stunden erbringen müssen. Daher kann die Kältemaschine kleiner sein. Die Wiederherstellung des Eisvorrates sollte jedoch nicht länger als 10 Stunden beanspruchen. Der Eisvorrat kann sich in einem offenen oder in einem geschlossenen Eiswasserbecken befinden, in das gegebenenfalls die Milchbehälter (Kannen) eingestellt werden können. Milchwannen werden in den Eiswasserbehälter eingehängt oder von einem separaten Eiswasserbehälter aus durch Schlauchleitungen mit Eiswasser ver-

320 Tierische Produkte

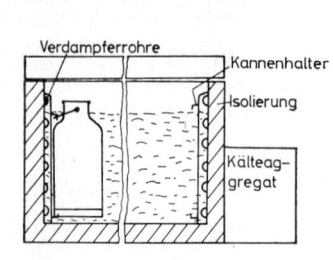

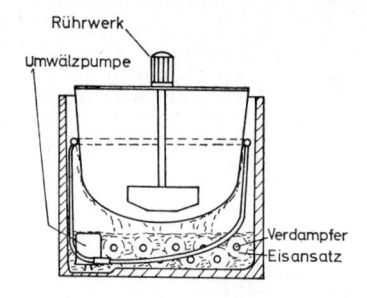

Abb. 143: Wärmeabführung aus der Milch durch indirekte oder Eiswasserkühlung; a = Eintauchen des Milchbehälters in das Eiswasser, b = Berieseln des Milchbehälters mit Eiswasser.

sorgt. Die Umwälzung des Eiswassers besorgt eine entsprechend leistungsfähige Pumpe.
Die offene Bauweise zeichnet sich dadurch aus, daß Motor- und Kompressor getrennt aufgestellt sind. Der Antrieb erfolgt über einen Keilriemen. Beim Kompressor muß auf einwandfreie Wellendichtungen (Stopfbuchsen) geachtet werden, um Kühlmittelverluste zu vermeiden. Diese würden sich in ungenügender Leistung und einer verlängerten Laufzeit der Kühlanlagen bemerkbar machen.
Die heute in Milchkühlanlagen verwendeten Kältemittel weisen eine hohe Verdampfungswärme, einen geringen Rauminhalt des Dampfes und günstige Druckverhältnisse auf. Sie sind unbrennbar und greifen die Werkstoffe und Schmierstoffe der Kühlanlagen nicht an. Außerdem sind sie praktisch ungiftig.

Bestandteile einer Milchkühlanlage mit künstlicher Kälte

Die Kältemaschine

Die Kältemaschine (Abb. 144) führt die aus der Milch zu entfernende Wärme ab. Der Kühlvorgang beruht darauf, daß eine leicht verdampfende Flüssigkeit, das Kältemittel, unter relativ niedrigem Druck in ein Rohrsystem gelangt, welches in engem Kontakt mit der zu kühlenden Umgebung steht. Das Kältemittel verdampft und entzieht die dafür notwendige Wärmemenge der Umgebung. Anschließend wird das verdampfte, gasförmige Kältemittel von einem Kompressor verdichtet und in einen Kühler gefördert, wo es wieder in den flüssigen Zustand übergeht und daher die Wärmemenge, die es beim Verdampfen aufgenommen hat und die durch die Arbeit des Verdichters entstanden ist, abgibt. Nach Passieren eines

Milch 321

Kühlbehälter   Kälteaggregat

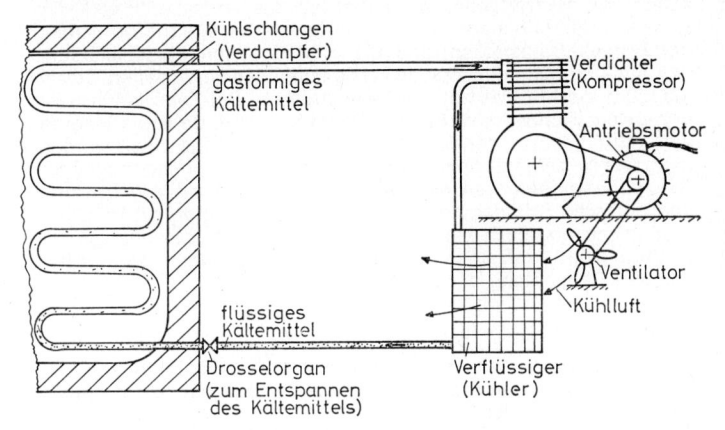

Abb. 144: Schema einer Kältemaschine.

Druckminderventils gelangt das flüssige Kältemittel erneut in den Verdampfer, und der beschriebene Kreislauf wiederholt sich.
Bauformen von Kälteaggregaten:
Vollhermetisch gekapselt, Motor und Kompressor befinden sich in einer gemeinsamen druckfesten Kapsel. Es treten keine Probleme bei der Abdichtung auf, weil keine bewegten Teile gegen den Außenluftdruck abgedichtet werden müssen. Diese Bauform wird vorwiegend für kleinere Anlagen eingesetzt.
Halbhermetische Anlagen besitzen einen Spezialmotor, der direkt an den Kompressor angeflanscht ist. Da das Motorgehäuse druckfest gebaut ist und der Innenraum unter Kühlmitteldruck steht, werden keine Wellendichtungen an Kompressor und Motor gebraucht, es gibt also auch hier keine Schwierigkeiten mit der Abdichtung.

Rührwerke

Alle Milchkühlanlagen müssen mit Rührwerken ausgestattet sein, die für gleichmäßige Kühlung sorgen und bei Kühlanlagen mit direkter Kühlung das Anfrieren der Milch an den Kühlflächen verhindern. Außerdem beschleunigen die Rührwerke die Entgasung der Milch und bewirken eine gleichmäßige Fettverteilung.
Bei der Kannenkühlung im Wasserbecken wird gelegentlich noch mit Tellerrührern manuell gerührt. Im allgemeinen wird aber das Rühren sowohl bei Kaltwasser- als auch bei elektrischen Kühlanlagen durch mechanische Rührwerke erledigt.

322 Tierische Produkte

Als Kraftquelle dient entweder der Wasserdruck (Kannenaufsetzkühler mit Rohrschleife, wasserbetriebenes Aufsatzrührwerk für Kannen und Hofbehälter – Abb. 145) oder der elektrische Strom. Bei Propellerrührwerken sind die großflügeligen langsamlaufenden Ausführungen den kleinen schnellaufenden vorzuziehen, da sie die Milch mechanisch weniger beanspruchen. Bei Tauchkühlern ist der für das Rührwerk verfügbare Raum begrenzt, da es im Inneren des Kühlzylinders oder der Verdampferschleife angebracht werden muß. Nach anfänglichen Schwierigkeiten infolge ungenügender Rührwirkung (Anfrieren der Milch) oder zu starker Verwirbelung (mechanische Schäden der Fettbeschaffenheit) wurde mit Hilfe von exzentrisch angeordneten Rührwerken, langsam laufenden Rührblättern oder kreiselpumpenähnlichen Anordnungen eine schonendere Behandlung der Milch erreicht.

Steuerung der Kühlanlagen

Die Kühlanlagen steuern sich im Normalfall selbsttätig. Das Ziel ist, daß die vorgegebene Milchtemperatur möglichst rasch erreicht und exakt eingehalten wird.

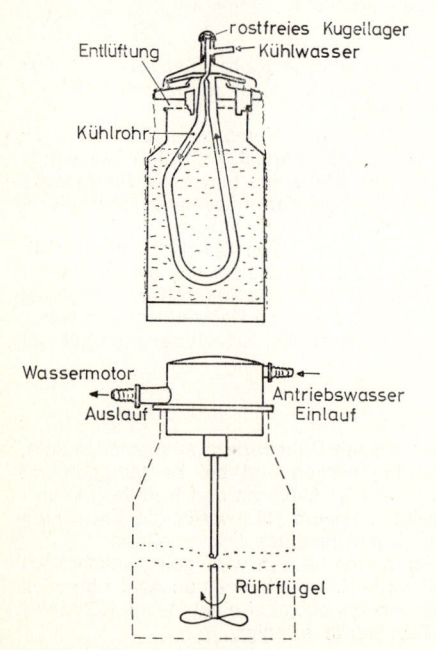

Abb. 145: Rührwerke zum Aufsetzen auf Milchkannen und Betrieb durch Kühlwasser.

Ein Thermostat-Schalter (Abb. 146), der auf die Milchtemperatur reagiert, hält die Kältemaschine oder Eiswasserpumpe so lange in Gang, bis die Kühlhaltetemperatur erreicht ist. Ebenso lange läuft auch das Rührwerk.

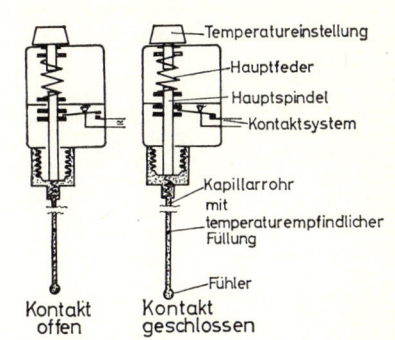

Abb. 146: Thermostatschalter zum Einschalten der Kältemaschine oder der Eiswasserpumpe.

Während der Kühlhaltung schalten sich die Kältemaschine oder die Eiswasserpumpe ein, wenn die Kühlhaltetemperatur um einen bestimmten Wert überschritten wird, und arbeiten bis zum Erreichen des Sollwertes. Das Rührwerk wird durch eine Schaltuhr in regelmäßigen Abständen betrieben.
Nach Beendigung des Kühlvorganges beginnt bei Eiswasseranlagen der Neuaufbau des Eisvorrates. Sobald der gewünschte Eisansatz erreicht ist, wird die Kältemaschine über einen Meßfühler abgeschaltet.

Zusätzliche Kühlgeräte

Zusätzliche Kühlgeräte sind erforderlich
    wenn die Milch schon vor Einlauf in den Lagerbehälter gekühlt werden soll
    wenn der Milchbehälter nicht direkt in ein Eiswasserbecken eingestellt oder mit einer Mantelkühlung ausgerüstet werden kann
    wenn die Verdampferrohre nicht unmittelbar am Behälter angebracht werden können.
Bei natürlicher Kalt- oder Eiswasserkühlung besteht die Möglichkeit, die Milch in einem Durchflußkühler (Abb. 147) vorzukühlen. Aus hygienischen Gründen werden im landwirtschaftlichen Betrieb nur geschlossene Bauarten empfohlen. Große Kühlflächen und entgegengesetzte Strömungsrichtungen von Milch und Kühlwasser sorgen für eine wirksame Kühlung.

324 Tierische Produkte

Der Kühler kann in das Unterdrucksystem der Rohrmelkanlage einbezogen werden. Ist er jedoch außerhalb des Unterdrucksystems nach einem Vorlaufbehälter angeordnet, wird der Ausnützungsgrad verbessert. Für die Kühlung von einem Liter Milch werden etwa zwei Liter Kaltwasser benötigt. Je nach Wassertemperatur können der Milch etwa $^2/_3$ der abzuführenden Wärmemenge durch Vorkühlung entzogen werden. Die großen milchbenetzten Flächen der Durchflußkühler erfordern eine sehr sorgfältige Reinigung.

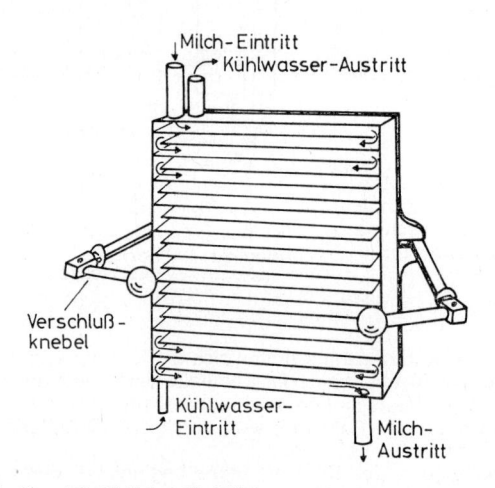

Abb. 147: Durchflußkühler für Milch.

Als weitere Wasserkühlung werden auch Kühlringe (perforierte Gummischläuche) verwendet, die um den Kannenhals gelegt werden. Das Kühlwasser rinnt in dünner Schicht an der Behälterwand herab. Es muß frei von Verunreinigungen sein, damit die Rieselöffnungen nicht verstopfen. Zur Kühlung von 1 l Milch auf 3° C über der Wassertemperatur werden bei diesem Verfahren etwa 8 l Kaltwasser benötigt.

Kannenaufsatzkühler mit Rührschleife kühlen die Milch sowohl durch die Rührschleife, die vom Kühlwasser durchströmt wird, als auch durch das an der Behälterwand herabströmende Wasser. Der Wasserverbrauch je l gekühlter Milch beträgt etwa 4 l. Das Gerät ist leicht zu handhaben, muß jedoch von Kanne zu Kanne umgesetzt werden. Zu achten ist auf die hygienische Aufbewahrung zwischen den Melkzeiten.

Tauchkühler, die mit Direktverdampfung arbeiten, besitzen Hohlzylinder oder u-förmig gestaltete Verdampfer, welche auf den Behälter aufgesetzt werden und in die Milch eintauchen. Der Kühlkörper ist mit einem Rührwerk und einem Thermostaten ausgestattet. Die Kältemaschine ist mit dem Kühlkörper durch eine Schlauchleitung verbunden, die die Kältemittelleitungen, die Steuerleitung für die Kältemaschine und die Stromzuführung für das Rührwerk enthält. Wegen der begrenzten Kühlfläche eignen sich Tauchkühler vor allem für kleinere Behälter bis etwa 200 l. Sie können nacheinander mehrere Behälter (Hofbehälter, Tanks, Wannen) kühlen, sollten aber aus arbeitswirtschaftlichen und kühltechnischen Gründen für höchstens zwei Behälter eingesetzt werden. Zwischen den Melkzeiten ist auf eine hygienisch einwandfreie Aufbewahrung des Tauchkühlers zu achten.

Reinigung und Desinfektion der Geräte für Milchgewinnung und Milchpflege

Das Reinigen und Desinfizieren der Melkanlage und der übrigen Behälter und Geräte, die mit der Milch in Berührung kommen, haben das Ziel, den Anfangs-Keimgehalt der Milch so niedrig wie möglich zu halten. Dies ist notwendig, damit die Milch dem verarbeitenden Betrieb mit einem Anlieferungskeimgehalt angeboten wird, der die Weiterverarbeitung zu hochwertigen Produkten nicht gefährdet.

Den Anfangskeimgehalt trennt man in einen *unvermeidlichen* Keimgehalt und in einen *vermeidbaren* Keimgehalt. Der unvermeidliche Keimgehalt wird durch latente Euterinfektionen verursacht und hat eine Größenordnung von wenigen hundert bis einigen Tausend Keimen je Milliliter (ml) Milch. Der vermeidbare Keimgehalt wird durch unsaubere Milchgeräte verursacht und kann bis zu 500 000 Keime je ml betragen. Dazu kommen noch Melkverunreinigungen und Luftinfektionen mit zusammen etwa 20 000 Keimen je ml. Wenn bei frisch ermolkener Milch hohe Keimzahlen auftreten, geht der größte Anteil zu Lasten der Melkanlage und der übrigen Geräte. Diese Keime gehören überwiegend zu den Fett- und Eiweißspaltern, die sich auch noch in relativ gut gereinigten Anlagen vermehren können. Sie führen zum Faulen der Milch und werden außerdem durch die Tiefkühlung begünstigt, welche andererseits die zum Säuern führenden Keime unterdrückt. Daher wird verdorbene Milch oft nicht erkannt, weil die verschiedenen Nachweismethoden in erster Linie auf Säuerung ausgerichtet sind.

Arbeitsgänge

Zur Reinigung zählen das Vorspülen, das eigentliche Reinigen und das Desinfizieren.

Zum Vorspülen wird angewärmtes Wasser (25–30°) eingesetzt. Dabei werden die Milchreste aus der Anlage und den Geräten entfernt. Dieser Arbeitsgang muß unmittelbar auf das Melken folgen. Die Wassertemperatur muß so hoch gewählt werden, daß weder das Milchfett erstarrt, noch das Eiweiß gerinnt. Wenn einer der beiden Fälle auftritt, wird die Reinigung der Anlage und Geräte sehr erschwert. In Rohrmelkanlagen beschleunigen durchlaufende Schwämmchen das Entfernen der Milchreste. Die Vorspülung dauert so lange, bis das ablaufende Wasser klar erscheint, obwohl es chemisch betrachtet immer noch einen gewissen Milchanteil enthält.

Die Reinigung der Anlage erfolgt auf chemischem Wege entweder mit einem DLG-geprüften Reinigungsmittel oder mit einem DLG-geprüften kombinierten Reinigungs- und Desinfektionsmittel. Zur Unterstützung der chemischen Reinigung dienen Bürsten, Spülgeräte oder Turbulenzen der Reinigungslösung bei der Umlaufreinigung von Rohrmelkanlagen. Für die Reinigung von Melkzeugen und anderen aus Gummi oder Kunststoff bestehenden Teilen sollen nur die jeweiligen Spezialbürsten mit Naturborsten verwendet werden, um die Oberflächen zu schonen und die Lebensdauer dieser Teile zu verlängern.

Das Desinfizieren kann auf physikalischem oder auf chemischem Wege erfolgen. Die physikalische Desinfektion wird durch hohe Temperaturen erreicht, welche die vorhandenen Keime sicher abtöten.

Dazu bietet sich in erster Linie die Dampfentkeimung an, wofür sogenannte Dampfsterilisiergeräte verwendet werden. Diese bestehen aus einem einfachen elektrisch beheizten Dampferzeuger, der eine vorher eingegebene Wassermenge vollständig verdampft. Diese Geräte sind vor allem in den Käsereigebieten der Schweiz eingeführt. In Deutschland sind sie wegen ihrer hohen Wartungsansprüche nur wenig verbreitet. Das gleiche gilt für Dampferzeuger, mit denen vollständige Anlagen entkeimt werden können. Vom mikrobiologischen Standpunkt aus wird die Dampfentkeimung (oder auch der Einsatz von Heißwasser) nicht einheitlich beurteilt. Diese Verfahren sind schwierig zu handhaben. Außerdem ertragen nicht alle Materialien die dabei auftretenden hohen Temperaturen (z. B. Acrylglas, Kunststoffschläuche).

Zur chemischen Desinfektion werden entweder die DLG-geprüften Einzweckdesinfektionsmittel oder die schon erwähnten DLG-geprüften kombinierten Reinigungs- und Desinfektionsmittel eingesetzt. Vorteilhaft sind solche Mittel, die möglichst gleichmäßig auf alle Keime wirken, die durch etwaige Fett- und Eiweißreste weitgehend unbeeinflußt bleiben (eine gewisse Wirkungsminderung tritt bei allen Mitteln auf) und die die Keime sicher abtöten, also nicht nur eine vorübergehende Hemmung der Keimaktivität verursachen.

Die für die Reinigung und Desinfektion von Melkanlagen und Melkgeräten verwendbaren Mittel werden nach dem folgenden Schema eingeteilt:

Charakteristik	Gruppe der DLG-Prüfungsbestimmungen	Anwendungsbereich
Reinigungsmittel	6 a	Melkzeuge, Milcheimer
Schnellwirkende Desinfektionsmittel	6 b I	Milchrohrleitungen, Milchsiebe, Milchbehälter
Langsam wirkende Desinfektionsmittle	6 b II	nur Melkzeuge
Mehrzweckmittel für Reinigung und Desinfektion	6 c	Melkzeuge, Melkgeräte, Milchrohrleitungen, Milchbehälter, evtl. in 2 Arbeitsgängen anzuwenden

Nach dem Einsatz von chemischen Desinfektionsmitteln müssen alle behandelten Geräte gründlich nachgespült werden, damit keine Chemikalienreste in die Milch gelangen können. Für diese Nachspülung darf nur Wasser mit Trinkwasserqualität verwendet werden.

Zwischen den Melkzeiten sollen alle Geräte trocken aufbewahrt werden. Das Anschließen der Melkzeuge an sogenannte Sterilisiergeräte kann nicht empfohlen werden, da die hierzu notwendige Desinfektionslösung in den meisten Fällen nicht zu einer Desinfektion, sondern im Gegenteil zu einer verstärkten Verkeimung der Melkzeuge führt.

Vor jeder Melkzeit werden alle Teile der Anlage und die Geräte nochmals mit klarem Wasser durchgespült, um die Keime, die sich an nicht völlig ausgetrockneten Stellen gebildet haben, mit dem Spülwasser zu entfernen.

Technische Durchführung von Reinigung und Desinfektion

Eimermelkanlagen werden zum größten Teil von Hand gereinigt und desinfiziert, wenigstens soweit es sich um Behälter, Einschütttrichter und Filter handelt. Für die Melkzeuge stehen Geräte zur Verfügung, die das Melkvakuum dazu benützen, die Reinigungs- und Desinfektionslösung stoßartig und mit wechselnder Richtung durch Zitzengummi, Milchsammelstück und Milchschläuche zu pumpen (Abb. 148). Diese Reinigung schont die empfindlichen Oberflächen der Gummiteile.

Rohrmelkanlagen sind im allgemeinen mit Umlaufspülung (Abb. 149) eingerichtet, in die auch die Melkzeuge einbezogen werden können. Dabei wird die Lösung gegebenenfalls über die Melkzeuge

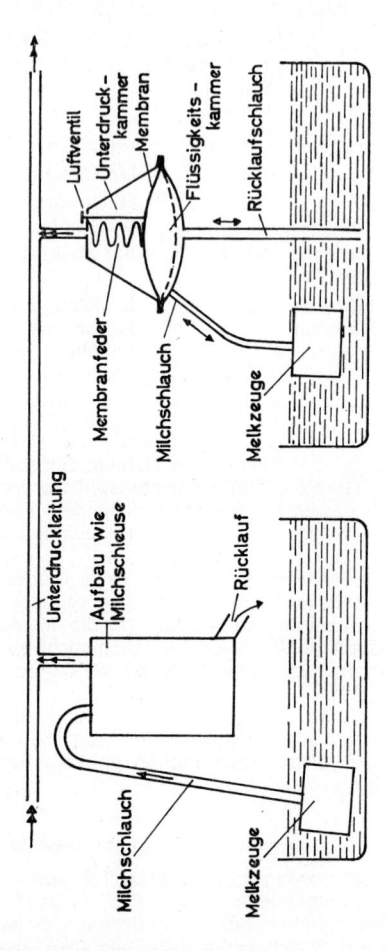

Abb. 148: Reinigungsgeräte für Melkzeuge; a = automatisches Reinigungs- und Desinfektionsgerät für Melkzeuge, b = Reinigungsgerät für Melkzeuge mit getrennter Unterdruck- und Laugenkammer.

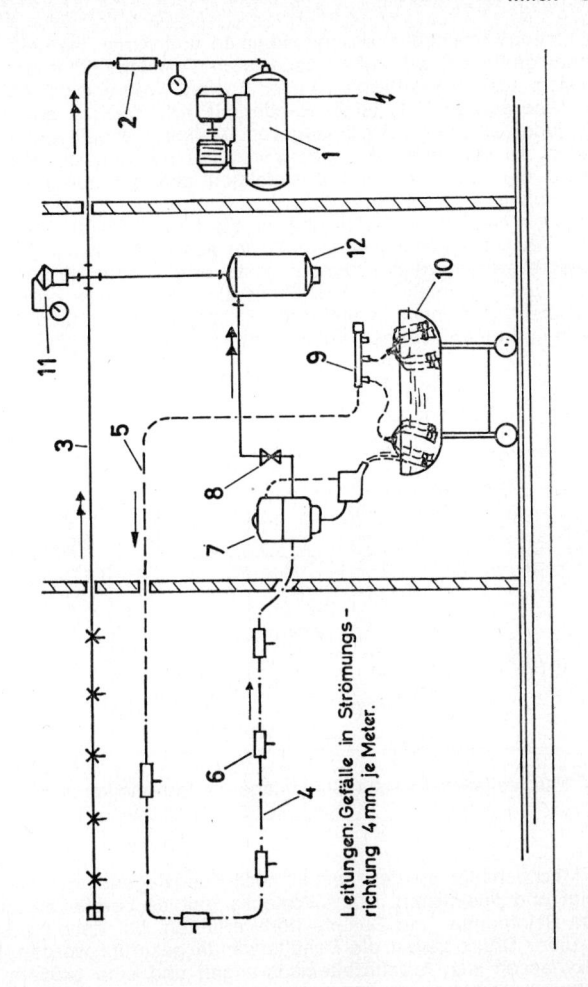

Abb. 149: Saugumlaufspülung für Rohrmelkanlagen, Schemaskizze.

aus einem Vorratsbehälter aufgenommen und durch das Leitungssystem gefördert, bis sie wieder in den Vorratsbehälter gelangt, von dem aus der Kreislauf aufs neue beginnt. Während des Ablaufs der Arbeitsgänge ist keine Handarbeit erforderlich, allerdings muß jeder einzelne Arbeitsgang vom Melker manuell eingeleitet werden. Dieser leitet also das Vorspülen ein und beendet es, ebenso die Reinigung und Desinfektion und die abschließende Nachspülung.

Um den Melker zu entlasten und um die Kosten für die Betriebsmittel Wasser, Chemikalien und Strom aus das notwendige Maß zu begrenzen, wurden programmgesteuerte Geräte für die Reinigung und Desinfektion geschaffen, die die Arbeiten nach dem Startbefehl z. T. anhand mehrerer Programme selbsttätig durchführen und einen präzisen Ablauf sicherstellen (Abb. 150).

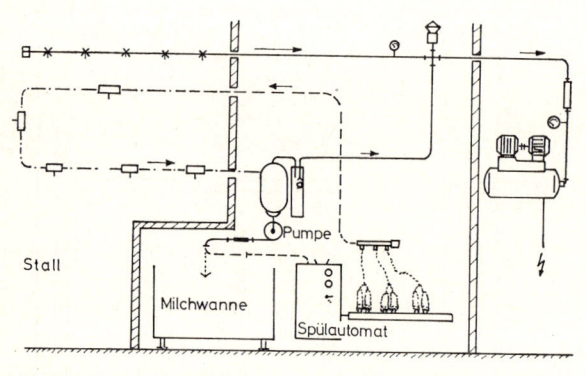

Abb. 150: Vollautomatische Spülanlage für Rohrmelkanlagen.

Die Milchbehälter werden derzeit noch überwiegend manuell gereinigt und desinfiziert. Für Milchtanks gibt es bereits mechanisierte Reinigungs- und Desinfektionsverfahren, bei denen Lösungen unter Druck gegen die Behälterwände gesprüht werden. Dadurch lassen sich Arbeitszeiteinsparungen und eine größere Sicherheit erzielen.

Die Anwendungsvorschriften der Mittelhersteller und der DLG-Prüfungen müssen bei allen Maßnahmen eingehalten werden. Sie beziehen sich auf die Konzentration der Lösungen, auf die Einwirkungsdauer und auf die Temperatur. Dabei ist zu beachten, daß die Wirkungsintensität der Mittel bei zu niedriger Temperatur nachläßt, so daß die Einwirkungsdauer verlängert werden muß. (Die

DLG-Prüfung erfolgt bei einer Temperatur von 20° C.) Zu hohe Temperaturen (über 55° C) können an Kunststoffleitungen Verformungen hervorrufen.
Schließlich ist darauf zu achten, daß nach Ablauf der angegebenen Lagerdauer die Wirksamkeit der Mittel nicht mehr zuverlässig gesichert ist. Die Vorräte sollen daher so bemessen werden, daß sie innerhalb der angegebenen Zeit verbraucht werden.

Die Kosten der Milchgewinnung

Die Kosten für die Milchgewinnung setzen sich zusammen aus den
  Kosten für Arbeitserledigung (Arbeitszeitbedarf und Lohnanspruch)
  Kosten für technische Anlagen zur Milchgewinnung und Milchlagerung
  Kosten für bauliche Anlagen.
Da der Arbeitszeitbedarf als ein betriebsspezifischer Anteil der Arbeitskosten bereits an anderer Stelle abgehandelt wurde, umfaßt dieser Abschnitt nur die Kosten für die technischen und baulichen Einrichtungen. Weil die vorliegenden Daten sich bisher ausschließlich auf konventionelle Melkstände beziehen, konnten Melkkarusselle nicht berücksichtigt werden.

Tab. 87. Gebäude- und Raumansprüche für die Milchgewinnung [a]

Gebäudekennzeichnung	Preis DM [b]	DM/m³ [b]	Anspruch je Kuh und deren Nachzucht bei einer Herde von ...... Kühen								
			10 m³/DM		20 m³/DM		30 m³/DM		40 m³/DM		50 m³/DM	
Milchraum [c]	—	80	2,0	160	1,6	130	1,5	120	1,5	120	1,4	110
Melkraum [c] Längsreihenstand, 2×2	6000	100	6,0	600	3,0	300	2,0	200	—	—	—	—
Fischgrätenstand, 2×4	9300	100	—	—	—	—	3,1	310	2,3	230	1,8	180

a) Die Richtwerte für die Gebäudeansprüche beziehen sich auf die inneren Begrenzungsflächen der Räume (Lichtraum). – Bei Stallräumen sind die Quergänge nicht erfaßt.
b) Preise in Anlehnung an: Zusammenstellung von Richtpreisen für Neu- und Umbauten landwirtschaftlicher Wirtschaftsgebäude. ALB Hessen, Kassel, Juli 1970 (6. Ausgabe).
c) Ohne technische Einrichtungen.

Tierische Produkte

Tab. 88. Anschaffungspreis und Kosten von Geräten für die Milchgewinnung

Maschinenart, -größe, -typ	Anschaff.-Preis DM	Gesamtkosten (DM/Jahr) bei einer jährlichen Ausnutzung von			
		10 (c) Kühe	20 Kühe	40 Kühe	60 Kühe
Melken					
Eimermelkanlage (a)					
2 Melkzeuge für 20 Kühe	3100	529	591	715	839
3 Melkzeuge für 40 Kühe	5000	810	872	996	1120
Rohrmelkanlage (a)					
2 Melkzeuge für 20 Kühe	5800	799	877	1032	1186
3 Melkzeuge für 40 Kühe	9100	1209	1286	1441	1596
4 Melkzeuge für 60 Kühe	12300	1593	1671	1826	1980
6 Melkzeuge für 80 Kühe	16000	2046	2123	2278	2432
Fischgrätenmelkstand (b)					
Doppelvierer, 4 Melkzeuge	12000	1561	1632	1774	1915
Doppelsechser, 6 Melkzeuge	15000	1936	2007	2148	2290
Doppelachter, 8 Melkzeuge	19000	2430	2501	2643	2784
Kühlen					
Innenflächenkühler zum Vorkühlen der Milch zwischen Milchabscheider und Hoftank bzw. Milchtank aus Chromnickelstahl					
300 l/h Durchlauf	700	99	119	159	199
500 l/h Durchlauf	1000	133	153	193	233
Kühlaggregat (a) für Eiswasserkühlung für 20-l-Kannen, mit Umwälzpumpe oder Umwälzrührwerk, einschließlich Kühlbecken					
für 6 Kannen	2400	440	539	738	936
für 10 Kannen	3000	525	624	822	1021

Maschinenart, -größe, -typ	Anschaff.-Preis DM	Gesamtkosten (DM/Jahr) bei einer jährlichen Ausnutzung von (c)			
		10 Kühe	20 Kühe	40 Kühe	60 Kühe
Kühlaggregat für Durchlaufkühlung mit Kühlwasserpumpe und Thermostat für doppelwandige Hofbehälter					
120 l	2000	383	482	680	879
200 l	2600	468	568	766	964
400 l (2 x 200 l)	2900	511	610	808	1007
Tauchkühler für Direktverdampfung, für Hofbehälter und Milchtank ohne Kühlmantel					
1300 kcal/h 368 W	1850	400	499	698	896
2500 kcal/h 736 W	2500	506	605	803	1002
Kühlaggregat für Direktverdampfung einschließlich Kühlwanne aus Chromnickelstahl mit Aluminium-Außenmantel, Thermostat; viereckige Form					
800 l	11000	1661	1760	1958	2156
1000 l	13000	1944	2044	2242	2440
2000 l	19000	2795	2895	3093	3291
4000 l	24000	3503	3602	3800	3999

(a) Einschließlich Montage, ohne Wasser- und Elektroinstallation

(b) Wie (a) einschließlich Wasser- und Elektroinstallation, mit mechanischer Kraftfutterzuteilung; Mehrpreis für automatische Futterzuteilung: DM 400–500/Gerät

(c) Strompreis 0,11 DM/kWh, Auslastung ϕ 60%, DM 2,–/Kuh für Reinigungs- und Desinfektionsmittel (RD-Mittel)

Eier

Der Eierverbrauch ist zwischen 1959 und 1973 von 222 auf 287 Eier pro Kopf der Bevölkerung, d. h. um 30%, gestiegen. Der Verbraucher erwartet, daß das Ei
frisch ist
eine feste Schale hat
sauber und unbeschädigt ist
gesund und frei von Blutflecken ist
eine appetitliche Dotterfarbe aufweist
nach Größe sortiert ist
in einer ansprechenden, transportfähigen Packung angeboten wird.

Die Eier werden entsprechend den ersten sechs Forderungen in verschiedene Klassen eingeteilt und preislich bewertet. Durchschnittliche Eigewichte von 60–61 g reichen aus.
Die Bearbeitung und Verpackung läßt sich in modernen Anlagen fast voll mechanisieren. Nur für die Durchleuchtungskontrolle auf beschädigte Schalen und Blutflecken ist noch das menschliche Auge notwendig.
Die Beschädigungen haben vor allem folgende Ursachen
ungenügende Schalenstärke
unsachgemäßer Transport
ungenügende Verpackung.
Die Schalenstärke ist genetisch, haltungstechnisch, fütterungstechnisch und altersmäßig bedingt. Der Knickeieranteil nimmt mit dem Neigungsgrad des Käfigbodens zu.

Tab. 89. Beziehung zwischen Knickeieranteil und Ablaufneigung

Neigung des Käfigbodens (°)	Knickeier bzw. Schalenrisse gleiche Neigung (%)	mit abgeflachtem Auslauf (%)
14	28	26
9,5	27	6
7	14	–
4	4	4
3	2	–

Bei geringer Neigung rollen die Eier schlecht ab und können von den Hennen beschädigt werden. Daher empfiehlt es sich, den Käfigboden zunächst stärker zu neigen und zum Auslauf hin abzuflachen, um die Abrollgeschwindigkeit zu bremsen. Ein elastisches

Bodengitter veringert ebenfalls den Knickeieranteil. Der Draht des Bodengitters sollte daher nicht mehr als 2–2,5 mm stark sein.
Die Eier aus den Käfigen können von Hand entnommen oder vollmechanisch zur Sortiereinrichtung transportiert werden.
Bei der Handentnahme rechnet man mit einer Sammelleistung von 2500 Eiern je Stunde oder 6 AKmin je Henne und Jahr. Das ergibt einschließlich des Transportes zur Sortiermaschine Kosten von DM 0,70 je Henne und Jahr. Wenn für das mechanische Eiersammeln je Hennenplatz nicht mehr als DM 2,20 investiert wird, verursacht eine Kapitalkostenbelastung von DM 0,40 und ist damit günstiger. Dies gilt aber nur, wenn keine zusätzliche Arbeit geleistet werden muß, wie Aussortieren von Windeiern oder häufige Funktionskontrolle, und die Sammelvorrichtung nicht mehr Knickeier verursacht als die Handentnahme. Schon 1% Knickeier mehr bedeuten eine Erlösminderung von ca. DM 0,15–0,20 je Henne und Jahr. Beim Handsammeln kann mit durchschnittlich 4,5% Knickeiern gerechnet werden.
Bei Sammelbändern, die in der Horizontalen arbeiten, ist der Eiertransport fast risikolos. Diesen Vorteil bieten nur die einstöckigen Flat-Deck-Käfiganlagen, die daher auch grundsätzlich mit einem Eiersammelband ausgerüstet sind. Bei den Etagenkäfiganlagen müssen die Eier auf eine Ebene zusammengeführt werden, was zu einer Steigerung des Knickeieranteils von 1% und mehr führt.
Nach Ermittlungen von Eierpackstellen im Gebiet Weser-Ems wird im Jahresdurchschnitt bei 8 bis 10% der Eier eine unzulängliche Schalenfestigkeit festgestellt. Der Wert dieser Eier wird dadurch um etwa 3 Pf gemindert.
Die Haltbarkeit und die Qualität der Eier hängt auch von der Lagerungstemperatur ab. Bereits eine dreitägige Lagerung bei + 32° C kann die Eier unter die Qualitätsnorm A absinken lassen. Bei einer Lagerung bei –1° C behalten die Eier bis zu 6 Wochen ihre ursprüngliche Qualität.
Das Verpackungsmaterial für Eier besteht meistens aus Preßpappe oder Holzschliff. Neuerdings kommen auch Klarsichtpackungen aus Kunststoff auf den Markt, die den Vorteil haben, daß der Kunde die Eier sehen kann. Den gleichen Zweck erfüllen beim herkömmlichen Material kleine Fenster in der Verpackung. Für den Verkauf in Selbstbedienungsläden haben sich Kleinpackungen in Größen für 6, 10, 12 oder 18 Eier durchgesetzt. An diese Kleinpackungen werden folgende Anforderungen gestellt:

Schutz der Ware vor Bruch
Schutz vor Qualitätsverlust (Geschmack und Geruch)
verkaufsfördernde Wirkung (optisch ansprechend, Werbeaufdruck, vertrauenerweckende Festigkeit, griffsympathisch, leichte Öffnungsmöglichkeit)
leichte Handhabung beim Verpacken der Eier
Preiswürdigkeit
Möglichkeit zur maschinellen Beschickung.

Die Transportkosten mit Lkw betragen bei einer Entfernung von ca 500 km (Frankfurt–Hamburg) im Durchschnitt 0,4 Pf je Ei. Die Kostenspanne geht von 0,65 Pf je Ei (5 t Lkw) zu 0,37 Pf (23 t Lkw).

Wolle

Der Wollertrag pro Mutterschaf und Jahr liegt einschließlich Nachzucht bei 4 bis 5 kg. Der loco-Hof-Preis beträgt im Mittel 2,50 DM/kg. Die Wolle erbringt nur noch zwischen 5 und 10% der Gesamtmarktleistung der Schafhaltung.
Dieser geringe Ertrag entbindet den Schafhalter aber nicht von der Arbeit des Scherens, die heute im allgemeinen im Lohn durchgeführt wird.
Die Arbeitsleistung eines Scherers liegt zwischen 80 und 120 Schafen je Tag. Gute Voraussetzungen für hohe Schurleistungen sind
    Schafe mit wenig verschmutzter Wolle,
    Schafe in guter Körperkondition (magere Tiere scheren sich schlecht),
    heller Schurraum mit betoniertem Boden und Elektroanschluß,
    gründliche Vorbereitung der Schur, die einen zügigen Arbeitsablauf gewährleistet.
Zur Vorbereitung gehören folgende Maßnahmen:
    Vorheriges Unterbringen der Schafe in einem überdachten Raum, damit sie zur Schur gut abgetrocknet sind,
    Bereitstellung einer etwa 0,35 m hohen und 0,55 m breiten Schurbank, eines Sortiertisches zum Bereißen des Vlieses und einer Federwaage,
    ein trockener, gut belüfteter Raum zum Nachtrocknen des Vlieses oder eine ausreichende Zahl von Wollsäcken (ein Sack faßt etwa 50 kg Wolle) zur sofortigen Ablieferung,
    genügend Hilfskräfte (5 Personen auf drei Scherer) für einen reibungslosen Arbeitsablauf.
Die Wollqualität und damit der Wollpreis lassen sich verbessern durch:
    Den Zeitpunkt der Schur, wobei die Vollschurwolle (einmal je Jahr) gegenüber der Halbschur- (zweimal scheren) und Dreiviertelschurwolle (dreimal in zwei Jahren) im allgemeinen am besten bezahlt wird.
    Gleichmäßige Futterversorgung der Schafe (längere Hungerperioden führen zu fehlerhaftem Haarwachstum und Vliesaufbau).
    Schutz vor Verunreinigung und Schädigung durch Staub, Kletten, Dornen, Disteln, Stacheldraht, Futter- und Einstreuteile (daher Nackenbretter an Raufen, kein Über-Kopf-Füttern), durch unlösliche Farbzeichen, Außenparasiten, Kot und Harn (daher genügend Einstreu, Scheren der Schwänze und Innenseiten der Keulen vor der Schur).

Gute Durchlüftung der Ställe bei nicht zu hohen Temperaturen.
Sorgfältige Schur, wobei am Bauch und an den Beinen begonnen wird und diese Teile getrennt im sogenannten „Lockensack" aufbewahrt werden. Beim Scheren sollen möglichst lange Bahnen gezogen werden, damit das Vlies geschlossen bleibt. Nachscheren an lang abgeschnittener Wolle sollte unterbleiben.
Sortieren des Vlieses, wobei grobe Randpartien, gelbe Wollteile und farbige Vliesteile entfernt werden (etwa 10% der Wolle).
Trockenes, kühles Aufbewahren des Vlieses und nicht zu festes Einpressen in den Wollsack.
Die Hauptschurzeit ist der Mai. Der Grund dafür ist, daß die Schafe während der kalten Jahreszeit durch die Wolle geschützt sind, was besonders bei Winterweide und in nicht wärmegedämmten Ställen wichtig ist. Im Sommer leiden geschorene Schafe weniger unter der Hitze.
Jedoch hat auch die Winterschur Vorzüge:
  Geringere Freßfläche und geringerer Liegeflächenbedarf,
  bessere Kontrolle der Kondition und des Trächtigkeitszustandes.
Die Winterschur sollte etwa acht Wochen vor der Ablammung abgeschlossen sein, damit Verlammungen vermieden werden. Mastlämmer werden zwei bis vier Wochen vor dem Verkauf geschoren, Zuchtböcke vor der Deckperiode.
Ob auf das Scheren in Zukunft durch Eingabe von Medikamenten verzichtet werden kann, bleibt abzuwarten.

Literatur

BURCKHARDT, I. Eiererzeugung mit Gewinn. Ulmer, Stuttgart 1968
BLANKEN, G.; KÜHNER, H.; SEBASTIAN, D.: Arbeitsverfahren in der Schafhaltung. KTBL-Flugschrift Nr. 20, Neureuterverlag, Wolfratshausen 1970
EICHHOLZ, J.: Untersuchung über die Eignung verschiedener Geräte für die Durchführbarkeit von Melkbarkeitsprüfungen beim Rind. Dissertation, Hohenheim 1968
HESSELBARTH, K., u. a.: Milchgewinnung mit Melkanlagen. KTBL-Flugschrift 22. Landwirtschaftsverlag Hiltrup 1971
KIELWEIN, G.: Desinfektion bei der Milcherzeugung, aber wie? Mitteilungen der DLG, *86*, (50), 1272–1274, 1971
KTBL-Taschenbuch für Arbeits- und Betriebswirtschaft. Landwirtschaftsverlag Hiltrup, 6. Aufl. 1971
Landmaschinen-Melkanlagen. Terminologie und Definition, Mindestanforderungen. Vorentwurf zu DIN 11845. Deutscher Normenausschuß, Berlin 1971
MROZEK, H.: Desinfektionsmittel für Milchgewinnungsanlagen. Deutsche Milchwirtschaft, *20*, (16, 17), 652–654 und 710–713, 1969
–: Kombinierte Reinigung und Desinfektion auf dem Bauernhof. Deutsche Molkereizeitung, *90*, 662–666, 1969

ORDOLFF, D.: Milchkühlanlagen – Bauarten. KTBL-Arbeitsblatt Nr. 108. Frankfurt/M 1970
ORDOLFF, D.: Der Arbeitszeitbedarf beim Melken in Melkständen. KTBL-Schrift Nr. 158, Landwirtschaftsverlag, Hiltrup 1972
PEN, C. L.: Steigerung der Arbeitsleistung beim Melken in Gruppenständen. KTBL-Bericht über Landtechnik Nr. 146. Landwirtschaftsverlag Hiltrup 1971
RÜHMANN, H.: Reinigung und Desinfektion von Melkanlagen, Milchbehältern und Zubehör. KTBL-Arbeitsblatt für Landtechnik Nr. 78, Frankfurt/M. 1967
RÜPRICH, W.: Milchkontrolle in Melkständen, arbeitswissenschaftlich gesehen. Der Tierzüchter, *21*, (19), 568–570, 1969

Tierschutz

Eine Veröffentlichung wie die vorliegende wäre unvollständig, wenn sie nicht auch auf Konsequenzen der Tierschutz-Gesetzgebung hinweisen würde. Der Tierschutz hat als ethische Komponente mit einem neuen Gesetz, das am 24. 7. 1972 veröffentlicht wurde (BGes. Bl. I, S. 1277 ff), jetzt auch konkret Einfluß auf die Gestaltung des Produktionsgeschehens in der landwirtschaftlichen Nutztierhaltung genommen.

Das Gesetz verlangt u. a. artgemäße und verhaltensgerechte Unterbringung. Zusätzliche Durchführungsverordnungen ergänzen das Gesetz mit Mindestanforderungen an die haltungstechnische Umwelt.

Die Vorstellungen weiter Kreise unserer Gesellschaft sind mit dem wirtschaftlich Sinnvollen in Einklang zu bringen, so daß auch eine Durchführungsverordnung des Tierschutzgesetzes die verschiedensten Argumentationen berücksichtigen muß.

Die in den Durchführungsverordnungen festgelegten Mindestanforderungen müssen bereits bei der Planung berücksichtigt werden. In diesem Taschenbuch sind derartige Daten soweit berücksichtigt, als sie bis zur Drucklegung vom Gesetzgeber rechtsgültig veröffentlicht waren.

Bildnachweis

Verfasser: 1–8, 14, 18, 20, 22, 24, 27–31, 34, 35, 43–46, 48, 49, 50 (nach Mehler), 52 (nach Wander), 53–55, 57–59, 61–63, 66–68, 70, 74–78, 81, 84, 86–92, 94, 95, 98, 100, 102, 104 (nach Alfa-Laval), 105, 108, 109, 112, 115–117, 123, 136–147, 150.

KTBL-Veröffentlichungen: 9–13, 15–17, 21, 23, 25, 26, 30a, 33, 34, 36–38, 41, 42, 56, 60, 61, 64–67, 69, 72, 73, 79, 80, 82, 83, 85, 93, 96, 97, 99, 101, 103, 106, 107, 110, 111, 119, 124–132, 134, 135, 148, 149.

Fa. Schwarting: 32, 47.

Fa. Miele: 133.

Riemann: Beton-Landbau (1962) H. 5: 113, 114, 118.

Mehler/Heinig: Bauten für die Rinderhaltung, Radebeul 1958: 51.

Landtechnik Weihenstephan: 19, 38, 39, 40, 121, 122.

Sachregister

Abferkelaufzuchtbucht 147
Abferkelbuchten 146
Ablammbuchten 167, 169
Abluftrate 214
Abmessungen, Tiere (Körpermaße), Rind 100, 105
Abmessungen, Tiere (Körpermaße), Schaf 152
Abmessungen, Tiere (Körpermaße), Schwein 142
Abriebfestigkeit, Bodenbelag 125
Anbaumistschieber 251
Anbausiloschneider 82
Anbindestall 106, 178
Anbindevorrichtungen 130
Arbeitsbedarf, Geflügelhaltung 161
Arbeitsorganisation, Melken 306
Arbeitsverfahren 17
Arbeitszeitbedarf, Entmisten 274
Arbeitszeitbedarf, Flüssigmistausbringung 277, 282
Arbeitszeitbedarf, Füttern 78
Arbeitszeitbedarf, Futteraufbereitung 39
Arbeitszeitbedarf, Grünfutter 84, 86
Arbeitszeitbedarf, Heuentnahme 95
Arbeitszeitbedarf, Melken 307 ff.
Aspirateur 27
Aufbereiten, Getreide 25
Automatisierung, Mischen 34

Ballenzerreißer 92
Bandförderer 70
Behälterwaage 36
Behandlungsanlage 171
Beleuchtung 208
Bergeraumbedarf, Schaf 170
Betriebsvakuum 296
Biologischer Abbau 272

Blockausschneidegerät 61
Bockbuchten 167
Bodenbeläge 127
Bodenheizung 232
Bodeninjektoren 266, 286
Bogendüse 263
Boxenlaufstall 117
Brikett (Lagerung, Entnahme, Zuteilen) 94
Brückenkran 52
Buchtenabmessungen, Rind 119 121
Bullenstandfläche 115

Cobs 94

Dänische Aufstallungsbucht 151 (239)
Dauerfreßgitter 182
Deponie 274
Desinfektion, Milchgeräte 325
Desinfektion, Ställe 198
Direktkühlung 318
Direktzuteilung 87
Doppelraufe 193
Doppeltränken 188
Dosieren nach Gewicht 43
Dosieren nach Volumen 44
Dosieren nach Zeit 44
Dosiergenauigkeit 36
Dosiergeräte 35
Drehkran 51
Dreiflächenbuchten 145
Dreipunktheckladen 64, 249
Druckpumpe 261
Düsenboden 39
Dungaufbereitung 270
Dungbehandlung 266
Dungbeseitigung 267, 272
Dungstätte, Festmist 257
Dungverfütterung 272, 288
Dungverwertung 267

Sachregister

Durchflußkühler 323
Durchlaufdosierung 44

Eier 334
Eiersammelband 158
Eiersammelvorrichtungen 157
Eimermelkanlage 297, 308
Einraumlaufstall 166
Einzelbuchten, Sauen 143
Einzelliegeplatz 99
Einzeltierfütterung 179
Eiswasserkühlung 319
Elektrogreifer 55
Elektrohängebahn 54
Elektroschlepper 66
Elektrozaun 173
Energiebedarf, Mischer 33
Energiebedarf, Mühlen 31
Entmisten 233
Entmistungsgeräte, Kapitalbedarf 277
Entmistungsverfahren, Bewertung 280
Entmistungsverfahren, füssig 253
Entmistungsverfahren, mechanisch 236, 253
Entnahme von Silage 49
Etagen-Käfiganlage 155
Excenterschneckenpumpe 261, 284

Fallrohrfütterung 44, 156
Faltschieber 240
Fangboxenstall 120
Fangeinrichtungen 186
Fangfreßgitter 186
Faulanlagen 286
Festmist 234
Festmistlager 257
Fischgrätenmelkstand 304
Flachbehälter 22
Flachsilo-Entnahmegeräte 60
Flachstahl 119
Flächenbelastung, Mist 269
Flat-Deck-Käfiganlage 155

Flüssigkot-Verfahren, Geflügel 158
Flüssigmistanfall 268
Flüssigmistausbringung 261
Flüssigmistbehandlung 286
Flüssigmistgrube 259
Flüssigmistlager 258
Flüssigmistverfahren 234, 253
Fördergeräte 41
Fördereinrichtungen, Flüssigmist 284
Fördern, Getreide 37
Freimischer 32
Fremdkörpersicherung 28
Freßbereich, Rind 175
Freßbereich, Schwein 190
Freßgitter 181, 184
Freßliegeboxenstall 122
Freßplatzbedarf, Rind 176
Freßplatzeinrichtungen 181
Freßplatzgestaltung 177
Frontlader 64, 177, 249
Frontladerentmistung 250
Frontschieber 248
Füttern, Getreide 22
Füttern, Saftfutter 48
Futterablage 75
Futterband 71, 93
Futterbehälter 192
Futterdosierung, Getreide 43
Futterentnahme, Getreide 39
Futtergangbreite 79
Futterkette 156
Futtermischer 31
Futterschnecke 68
Futtertrog 174
Futterverteilanlagen, Rindvieh 80
Futterverteilen, Getreide 42
Futterverteilwagen 42
Futtervorlage 79
Futterwagen 72 ff., 156

Ganzspaltenboden 151, 256
Gaskonzentration, Stalluft 208
Gebläse 225
Geflügelentmistungseinrichtung 158

Geflügelfütterungsvorrichtungen 156
Geflügelkäfiganlagen 155, 334
Getreideförderung 40
Getreidelagerbehälter, Werkstoffe 24
Gewichtsdosierung 43, 45
Gleichdrucklüftung 225
Gleitkettenanbindung 134
Gleitschwengel 136
Grabnerkette 130
Greiferanlagen 50, 90, 92
Greiferaufzug 53, 90
Griffigkeit, Bodenbelag 126
Grünfutter 84
Grünmehl 94
Gruppenbuchten 145
Gruppenliegeplatz, Rind 99, 118
Gurträumgerät 39

Häckselwagen 75
Hängebahnförderer 71, 93
Hängekette 130
Halbraufe 193
Hallenlaufkran 52
Halsbügel 136
Halsrahmen 134
Hammermühlen 28
Hard-Cup-Tränke 157
Harnableitung 116
Heckschieber 248
Heckschiebesammler 66
Heckschwenklader 251
Heizmatten 232
Heizstrahler 232
Heizung, Ställe 227
Heuentnahme 90, 95
Heufütterung 88
Heulagerung 90
Heuturm 90, 91, 94
Heuzuteilung 92
Hochbehälter 22, 260
Hochdruckreiniger 199
Hochförderer 247
Hofbehälter, Milch 316
Homogenisierung, Flüssigmist 261

Horizontalanbindung 135
Horizontalschleuder 265
Huckepack-Käfiganlagen 155, 159
Hürden 167, 175
Humusbereitung 272
Hygiene 197

Infrarotheizung 231
Isolierstand 122

Jauchegrube 257

Käfigboden 154
Kälberbox 118
Kälteleistung 318
Kältemaschine 320
Kannenkühlung 315, 322
Kapitalbedarf, Entmistung 277, 281
Kapitalbedarf, Fütterung 78
Kapitalbedarf, Geflügelhaltung 161, 162
Kapitalbedarf, Milchgewinnung 232
Kapitalbedarf, Stalldungbeseitigung 285
Kapitalbedarf, Stalleinrichtungen 190
Karussellmelkstand 304
Kettenrundförderer 69
Klappschieber 244
Knotengitter 174
Kombibuchtenstall 122, 178
Kompakt-Käfiganlage 156
Kompressortankwagen 263, 284
Konservierungsverfahren 26
Koppelschafhaltung 173
Kosten, Flüssigmistausbringung 277, 282
Kosten, Milchgewinnung 331
Kotbandentmistung 159
Kotrost 112
Kotschieberentmistung 160
Kotschlitten 160

344 Sachregister

Kotstufe 112
Kottrocknung 270, 286
Kotverbrennung 274, 286
Kotverfütterung 272, 288
Kraftfutterautomaten 195
Kraggitter 112
Kratzkettenförderer 70
Kreiselbelüfter 273, 288
Kreiselpumpe 261, 284
Kreiselschroter 30
Krippen 168, 178, 192
Kühlkonservierung 26
Kühlringe 324
Kühlsysteme 318
Kühlzeit 318
Kurzstand 109

Lämmerschlupf 167, 174
Längsmelkstand 304
Lagerbehälter, Flüssigmist 258, 281
Lagerbehälter, Getreide 24
Lagerbehälter, Milch 315
Lagerung, deckenlastig 23
Langbucht 152
Laufbereich, Rind 165
Laufstall 116, 166
Laufstallfreßplatz 179
Leermeldeschalter 34
Liegebereich 99
Liegeboxen 139, 166, 256
Liegefläche, Beschaffenheit 122, 152
Liegefläche, Rind, Abmessung 104
Liegefläche, Schwein, Abmessung 142
Lüfter 225
Lüftung (Systeme) 220 (224)
Lüftungsanlagen, Mängel 228
Lüftungskanäle 226
Lüftungswärme 214
Luftgeschwindigkeit 207
Luftinjektor 273, 288
Luftrate 210
Luftwechsel(-raten) 219 (222)

Maschinenkosten, allgemein 20
Maschinenkosten, Getreideaufbereitung 37
Maschinenleistung 15
Mastbuchten, Schwein 147
Maulwurfförderer, Entmistung 258
Mehrraumlaufstall 166
Melkanlagen 293
Melkanlagen, Einordnung 304
Melken, Nebenarbeiten 307
Melkkarussell 304
Melkstand 304, 310
Melküberwachung 302
Melkzeug 293
Milch 291
Milchabscheider 298
Milchdrüse 291
Milchfilter 301
Milchflußanzeiger 300
Milchgewinnung 291, 308
Milchkühlung 314, 317
Milchlagerraum 305
Milchlagerung 315
Milchleistung 299
Milchpumpe 299
Milchsammelstück 293
Milchschlauch 293
Milchschleuse 298, 300, 316
Milchtank 316
Mindestluftraten 214, 216
Mineraldüngerwert, Gülle 285
Mischer 31
Mischschnecke 32
Mistaufnahmefähigkeit, Boden 269
Mistlagerung 256
Mistschieber 251
Mittellangstand 108
Motorvorschneidegerät 82

Nackenhorn 137
Nackenriegel 137
Nippeltränke 156
Nockenscheibenmühlen 30
Nutzviehbestand 11

Sachregister

Obenentnahmefräse 57
Oxydationsgraben 159, 272, 288

Palisadenfreßgitter 185
Pellets 94
Pferch, Schafe 174
Platzbedarf, Kälber 120
Platzbedarf, Rind 104
Platzbedarf, Schaf 170
Platzbedarf, Schwein 143
Prallblech 263, 265
Produktionswerte 12
Prophylaxe, Hygiene 197
Propionsäure 26
Pulsator 294
Pulsschlauch 293
Pumpen, Flüssigmist 261
Pumptankwagen 263

Räumschnecke 39
Raufen 167, 181, 192
Raufen(lade)wagen 76, 183
Recorder 302
Regelventil 296
Reihenmelkstand 304
Reinigung, Getreide 27
Reinigung, Melkgeräte 325, 328
Reinigungsmaschinen, Getreide 27
Restwärme 214
Ringkrippe 93
Ringsichter 27
Rinnentränke 156
Rohrmelkanlage 298, 308
Rollgabel 63
Rollschaufel 39
Rübenlagerung 87
Rübenreiniger 88
Rübenschneider 88
Rühreinrichtungen, Flüssigmist 283
Rührpumpen 261
Rührschleife 324
Rührwerke, Flüssigmist 261
Rührwerke, Milch 321
Rundraufe 194

Sammelbuchten, Rind 118
Sauenanbindestand 144
Sauenhütte 146
Sauenkastenstand 144
Saugdruckpumpe 261
Saugumlaufspülung 329
Schafauslauf 171
Schafkoppel 173
Schafstalleinrichtungen 166
Schafweide 171
Scherenfreßgitter 186
Schieberoste 134
Schleudertankwagen 264
Schneckendosierer 35
Schneckenförderer 67
Schneidpumpe 284
Schrotaufbereitungsanlagen 35
Schubstangenentmistung 244
Schubstangenförderer 69
Schüttgewichte 23
Schulterstützen 137
Schwebeförderer 71
Schwenkdüse 265
Schwimmertränken 188
Seilzugentmistung 238
Seilzugschieber 239, 276
Selbstfanganbindevorrichtung 130, 135, 186
Selbstfangfreßgitter 186
Selbstfütterung, Flachsilo 62
Selbstfütterung, Heu 94
Selbsttränken 189, 191
Sicherheitsabscheider 298
Silageentnahme 49
Silage, technische Eigenschaften 47
Silagezuteilung 63
Siloformen 49
Silofräse 55
Sommerstallfütterung 84
Spaltenboden 119, 241, 256
Spaltfreßgitter 184
Speicher-Flüssigmistverfahren 256
Sperrboxenstall 120, 178
Sperrboxenverschlüsse 138
Spülanlage, Melkanlagen 330
Stahlscheibenmühlen 28

Sachregister

Stallbodenbeschaffenheit 122, 129
Stallflächenbedarf, Schaf 170
Stallheizung 227
Stallklima 202
Stallklima, Anforderungen an 205
Stallklima, Daten, Berechnung 219
Stallklima, Verhältnisse 208
Stalluftbewegung 207
Stalluft, feuchte 206, 233
Stallufttemperatur 206
Stallschlepper 65, 251
Standabtrennungen 138
Standbreite, Kurzstand 113
Standeimer 297
Standfläche, Rind 104, 115
Standlänge 108
Standlängenanpassung 114
Standplatz (Jungvieh) 114
Staubabscheider 28
Staumistverfahren 254
Steinschrotmühlen 30
Sterilisiergeräte 327
Steuerelemente 226
Strohzerreißer 92
Stufenkäfig 154

Tandemmelkstand 304
Tankwagen 263, 282
Tauchkühler 316
Tauchpumpe 261
Teilspaltenbodenbucht 151
Tellerdosierer 35
Temperaturzonenkarte 203
Thermostatschalter 323
Tieflaufstall 146
Tiefsilo 55
Tiefstallbucht 150
Tierabmessungen, Rind 100, 105
Tierabmessungen, Schaf 152
Tierabmessungen, Schwein 142
Tierhaltung 99
Tierkennzeichnung 199
Tierschutz 338
Tränkebecken 188

Tränkeeinrichtungen 156, 188, 190, 192
Treibmistverfahren 254
Trennwände 140
Trimmvorrichtungen 136, 137
Trittfestigkeit 124
Trockenkotgewinnung 156
Trockenkotverfahren 158
Trocknung, Kot 286

Überdrucklüftung 224
Umkehrfaltschieber 242
Umlaufsichter 27
Umlaufspülung, Melkgeräte 327, 329
Umspülverfahren 255
Umwälzbelüftung 286
Untenentnahmefräse 58
Unterdrucklüftung 224
Unterdruckpumpe 295
Unterflurentmistung 152
Unterflurlagerung, Flüssigmist 259
Unterflurmilchleitung 300

Vakuumleitung 297
Vakuumpumpe 295
Vakuumsystem (Melken) 295
Verkehrsfläche 166
Verschlußwippe 139
Verteiler, Flüssigmist 265
Vertikalanbindungen 130
Vertikalschleuder 265
Vibrationsdosierer 35
Viehbestandsgrößen 11
Vollspaltenbodenbucht 151
Volumendosierung 44
Vorgrube 260
Vorratsfütterung 74, 180
Vorratsraufen 177, 183
Vorreinigung 27
Vorschneiden, Silage 59

Wärmebilanz 220
Wärmedämmung 219

Wärmedurchgangszahlen 217
Wärmehaushalt 128
Wärmeschutz 215
Wärmetauscher 232
Wärmeverlust(-rechnung) 215, 223
Walzenmühle 30
Warmluftheizung 231
Warmwasserheizung 232
Weidemelkanlage 313
Wendefaltschieber 241
Windfege 27
Windrichter 27
Wolle 336

Zäune 171
Zapfentränke 189
Zeitdosierung 44
Zellenraddosierer 35
Zerkleinern 28
Zitzengummi 294, 327
Zuluftrate 214
Zungentränke 188
Zusatzwärme 219
Zuteilen, Grünfutter 85
Zuteilen, Heu 92
Zuteilen, Rüben 89
Zwangsmischer 32

Taschenhandbuch Landtechnik
Bd. 1: Feldwirtschaft
Aufgaben und Bauarten der Landmaschinen – Arbeitsverfahren. Von Dr. E. DOHNE, unter Mitarbeit von Dr.-Ing. F. FELDMANN und Dr. agr. H.-J. KÄMMERLING, Frankfurt/M. 319 S. mit 169 Abb. Kst. flex. DM 24,– (Ulmers Taschenhandbücher)

Angewandte Landtechnik
Herausgeber: Prof. Dr.-Ing. W. GOMMEL, Nürtingen

Der Schlepper – betriebsgerecht ausgewählt
Zugkraft, Leistung, Wirtschaftlichkeit. Von Dr.-Ing. F. FELDMANN, Frankfurt/M. 165 S., 52 Abb., 27 Tab. Kt. DM 12,80 (AL 1)

Geräte zur Bodenbearbeitung
Grundlagen für einen rationellen Ackerbau. Von Dipl. Landwirt W. FEUERLEIN, Braunschweig-Völkenrode. Neubearb. u. erw. 2. Aufl. 196 S. 231 Abb. Kt. DM 21,– (AL 2)

Der Mähdrusch
Technik und Arbeitsverfahren, einschließlich Strohbergung. Von Hochschul.-Doz. Dr. H. EICHHORN, Weihenstephan. 135 S. mit 80 Abb. Kt. DM 18,– (AL 3)

Die Häcksellinie im modernen Futterbaubetrieb
Von Dr.-Ing. K. GRIMM, Dr. agr. M. SCHURIG, Dr. agr. A. WEIDINGER, Weihenstephan. 146 S. mit 142 Abb. Kt. DM 18,– (AL 4)

Reparatur von Landmaschinen
Von J. DREXEL, Landsberg. Etwa 260 S. mit 300 Abb. Kt. ca. DM 18,– (in Vorbereitung)

Grundriß der Futterbaulehre
Von Prof. em. Dr. J. KÖHNLEIN, Kiel. 160 S. mit 38 Abb. Linson DM 24,–

Handelsfuttermittel
Begründet von Prof. Dr. M. KLING. Neu bearb. von Prof. Dr. W. WÖHLBIER und Mitarbeiter. Etwa 650 S. mit 30 Zeichn. (In Vorbereitung)

Verlag Eugen Ulmer   7 Stuttgart 1   Postfach 1032

Tierzüchtungslehre
Begründet von Prof. Dr. Dr. h. c. W. ZORN †. Völlig neubearb. 2. Aufl., herausgegeben von Prof. Dr. G. COMBERG, Hannover, unter Mitarbeit vieler Wissenschaftler. 506 S. mit 167 Abb., 131 Tab. Linson DM 68,– (Tierzucht-Bücherei)

Tierhaltungslehre
Herausgegeben von Prof. Dr. G. COMBERG, Hannover, u. Prof. Dr. J. K. HINRICHSEN, S.-Hohenheim, unter Mitarbeit vieler Wissenschaftler. 464 S., 177 Abb. u. 102 Tab. Linson DM 88,– (Tierzucht-Bücherei)

Mineralische Elemente in der Tierernährung
Von Dr. rer. nat. D. DRESSLER, Elmshorn. 185 S. mit 13 Abb. u. 48 Tab. Kt. DM 39,40

Praktische Viehfütterung
Rinder, Schafe, Pferde, Schweine. Von Prof. Dr. K. RICHTER, Völkenrode. Neubearb. 31. Aufl. 93 S. Kt. DM 8,80 (Tierzucht-Bücherei)

Gärfutter
Betriebswirtschaft, Erzeugung, Verfütterung. Von Dr. F. GROSS, Grub, u. Prof. Dr. K. RIEBE, Kiel. 283 S. mit 54 Abb., 123 Tab. Linson DM 58,– (Tierzucht-Bücherei)

Bewirtschaftung von Wiesen und Weiden
Von Dr. F. BRÜNNER, Aulendorf. Neubearb. 2. Auflage von Dr. J. SCHÖLLHORN, Aulendorf. 166 S. mit 57 Abb., 63 Pflanzenzeichn. u. 40 Tab. Linson DM 24,– (Tierzucht-Bücherei)

Pflugloser Körnerfruchtbau
Voraussetzungen, Verfahren und Grenzen der Direktsaat. Von Doz. Dr. G. KAHNT, S.-Hohenheim. (In Vorbereitung)

Taschenhandbuch Tierproduktion
Von Dr. H. BOGNER, Grub, und Dr. H. Chr. Ritter, Landsberg. Neubearb. 2. Aufl. Etwa 400 S. mit 108 Abb. Balacron geb. ca. DM 36,– (Ulmers Taschenhandbücher)

Lieferung durch jede Buchhandlung · Prospekte kostenlos

Verlag Eugen Ulmer   7 Stuttgart 1   Postfach 1032